有控弹箭飞行力学

高旭东 编著

科 学 出 版 社

北 京

内 容 简 介

本书全面、简要地介绍了有控弹箭飞行力学的基础理论，包括有控弹箭空气动力学基础知识，有控弹箭气动特性与获取方法，有控弹箭飞行力学基本方程与坐标系统，有控弹箭飞行的力学环境，有翼弹箭运动方程组，滚转弹箭的运动方程组，有控弹箭自动寻的导引飞行运动学，有控弹箭遥控导引飞行运动学，有控弹箭方案飞行运动学，有翼弹箭飞行的动态特性，滚转弹箭飞行的动态特性，有控弹箭飞行力学发展趋势。本书着重对有控弹箭飞行力学原理和概念进行阐释，兼顾有控弹箭与相关武器系统工程设计和分析的应用。

本书可作为高等院校武器类专业本科生与研究生教材，也可作为武器类科研、设计和试验人员的参考资料。

图书在版编目(CIP)数据

有控弹箭飞行力学/高旭东编著. —北京：科学出版社，2019.11

ISBN 978-7-03-062514-4

Ⅰ. ①有…　Ⅱ. ①高…　Ⅲ. ①导弹飞行力学—研究　Ⅳ. ①TJ760.12

中国版本图书馆 CIP 数据核字(2019)第 220438 号

责任编辑：李涪汁　曾佳佳/责任校对：杨聪敏

责任印制：张　伟/封面设计：许　瑞

科学出版社 出版

北京东黄城根北街 16 号

邮政编码：100717

http://www.sciencep.com

北京九州迅驰传媒文化有限公司 印刷

科学出版社发行　各地新华书店经销

*

2019 年 11 月第 一 版　开本：787×1092　1/16

2024 年 1 月第三次印刷　印张：17　1/4

字数：404 000

定价：79.00 元

(如有印装质量问题，我社负责调换)

前　言

有控弹箭飞行力学是制导兵器、精确化弹药、导弹等各类有控弹箭乃至武器系统相关工程学科的一门基础理论课程，涉及武器系统的论证、设计、加工、试验、作战指挥、战斗使用、效能评估等各个环节。

本书特色是在侧重阐释有控弹箭飞行力学原理和概念的基础上，兼顾有控弹箭设计与分析的工程应用。有控弹箭飞行力学概论部分介绍了有控弹箭的基本范畴、有翼和旋转两大类典型有控弹箭、有控弹箭飞行力学的研究内容、研究方法及符号体系；围绕空气的物理属性、标准大气、低速流和高速流的特性，介绍了有控弹箭空气动力学相关基础知识；在总结有控弹箭气动布局基础上，结合工程实例介绍了几种典型的气动布局形式和常见的几种气动特性预测方法；基于刚体六自由度运动理论，引入了有控弹箭飞行力学基本方程与坐标系统，介绍了几种坐标系的定义和相关变换关系；基于有控弹箭的力学环境分析，介绍了有控弹箭飞行受力和力矩的定义和表达形式；针对有翼有控弹箭，建立了弹箭运动方程组，并通过简化和分解建立了弹箭质心运动方程组，引入了过载和机动性的概念；基于滚转有控弹箭常用的坐标系和受力特性，建立了滚转有控弹箭的运动方程组；针对自动寻的飞行的有控弹箭，介绍了追踪法、平行接近法、比例导引法等自动寻的导引飞行运动学；针对遥控导引飞行的有控弹箭，介绍了三点法、前置量法、半前置量法等遥控导引飞行运动学；针对方案飞行的有控弹箭，分别介绍了铅垂平面内和水平面内的典型飞行方案，并结合实例进行了分析；分别针对有翼和滚转的有控弹箭，介绍了弹箭飞行的动态特性和相关的分析方法；最后对有控弹箭飞行力学的发展趋势做了简要分析和展望。

由于作者的知识结构和水平有限，错误和不足之处在所难免，恳请读者给予批评指正。

作　者

2019 年 6 月

目　　录

第 1 章 概 论

1.1 有控弹箭的基本范畴

本书中的弹箭是指作为武器使用的，以发射、飞行和毁伤目标为一些基本特征的系统。从弹箭有控和无控的角度来分，传统的无控弹箭主要是指各种身管火炮发射的炮弹，火箭炮、发射架、发射筒发射的无控的火箭弹，飞机等载体投放的无控的炸弹等。无控的炮弹包括一般的榴弹炮、迫击炮、加农炮、高炮发射的榴弹、迫击炮弹、穿甲弹、破甲弹等；无控的火箭弹主要包括一般的野战火箭弹、单兵火箭弹。传统的有控弹箭主要是指各种类型的导弹，导弹也经常被理解为一种可控的、作为武器使用的火箭，但是导弹不一定都依靠火箭发动机推进，它也可以依靠空气喷气发动机或者其他形式的动力推进。

导弹本身经过将近一个世纪的发展，其种类已达数百种，而且还有新的导弹被不断地研制出来。目前对导弹的分类方法有很多，称谓也不尽相同。比如按照导弹的作战使命分为战略导弹和战术导弹；按照发射点(发射平台所处的空间位置)和目标所在位置可分为面面导弹、面空导弹、空面导弹和空空导弹等；按照结构和弹道特征可分为有翼式导弹和弹道式导弹；按照射程远近分为近程导弹、中程导弹、远程导弹和洲际导弹；按照所攻击目标分为攻击固定目标导弹和攻击活动目标导弹。

随着新技术尤其是信息化技术、微电子技术、材料技术、光学技术等的迅猛发展，传统的无控的弹箭也开始向精确化、灵巧化、智能化发展，在近几十年来已经出现了以可控的、精确化程度更高为特征的有控弹箭。这类有控弹箭直接采用原来与无控弹箭相同的发射平台，由于增加了对弹箭的控制技术，从而实现了比无控弹箭更高的打击精度，有的打击精度可以和导弹相媲美。这类有控弹箭的出现，一方面与传统的无控弹箭并列存在，另一方面改变了现代和未来战场弹药的角色甚至是战争的模式。

这类新出现的有控弹箭包括榴弹炮和坦克炮发射的制导炮弹、迫击炮发射的制导迫击炮弹、飞机等载体投放的制导航弹、火箭炮/架发射的简易控制火箭弹、制导火箭弹，以及弹道修正的炮弹和火箭弹，还有具有制导和弹道修正功能的子弹药等。由于末敏子弹药的原理是由弹上敏感器探测目标而引爆战斗部，并不具备制导能力，故本书不将其列入有控的子弹药。

本书所针对的有控弹箭，是指包括具有制导能力的炮射和火箭炮发射的制导类弹药、反坦克类导弹、一般中近程的战术类导弹。这类制导弹药和导弹在飞行力学的描述上具有相同或者类似的表达形式，具有一些比较相同或者相似的飞行规律。

1.2　有翼有控弹箭和旋转有控弹箭

本书在研究有控弹箭飞行力学时主要考虑两种有控弹箭，即有翼有控弹箭和旋转有控弹箭。

所谓有翼有控弹箭是指有效射程为近程的，在大气中飞行的，重力、气动力和推力作用下，无主动滚转运动的有控弹箭，这一类有控弹箭的显著特征是无主动滚转运动；所谓旋转有控弹箭是指有效射程为近程的，弹体在飞行过程中绕自身纵轴连续滚转的有控弹箭，其显著特征是弹体绕自身纵轴连续滚转。旋转有控弹箭相比有翼有控弹箭在飞行和动态特性上具有一定的独特特征，因此本书采用专门的章节来讨论它。

其实，旋转在无控弹箭最先被广泛采用，人们所熟知的各种无尾翼炮弹几乎都是采用高速旋转(每秒上百转或更高)的陀螺效应来实现弹体飞行稳定的，即使在带有尾翼的炮弹和火箭弹中也常常采用低速旋转(每秒几转到几十转)的方式提高射击的密集度。

在有控的弹箭中，如制导和简易控制火箭弹、制导炮弹、反坦克导弹、便携式防空导弹、某些近程防空导弹，甚至某些空间飞行器和再入弹头也采用了旋转的体制。

弹体绕自身纵轴滚转可使其具有以下优点：①减少制造过程的误差等造成的气动不对称、结构不对称和推力偏心等干扰因素对弹体运动的消极影响；②弹体滚转产生的陀螺定轴效应能在一定程度上减小飞行过程中随机干扰对弹体飞行性能的影响；③对弹道导弹而言，主动段滚转有助于削弱激光拦截武器对其的毁伤能力，再入段滚转则可以避免气动加热单面烧蚀作用引起的气动不对称；④为了应对不断发展的防空反导系统，导弹可利用弹体自旋形成螺旋弹道以提高其突防能力。

从制导和控制来看，弹体自旋的存在，意味着一对舵面即可以产生空间任意方向的法向控制力，因此采用单通道执行机构即可同时控制俯仰和偏航，有助于简化控制系统结构，如诸多反坦克导弹均采用了单通道控制方案。同时，由于旋转弹的滚转通道一般不需要控制，可以省去控制滚转通道所需的相关设备，进一步简化了控制系统组成，如一些采用双通道控制的制导火箭弹就有效利用了这一优势。

基于以上优点，众多现役和在研制导兵器、战术导弹，甚至再入飞行器均采用了旋转体制。但是，弹体的旋转也使旋转弹在空气动力学特性、飞行力学特性、控制理论与方法等方面明显有别于非旋转弹，并带来一些特殊的问题，如马格努斯效应、陀螺效应等，使得该类飞行器的姿态运动远比非旋转飞行器复杂。

下面列举几种典型的旋转类有控弹箭。

1. 反坦克导弹

反坦克导弹是旋转体制应用范围最广的有控弹箭之一，从最早的第一代反坦克导弹到如今的第三代甚至是第四代反坦克导弹，都随处可见旋转弹的身影，典型的型号有如图 1-1 所示的“米兰”、图 1-2 所示的“霍特”等。

“米兰”反坦克导弹是由法国原北方航空公司和原联邦德国比尔考公司联合研制的轻型便携式反坦克导弹，弹径为 116mm，弹长为 769mm，质量为 6. 65kg，最大射程为 2km，采用筒式发射方式，由燃气舵机提供控制力，利用斜置圆弧尾翼提供导弹升力和导弹低速旋转所需的旋转力矩，导弹初始旋转速度为6r/s。“米兰”导弹经过几十年的发展，已经形成一套完整的系列。第二代反坦克导弹“霍特”远程反坦克导弹由法国和德国联合研制，弹径为136mm，弹长为1270mm，质量为32kg，最大射程为4km，采用车载或机载筒式发射，采用推力矢量控制和红外半主动自动有线指令制导，同样采用了圆弧式折叠尾翼，保证了续航飞行段的滚转运动。

图1-1 “米兰”反坦克导弹

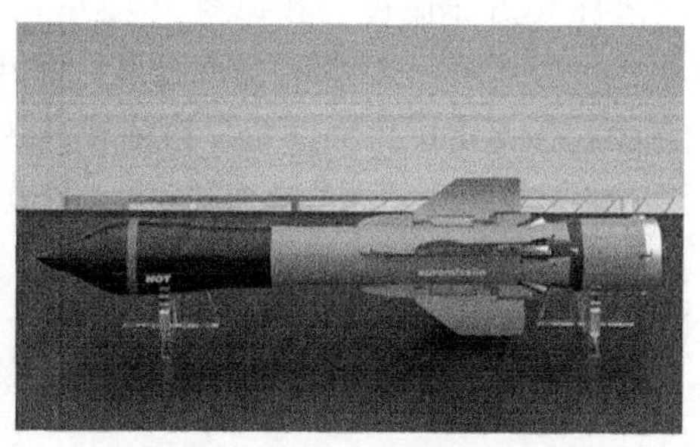

图1-2 “霍特”远程反坦克导弹

图 1-3(a)所示的“红箭-73”是我国在苏联“萨格尔 AT-3”反坦克导弹基础上研制的第一代反坦克导弹，1978 年设计定型，弹径为 120mm，弹长为 854mm，系统质量为 11.3kg，飞行速度为 120m/s，最小射程为 0.5km，最大射程为 3km，采用有线指令制导，抗干扰能力强， 采用 3.15° 的尾翼斜置角保证飞行时导弹的旋转。“红箭-73”导弹经过改进，研制成功了“红箭-73B”“红箭-73C”导弹系列。图 1-3(b)所示的“红箭-8”反坦克导弹是我国自行研制的第二代反坦克导弹，1984 年定型，为筒式发射、光学瞄准跟踪、有线传输指令、扰流片控制和指令制导的旋转体制导弹，战斗部直径为 120mm，发射器直径为 255mm，弹长为 875mm，导弹质量为 11.2kg，最小射程为 0.1km，最大射程为 3km，飞行速度为 200～240m/s，采用 4 片呈“+”形配置的折叠尾翼使导弹旋转稳定，可由步兵携带、履带和轮式发射车、直升机等多种方式发射。我国在“红箭-8”的基础上研制了“红箭- 8A”“红箭-8C”“红箭-8E”“红箭-8L”等系列导弹。

(a)红箭-73 反坦克导弹

(b)红箭-8 反坦克导弹

图1-3 “红箭-73”和“红箭-8”反坦克导弹

2. 战术导弹

战术导弹领域也有较多应用旋转体制的情况，如美国的近程防空导弹(RAM，Rolling Airframe Missile)和人们所熟知的“爱国者-3”(PAC-3)地空导弹。图 1-4 所示的 RAM 是由美国和德国共同研制的低空、近程、舰载自卫防御舰空导弹，用以拦截掠海飞行的反舰导弹和高速飞机。它于 1972 年开始方案论证，1979 年进行工程研制，1989 年小批量生产，1991 年开始服役；其弹径为 127mm，弹长为 2.79m，最小射程为 926m，最大射程为 9.26km；采用一对鸭舵进行控制，采用尾翼上的调整片保持导弹滚转飞行。图 1-5 所示的 PAC-3 是美国“爱国者”系列导弹的最新升级型，通过直接撞击的方式摧毁位于大气层内的目标，最大拦截高度为 20km，最小拦截高度为 300m，最大拦截距离为 50km，最小拦截距离为 500m，最大飞行速度为 5 马赫，攻击段弹体低速旋转，高空飞行时采用脉冲发动机，提高操纵的快速性。

图 1-4　RAM 导弹

图 1-5　PAC-3 地空导弹

3. 炮射制导炮弹

炮射尾翼稳定的制导炮弹也沿用了旋转体制，如人们所熟知的美国 155mm“神剑-XM982”型制导炮弹(图 1-6)和俄罗斯 152mm 制导炮弹“红土地”(图 1-7)。

图 1-6　美国“神剑- XM982”型制导炮弹

图 1-7　俄罗斯“红土地”制导炮弹

“神剑-XM982”(XM982 Excalibur，现称为 M982 Excalibur)由美国的雷神导弹系统

(Raytheon Missile Systems)公司和瑞典的博福斯防务公司联合研制，弹径为155mm，质量为48kg，射程依据发射平台的不同而不同，最远可达47km，可携带双用途改进型常规弹药、反装甲弹药“萨达姆”和单一侵彻三种类型的战斗部，分别对有生力量、装甲车辆和防御工事进行精确打击。“神剑”采用全球定位系统/惯性导航系统(GPS/INS)组合制导方式，与传统的炮弹不同，XM982采用尾翼稳定方式，两对鸭舵作为执行机构，是一种发射后不管的全程自主式制导炮弹，出炮口转速在8r/s左右。

“红土地”制导炮弹由俄罗斯联邦仪器制造设计局研制，弹径为152mm，质量为50kg，弹长为1305mm，采用杀伤爆破式战斗部，主要攻击坦克、装甲车、防御工事和炮兵阵地等，采用激光半主动制导方式，作战示意图如图1-8所示，其采用两对互相垂直的鸭舵产生所需要的控制力，出炮口转速为6～10r/s。

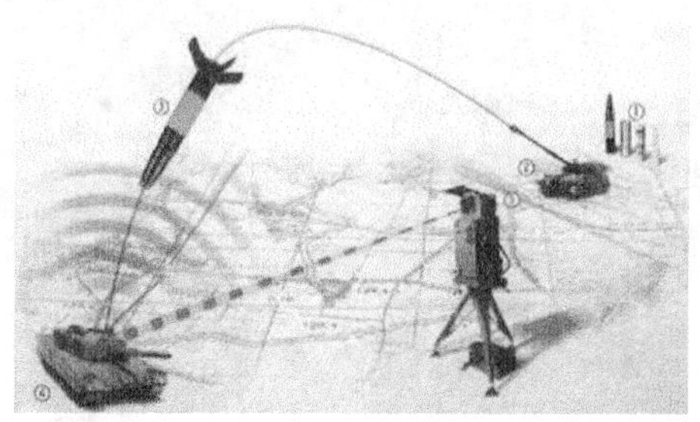

图1-8 “红土地”制导炮弹作战示意图

4. 炮射制导迫击炮弹

迫击炮弹一般也采用旋转体制，近年来，同样随着常规兵器制导化的推进，世界各军事强国都在研发制导型迫击炮弹。典型的旋转体制制导迫击炮弹有美国阿连特技术系统(ATK)公司研发的120mm精确制导迫击炮弹(PGMM，Precision Guided Mortar Munition)“XM395”和俄罗斯的“格兰”(GRAN，也翻译为“晶面”)制导迫击炮弹。图1-9所示的“XM395”是一种多用途、多模制导弹药，可对高价值目标进行“外科手术式”精确打击，弹径为120mm，设计最远射程可达15km。俄罗斯研制的“格兰”制导迫击炮弹，弹径为120mm，射程为1.5～9km，采用激光半主动制导方式，由地面激光目标指示器指示目标。受激光目标指示器的限制，“格兰”攻击静止目标时的射程只有7km。

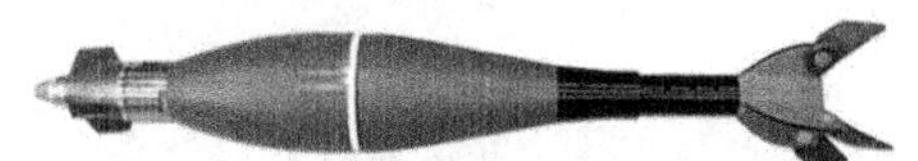

图1-9 “XM395”制导迫击炮弹

5. 简易控制火箭弹和制导火箭弹

无控火箭弹的一个突出问题是随着射程增加而精度下降，美国和英国、德国、法国、意大利等国于1999年底开始研制制导型的GMLRS(图1-10)，它采用固体火箭发动机、

GPS/INS 组合导航系统、弹体头部的鸭翼舵面提供操纵力，GMLRS 与 MLRS 弹径相同，弹长为 4.0m，同样可以采用 M270 作为发射系统，射程最远可达 70km，而毁伤同样的目标只需要 MLRS 耗弹量的 20%。为了满足捷联惯性导航系统的限制，GMLRS(图 1-11)取消了弹体旋转，只是让 4 片可滑动的卷弧尾翼滚转，用滑动轴承实现弹体与尾翼间的旋转隔离。图 1-12 是俄罗斯“龙卷风”火箭弹系统及其配置的简易控制型火箭弹。“龙卷风”配置的 BM30 火箭弹弹径为 300mm，弹长为 7600mm，射程为 70km，采用 6 片斜置的卷弧尾翼保证飞行中的连续旋转，由火箭炮定向管的螺旋导槽完成初始赋旋。

图 1-10　GMLRS 发射系统

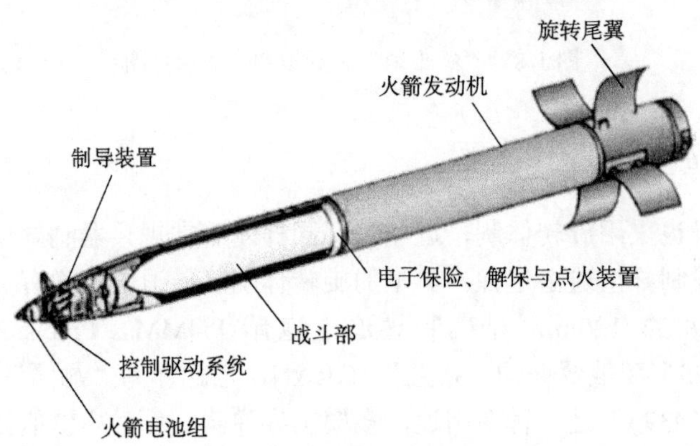

图 1-11　GMLRS 火箭弹

图 1-12　“龙卷风”火箭弹系统

我国则发展了 A-200(图 1-13)和 PHL03 多管火箭炮(图 1-14)。A-200 多管火箭系统由中国航天科技集团研发，火箭弹采用了简易控制方式，与“龙卷风”不同的是，A-200 多管火箭炮系统采用储运发射箱，为左右 2 个发射单元，每个单元 4 个发射箱。这种发射箱采用“储存、运输、发射”一体化设计，不但便于日常维护，为火箭弹提供了一个稳定的储存环境，更方便战场使用，无须像“龙卷风”那样重新装填，只需直接吊下空发射单元，换上新发射单元即可。PHL03 在性能和指标上均与“龙卷风”类似。

图 1-13　A-200 多管火箭炮

从公开披露的资料来看，我国正在研发全程制导型火箭弹，外贸型号为 BRE3，如图 1-15 所示。与美国研发 GMLRS 的模式不同，BRE3 虽然也采用了 4 片鸭舵提供操纵力矩，但保留了旋转弹体制，更好地适应了现役发射平台。

图 1-14　PHL03 多管火箭炮

图 1-15　BRE3 制导型多管火箭弹系统

1.3　有控弹箭飞行力学的研究内容

有控弹箭飞行力学研究有控弹箭在飞行过程中各种力作用下的运动规律。

有控弹箭是属于有控飞行的武器，为了完成武器系统和飞行任务的要求，就需要按一定控制规律改变弹箭的运动方向和速度。因此，有控弹箭飞行力学是在考虑飞行器的气动特性、控制系统特性、推进系统特性、结构特性和环境特性等条件下的运动学和动力学。

研究有控弹箭飞行力学，首先研究作用在有控弹箭上的各种力和力矩在运动过程中变化的特性，然后研究在这些力和力矩作用下弹箭的运动学特性和动力学特性。

有控弹箭的运动学和动力学特性按其特点可分为两种类型：

(1)有控弹箭的整体运动，即有控弹箭质心运动和有控弹箭绕其质心转动的姿态运动；

(2)有控弹箭局部的物体运动，如操纵面运动、弹性结构变形和振动、储箱内液体晃动等，这些局部运动的特性对全弹的整体运动也会产生影响。

研究有控弹箭运动学、动力学及其有关的热力学，运用环境条件等交联问题为有控弹箭控制系统设计、结构设计、有控弹箭总体以及武器系统总体设计提供数据，这是有控弹箭研究的重要依据。

研究有控弹箭飞行力学，除需要掌握工程数学、物理、计算方法等基础理论外，还必须掌握空气动力学、自动控制理论、计算机技术、导弹系统总体设计等方面的一些基础知识，这样才能正确地了解飞行过程中各种力的相互作用，精确地建立各种数学模型，并求出有关问题的解。

1.4　有控弹箭飞行力学的研究方法

有控弹箭飞行力学的研究方法需要将理论与实践相结合。先应用现有的知识，将研究的弹箭状态和过程用数学模型的形式加以表达，该数学模型可以是代数方程、微分方程或统计学方程，方程的数量取决于所研究系统的复杂程度及要求的精确程度。要研究的问题越复杂，要求越精确，则所列的方程组就越复杂，这些方程组的求解也就越困难。一般来说，要十分完整和精确地用数学方程来描述大系统的研究过程是办不到的，通常都带有一定程度的简化处理，以满足实际设计工作的需要。但是这样的一种简化与实际有出入，有时需采用地面试验数据，或飞行试验数据加以修正。为了验证数学模型的真实性和准确性的置信度，需要进行计算机仿真、地面试验和飞行试验，用试验数据或统计模型进行比较。

有控弹箭飞行力学的研究手段主要是先用数学建模仿真、缩比模型的物理仿真(风洞试验、自由飞)、半实物仿真，然后进行飞行试验(全实物)；用飞行试验所取得的数据对飞行力学的模型进行验证和校正；最后给定有控弹箭的数学模型。该模型是确定有控弹箭飞行弹道、火控系统数学模型、靶场试验基准弹道结果分析和作战使用的杀伤区、安全发射区、危险区的主要原始依据。

为了描述有控弹箭的空间运动，建立数学方程时需要考虑下述几方面的问题：

(1)有控弹箭通常是变质量物体(因为在飞行过程中推进剂不断消耗)，需要列出质量随时间变化的关系方程。

(2)有控弹箭空气动力学系数随着飞行高度、飞行马赫数变化的关系方程。

(3)有控弹箭飞行力学中需要定义多种坐标系，如地面坐标系、弹体坐标系、弹道坐标系和速度坐标系等，坐标关系可通过矩阵进行变换，建立有控弹箭质心运动方程和绕质心转动的六自由度运动方程。

(4)有控弹箭作为控制对象，其空间运动要保证目标和弹箭运动之间的关系，一般都采用导引规律对弹箭进行操纵，为了保证控制过程具有一定的准确性，也应给出反馈信号方程。

一般来说，有控弹箭空间运动方程组大致是由刚体空间六自由度运动方程、几何关系方程、变质量方程、制导方程和控制方程等组成的，各种有控弹箭还可以根据不同的飞行状态和研究不同参数的要求，建立补充方程，使所建立的方程中的未知参数与方程数相等，在给定参数的初始条件后，用数值积分法求解方程组，求得各参数值及其变化规律，对部分参数建立模型进行寻优并确定其边界值，为设计提供依据。

有控弹箭飞行力学的研究过程通常有两种方式，即专题研究和结合具体型号的研制进行研究。

所谓专题研究，是以有控弹箭某一飞行过程的飞行状态作为研究对象，采用某些典型的结构方案，对某一种状态的飞行特性从理论上和计算方法上进行比较仔细的研究，而这种状态是过去的研制工作中所没有研究过的，缺少必要的分析方法和数据。因此，需要开展新的研究，建立数学模型，确定其边界条件，进行计算和仿真，得出结论，为以后的型号设计提供技术储备。

所谓结合具体型号的研制，应根据有控弹箭型号研制的不同阶段需要解决的问题和可能提供的数据准确度建立不同的飞行力学数学模型，并采用不同的分析方法。

1) 型号可行性论证阶段

在型号开展研制前对拟研制的型号从技术上、经济上和时间上进行综合论证，根据初步的战术、技术指标，提出方案设想和可供选择的技术途径。方案设想应满足主要战术技术指标。需要考虑的主要战术技术指标包括目标主要特性、作战空域、有效射程、飞行速度、飞行高度、反应时间、杀伤概率、有控弹箭的外形尺寸和质量等。根据型号的主要战术技术指标要求，选择型号的技术途径，确定型号方案和分系统要求。方案是否满足飞行特性的要求，需要在选择方案时进行不同方案的弹道计算与分析。此时的外形和布局都是较粗略的，空气动力数据也是采用较简单的方法计算的，或采用经验数据，把有控弹箭看作可控制的质点来研究其运动，以适应能迅速进行多方案对比和优化。

2) 方案设计阶段

根据战术技术指标和任务书开展具体的方案设计。通过方案优化和必要的摸底试验，确定分系统技术方案、技术指标。有控弹箭的外形、结构、气动参数都比可行性论证阶段所用数据更具体、准确。在有控弹箭特性计算时，要按质点系刚体来考虑，要考虑制导、控制方程等因素，有控弹箭飞行力学的主要问题都应做出初步的分析与评定。

3) 技术设计阶段

本阶段又可分为两个研制阶段。第一阶段对全弹和各个分系统进行详细的技术设计，进一步协调技术参数、完善设计参数。为了完善技术设计，进行有控弹箭的“初样”制造，通过地面各种试验，如结构的强度试验、动力装置的地面试车、控制系统的仿真试验，最后完成独立回路(自控)弹的飞行试验，考核有控弹箭的气动外形、结构强度、动力装置和自动驾驶仪的性能，进一步完善各系统的技术参数。第二阶段是增加目标跟踪、导引系统功能，每次飞行试验考核重点明确，增加试验成功概率。包括有控弹箭武器系统的引战配合效率、杀伤概率、毁伤效能评估以及可靠性和作战、使用、维护性能都得到试验校验。

4) 设计定型和飞行鉴定试验阶段

针对有控弹箭武器系统能否满足作战使用的战术技术要求，为作战使用提供依据性数据。通过本阶段飞行试验数据的修正，飞行力学的数学模型既有理论依据，又有试验数据支持，使其成为更符合实际情况、置信度很高、更完善的数学模型。在此阶段，通常可以通过有控弹箭的全弹道数学仿真(统计打靶)来进一步确定有控弹箭的命中精度。

1.5　有控弹箭飞行力学的描述与符号体系

目前有控弹箭飞行力学的描述与符号体系尚无国家标准。

传统的无控弹箭一般采用无控外弹道学体系，而导弹一般都采用导弹飞行力学体系。这两个体系有相同之处，也有很多差异，所针对的弹箭飞行的特性也不相同。本书所涉及的有控弹箭，如制导炮弹、制导火箭弹、制导航弹等，其基本的飞行制导、控制的原理更接近于导弹，与传统的无控弹箭产生了很大的差异。故本书采用我国在导弹飞行力学教科书和工程设计中多年来常用的描述方法和符号体系。

在本书后面的正文中，为了叙述的简洁，有时将有控弹箭简称为弹箭。

1.5.1　空气动力和力矩常用符号

1. 空气动力(亦称气动力)

弹箭空气动力 $\boldsymbol{R}$——弹箭弹体在空气中有相对于空气的运动时，弹体各部件(如弹翼、弹身、舵面、安定面等)所产生的空气动力的合力向量，通常分解为阻力、升力和侧向力或轴向力、法向力和横向力。

阻力 X——弹箭空气动力 $\boldsymbol{R}$ 在速度坐标系中沿 x_3 轴的分力，阻力 X 的正方向与 x_3 轴的正方向相反。

升力 Y——弹箭空气动力 $\boldsymbol{R}$ 在速度坐标系中沿 y_3 轴的分力，升力 Y 的正方向与 y_3 轴的正方向一致。

侧向力 Z——弹箭空气动力 $\boldsymbol{R}$ 在速度坐标系中沿 z_3 轴的分力，侧向力 Z 的正方向与 z_3 轴的正方向一致。

2. 气动力矩

弹体的气动力矩 $\boldsymbol{M}$——弹箭弹体的各部件所产生的空气动力相对于某基准点(通常是质心)的总力矩。

滚转力矩 M_x——绕弹体坐标系中的 x_1 轴的空气动力矩。力矩 M_x 绕 x_1 轴按右手螺旋表示时，若大拇指指向与 x_1 轴的正方向一致，则此力矩 M_x 是正力矩；反之为负。

偏航力矩 M_y——绕弹体坐标系中的 y_1 轴的空气动力矩。力矩 M_y 绕 y_1 轴按右手螺旋表示时，若大拇指指向与 y_1 轴的正方向一致，则此力矩 M_y 是正力矩；反之为负。

俯仰力矩 M_z——绕弹体坐标系中的 z_1 轴的空气动力矩。力矩 M_z 绕 z_1 轴按右手螺旋表示时，若大拇指指向与 z_1 轴的正方向一致，则此力矩 M_z 是正力矩；反之为负。

铰链力矩 M_h——作用在操纵面上的空气动力绕操纵面铰链(转动)轴的力矩。

3. 气动力系数

1) 气动力系数

气动力系数 C_R 与气动力 R 之间的关系为

$$C_R = R / qS \tag{1-1}$$

式中，q 为气体动压，即 $q=\dfrac{1}{2}\rho V^2$，V 为相对气流速度的大小(如常用的弹箭质心运动速度的大小)，ρ 为大气的密度；S 为气动力参考面积。

气动力系数为一无量纲系数。

阻力系数 C_x 为

$$C_x = X / qS$$

升力系数 C_y 为

$$C_y = Y / qS$$

侧向力系数 C_z 为

$$C_z = Z / qS$$

2) 气动力矩系数

气动力矩系数 m 与力矩 M_A 之间的关系为

$$m = M_A / qSL \tag{1-2}$$

式中，L 为某一参考长度。

力矩系数为一无量纲系数。

滚转力矩系数 m_x 为

$$m_x = M_x / qSL$$

偏航力矩系数 m_y 为

$$m_y = M_y / qSL$$

俯仰力矩系数 m_z 为

$$m_z = M_z / qSL$$

铰链力矩系数 m_h 为

$$m_h = M_h / qSL$$

以上各式中的参考面积 S 和参考长度 L，可根据不同的气动外形选择不同部位的参数，对气动力矩而言，常选用的参考面积 S 有弹身最大截面面积、通过弹身的假想弹翼面积、可旋转弹翼的转动弹翼部分，见图 1-16。参考长度 L 常选为弹身的长度、弹翼的平均气动力弦长(可以是假想弹翼的平均气动力弦长，也可以是可旋转部分的平均气动力弦长)，还有弹身的最大直径和弹翼的展长。气动铰链力矩系数表达式中参考面积 S 多选用操纵面转动部分的面积，参考长度 L 选为操纵面的气动力作用点和铰链力轴之间的距离 L_h，如图 1-17 所示。

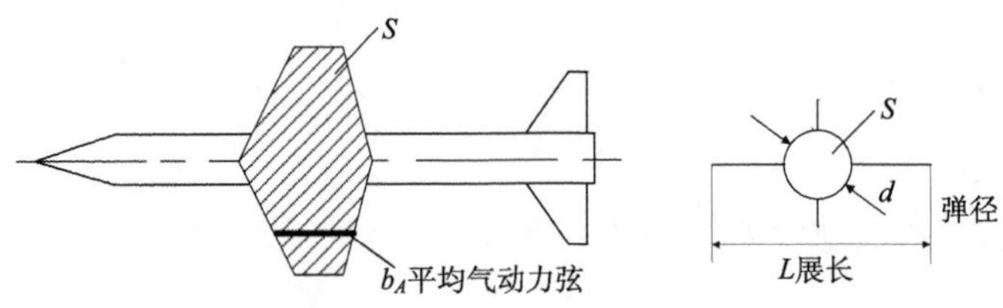

图 1-16　S、L选择示意图

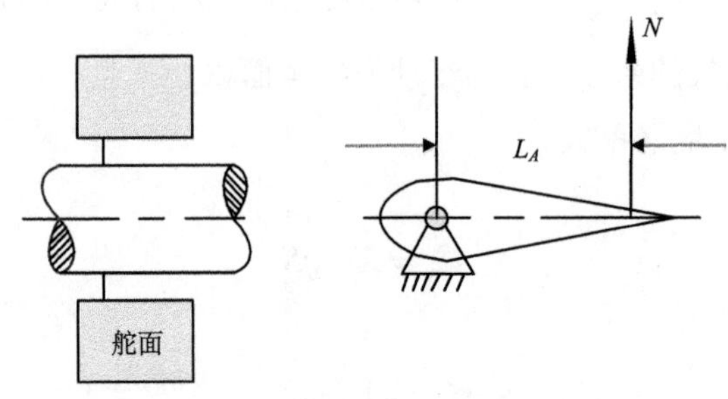

图 1-17　气动铰链力矩参考尺寸示意图

4. 角度、角速度

攻角 α ——又称迎角、冲角。攻角系指相对气流流动的速度向量(当弹箭在无风的静止气流中运动时，即为其质心运动的速度向量)在弹箭纵对称平面内的投影与弹体坐标系纵轴(x_1 轴)之间的夹角。当相对速度沿弹体坐标系中 y_1 轴的分量是负值时，所对应的攻角为正值；反之为负值。

侧滑角 β ——弹箭质心运动(或相对气流运动)的速度向量与弹箭纵对称面之间的夹角。当速度向量在弹体坐标系 z_1 轴上的分量是正值时，这个角度为正；反之为负。

舵面偏转角 δ (简称舵偏角)——弹箭的运动是由称之为操纵面的活动部件的偏转来实现控制的，这些操纵面的偏转可以改变作用在弹箭弹体上的各种力和力矩，从而达到改变弹箭飞行轨迹的目的。

按操纵面的功能来看，操纵面可划分为以下三类：

滚动操纵面，又称为副翼，其偏转角度用 δ_x 表示；

偏航操纵面，又称方向舵，其偏转角度用 δ_y 表示；

俯仰操纵面，又称升降舵，其偏转角度用 δ_z 表示。

对滚动操纵面来讲，当 δ_x 正偏转时，它所产生的滚动力矩为负值。对偏航操纵面和俯仰操纵面偏角的正负作如下的规定：对于铰链轴成平行子弹体坐标系的一个轴的操纵面来说，当逆着与铰链轴成平行的轴的正方向看操纵面的偏转时，如果操纵面是逆时针转动，就规定这一偏转方向为正。

弹箭弹体转动角速度 ω ——此处转动角速度通常以弹体绕弹体坐标系的 3 个转动角速度来表示，即 ω_x、ω_y、ω_z。

滚转角速度 ω_x 为弹体绕 x_1 轴的角速度；偏航角速度 ω_y 为弹体绕 y_1 轴的角速度；俯

仰角速度ω_z为弹体绕z_1轴的角速度。角速度ω_x、ω_y、ω_z用右手螺旋表示时，若大拇指的指向与x_1、y_1、z_1轴的正方向一致，这些角速度为正；反之为负。

5. 气动力系数、气动力矩系数对各变量的偏导数

1) 对攻角α的偏导数

C_x^α——阻力系数对攻角的偏导数，即$\partial C_x/\partial\alpha$。

C_y^α——升力系数对攻角的偏导数，即$\partial C_y/\partial\alpha$。

C_z^α——侧向力系数对攻角的偏导数，即$\partial C_z/\partial\alpha$。

m_x^α——滚转力矩系数对攻角的偏导数，即$\partial m_x/\partial\alpha$。

m_y^α——偏航力矩系数对攻角的偏导数，即$\partial m_y/\partial\alpha$。

m_z^α——俯仰力矩系数对攻角的偏导数，即$\partial m_z/\partial\alpha$。

m_h^α——铰链力矩系数对攻角的偏导数，即$\partial m_h/\partial\alpha$。

2) 对侧滑角β的偏导数

C_x^β——阻力系数对侧滑角的偏导数，即$\partial C_x/\partial\beta$。

C_y^β——升力系数对侧滑角的偏导数，即$\partial C_y/\partial\beta$。

C_z^β——侧向力系数对侧滑角的偏导数，即$\partial C_z/\partial\beta$。

m_x^β——滚转力矩系数对侧滑角的偏导数，即$\partial m_x/\partial\beta$。

m_y^β——偏航力矩系数对侧滑角的偏导数，即$\partial m_y/\partial\beta$。

m_z^β——俯仰力矩系数对侧滑角的偏导数，即$\partial m_z/\partial\beta$。

m_h^β——铰链力矩系数对侧滑角的偏导数，即$\partial m_h/\partial\beta$。

3) 对滚转舵(副翼)偏角δ_x的偏导数

$C_x^{\delta_x}$——阻力系数对滚转舵偏角的偏导数，即$\partial C_x/\partial\delta_x$。

$C_y^{\delta_x}$——升力系数对滚转舵偏角的偏导数，即$\partial C_y/\partial\delta_x$。

$C_z^{\delta_x}$——侧向力系数对滚转舵偏角的偏导数，即$\partial C_z/\partial\delta_x$。

$m_x^{\delta_x}$——滚动力矩系数对滚转舵偏角的偏导数，即$\partial m_x/\partial\delta_x$。

$m_y^{\delta_x}$——偏航力矩系数对滚转舵偏角的偏导数，即$\partial m_y/\partial\delta_x$。

$m_z^{\delta_x}$——俯仰力矩系数对滚转舵偏角的偏导数，即$\partial m_z/\partial\delta_x$。

$m_h^{\delta_x}$——铰链力矩系数对滚转舵偏角的偏导数，即$\partial m_h/\partial\delta_x$。

4) 对偏航舵偏转角δ_y的偏导数

$C_x^{\delta_y}$——阻力系数对δ_y的偏导数，即$\partial C_x/\partial\delta_y$。

$C_y^{\delta_y}$——升力系数对δ_y的偏导数，即$\partial C_y/\partial\delta_y$。

$C_z^{\delta_y}$——侧向力系数对δ_y的偏导数，即$\partial C_z/\partial\delta_y$。

$m_x^{\delta_y}$——滚动力矩系数对δ_y的偏导数，即$\partial m_x/\partial\delta_y$。

$m_y^{\delta_y}$——偏航力矩系数对δ_y的偏导数，即$\partial m_y/\partial\delta_y$。

$m_z^{\delta_y}$——俯仰力矩系数对δ_y的偏导数，即$\partial m_z/\partial\delta_y$。

$m_h^{\delta_y}$——铰链力矩系数对δ_y的偏导数，即$\partial m_h / \partial \delta_y$。

5)对俯仰舵偏转角δ_z的偏导数

$C_x^{\delta_z}$——阻力系数对δ_z的偏导数，即$\partial C_x / \partial \delta_z$。

$C_y^{\delta_z}$——升力系数对δ_z的偏导数，即$\partial C_y / \partial \delta_z$。

$C_z^{\delta_z}$——侧向力系数对δ_z的偏导数，即$\partial C_z / \partial \delta_z$。

$m_x^{\delta_z}$——滚转力矩系数对δ_z的偏导数，即$\partial m_x / \partial \delta_z$。

$m_y^{\delta_z}$——偏航力矩系数对δ_z的偏导数：即$\partial m_y / \partial \delta_z$。

$m_z^{\delta_z}$——俯仰力矩系数对δ_z的偏导数，即$\partial m_z / \partial \delta_z$。

$m_h^{\delta_z}$——铰链力矩系数对δ_z的偏导数，即$\partial m_h / \partial \delta_z$。

6)无量纲角速度

无量纲角速度为角速度乘以某一参考长度L并除以相对气流速度V。故无量纲的滚转角速度$\overline{\omega}_x$、无量纲偏航角速度$\overline{\omega}_y$、无量纲俯仰角速度$\overline{\omega}_z$可表示为

$$\begin{aligned} \overline{\omega}_x &= \omega_x L / V \\ \overline{\omega}_y &= \omega_y L / V \\ \overline{\omega}_z &= \omega_z L / V \end{aligned} \tag{1-3}$$

同样，无量纲攻角速度$\overline{\dot{\alpha}}$、无量纲侧滑角速度$\overline{\dot{\beta}}$、无量纲滚转舵偏角变化率$\overline{\dot{\delta}}_x$、无量纲偏航舵偏角变化率$\overline{\dot{\delta}}_y$、无量纲俯仰舵偏角变化率$\overline{\dot{\delta}}_z$可分别表示为

$$\begin{aligned} \overline{\dot{\alpha}} &= \dot{\alpha} L / V \\ \overline{\dot{\beta}} &= \dot{\beta} L / V \\ \overline{\dot{\delta}}_x &= \dot{\delta}_x L / V \\ \overline{\dot{\delta}}_y &= \dot{\delta}_y L / V \\ \overline{\dot{\delta}}_z &= \dot{\delta}_z L / V \end{aligned} \tag{1-4}$$

7)滚转力矩系数、偏航力矩系数、俯仰力矩系数

对无量纲的角速度$\overline{\omega}_x$、$\overline{\omega}_y$、$\overline{\omega}_z$、$\overline{\dot{\alpha}}$、$\overline{\dot{\beta}}$、$\overline{\dot{\delta}}_x$、$\overline{\dot{\delta}}_y$、$\overline{\dot{\delta}}_z$的偏导数可分别表示为

$$m_x^{\overline{\omega}_x} = \partial m_x / \partial \overline{\omega}_x$$

$$m_x^{\overline{\dot{\delta}}_x} = \partial m_x / \partial \overline{\dot{\delta}}_x$$

$$m_x^{\overline{\omega}_y} = \partial m_x / \partial \overline{\omega}_y$$

$$m_y^{\overline{\dot{\beta}}} = \partial m_y / \partial \overline{\dot{\beta}}$$

$$m_y^{\overline{\omega}_y} = \partial m_y / \partial \overline{\omega}_y$$

$$m_y^{\overline{\omega}_x} = \partial m_y / \partial \overline{\omega}_x$$

$$m_y^{\overline{\dot{\delta}}_y} = \partial m_y / \partial \overline{\dot{\delta}}_y$$

$$m_z^{\bar{\dot{\alpha}}} = \partial m_z / \partial \bar{\dot{\alpha}}$$

$$m_z^{\bar{\omega}_z} = \partial m_z / \partial \bar{\omega}_z$$

$$m_z^{\bar{\dot{\delta}}_z} = \partial m_z / \partial \bar{\dot{\delta}}_z$$

1.5.2 弹道参数及其符号

H——飞行高度，空间某点距平均海平面的距离，以平均海平面以上各点的高度为正。

p——大气压强。

T——大气温度、周期。

ρ——大气密度、弹道曲率半径。

$\boldsymbol{W}$——大气风速矢量，大气相对地面的流动速度。

C——复方向角、扰动运动参数解的系数。

Ma——马赫数。

V——速度，弹箭相对某参考系的运动速度。

V_x、V_y、V_z——速度V在地面坐标系中沿三轴的分量。

V_{x_1}、V_{y_1}、V_{z_1}——速度V在弹体坐标系中沿三轴的分量。

a——声速；加速度，在弹道坐标系中沿三轴的分量分别为$a_x = \mathrm{d}V / \mathrm{d}t$、$a_y = V\mathrm{d}\theta / \mathrm{d}t$、$a_z = -V\cos\theta\mathrm{d}\psi_V / \mathrm{d}t$。

n——过载，在弹体坐标系中的分量分别为n_{x_1}、n_{y_1}、n_{z_1}；在弹道坐标系中沿三轴的分量分别为n_{x_2}、n_{y_2}、n_{z_2}；在速度坐标系中沿三轴的分量分别为n_{x_3}、n_{y_3}、n_{z_3}。

r——弹箭与目标之间的相对距离。

L——射程。

θ——弹道倾角。

ψ_V——弹道偏角。

q——目标方位角(视角)。

ε、ε_T——弹箭高低角、目标高低角。

σ、σ_T——弹箭速度向量、目标速度向量与基准线的夹角。

η、η_T——弹箭前置角、目标前置角。

1.5.3 弹箭结构参数

m——质量；L——特征长度；S——参考面积；L_B——弹身长度；D——弹身直径；b_A——弹翼平均气动力弦长；b——翼展；λ——梢根比；J_x、J_y、J_z——绕弹体坐标系三个轴的转动惯量；J_{yz}、J_{zx}、J_{xy}——绕弹体坐标系三个轴的转动惯性积；x_p——压力中心至头部顶点的距离；x_g——弹箭质心至头部顶点的距离；x_F——弹箭焦点至头部顶点的距离；$\dot{m}$——质量变化率，$\dot{m} = \mathrm{d}m / \mathrm{d}t$。

1.5.4　发动机参数符号

P——推力；S_a——喷口处截面积；p_a——喷口处的压强；μ_e——喷气流相对弹体的流动速度。

1.5.5　某些下标的规定

目标的参数一般用下角标T表示，如目标运动的速度可表示为V_T，其他参数类同；载船的参数用下角标s表示，如载船的运动速度可表示为V_s，其他参数类同；载机的参数用下角标f表示，如载机的运动速度可表示为V_f，其他参数类同；用下角标0表示起始状态的参数。

上角标“*”，表示滚转弹箭的参数。

前置符号“Δ”，表示偏量，增量。

上置符号“-”，表示限制值；无量纲量，量纲为1的量。

1.5.6　其他符号

传递函数表示为$W_{XY}(s)=Y(s)/X(s)$，公式中X为系统的输入量(写在前)；Y为系统的输出量(写在后)。

思　考　题

1. 有控弹箭的研究范畴是什么?
2. 旋转类的有控弹箭有哪些典型例子?
3. 有控弹箭飞行力学的研究内容是什么?
4. 有控弹箭飞行力学的研究方法是什么?
5. 有控弹箭飞行力学采用了哪些符号体系?

第 2 章　有控弹箭空气动力学基础知识

2.1　空气动力学概述

有控弹箭在大气层内飞行时，空气动力是作用其上的主要外力之一。空气动力的变化规律与弹箭运动规律密切相关，在研究飞行力学时需具备空气动力学的基本知识。空气动力学通常包括飞行器(如飞机、航天器、弹箭)空气动力学和工业(如涡轮机、鼓风机)空气动力学两大类。

弹箭空气动力学是研究弹箭和空气做相对运动时，空气的运动规律及其作用力规律的学科。空气作用在弹箭上的力叫做空气动力，它是空气作用在弹箭外表面上的分布力系的合力。

空气动力学按速度的大小可分为低速空气动力学和高速空气动力学。当气流速度足够低时，空气的密度变化可以忽略，此速度范围内可称为低速空气动力学。例如，弹箭在海平面飞行时，若飞行速度小于声速的 40%，就可近似地把绕弹箭的流动视为不可压流，即认为空气密度是常数。当飞行速度较高时，空气流动所引起的空气密度的变化必须考虑，就必须看作高速空气动力学来研究。

高速空气动力学又可分为亚声速空气动力学(流体速度小于声速)、跨声速空气动力学(流体速度跨在声速附近)和超声速空气动力学(流体速度大于声速)。空气在这三个不同速度范围有着不同的物理规律。

2.2　空气的物理属性

2.2.1　空气的连续性假设与相对性原理

1. 连续性假设

研究弹箭与空气做相对运动和它们之间的相互作用力时，忽略空气的分子结构，也不考虑分子的不规则运动，而只考虑它的宏观特性，认为空气是连续的、无间隙的流体，这个假设被称为介质的连续性假设。介质的连续性假设被广泛地应用于空气动力学和流体力学中。

在介质的连续性假设条件下，才能把空气的密度、压强和温度等状态参数看成是空间的连续函数，才能应用连续函数的微分和积分等数学工具。

需要指出的是，连续性假设不是在任何条件下都成立的。空气由分子组成，分子之间存在间隙，而且不断地做随机运动。我们把分子在两次连续碰撞之间所走过的平均路程叫做分子的平均自由行程，记为 λ。在标准大气条件下，空气的平均自由行程约为 $6\times10^{-8}\mathrm{m}$，而弹箭的特征长度(表示弹箭尺寸大小的有代表性的长度，如弹径、弹长)远大于空气平均自由行程，也就说分子不规则运动引起的动力学效应可以忽略，故而连续性假设是满足的。由于分子的平均自由行程λ和压强成反比，随着高度的增加，大气分子的λ值也增大，到80km的高空，λ值约为0.005m，而到120km高度上，λ值为3m，则连续性假设就不适用了。

2. *相对性原理*

当弹箭以某一速度V在静止空气中运动时，弹箭与空气的相对运动规律和相互作用力，与当弹箭固定不动而让空气以大小相同、方向相反的速度V流过弹箭的情况是等效的，这就是相对性原理。

相对性原理给空气动力学的研究提供了方便，比如可以将弹箭模型固定不动，人为制造一股匀直气流流过物体，以便观察流动现象，测量模型受到的力，进行实验空气动力学研究，这就是风洞的基本原理。

3. *定常与非定常流动*

对于一个流场或者弹箭形成波系而言，如果流场空间上任意一点处的流体的压强、密度、速度等参数不随着时间而改变，这样的流动称为定常流动。而非定常流动则是指流场空间位置的流场参数将随时间而改变。

在定常流动中，速度分布与时间无关，同样压强分布、密度分布也与时间无关。流体在定常流动中，其微团运动的轨迹就是流场中的流线。此时，流线图是不随时间而改变的。

2.2.2 空气的状态参数与状态方程

空气的状态一般可用体积、压强、温度、密度等物理量来表示，这几个物理量都称为空气的状态参数。

空气的体积反映了空气分子运动所能充满的空间，或者说是容纳空气容器的容积。空气的压强是空气作用于物体表面单位面积的正压力。空气分子对物体表面的撞击在宏观上的表现就是空气的压强。空气的温度表征了空气的冷热程度，也是与空气分子运动密切相关的。

在国际单位制中，密度的单位为$\mathrm{kg/m^3}$，压强的单位为Pa，气体的温度T是用热力学温度(K)来度量的，热力学温度和摄氏温度之间的换算关系为

$$T(\mathrm{K})=t(^\circ\mathrm{C})+273.15 \tag{2-1}$$

气体的状态方程把气体的三个基本参数(压强、密度和温度)联系起来。根据气体分子运动论的基本原理，气体的状态方程可写成

$$p=\rho RT \tag{2-2}$$

式中，R称为气体常量。一般情况下，空气的气体常量$R=287.053\mathrm{m^2/(s^2\cdot K)}$。

式(2-2)称为理想气体状态方程。一般把满足上式的气体称为完全气体，也把上式称为完全气体状态方程。需要指出的是，气体的压强和温度在相当大的范围内变化时，实

际气体的状态参数基本上遵循上式所描述的规律，只有在很大的压强或者在接近凝点的条件下，实际气体与完全气体的差别才变得显著起来。

2.2.3　黏性

流体的黏性是指流体的一部分与另一部分之间发生相对运动时，会产生阻力来阻止或者抵抗这种相对运动的属性。流体的黏性本质上是流体分子之间的一种相互作用的宏观表现，它只有在流体有相对运动时才表现出来。

空气作为流体是有黏性的，因为它的黏性小，在日常生活中人们不会注意到它。我们通过一个实验来介绍空气黏性。

假设存在速度为V_∞的均匀直线气流，顺着流向放置一块很薄的平板，如图 2-1 左部所示。则测量平板附近气流速度沿平板上某点法线上的分布如图 2-1 所示。也就说，贴着板面上的那一层气流速度降为零，沿法线往上，气流速度由零逐渐变大，在离平板相当远的地方，流速达到V_∞。速度沿平板法线方向的这种变化就是空气黏性引起的。空气黏性使贴着板面的一层空气完全粘在板上，和平面没有相对速度。沿法线向上以后一层影响一层，离板面越远，受到的影响越小。一般来说，如果V_∞相当大的话(如每秒几十米到几百米)，而且由于空气的黏性较小，流速由零增大到V_∞的距离很小。若板长的特征长度以米为单位，则此距离则是毫米量级。

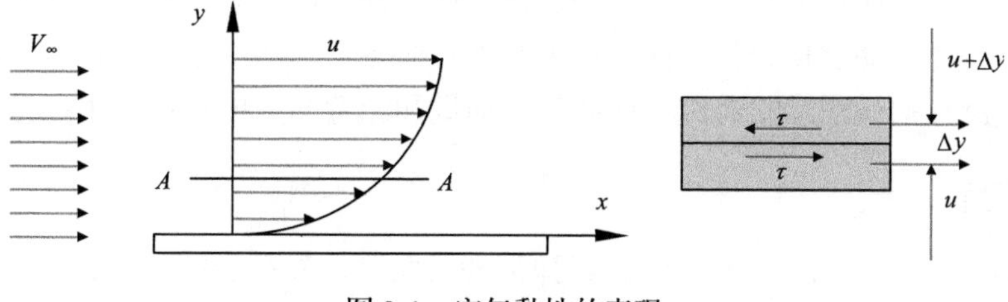

图 2-1　空气黏性的表现

牛顿(Newton)根据流体层流运动的试验观测结果，得到流体摩擦应力τ和速度的梯度$\mathrm{d}u/\mathrm{d}y$的关系为

$$\tau = \mu \frac{\mathrm{d}u}{\mathrm{d}y} \tag{2-3}$$

上式称为牛顿黏性摩擦定律，μ称为黏度或黏度系数。在国际单位制中，黏度的单位为$\mathrm{N\cdot s/m^2}$或$\mathrm{kg/(m\cdot s)}$。不同流体介质的μ值各不相同，同一介质的μ值随温度而变化。黏度μ是反映流体本身固有特性的系数；而摩擦应力τ则取决于黏度和速度梯度$\mathrm{d}u/\mathrm{d}y$。一般所说的理想流体，是指μ和$\mathrm{d}u/\mathrm{d}y$都小，因而$\tau\approx 0$的流体，不是指流体的黏度μ等于零。

气流各层之间摩擦力的本质来自气体分子的热运动。当流体微团在做有序的运动时，气体的分子同时也在不停地进行着不规则的热运动，这种热运动使不同流层中的气体动量进行交换，如果各层气流的速度不相等的话，相邻两层中的气体分子的动量必然不相同，因此就有动量交换，单位时间内通过相邻两层分界面的单位面积上的动量交换便是摩擦应力τ。如果流体不是一层一层地流动(一层一层流动称为层流)，而是紊乱地流动(称为紊流)，则相邻两层不仅有分子运动带来的动量交换，而且有因流体微团的乱动带来的动量交换，后者比前者大得多，所以紊流要比层流的摩擦阻力大得多。

在空气动力学中，黏性力和惯性力同时存在，往往把μ和ρ写成组合参数μ/ρ，并以符号ν表示，即$\nu=\mu/\rho(\mathrm{m^2/s})$，$\nu$称为运动黏度。对应地，$\mu$称为动力黏度。当$T=288.15\mathrm{K}$，$p=760\mathrm{mmHg}$时，空气的$\nu=1.46075\mathrm{m^2/s}$。

一般来说，当计算和空气做相对运动的物体的摩擦阻力时，一般把空气看成是黏性流体；而在分析计算除阻力以外的空气动力和力矩时，有时忽略黏性作用，把空气视为理想流体。

当$t=15℃$(即$T=288.15\mathrm{K}$)时，空气的$\mu=1.7894\times10^{-5}\,\mathrm{N\cdot s/m^2}$(或$\mathrm{Pa\cdot s}$)。

2.2.4 层流和紊流

黏性流存在两种不同的流态：层流(laminar flow)和紊流(又称湍流，turbulent flow)。层流通常出现在低速和大黏度下，速度的提高、黏度作用的减弱和黏流结构的发展，将使层流不稳定，导致由层流到紊流的演变，这个过渡历程称为转捩。

层流的特征是流体微团的运动呈现成层有序状态，相邻流层之间的质量、动量和能量的交换保持在分子的水平上。

紊流的特征一般认为是流体微团的运动呈现混乱无序状态，每一点的气流参量都随着时间发生强烈脉动变化。就目前的认识来说，湍流可以当成是在平均流动的基础上叠加以紊乱、脉动的微团运动而成，而质量、动量和能量的交换直接发生在微团之间。

2.2.5 附面层

如图 2-2 所示，气流以速度V_∞流经弹箭外表面时，弹箭表面气流速度u从零变到接近V_∞的范围很小，故该范围内的$\mathrm{d}u/\mathrm{d}y$的值大，因而τ也大。在流体力学中，把紧贴着弹箭表面的非常薄的黏性层叫做附面层。在附面层之外，因$\mathrm{d}u/\mathrm{d}y$很小，而且空气的μ本来就小，黏性影响可以忽略，可将气流视为理想气体。

弹箭表面的摩擦应力由弹箭表面上的速度梯度来决定，即

$$\tau_0=\mu\left(\frac{\mathrm{d}y}{\mathrm{d}u}\right)_{y=0} \tag{2-4}$$

沿物面上任一点的法线上的速度分布规律$u(y)$叫做速度型，速度型与附面层内的流态有关。

沿弹箭表面法线把附面层放大，可以显示出附面层内流速分布的图像(图 2-2)。在弹箭表面处，速度为零，沿法线往外，流速渐增，直到等于外部流动的流速。一般把速度达到外部流速的 99%时的这一点离表面的距离，称为该处附面层的厚度δ。在物体的前缘，δ值为零，至后缘附近，δ达到最大值，一般也只是物体长度的 1%左右。

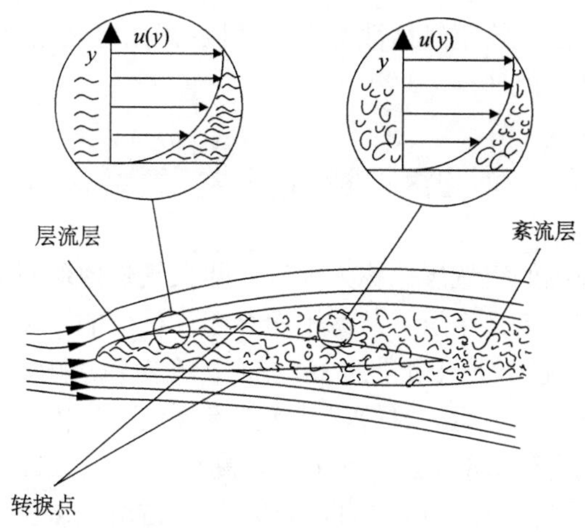

图 2-2　附面层

由于摩擦使气流的动能转为热能而损耗掉，附面层内气流的总压比外部气流小，且各点上的总压不尽相同。在附面层外，气流的内摩擦已不明显，则可以认为沿流线各点的总压相等，符合伯努利方程。

附面层如果按流动状态可以分为层流附面层和紊流附面层。当雷诺数 Re 逐渐增大时，层流附面层转变为紊流附面层。还有一种常见的状态是混合附面层，即在弹箭前部是层流附面层，后部变为紊流附面层(图 2-3)。图中的 T 点表示层流附面层转为紊流附面层的转捩点，其位置与 Re 数和表面光洁度有关。随着 Re 数增大，转捩点将提前；当 Re 数一定时，物体表面越粗糙，T 点越前移。

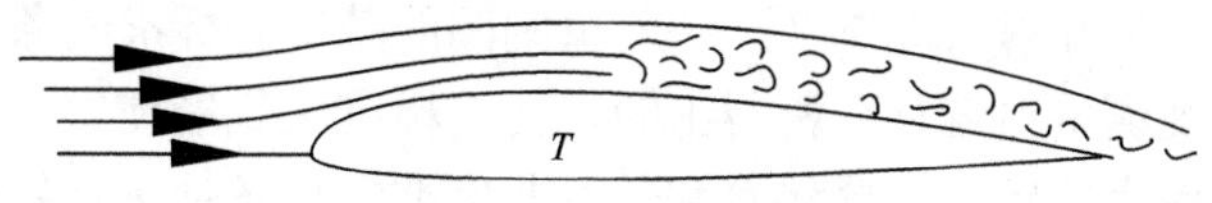

图 2-3　混合附面层流态图

2.2.6　可压缩性

空气在压强或者温度变化时，其体积或密度会随之发生变化，即空气有改变原来体积和密度的属性，称为空气的可压缩性，也可称为弹性。

飞行力学中所说的空气压缩性，不是指静止空气在外加压力的作用下的压缩性，而是指空气在流动过程中由于本身的压强变化所引起的密度变化。例如，空气流过弹箭表面时，因受到弹箭在空间的影响，空气中各点的速度和压强会发生变化。若流速不大，则引起的密度变化也很小，在一定的速度范围内可以忽略不计。在空气动力学中，用 $\mathrm{d}p/\mathrm{d}\rho$ 来衡量空气流的可压缩性。因为空气的声速等于 $\sqrt{\mathrm{d}p/\mathrm{d}\rho}$，所以声速与空气的压缩性有直接关系。

正是由于真实的空气是存在黏性并且可压缩的，故弹箭的空气动力现象较为复杂。在工程上，研究弹箭的空气动力学问题时，常采用一些简化措施，如分析弹箭在大气层飞行时只考虑弹箭近表面处的空气黏性的影响，以及在低速飞行时忽略空气的可压缩性，把空气当作不可压缩流体处理。

2.3 标准大气

一般讲整个地球外围的空气层总称为大气，即大气是地球表面整个空气层的统称。

大气按高度可以划分为几个层。从海平面算起，最低的一层称为对流层，平均高度为 11km。对流层集中了整个大气质量的 3/4 左右。在对流层内，空气上下激烈地对流，各种天气现象如云、雨、风、雪、雹等，基本上都在这一层内发生和发展。对流层上面的一层空气叫做平流层(又称同温层)，它的平均高度在 11～32km，其质量约占整个大气质量的 1/4。平流层里的大气只有水平方向运动，没有雷雨气象变化。另外，从 32～80km 称为大气层，这一层的空气质量仅占整个大气的 1/3000，再往外就是高温层和外层大气。

作用在弹箭上的空气动力，除了弹箭本身的气动构型和飞行状态，还取决于弹箭飞行所经空气区域的压强、温度及其他物理属性。大气的压强、密度及温度等参数在地球表面不同海拔上、不同纬度上，乃至不同季节，以及一天内不同的时间上是各不相同的。因此必须有一个统一的标准来进行计算、试验和相互比较，也就是必须采用一种不随季节、气候、纬度而变化的大气模型。

世界气象组织(World Meteorological Organization, WMO)对标准大气的定义是：“所谓标准大气，就是能够粗略地反映出周年、中纬度状况的，得到国际上承认的，假定大气温度、压力和密度的垂直分布。”标准大气在气象、军事、航空和宇航等部门中有着广泛的应用，它的典型用途是作为压力高度计校准，飞机性能计算，火箭、导弹和弹丸的外弹道计算，弹道表和射表编制及一些气象制图的基准。标准气象条件是根据各地、各季节多年的气象观测资料统计分析得出的，使用标准大气能使实际大气与它所形成的气象要素偏差平均而言比较小，这将有利于对非标准气象条件进行修正。所有的标准大气都规定风速为零。

为了便于比较，国际上一致采用空气的压强、温度和密度等参数随高度变化的假定关系式，这一关系式所表征的大气就是所谓“标准大气”。

标准大气用平均海平面作为零高度，规定在海平面上，大气温度 $T_0 = 288.15\text{K}$，压强 $p_0 = 101\,325\text{Pa}$，密度 $\rho_0 = 1.225\text{kg/m}^3$，并且还规定了不同大气层内温度 T 随高度 H 变化的关系，其他参数(p、ρ 等)随 H 的变化关系式则可以相应地推导出来。

根据标准大气模型得到的标准大气简表如表 2-1 所示。

表 2-1　标准大气简表(32km 以下)

H/ m	T/ K	p/ Pa	ρ / (kg/m^3)	a / (m/s)	μ / (10^{-4}N · s/m^2)	g/ (m/s^2)
0	288.15	101 325	1.2250	340.29	0.17894	9.8067
1000	281.65	89 875	1.1116	336.43	0.17578	9.8036
2000	275.15	79 495	1.0065	332.53	0.17260	9.8005
3000	268.65	70 109	0.90912	328.58	0.16937	9.7974

续表

H/ m	T/ K	p/ Pa	ρ /(kg/m³)	a /(m/s)	μ /(10^{-4}N·s/m²)	g/(m/s²)
4000	262.15	61 640	0.81913	324.58	0.16611	9.7943
5000	255.65	54 020	0.73612	320.53	0.16281	9.7912
6000	249.15	47 181	0.65970	316.43	0.15947	9.7881
7000	242.65	41 061	0.58950	312.27	0.15610	9.7851
8000	236.15	35 600	0.52517	308.06	0.15268	9.7820
9000	229.65	30 724	0.46635	303.79	0.14922	9.7789
10 000	223.15	26 436	0.41271	299.46	0.14571	9.7758
11 000	216.65	22 632	0.36392	295.07	0.14216	9.7727
12 000	216.65	19 330	0.31083	295.07	0.14216	9.7697
13 000	216.65	16 510	0.26548	295.07	0.14216	9.7666
14 000	216.65	14 102	0.22675	295.07	0.14216	9.7635
15 000	216.65	12 045	0.19367	295.07	0.14216	9.7604
16 000	216.65	10 287	0.16542	295.07	0.14216	9.7573
17 000	216.65	8786.7	0.14129	295.07	0.14216	9.7543
18 000	216.65	7504.8	0.12068	295.07	0.14216	9.7512
19 000	216.65	6410.0	0.10307	295.07	0.14216	9.7481
20 000	216.65	5474.9	0.08803	295.07	0.14216	9.7450
21 000	217.65	4677.9	0.07487	295.75	0.14271	9.7420
22 000	218.65	3999.8	0.06372	296.43	0.14326	9.7389
23 000	219.65	3422.4	0.05428	297.11	0.14381	9.7358
24 000	220.65	2930.5	0.04626	297.78	0.14435	9.7327
25 000	221.65	2511.0	0.03946	298.46	0.14490	9.7297
26 000	222.65	2153.1	0.03368	299.13	0.14544	9.7266
27 000	223.65	1847.5	0.02877	299.80	0.14598	9.7235
28 000	224.65	1586.3	0.02459	300.47	0.14652	9.7204
29 000	225.65	1363.0	0.02104	301.14	0.14706	9.7174
30 000	226.65	1171.9	0.01801	301.80	0.14760	9.7143
31 000	227.65	1008.2	0.01542	302.47	0.14814	9.7112
32 000	228.65	868.02	0.01322	303.13	0.14868	9.7082

2.4　低速流的基本特性

2.4.1　连续方程

为了研究方便，可以将空间流动的整个流场划分成许多基元流管，见图 2-4。由于这些流管的截面积无限小，因而在它的每个横截面积上的气流参数都可以认为是均匀分布的，所以各流动参数(速度、压强等)都只是沿基元管轴线的坐标的函数，称此种流动为一维流。质量守恒定律在一维流管中的具体形式就是流过任何截面的流量是相等的。

从图 2-5 所示的两个横截面 1、2 来看，设截面 1 的面积为 A_1，流速为 V_1，密度为 ρ_1；截面 2 的面积为 A_2，流速为 V_2，密度为 ρ_2。若流动是定常的，各截面所有参数都不随时间变化，由质量守恒定律得

$$\rho_1 V_1 A_1 = \rho_2 V_2 A_2 = \rho V A \tag{2-5}$$

上式称为连续方程或流量方程。对于不可压流，ρ 为常数，上式成为

$$V_1 A_1 = V_2 A_2 = VA \tag{2-6}$$

上式表明，在一维定常不可压流体里，流管沿路程各截面上的流速是与横截面积成反比例变化的，即横截面积小则流速大，反之亦然。注意，当气体在高速流动时，由于压缩性的影响，就不能套用低速流动时流速反比于流动截面积的结论。

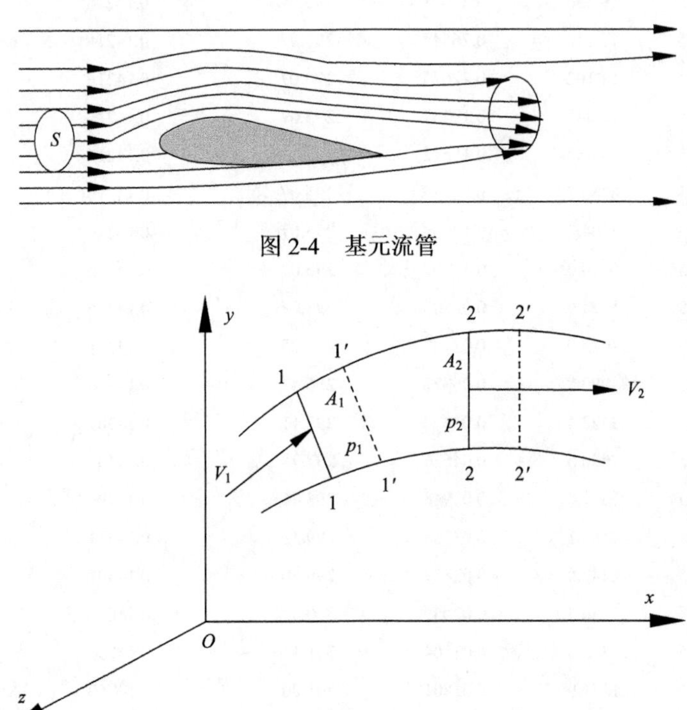

图 2-4　基元流管

图 2-5　一维流的连续性

2.4.2　能量方程

由于低速流动中气流的温度不变、内能不变，因而流体微团的总能量就是动能和压力位能之和，把动能和位能之和称为机械能。

如图 2-5，单位时间内通过截面 1 的气体质量为 m，其动能为 $mV_1^2/2$；当通过截面 2 时，其动能为 $mV_2^2/2$。而压力位能则等于单位时间内压力在流体经过的路程上所做的功。所以，截面 1 上的压力位能等于 $p_1V_1A_1$，截面 2 上的压力位能等于 $p_2V_2A_2$。按机械能守恒定律可得

$$\frac{1}{2}mV_1^2 + p_1V_1A_1 = \frac{1}{2}mV_2^2 + p_2V_2A_2 \tag{2-7}$$

由式(2-5)得

$$m = \rho_1V_1A_1 = \rho_2V_2A_2$$

把它代入式(2-7)消去 m ，再应用式(2-6)消去 A_1 和 A_2 ，最后可得

$$p_1 + \frac{1}{2}\rho_1V_1^2 = p_2 + \frac{1}{2}\rho_2V_2^2 \tag{2-8}$$

或

$$p + \frac{1}{2}\rho V^2 = C \tag{2-9}$$

上式称为能量方程，也称为伯努利(Bernoulli)方程。方程左边第一项是气体静压或静压头，第二项称为动压。

伯努利方程的物理意义是，对于理想流体的不可压气流，沿流管(或流线)任一截面(或任一点)处的静压与动压之和为常数。这个常数可以认为是 $V=0$ 时的气体压强，以 p_0 表示，称为总压。总 p_0 代表单位质量体积气体的总的机械能。从式(2-9)可以看出，对一低速定常流动，流速大的地方，压强小，流速小的地方，压强则大。在应用伯努利方程时，应注意它的使用条件是：理想(无黏性)、不可压(密度不变)、沿一维流管(或流线)。

沿流线能量守恒的原理可以解释许多飞行力学现象。例如，机翼产生升力的现象也可用该原理来说明。气流流向机翼，从机翼前缘 A 分成两股沿上、下翼面流至后缘 B 。由于上翼面凸出得多，流程比下翼面长，而上下两股都要汇集至 B 处，上翼面的流速就要比下翼面的大。按能量守恒原理，上翼面受到的气流静压比下翼面的小。这两面压力的合力，将使机翼受到一个向上的空气动力 R 的作用，这也就是机翼产生升力的原因(图 2-6)。

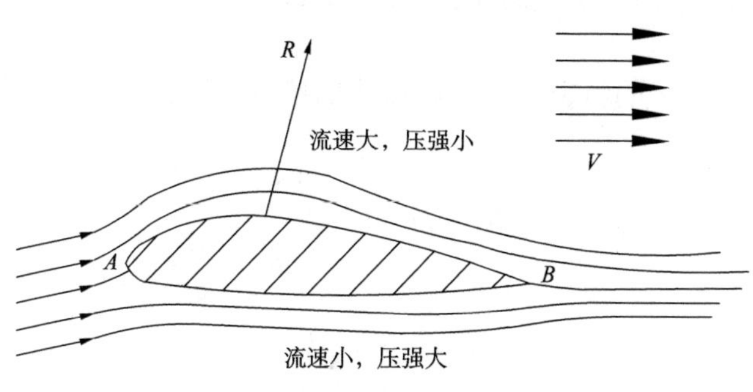

图 2-6　机翼上的空气动力

2.4.3　雷诺数与流动状态

前面介绍附面层时提到了气流的两种流动状态：一种是气流微团分层地流动，各层之间不互相混淆，称为层流；另一种是气流微团做杂乱无章的运动，分不清层与层的界线，称为紊流。

气流微团在运动时，每一微团都受到黏性力(与分子的热运动有关)与惯性力(与微团加速度运动有关)的作用。取流层中的一个正六面体的流体微团(图 2-7)，作用在其上的惯性力为质量与加速度之积，即

$$\rho \mathrm{d}x\mathrm{d}y\mathrm{d}z\frac{\mathrm{d}V}{\mathrm{d}t}$$

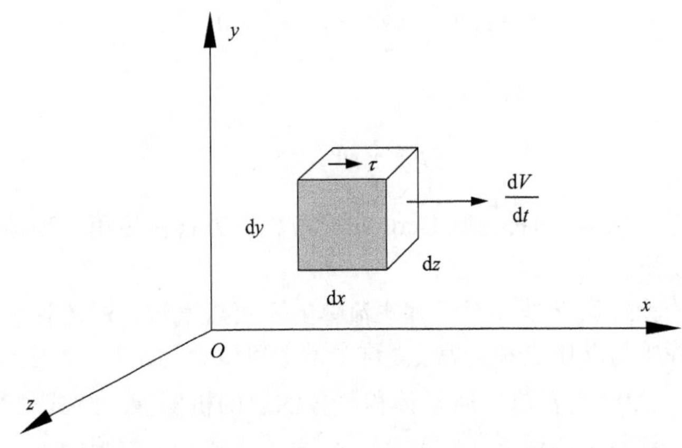

图 2-7　流体微团上的力

若以 s 表示流程，则

$$\frac{\mathrm{d}V}{\mathrm{d}t}=\frac{\mathrm{d}V}{\mathrm{d}s}\frac{\mathrm{d}s}{\mathrm{d}t}=V\frac{\mathrm{d}V}{\mathrm{d}s} \tag{2-10}$$

于是惯性力可表示为 $\rho \mathrm{d}x\mathrm{d}y\mathrm{d}zV\frac{\mathrm{d}V}{\mathrm{d}s}$，由气流的黏性可知，作用在微团上的切向应力 τ 为 $\mu\frac{\mathrm{d}V}{\mathrm{d}y}$，故微团一个面上受到的黏性力为 $\tau\mathrm{d}x\mathrm{d}z$，即 $\mu\frac{\mathrm{d}V}{\mathrm{d}y}\mathrm{d}x\mathrm{d}z$。

设以 L 表示运动物体的特征长度，则微团的单位长度正比于 L，且流动中的 $\frac{\mathrm{d}V}{\mathrm{d}s}$、$\frac{\mathrm{d}V}{\mathrm{d}y}$ 皆正比于 $\frac{V}{L}$。于是，惯性力与黏性力之比 $\dfrac{\rho \mathrm{d}x\mathrm{d}y\mathrm{d}zV\frac{\mathrm{d}V}{\mathrm{d}s}}{\mu \mathrm{d}x\mathrm{d}z\frac{\mathrm{d}V}{\mathrm{d}y}}$ 可归结为下列比式：

$$Re=\frac{\rho VL}{\mu}=\frac{VL}{\nu} \tag{2-11}$$

Re 称为雷诺数。雷诺数是流体力学中非常重要的一个概念。表征惯性力与黏性力比例关系的 Re 数，是区别流动状态的一个重要指标。当 Re 数很小时，黏性力起的作用占主导地位，流动将呈层流状态；随着 Re 数增大，惯性力起的作用逐渐加大以致占主导地位，流动则由层流状态转为紊流状态。流动状态发生转变时的 Re 数称为临界 Re 数。

2.4.4　附面层对阻力的影响

物体在气流中受到的阻力，可以分成摩擦阻力和形状阻力两种。阻力的大小与附面层的状态密切相关。在稳定的层流附面层中，只存在介质的内摩擦，而介质的内摩擦很小，所以层流中的阻力也很小。随着 Re 数的增大，惯性力与摩擦力的比值变化了，摩擦力在总阻力中的比重也随之下降。我们用一个无量纲的系数 C_f 表示摩擦阻力系数，它的定义是

$$C_f = \frac{Q_f}{qS} \tag{2-12}$$

式中，Q_f 为摩擦力；q 为来流的动压头，即 $\frac{1}{2}\rho V^2$；S 为浸润面积，对于光滑薄板即为两侧平面的表面积。

图 2-8 表示光滑薄板的摩擦阻力系数随 Re 数的变化曲线。下面一条曲线表示层流附面层的摩擦阻力系数，上面一条对应着紊流附面层。在附面层发生转捩时，摩擦阻力系数由曲线 ABC 表示。由图可见，在相同的 Re 数情况下，紊流的摩擦阻力要比层流的大得多，尤其在大 Re 数时，层流附面层的摩擦阻力与紊流的相比就显得微不足道了。

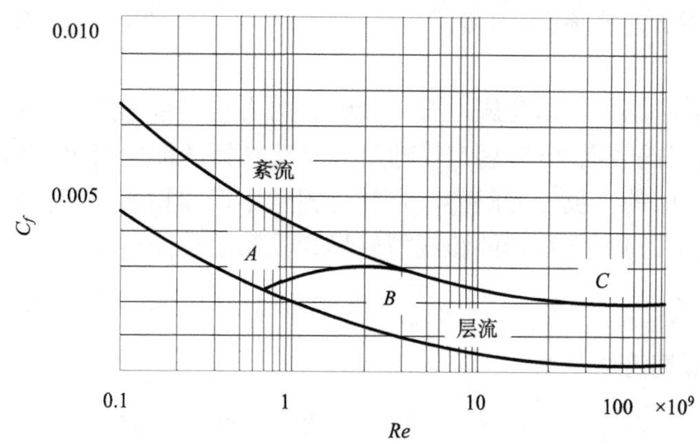

图 2-8　光滑薄板的摩擦阻力系数随 Re 数的变化

光滑薄板的摩擦阻力系数，常用下列公式计算。

对于层流附面层

$$C_f = \frac{1.328}{\sqrt{Re}} \tag{2-13}$$

对于紊流附面层

$$C_f = \frac{0.074}{\sqrt[5]{Re}}$$

或者，在 $10^6 \leqslant Re \leqslant 10^9$ 时，常用

$$C_f = \frac{0.455}{(\lg Re)^{2.58}} \tag{2-14}$$

对于混合附面层

$$C_f = \frac{0.074}{\sqrt[5]{Re}} - \frac{1700}{\sqrt{Re}} \tag{2-15}$$

上面说的是附面层没有从物体表面分离的情况。当绕流流经流线型很差的物体时，流速下降，压强上升，逐渐使后部的附面层加厚，以致附面层内发生倒流，如图 2-9 所示。图中 A 点即分离点。附面层分离后，将在物体后部形成涡流区(图 2-10)。附面层分离区和物体后部涡流区内的压强要比物体前面的小，因此，物体前部受到的压力要比后部受到的大，于是就形成了所谓的“压差阻力”，或者叫做形状阻力。

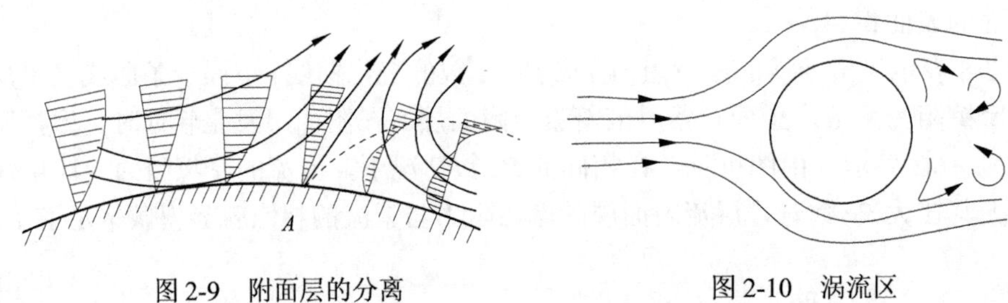

图 2-9　附面层的分离　　图 2-10　涡流区

附面层分离后，压差阻力急剧上升，导致总阻力的迅猛增大。压差阻力除与物体的外形有关外，还与它的表面光洁度、来流速度和来流初始紊流度有关。例如，在 $Re=7\times10^5$ 时，迎面置于气流中的平板上的阻力，是具有相同迎风面积的有着良好流线型的旋成体所受阻力的 30 余倍。可见飞行器的流线型外形和光洁的表面对降低阻力有极其重要的意义。

2.4.5　绕翼型的低速流动

翼型通常是指平行于机体纵向对称平面的翼剖面形状，有时也指与机翼前缘相垂直的翼剖面。图 2-11 给出了常见的几种翼型。

图 2-11(a)所示的亚声速翼型，广泛用于亚声速飞机和飞机型导弹上。对于超声速飞行器，则常用图 2-11(b)～2-11(e)类型。

当低速气流绕过翼型时，在翼型附近的流线将随迎角而变化，如图 2-12(a)所示，这种情况在烟风洞内可以明显地观察到。图 2.12(b)表示在不同迎角时，上下翼面所受到的气动力；图 2.12(c)表示压力系数 $\overline{p}$ 沿翼弦的分布，$\overline{p}$ 的定义是

$$\overline{p} = \frac{p - p_\infty}{q_\infty} \tag{2-16}$$

式中，p 表示该点的静压头；p_∞ 为来流(未扰动的)静压头；$q_\infty = \frac{1}{2}\rho V_\infty^2$，表示来流的动压头。$\overline{p}$ 为正，表示气流给翼面以压力(图 2-12(b)中的箭头指向翼面)；$\overline{p}$ 为负，则

表示气流给翼面以吸力(图 2-12(b)中的箭头离开翼面)。图 2-12(c)中所示的上、下表面压力曲线所围成的面积，与单位长度上机翼所受到的气动力成正比。这个力在迎角不超过某个值时，是随迎角的增大而增大的。

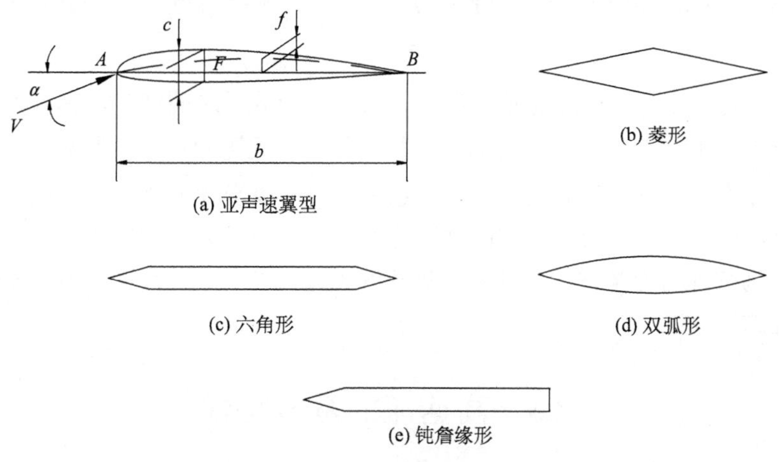

(a) 亚声速翼型

图 2-11　翼型示意图

b. 翼弦长；α. 迎角，来流与弦线夹角；c. 最大厚度；$\bar{c}$. 相对厚度，$\bar{c}=\frac{c}{b}\times 100\%$；$f$. 最大弯度，翼型中线 AFB 与弦线 AB 间的最大距离；$\bar{f}$. 相对弯度，$\bar{f}=\frac{f}{b}\times 100\%$

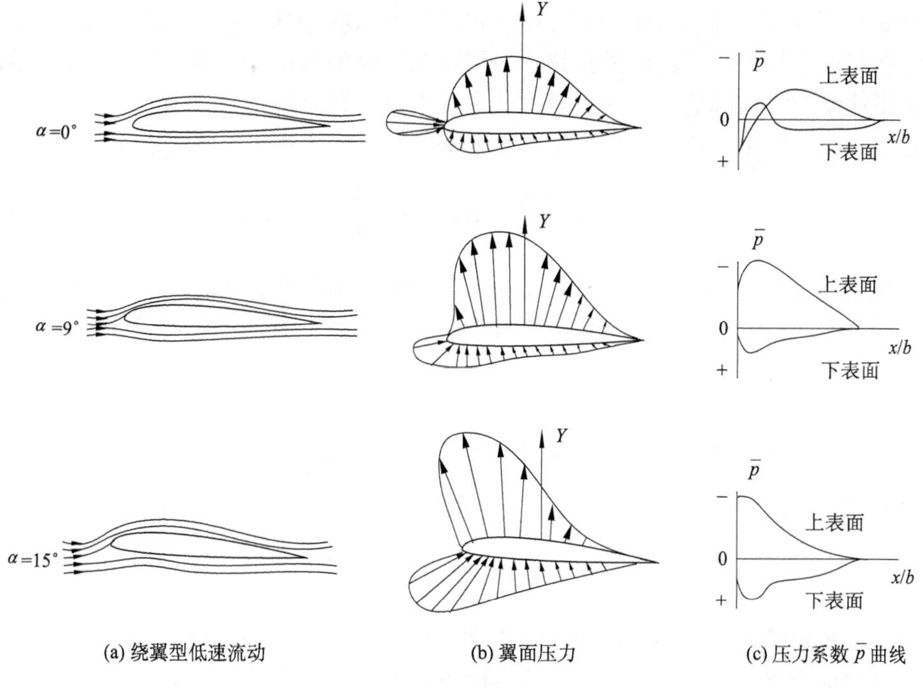

(a) 绕翼型低速流动　(b) 翼面压力　(c) 压力系数 $\bar{p}$ 曲线

图 2-12　翼型的压力分布

在前面我们已经定性地了解了升力产生的原理(图 2-6)。比较早的定量研究升力的是茹科夫斯基(Н. Е. Жуковский，1847～1921 年，俄国)。他给出了无黏性不可压流体作用在单位展长二元机翼上的升力 Y，是来流速度 V_∞、密度与绕流环量 Γ 的乘积

$$\begin{cases} Y = \rho V_\infty \Gamma \\ \Gamma = \pi V_\infty b(\alpha - \alpha_0) \end{cases} \tag{2-17}$$

式(2-17)称为茹科夫斯基升力定理，其中，α_0 是升力为零时的迎角，称为零升迎角。这里的 α 、α_0 都以弧度计。公式针对的二元机翼是指翼展无限长，备翼剖面的流动情况都是相同的，而实际机翼是三元的。另外，这里没有考虑流体的黏性，由该理论得出绕翼型的流动只产生升力，而阻力为零的结论与实际上阻力不为零的现象是不符的。但是，茹科夫斯基为空气动力学进行了开创性的研究工作，由式(2-17)算出的升力值与实验结果是很接近的。

2.5 高速流的基本特性

2.5.1 声速

低速流动的空气密度的变化很小，而在高速流动时，密度的变化非常显著，不能忽略空气的可压缩性。

首先介绍声速的概念。各种声音的振动，其本质上都是对周围空气的一种微弱扰动。由此引起的空气密度等的微小变化将以一定速度向四周传播，这个传播的速度就是声速。弱扰动在气态介质中以纵波向外传播，其形态为气体的压缩和膨胀。注意，扰动的传播速度是指扰动波的传播速度，而不是空气微团的流动速度。

在空气动力学中，声速 a 与气体压力、密度变化的关系可用下式表示：

$$a^2 = \frac{\mathrm{d}p}{\mathrm{d}\rho} \quad 或 \quad a = \sqrt{\frac{\mathrm{d}p}{\mathrm{d}\rho}} \tag{2-18}$$

完全气体在传播弱扰动时，其状态参数的变化过程是很快的，来不及和周围发生热交换，因此是个绝热过程(并可认为是等熵过程)。此时，有如下关系式：

$$\frac{p}{\rho^k} = 恒量 \tag{2-19}$$

式中，k 是气体的定压比热容 c_p 与定容比热容 c_V 之比值，称为比热比。

把式(2-19)代入式(2-18)，再利用完全气体状态方程(1-3)，可得

$$a^2 = k\frac{p}{\rho} \quad 或 \quad a = \sqrt{kRT} \tag{2-20}$$

由此可见，声速除了与气体的比热比和气体恒量 R 有关外，还与气体的温度有关。对于标准大气中的海平面，可以得到声速为 340.29m/s。

对于空气也可近似使用下面的公式：

$$a \approx 20\sqrt{T} \tag{2-21}$$

2.5.2　马赫数

弹箭在空中飞行时，空气受到扰动后即以疏密波的形式向外传播，扰动传播速度为声速 a 。当弹箭静止(例如静止的弹尖)时，由于连续产生的扰动将以球面波的形式向四面八方传播。对于在空中迅速运动着的扰动源(如运动着的弹箭)，其扰动传播的形式将因扰动源运动速度 V 小于、等于或大于扰动传播速度 a 的不同而异。

(1) $V<a$ ，则扰动源永远追不上在各时刻产生的波，如图 2-13(a)所示。图中 O 为弹尖现在的位置，三个圆依次是 1s 以前、2s 以前、3s 以前所产生的波现在到达的位置。由图可见，当 $V<a$ 时，弹尖所给空气的压缩扰动向空间的四面八方传播，并不重叠，只是弹尖的前方由于弹丸不断往前追赶，各波面相对弹箭而言传播速度慢一些而已。

(2) $V=a$ ，弹箭正好追上各时刻发出的波，诸扰动波前成为一组与弹尖 O 相切的、直径大小不等的球面。也就是说，在 $V=a$ 时，弹箭所给空气的扰动，只向弹尖后方传播。在弹尖处，由于无数个球面波相叠加，形成一个压力、密度和温度突变的正切面，如图 2-13(b)所示。

(3) $V>a$ ，这时弹箭总是距在各时刻发出波的前面，诸扰动波形成一个以弹尖 O 为顶点的圆锥形包络面。其扰动只能向锥形包络面的后方传播。此包络面是空气未受扰动与受扰动部分的分界面。在包络面处前后有压力、温度和密度的突变。如图 2-13(c)所示。扰动波的传播仅限于扰动源为顶点的一个锥面内，该锥面就是扰动区与未扰动区的分界面，称为扰动锥面。

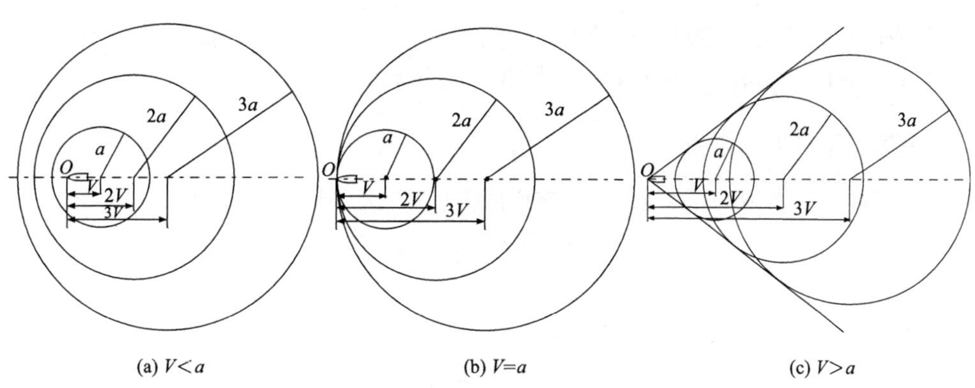

图 2-13　扰动传播与激波形成

在(2)和(3)两种情况下所造成的压力、密度和温度突变的分界面，就是空气动力学上所说的激波。前者($V=a$ 时)称为正激波，后者($V>a$ 时)称为斜激波。由以上分析可知斜激波的强度不如正激波。

从上述分析可以看出，弹箭(扰动源)运动速度 V 与扰动传播速度(声速) a 的相对大小关系是区分流场特征的重要物理量。因此，在流体力学中，定义马赫数

$$Ma=\frac{V}{a} \tag{2-22}$$

对于图 2-13(c)有

$$\sin\mu = \frac{a}{V} = \frac{1}{Ma} \tag{2-23}$$

μ 是扰动锥的半顶角。当 Ma 数越大时，扰动锥越尖。扰动锥又常被称为马赫锥。

马赫数是空气动力学中一个非常重要的概念，其表征高速流动中气体微团的惯性力与压力之比，由前述章节可知，流体正六面体微团上所受的惯性力为 $\rho \mathrm{d}x\mathrm{d}y\mathrm{d}zV\dfrac{\mathrm{d}V}{\mathrm{d}s}$，压力为 $p\mathrm{d}x\mathrm{d}y$，这两力之比可以写成

$$\frac{\rho \mathrm{d}x\mathrm{d}y\mathrm{d}zV\dfrac{\mathrm{d}V}{\mathrm{d}s}}{p\mathrm{d}x\mathrm{d}y} = \frac{\rho \mathrm{d}zV\dfrac{\mathrm{d}V}{\mathrm{d}s}}{p} \tag{2-24}$$

在空气动力学中引入特征长度的概念，上式中 $\dfrac{\mathrm{d}V}{\mathrm{d}s}$ 正比于 $\dfrac{V}{L}$，$\mathrm{d}z$ 正比于 L，于是式(2-24)可改写为 $\dfrac{\rho V^2}{p}$。由于 $a^2 = k\dfrac{p}{\rho}$，式(2-24)最终可表示为 $\dfrac{kV^2}{a^2}$，或 kMa^2。这说明 Ma 数表征了惯性力与压力之比。

马赫数的不同，代表了流动以及所形成的弹箭流场的差异，根据马赫数可以把流动特性分成下列四种情况，各种流动情况都有各自非常明显的特点：

(1) $Ma<1$，为亚声速流动；

(2) $Ma\approx 1$，为跨声速流动；

(3) $Ma>1$，为超声速流动；

(4) $Ma\gg 1$，为高超声速流动，其界线一般取 $Ma>5$。

2.5.3 高速流动的连续方程

把前面建立的流量守恒方程(2-5)变换成微分形式，则

$$\frac{\mathrm{d}\rho}{\rho} + \frac{\mathrm{d}A}{A} + \frac{\mathrm{d}V}{V} = 0 \tag{2-25}$$

同时以微分形式表达伯努利方程(2-9)

$$\frac{\mathrm{d}p}{\rho} + V\mathrm{d}V = \frac{\mathrm{d}p}{\mathrm{d}\rho}\frac{\mathrm{d}\rho}{\rho} + V\mathrm{d}V = 0 \tag{2-26}$$

借助声速表达式(2-18)和式(2-19)可化成

$$a^2\frac{\mathrm{d}\rho}{\rho} + V\mathrm{d}V = 0$$

或

$$\frac{\mathrm{d}\rho}{\rho} = \frac{-V\mathrm{d}V}{a^2} \tag{2-27}$$

再将式(2-27)代入式(2-25)，可得

$$\frac{\mathrm{d}A}{A}=\left(Ma^2-1\right)\frac{\mathrm{d}V}{V} \tag{2-28}$$

通过对式(2-28)进行分析，可以得出，在亚声速和超声速流动中，流速随截面积变化的规律是不同的。在亚声速流动中，$Ma<1$，$\left(Ma^2-1\right)$是负值。于是，dA与dV应异号，即截面积增加时，流速应减小，这与低速流中所得结论是一致的。当$Ma>1$时，流体以超声速流动，$\left(Ma^2-1\right)$是正值。这时，dA与dV应同号，即流速与截面积的变化趋势应相同。

这两种不同的变化规律，可以用可压缩气体的密度将随流管的截面积变化来解释。在亚声速流动中，若截面积减小，气体受压缩，密度稍有增加，但其变化量不大。此时ρA值还是减小的，而质量流量ρVA要守恒，因此流速V是增加的。然而，在超声速时，若截面积增大，气体就膨胀，这时密度下降得很快，致使ρA值不但不增加，反而下降。因为质量流量ρVA是守恒的，故流速V必须随着截面积的增大而增大。

由式(2-28)可以得出，当$Ma=1$时，$\mathrm{d}A=0$，截面积达到极值。可见，亚声速气流加速流动达到声速的截面，正是管道的“喉部”，这个“喉部”叫做临界截面。

常见的火箭发动机拉瓦尔喷管形状的设计就是基于这个原理。高温高压气流流经喷管的收缩段逐渐加速，到临界截面时达到声速。然后流经扩张段，即截面积逐渐增大，加速为超声速气流。其喷管的形状就是先收敛段后扩张段，近似为一个喇叭形，称为拉瓦尔喷管，如图 2-14 所示。

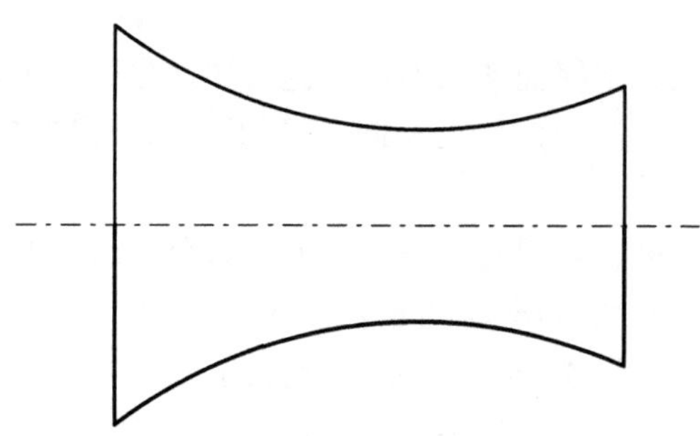

图 2-14　拉瓦尔喷管示意图

2.5.4　激波

当弹箭(扰动源)以大于声速的速度运动时，声波包络线是一个马赫锥。以超声速运动的飞行器上的任一部件如弹头、弹翼、尾翼或者弹体表面的任一微小突出部位，都可能是一个强扰动源。由它们激起的扰动波不断密集，导致气流受压，于是就引起流场气流参数(压强p、密度ρ、温度T等)的突变，这种突变也将发生在超声速气流流过凹角时。由这种突变形成的界面就是激波。激波的厚度很小，约为10^{-4}mm，在计算波前波后的气流参数变化时，这个厚度可略去不计。

依据运动方向和波面的关系，一般把激波分成正激波和斜激波；也可以依据它与运动物体之间的关系，分成脱体激波和附体激波。凡是脱体激波，必然出现正激波。图 2-15

给出了激波示意图，其中(a)为脱体激波，正前方有局部的正激波，其余为倾角逐渐变化的斜激波；(b)为附体激波；(c)为附体的斜激波。

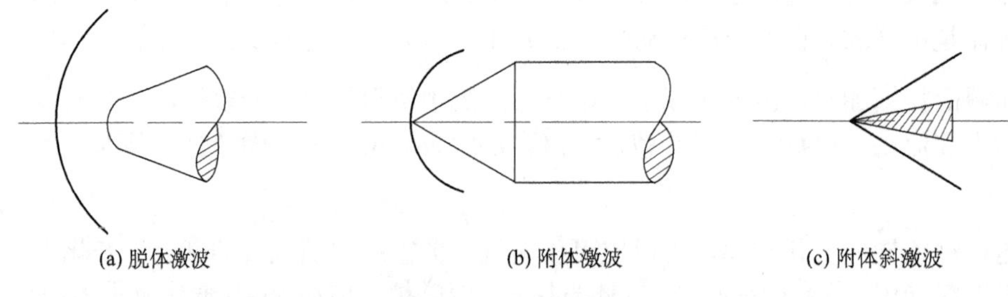

(a) 脱体激波　(b) 附体激波　(c) 附体斜激波

图 2-15　激波示意图

以弹翼为例分析激波的形成和特性。

(1)弹箭高速飞行时，随着飞行速度的增大，激波首先在弹翼的上表面靠近最小压力点的地方发生，见图 2-16(a)。扰动从 A 点开始，以声速 a 向四周传播。一般把在流动中开始出现声速的来流 Ma 数称为临界 Ma 数，记作 Ma_{lj}。

弹箭在临界马赫数附近飞行时，其波阻会急剧增加。临界马赫数的大小与弹翼的剖面形状和攻角大小有关，为了提高临界马赫数，高速弹箭常采用较薄的对称翼型(上下翼面对称，弯度为零)。一般弹箭的临界马赫数在 0.8 左右。

(2)随着来流 Ma 数的增大，上翼面开始形成激波，随后，激波如图 2-16(b)所示逐渐向后移动。

(3)随 Ma 数继续增大，下翼面的局部流速也要超过声速，于是在下翼面开始形成激波并引起气流分离。下翼面激波发生在靠近后缘的地方，如图 2-16(c)所示，它的发展情况同上翼面一样。

(4)当 Ma 数继续增大时，将引起分离点的前移。分离引起升力下降、阻力猛增，使飞行器的气动性能恶化，如图 2-16(d)所示。

(5)当 Ma 接近 1 时，如图 2-16(e)所示，激波向后缘移动，翼后有强烈的涡流区。

(6)当飞行速度超过声速以后，随着 Ma 数的增大，上下翼面的激波都将移到后缘去，成为斜激波。而在机翼前缘，则开始形成如图 2-16(f)所示的脱体激波。这时，上下翼面的流动都是超声速的，但在紧靠前、后缘的小部分区域内是亚声速的。

激波可以看作是一种间断面。当气流通过激波，波面前后的状态参数将发生突变。正激波后的 Ma 数总是小于 1 的，即波前是超声速流动，波后总是亚声速流动。对于斜激波来说，波后 Ma 数虽然降低了，但并不总是小于 1，即斜激波后的流动可以有超声速流动的情况。无论是何种激波，波后的压强总是变大的，且以正激波的变化为甚。例如，当 $Ma_{\infty}=2$ 时，波后压强与波前压强之比，在正激波时为 4.5，在斜激波时则小于 3。激波的这种特性，使得飞行中的阻力大大增加。

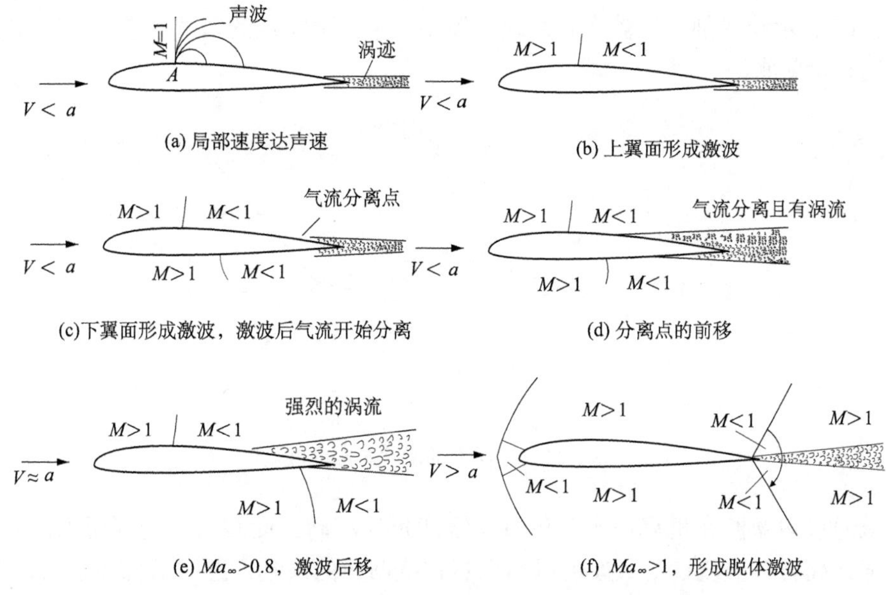

(a) 局部速度达声速　　(b) 上翼面形成激波

(c)下翼面形成激波，激波后气流开始分离　　(d) 分离点的前移

(e) Ma_∞>0.8，激波后移　　(f) Ma_∞>1，形成脱体激波

图 2-16　机翼表面激波发生与发展示意图

下面推导激波前后的气体状态变化。以下标 1 表示波前气流的状态参数，以下标 2 表示波后的状态参数，则正激波前后的 *Ma* 数可用下式计算：

$$Ma_2^2 = \frac{Ma_1^2 + \dfrac{2}{k-1}}{\dfrac{2k}{k-1}Ma_1^2 - 1} \tag{2-29}$$

式中，k 是比热比，对于空气常取 $k=1.4$ 。由式(2-29)可以分析得出正激波后 *Ma* 数降低的结论。

波前波后压强比为

$$\frac{p_2}{p_1} = \frac{1 + kMa_1^2}{1 + kMa_2^2} \tag{2-30}$$

正激波前后温度比为

$$\frac{T_2}{T_1} = \frac{1 + \dfrac{k-1}{2}Ma_1^2}{1 + \dfrac{k-1}{2}Ma_2^2} \tag{2-31}$$

可知，波后 p_2 将大于波前 p_1 ，而且激波后的温度也是上升的。气流通过激波，一部分动能转为热能，所以气流总压是下降的，波前 *Ma* 数越大，下降越剧烈。

2.5.5　膨胀波

激波可看作是一种强烈的压缩波，同样地，在流场中还存在膨胀波。当超声速气流绕经凸角流动时，相当于流动截面逐渐扩大的情况。于是，气流就会发生膨胀，在气流的转折点处将形成一个扇形的膨胀区域，即所谓膨胀波。气流在膨胀后的 *Ma* 数是增大的。图 2-17 表示菱形剖面机翼在超声速气流中，翼面上激波的情况。其中实线表示斜激波，虚线表示膨胀波。

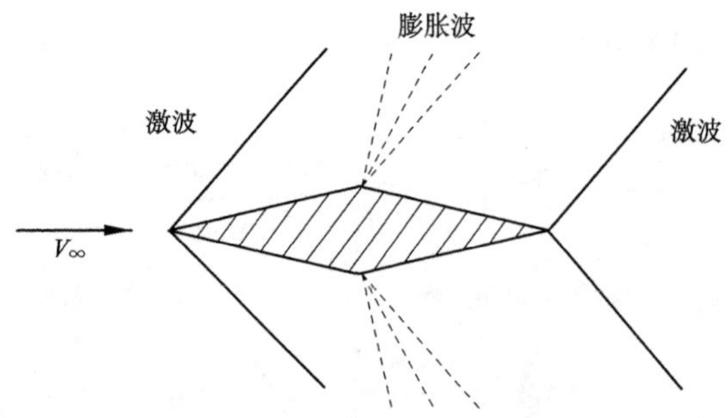

图 2-17　翼面上的激波与膨胀波

气流通过斜激波在机翼前半部可看作绕凹角的流动。此时气流受到压缩，*Ma* 数下降，压强升高。气流流过最大厚度以后可看作绕凸角的流动。此时截面积加大，气流膨胀，*Ma* 数上升，压强下降。这样一来，在机翼的前半部是高压区而后半部是低压区，形成了所谓“波阻”。波阻是一种压差阻力。

2.5.6　弹箭高超声速与高空飞行的特性

当弹箭以高超声速在稠密大气层内飞行时，因附面层内流动的阻滞，将引起温度的显著上升，该现象称为气动加热。其原因是速度很高，运动受阻后，气体分子的大量动能转变为热能。图 2-18 表示不同飞行高度与 *Ma* 数对平板上平衡温度的关系曲线。由图可见，特别是在低空时，由于空气密度大，即使在 *Ma* 数不太大的情况下飞行，气动加热导致的温升很多时候也是弹箭设计时需要考虑的。

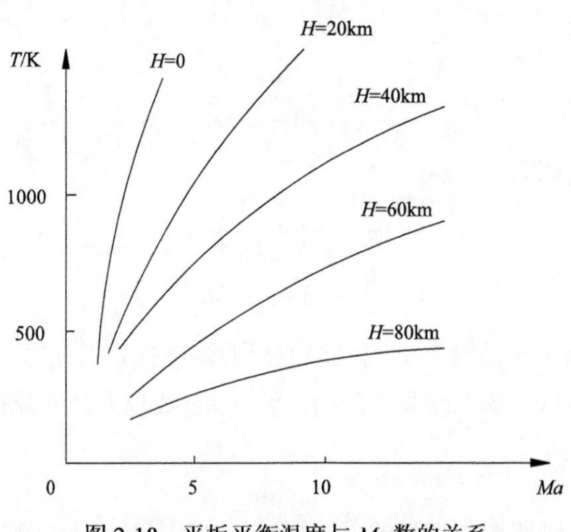

图 2-18　平板平衡温度与 *Ma* 数的关系

尤其对于气流流场中的驻点(如弹箭的头部、弹翼前缘等处均可形成驻点)，温升还将更高。气动加热除了引起飞行器结构设计上的困难外，还由于空气参数(如黏性系数μ、密度ρ、比热比k等)都是随温度而变的，这就使得空气动力学问题变得更加复杂。

当弹箭在高空稀薄大气层中飞行时，空气分子的平均自由程将随高度的增加而越来越大。当空气分子的平均自由程达到与运动物体的长度同一数量级时，空气介质就不能再作为连续介质来看待了。这时，应把流动空间看作是由介质的单个分子所充满的，而空气动力则是介质的单个分子与物体表面互相作用的一种宏观表现。

如果弹箭在更大的速度和高度飞行时，将出现分子的分解现象。此时，空气的分子将失去其双原子气体的性质而分解成原子。除分解现象外，还会发生空气粒子的电离现象，即气体的离子化。于是，在研究空气动力问题的同时，还必须考虑由此而产生的静电力及电磁力的作用等问题。

思 考 题

1. 什么是弹箭空气动力学？
2. 什么是层流附面层？它的特点是什么？
3. 标准大气有什么规定？
4. 什么是定常流？什么是非定常流？
5. 推出低速不可压流的能量方程——伯努利方程。
6. 利用高速流中流速和管截面积的关系，分析拉瓦尔喷管的工作原理。
7. 什么是激波？
8. 什么是膨胀波？
9. 为什么激波角比马赫角大？

第3章　有控弹箭气动特性与获取方法

3.1　概　　述

本章首先介绍气动设计和气动布局的概念，然后介绍有控弹箭的典型气动布局，最后介绍有控弹箭气动力预测的基本方法。

弹箭的气动设计是总体设计的一部分，气动力设计的主要任务是综合应用空气动力理论分析、数值模拟、工程计算、风洞试验和飞行试验等手段，为弹箭选择最有利的气动外形布局和几何参数，得出气动力和力矩随着飞行速度、高度和姿态的变化规律，与弹箭总体、结构、控制、弹道、推进和发射等学科专业密切配合，共同完成弹箭的综合优化设计工作。

有控弹箭的种类繁多，在本书中包括了各种战术导弹和常规制导兵器。各种战术导弹的气动力设计和布局在相关书籍和教材中有比较多的介绍，本书重点介绍一下常规制导兵器的气动力布局的相关知识，以作为弹箭飞行力学的基础知识。

一般来说，有控弹箭的气动布局与非制导兵器的气动布局有很大区别，而与有翼类的战术导弹可能更接近一些。例如，对于无控的/非制导的炮弹常常采用高速旋转实现飞行过程的陀螺稳定性，其旋转速度甚至达到每分钟上万转，即依靠陀螺效应使静态不稳定的炮弹成为动态稳定，从而保证正常飞行。而对于某些制导兵器，如炮射制导炮弹虽然也常常采用旋转飞行，但其旋转的目的在于简化控制系统和消除推力偏心、质量偏心、气动偏心对飞行性能的影响，其稳定飞行主要是靠尾翼保证的。此外，制导/末制导炮弹一般还需要有操纵执行机构——空气动力舵面、燃气动力舵面或横向脉冲喷流控制器等。

当然也有一些有控弹箭，例如依靠改变飞行阻力而改变射程的一维修正炮弹，还有二维修正旋转炮弹，它们依然采用高速旋转的方式来实现飞行的稳定性，对此本书不做讨论。

非制导航空炸弹一般也是用尾翼保证飞行稳定性，而制导航空炸弹则用尾翼保证飞行稳定、用鸭舵或尾舵控制飞行，在制导作用下精度大大提高。

3.2　有控弹箭的气动布局

弹箭的气动布局也称为气动构型(aerodynamic configuration)，是指空气动力面(包括弹翼、尾翼、操纵面等)在弹身周向及轴向互相配置的形式，以及弹身(包括头部、中段、尾部等)构型的各种变化等。

3.2.1　翼面沿弹身周向布置形式

根据战术技术特性的不同需要，弹箭的翼面沿弹身周向布置主要有图 3-1 所示的几种形式。

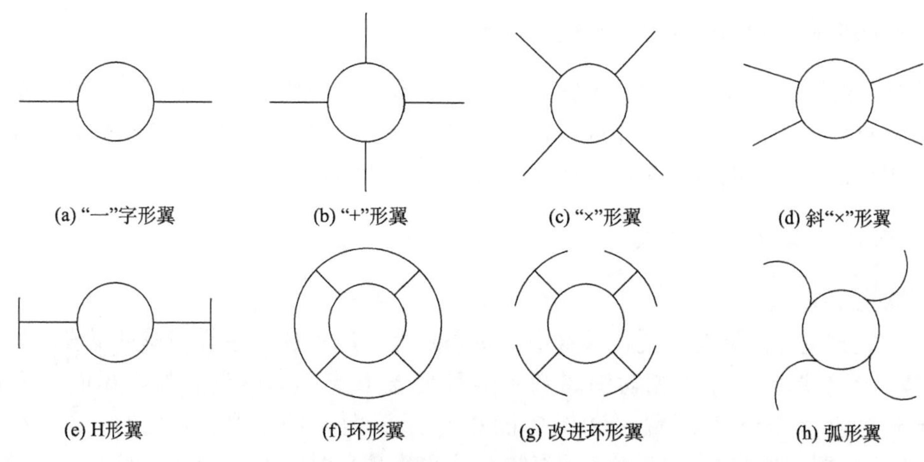

图 3-1　翼面沿弹身周向布置形式

1）“一”字形或平面形翼

弹箭的“一”字形布置是由飞机机翼发展而来的，与其他多翼面布置相比，“一”字形布置具有翼面少、质量小、阻力小、升阻比大的特点。而侧向机动一般要靠倾斜才能产生，因此航向机动能力差、响应慢，通常用于远距离飞航式导弹和机载布撒器等。

一般来说，“一”字形布局弹箭的侧向机动可利用倾斜转弯技术(bank to turn technique，BTT)，即利用控制面来旋转弹体，使平面翼产生的法向力转到要求机动的方向。这样既可以充分利用平面形布局升阻比大的优点，又可以满足弹箭机动过载的要求。

2）“＋”形与“×”形翼

弹箭采用“＋”形与“×”形翼，使得各方向都能产生相接近的机动过载，同时在任何方向产生的法向力都具有快速响应特性，这样可以简化控制系统的设计。其缺点是由于翼面多，与平面形布置相比，往往质量和阻力都比较大、升阻比较低，为了达到相同的速度特性，必须多损耗一部分能量。另外，在大攻角下，这两种气动结构可能引起较大的诱导滚转干扰。

3）环形翼

环形翼一个明显的特点是具有降低反向滚转力矩的效果。当采用鸭舵控制时，鸭舵产生法向力的同时还会对后翼面产生下洗，减少了后翼面的法向力。在鸭舵起副翼作用进行滚动控制时，尾翼产生的反向滚转力矩较大。研究表明环形翼具有降低反向滚转力矩的特点，但环形翼又导致弹箭纵向性能变差，特别是阻力会增加。有试验数据显示，在超声速时，环形尾翼的阻力要比非环形尾翼的增加 6%～20%。

4）改进环形翼

考虑到环形翼的特点，又发展出了由T形翼片组成的改进环形翼。T形翼既能降低鸭舵带来的反向滚转力矩，又具有比环形翼大的升阻比。同时，其结构比较简单，能使鸭舵进行俯仰、偏航、滚转三个方向的控制。

有控弹箭的弹身大多为轴对称形，为保证气动特性的轴对称性，应使翼面沿弹身周向轴对称布置，最常用“＋”形和“×”形布局。

3.2.2 翼面沿弹身轴向配置形式与性能特点

如果按照弹翼与舵面沿弹身纵轴相对配置形式和控制特点，则可以将有控弹箭大致分成五种布局形式，即正常式布局、鸭式布局、全动弹翼布局、无尾式布局和无翼式布局。其中，最常采用的两种布局形式是正常式布局和鸭式布局。

1. 正常式(尾翼控制)布局

1)布局形式

正常式布局是指弹翼布置在弹身中部质心附近、尾翼(舵)布置在弹身尾段。当尾翼(舵)是“＋”形时，尾翼相对弹翼则有两种配置形式：①尾翼面与弹翼面同方位的“＋－＋”或“×－×”配置；②尾翼面相对弹翼面转动45°方位角的“＋－×”或“×－＋”配置，见图3-2。两种配置各有特点，小攻角时，“＋－×”(或“×－＋”)配置前翼的下洗作用小，尾翼(舵)效率高。但是，“＋－×”配置会导致发射装置结构安排相对困难。

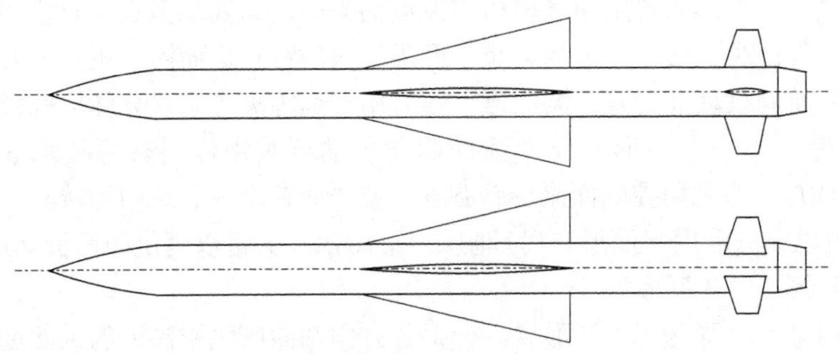

图3-2　正常式布局

2)主要特点

正常式布局的一个缺点是弹箭的响应相对比较慢。以图3-3所示的尾翼控制正常式布局的法向力作用状况为例：静稳定条件下，在控制开始时由舵面负偏转角 $-\delta$ 产生一个使头部上仰的力矩，舵面偏转角始终与弹身攻角增大方向相反，舵面产生的控制力的方向也始终与弹身攻角产生的法向力增大方向相反，因此导致弹箭的响应特性比较差。图3-4所示为全动弹翼控制、鸭式控制和尾翼控制响应特性的比较，图中也显示出正常式布局的响应相对更慢一些。

正常式布局由于舵偏角与攻角方向相反，全弹的合成法向力 Y_1 是攻角产生的法向力 $Y_{1\alpha}$ 减去舵偏角产生的法向力 $Y_{1\delta}$，即 $Y_1 = Y_{1\alpha} - Y_{1\delta}$。因此，正常式布局的升力特性也比鸭式布局和全动弹翼布局差一些。由于舵面受前面弹翼下洗影响，其效率也有所降低。

当固体火箭发动机出口在弹身底部时，尾部弹体内空间有限，可能使控制机构安排有困难。此外，尾舵有时不能提供足够的滚转控制。

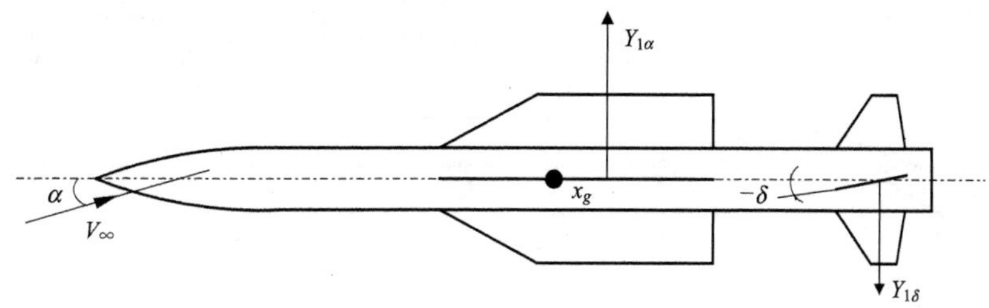

图 3-3　正常式布局法向力作用状况

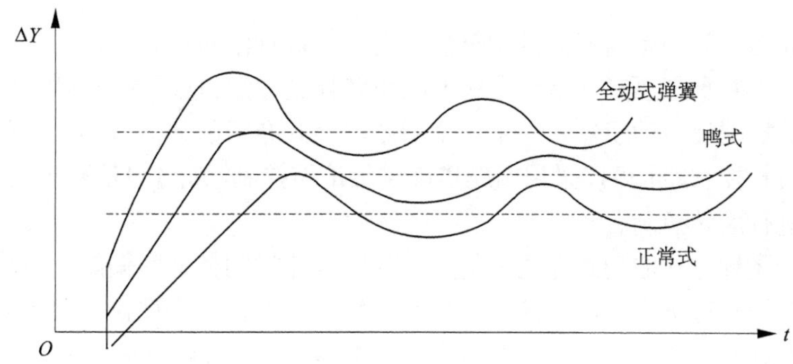

图 3-4　响应特性的比较

正常式布局的优点是尾翼的合成攻角小，可以减小尾翼的气动载荷和舵面的铰链力矩。并且由于总载荷大部分集中在位于质心附近的弹翼上，故在很大程度上减小了作用于弹身的弯矩。同时由于弹翼固定，对后舵面的洗流干扰比较小，因此尾翼控制布局的气动力特性比鸭式控制、弹翼控制的布局更为线性，这对以线性控制为主的控制设计具有明显的优势。另外，由于舵面位于全弹尾部，离质心较远，舵面面积相对更小，在设计过程中改变舵面尺寸和位置对全弹基本气动力特性影响很小，上述优点对总体设计都是十分有利的因素。

2. 鸭式(控制)布局

1)布局形式

鸭式布局与正常式布局相反，其控制面(又称为鸭翼)位于弹身靠前部位，而弹翼位于弹身的中后部，如图 3-5 所示。鸭式布局全弹的法向力 Y_1 是攻角产生的法向力 $Y_{1\alpha}$ 与鸭舵产生的法向力 $Y_{1\delta}$ 之和，即 $Y_1 = Y_{1\alpha} + Y_{1\delta}$ 。

2)主要特点

鸭式布局也是弹箭最常见的气动布局形式之一。鸭式布局如果从气动力观点看，其优点是控制效率高，且舵面铰链力矩小，可以降低弹箭跨声速飞行时过大的静稳定性。如果从总体设计看，鸭式布局的舵面离惯性测量组件、导引头、弹上计算机近，连接电缆短，铺设方便，避免了将控制执行元件安置在发动机喷管周围的困难。

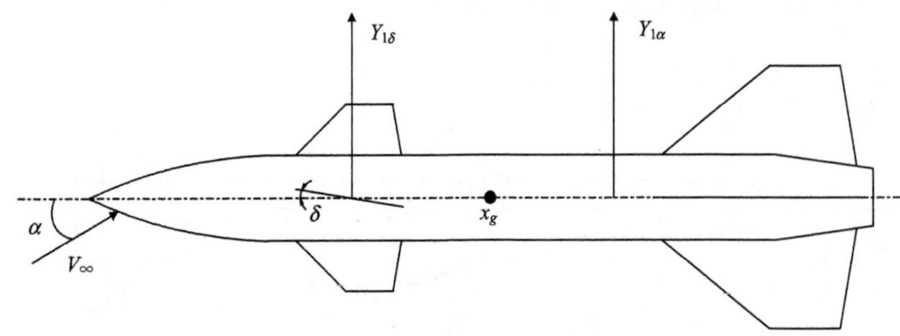

图 3-5　鸭式布局

鸭式布局的劣势则是当舵面做副翼偏转对弹箭进行滚转控制时，在尾翼上产生的反向诱导滚转力矩减小甚至完全抵消了鸭舵的滚转控制力矩，使得舵面难以进行滚转控制，甚至出现滚转控制反效的现象。基于这个问题，鸭式布局的弹箭可以采用旋转飞行方式即无须进行滚转控制，也可以采用辅助措施进行滚转控制，或者设法减小诱导滚转力矩，使鸭舵能够进行滚转控制。

对于旋转飞行方式的鸭式布局弹箭，鸭舵则只需控制俯仰和偏航，并且俯仰和偏航控制可用一个控制通道来完成，简化了控制系统，为弹箭的小型化提供了前提。因此鸭式布局的旋转弹常用于小型战术导弹或者便携式导弹，比如美国的毒刺(Stinger)、俄罗斯的 SA-7 等单兵便携式防空导弹。而美国的响尾蛇系列空对空导弹则采用其他辅助滚转控制措施，依靠安装在稳定尾翼梢部的四个陀螺舵形成滚转控制力矩；俄罗斯的近程空对地导弹 X-25MЛ、X-29T、X-29Л，则采用尾翼后缘舵的差动偏转辅助控制滚转。

一般来说，减小鸭舵诱导滚转力矩有以下方法：

(1)采用T形翼片组合尾翼(图 3-6)；

(2)采用环形尾翼；

(3)减小尾翼翼展；

(4)采用自由旋转尾翼；

(5)采用具有前缘“断齿”的鸭舵。

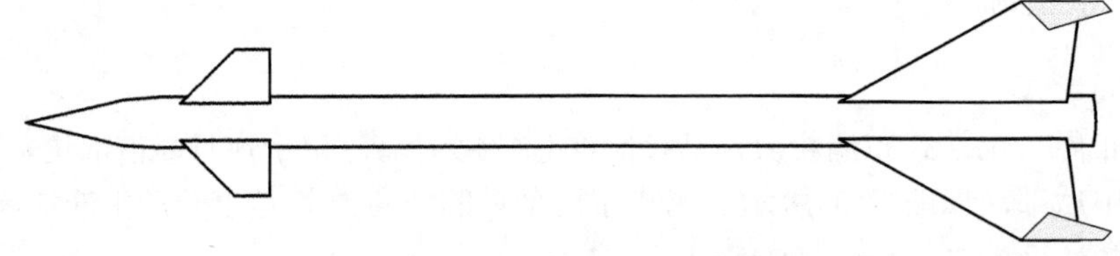

图 3-6　T形翼片组合尾翼

上述方法各有特点：减小尾翼翼展往往难以保证纵向静稳定性；环形尾翼或T形翼片组合尾翼会使弹箭的阻力明显增大；鸭舵前缘“断齿”的位置、形状只能通过大量实验确定，而且一种断齿往往只适用于一个弹箭外形。相对而言，自由旋转尾翼结构既简单，控制效果也比较好，故在一些弹箭上被采用，如法国的 R·550 “Magic” 空空导弹、俄罗斯的 SA-8 “Gecko” 地空导弹等，都是通过采用自旋尾翼来消除反向诱导滚转力矩，从而使鸭舵实现对弹箭的滚转控制。

3. 全动弹翼布局

1) 布局形式

这种布局方式也称为弹翼控制布局，见图 3-7。其布局特点是弹翼作为主升力面，是提供法向过载的主要部件，同时又是操纵面，采用翼面偏转控制弹箭俯仰、偏航、滚转三种运动，其稳定尾翼是固定的。

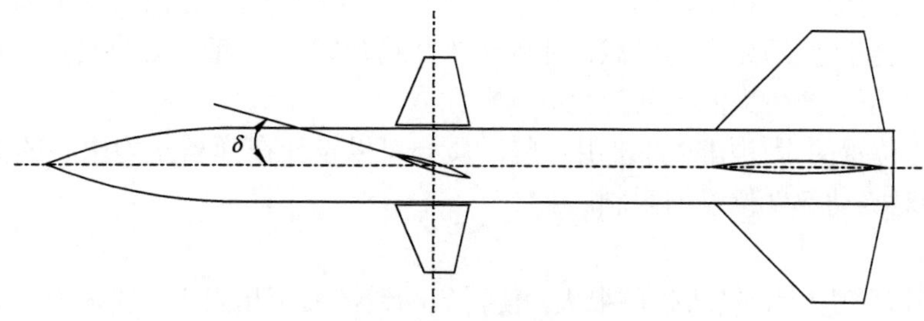

图 3-7　全动弹翼布局

2) 主要特点

全动弹翼布局弹箭法向力作用状况如图 3-8 所示。当全动弹翼偏转 δ 角时，产生正的(当弹翼法向力 $Y_{1W}=Y_{1W(\alpha+\delta)}$ 位于质心之前时)或负的(当弹翼法向力 $Y_{1W}=Y_{1W(\alpha+\delta)}$ 位于质心之后时)俯仰力矩，在线性范围内由静平衡可得

$$m_{zg}=m_{zg}^{\alpha}\cdot\alpha_{\mathrm{b}}+m_{zg}^{\delta}\cdot\delta=0$$

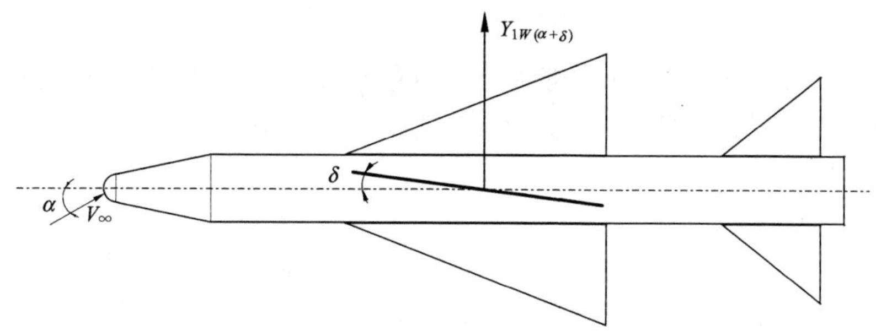

图 3-8　全动弹翼布局法向力作用状况

于是平衡攻角为 $\alpha_{\mathrm{b}}=-\dfrac{m_{zg}^{\delta}\cdot\delta}{m_{zg}^{\alpha}}$，或 $\left(\dfrac{\alpha}{\delta}\right)_{\mathrm{b}}=-\dfrac{m_{zg}^{\delta}}{m_{zg}^{\alpha}}$，对于静稳定气动布局来说，$m_{zg}^{\alpha}<0$。所以，当 $m_{zg}^{\delta}>0$ 时，$\left(\dfrac{\alpha}{\delta}\right)_{\mathrm{b}}>0$；当 $m_{zg}^{\delta}<0$ 时，$\left(\dfrac{\alpha}{\delta}\right)_{\mathrm{b}}<0$；当 $m_{zg}^{\delta}=0$ 时，$\left(\dfrac{\alpha}{\delta}\right)_{\mathrm{b}}=0$。

3) 优点

(1) 弹箭弹翼偏转及攻角两个因素产生法向力，且弹翼偏转产生的法向力所占比例大，故飞行时攻角相对较小，更适合带有进气道的冲压发动机和涡喷发动机的弹箭总体设计。

(2) 响应速度快。由于弹翼是产生法向力的主要部件，故而弹翼偏转会迅速产生机动飞行所需要的法向力。正常式布局的操纵面偏转的方向并不对应于产生过载的方向，操纵面偏转后需再依靠攻角改变弹翼法向力才能产生需用过载，弹箭从舵面偏转至某一攻角下平衡，需要一个时间较长的过渡过程。全动弹翼布局弹翼偏转本身就能产生过载，其过渡过程时间要短得多，控制力的波动也比正常式布局的要小。

(3) 相对其他气动布局，对质心变化的敏感程度更小。在飞行过程中，质心的改变将引起静稳定性的变化，稳定性的变化会引起平衡攻角的改变，进而改变平衡升力，平衡升力改变太大会产生不允许的过载。对全动弹翼式布局， 平衡攻角的变化对平衡升力的影响不太大，不会产生大的过载变化。

(4) 质心位置的设计相对更自由一些。质心可以设计在弹翼压力中心的前面或者后面，降低了对气动部件位置的限制。

4) 缺点

(1) 弹翼面积较大，气动载荷很大，使得气动铰链力矩相当大，要求舵机的功率比其他布局时大得多，舵机的质量和体积有较大的增加。

(2) 因为控制翼布置在质心附近，导致全动弹翼的俯仰、偏航控制效率通常很低。另外，弹翼转到一定角度时，弹翼与弹身之间的缝隙加大，导致升力损失增加，控制效率降低。

(3) 攻角和弹翼偏转角的组合影响使尾翼产生诱导滚转力矩，且与弹翼上的滚转控制力矩方向相反，导致全动弹翼的滚转控制能力降低。

4. *无尾式布局*

1) 布局形式

如图 3-9 所示，无尾式布局一般是由一组布置在弹身后部的主翼(弹翼)组成，主翼后缘有操纵舵面，常在弹身前部安置反安定面以减小过大的静稳定性。

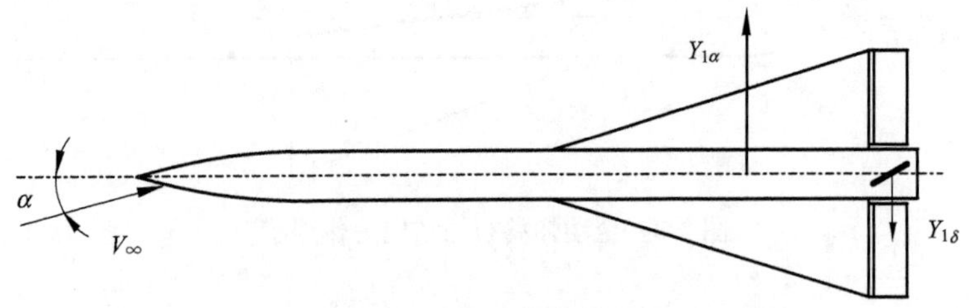

图 3-9　无尾式布局

2) 主要特点

主要特点是翼面数量少，由于弹翼与尾翼合二为一，减小了阻力，降低了制造成本。

但是弹翼与尾翼的合并使用，给主翼位置的安排带来了困难，因为此时稳定性与操纵性的协调，由弹翼与尾翼的共同协调变成了单独主翼的位置调整。一方面，主翼安置太靠后则稳定度太大，需要大的操纵面和大的偏转角；另一方面，如果主翼位置太靠前，则操纵效率降低，难以达到操纵指标，俯仰(偏航)阻尼力矩也会大大降低。

为了改善无尾式布局的不足，可以采用以下措施：

(1) 安置反安定面。在弹身前部安置反安定面可以使主翼面后移，从而协调稳定性和操纵性。在主翼因总体部位安排及结构安排等原因需要向前或向后移动时，可以用改变反安定面尺寸和位置的方法进行协调。

(2) 操纵面与主翼之间留有一定的间隙。这样有两个改进：一是可以减弱主翼对舵面的干扰，使操纵力矩和铰链力矩随攻角和舵偏角呈线性变化，以便于控制系统设计；二是舵面后移增加了操纵力臂，即提高了操纵效率。

(3) 改变弹翼根弦长度。加大弹翼根弦长度可使在不增加翼展条件下增大主翼面积，获得更大的升力，还有助于提高结构强度和刚度。另外，由于加大弦长，即加大了操纵面到弹箭质心的距离，可提高操纵效率。

5. *无翼式布局*

1) 布局形式

此种布局又称尾翼式布局，如图 3-10 所示，其特点是由弹身和一组布置在弹身尾部的尾翼(三片、四片或六片等)组成。

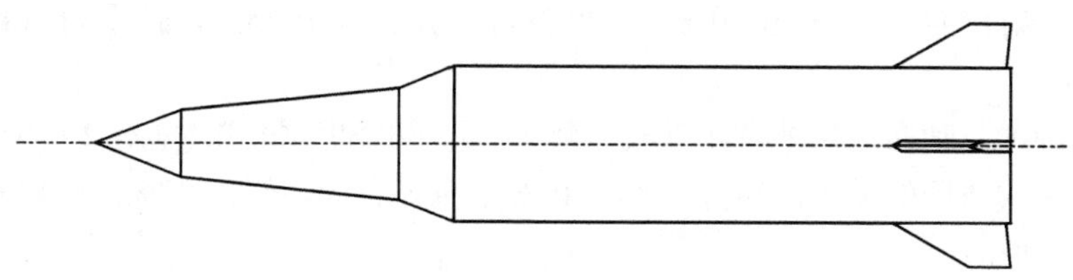

图 3-10　无翼式布局

2) 主要特点

(1) 无翼式布局的尾翼主要起稳定作用，无法提供高机动飞行所需的过载。采用此种布局的弹箭往往需要其他控制方式。例如法、德、英三国联合研制的崔格特中程反坦克导弹，美国的掠夺者近程反坦克导弹，法国的艾利克斯近程反坦克导弹，以色列的哨兵反坦克导弹等，都是采用推力矢量控制。另一类如美国 M47 龙式轻型反坦克导弹、超高速动能导弹，俄罗斯的旋风火箭弹等，则采用脉冲发动机控制。

(2) 质量和气动阻力相对更小。由于取消了主翼面，结构质量降低，零升阻力和诱导阻力也有所减小。

(3) 静稳定度相对更大，在无控飞行时可以提高抗干扰能力。

(4) 需要说明的是，目前有些防空导弹也采用无翼式布局，例如美国的“爱国者”防空导弹。现代防空导弹要求具有更高的机动性，可采用提高使用攻角来实现。而具有细长弹身和“×”形舵面的尾翼式布局可使最大使用攻角由10°～15°提高到30°，最大使用舵偏角由20°增加到30°，这样的优势既可降低结构质量，又可以减小阻力，而且有利于解决高低空过载要求的矛盾。

3.3 有控弹箭典型气动布局

3.3.1 炮射制导/末制导炮弹的典型气动布局

炮射制导炮弹是利用制导装置，在炮弹飞行的外弹道进行制导，对目标实施精确打击，常用来毁伤坦克、装甲车辆、自行火炮等战场上的点目标。制导炮弹与反坦克导弹相比具有射程远、经济性好的优点；与无控炮弹相比又具有高精度、能攻击点目标的特点。

美、俄两国是发展炮射制导炮弹最早的国家。

美国的M712“铜斑蛇”制导炮弹于1972年开始研制，1982年装备美国陆军。铜斑蛇的弹径为155mm，弹长为1372mm，弹重为63.5kg，射程为4～17km，采用激光半主动制导，制导精度CEP为0.3～1.0m，用155mm口径榴弹炮发射。“铜斑蛇-Ⅱ”制导炮弹是M712铜斑蛇的改进型。主要改进有四项，一是提高了抗轴向过载能力，使过载系数达到12 000；二是加大了四片弹翼面积，提高了升力，采用滑翔弹道技术使射程增加到 25km；三是将激光半主动制导改为红外成像/激光半主动复合制导；四是采用新型串联战斗部。“铜斑蛇-Ⅱ”的弹长缩短至990mm，战斗部侵彻威力达332.5mm。

俄罗斯(苏联)的“红土地”(Краснополь)制导炮弹是于20世纪70年代开始研制、1984年装备使用的第一代制导炮弹,采用惯性制导、激光半主动寻的制导方式,由152mm加榴炮发射，射程为3～20km，弹长为1305mm，弹径为152mm，弹重为50kg，命中概率可达90%。

制导炮弹的气动布局形式有正常式、鸭式、无尾式和尾翼式。据对20多个型号的统计，采用正常式布局的最多，约占50%，其次是鸭式布局，约占22%，尾翼式和无尾式布局约各占14%。

以现有的激光半主动制导炮弹为例，有两种气动布局：正常式和鸭式。美国的铜斑蛇155mm制导炮弹、“铜斑蛇-Ⅱ”155mm制导炮弹，德国的布萨德120mm制导迫击炮弹，以色列的CLAMP 155mm制导炮弹，南非的120mm制导追击炮弹为正常式布局。美国的神枪手127mm制导炮弹、105mm轻型制导炮弹，俄罗斯的“红土地”制导炮弹为鸭式布局。

以“红土地”制导炮弹为例，介绍制导/末制导炮弹气动布局与气动特性。

1. “红土地”气动布局与气动特性

“红土地”制导炮弹采用鸭式气动布局。在弹体头部安装两对鸭舵，用作俯仰和偏航控制。弹体尾段安装两对尾翼，用于产生升力和保证弹箭飞行稳定。鸭舵和尾翼呈“+—+”形布置，见图3-11和图3-12。

“红土地”弹身前端的鼻锥为激光半主动导引头的保护罩,后接导引头和控制舱段,形成近似拱形的头部。战斗部舱段和发动机舱段基本为圆柱体，尾部有一短船尾。弹长为 1305mm，名义直径为 152mm。

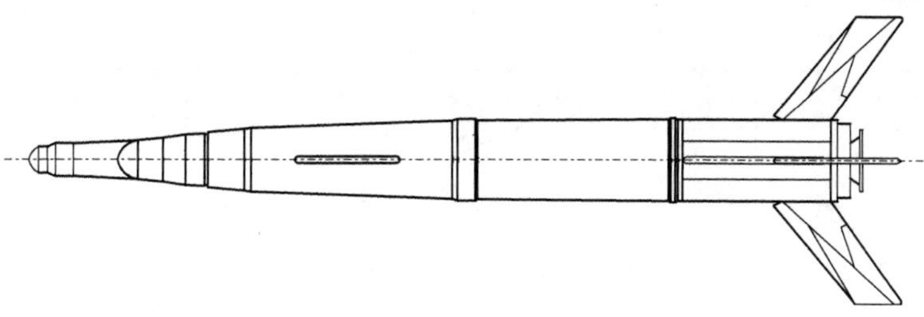

图 3-11　“红土地”制导炮弹气动布局(无控)

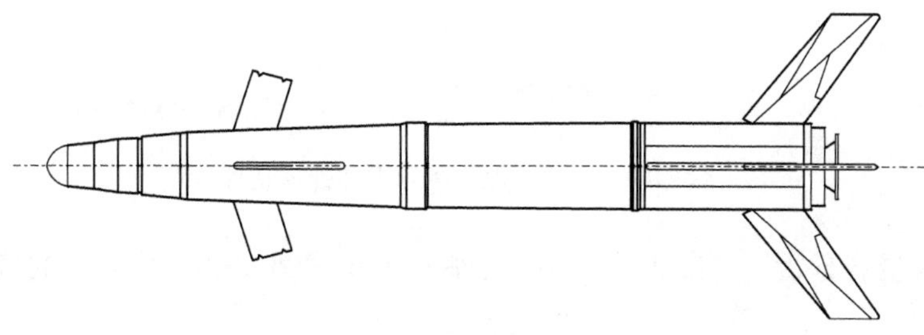

图 3-12　“红土地”制导炮弹气动布局(有控)

“红土地”鸭舵有四片，平面形状近似呈矩形，剖面形状为非对称六边形，舵片厚度沿展向变化。在炮管内鸭舵向后折叠插入弹体内，控制舵舱段外形为锥台，鸭舵折叠后虽有部分凸出锥面，但尺寸仍小于炮管直径。进入惯性制导段鸭舵向前张开到位，呈后掠状态。

“红土地”尾翼有四片，平面形状为矩形，剖面形状为非对称六边形。翼弦较小，翼展较大，属大展弦比尾翼。在炮管内尾翼向前折叠插入发动机四个燃烧室之间的翼槽内。炮弹飞离炮管后翼片靠惯性力解锁，靠弹簧张开机构迅速向后张开到位并锁定，呈后掠状态，保证弹箭稳定飞行。飞行中靠尾翼片的扭转角产生顺时针(后视)的滚转力矩，使弹体顺时针旋转。

“红土地”制导炮弹飞行弹道由多段弹道组成，全弹道上动作较多。一般可分为无控弹道、惯性弹道和导引弹道。而无控弹道又分为两段，即无动力无控飞行段和增速飞行段。再加上膛内滑行段，则远区攻击的全弹道共分为五段，即膛内滑行段、无控飞行段、增速飞行段、惯性制导段和末端导引段，见图 3-13。出炮口时炮弹的最大飞行速度约为 550m/s，转速为 6～10r/s。在无控飞行段和增速飞行段，舵片不张开，由张开的尾翼提供稳定力矩，保证稳定飞行。在惯性制导段，舵片张开并按重力补偿指令偏转，控制弹箭滑翔飞行，同时鼻锥部脱离，以便激光导引头接收目标信号。当弹箭飞至距目标约 3 km 时，进入末端导引段，导引头接收到目标反射来的信号后，捕获、跟踪并命中目标。舵片呈三位式动作。

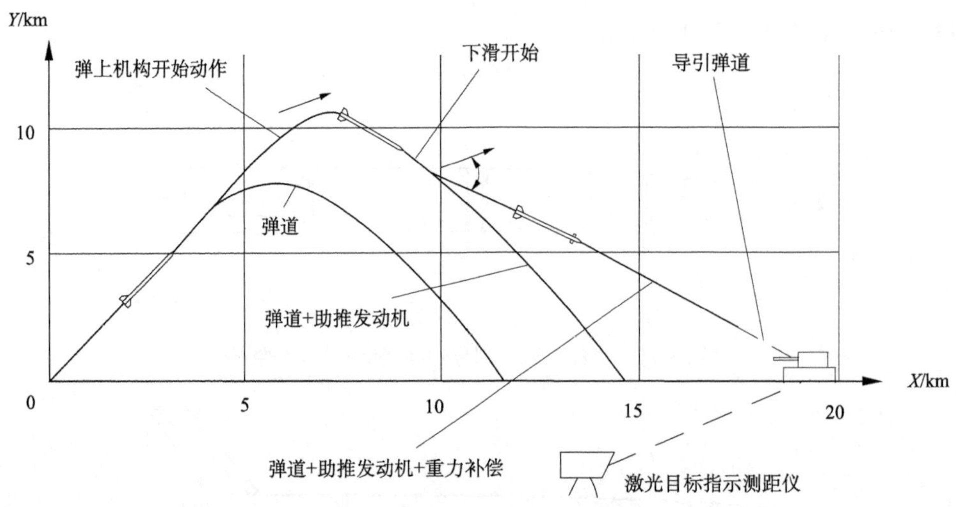

图 3-13　“红土地”制导炮弹弹道特性

根据相关资料分析，“红土地”制导炮弹应有五种外形和工作状态的气动参数，分别为：

(1) 舵片不张开，发动机不工作，用于无控无动力飞行段飞行特性计算。

(2) 舵片不张开，增速发动机工作，有排气羽流影响和质心变化，用于增速飞行段飞行特性计算。

(3) 舵片不张开，发动机工作完(已不存在排气羽流影响)，用于刚过增速飞行段终止点飞行特性的计算。

(4) 不带鼻锥部的无药舵面张开状态。导引头工作时要将前面的鼻锥部抛掉，导引头前端为球冠形，弹箭长度减小，用于远区攻击时末端导引段飞行特性计算。

(5) 不带鼻锥部的有药舵面张开状态。鼻锥部被抛掉，发动机不工作，舵片张开，用于近区攻击时弹箭飞行特性计算。

根据相关试验和计算得知：

(1) 在无控飞行段弹箭的阻力最小，进入惯性制导段后头部变钝、舵片张开使阻力有所增大。

(2) 舵片尺寸虽小，但对升力却有很大贡献，约使升力增大 30%。

(3) 无控飞行段，在亚声速时随马赫数增大$\left|m_{zg}^{\alpha}\right|$增大；超声速时随马赫数增大$\left|m_{zg}^{\alpha}\right|$减小。进入惯性制导段后，鸭舵张开使$\left|m_{zg}^{\alpha}\right|$迅速下降，特别是对于有药(发动机未工作)外形，$\left|m_{zg}^{\alpha}\right|$更小。对于无控飞行外形，亚声速时随马赫数增大压心略向后移；超声速时随马赫数增大压心前移；跨声速时压心最靠后。对于有控飞行外形，亚声速时随马赫数增大压心略向后移；跨声速时又向前移。鸭舵张开使压心系数减小 20%以上。

(4) 无控飞行外形的纵向静稳定度很大；有控飞行外形的纵向静稳定度很小，尤其是近区攻击时静稳定度更小。

(5) 平衡攻角与舵偏角呈非线性变化，可使用的舵偏角很小。

2. “红土地”特殊气动力问题

关于鸭式布局制导炮弹的气动特性，有下面六个共性问题值得注意。

1)“十”形鸭舵控制效率高，弹箭机动性好

一般来说，对于旋转弹箭，一字形舵就可以实现俯仰和偏航两个方向的控制。早期鸭式旋转弹箭都采用一对鸭舵，比如 SA-7 导弹。一对舵控制两个方向的飞行，必然降低控制效率，影响弹箭的机动性。毒刺导弹虽有两对鸭翼，但一对固定不动，仅一对偏转。从弹箭的气动轴对称性来说，这一改进有好处，但未改善鸭舵的控制效率，对弹箭机动性的改善也不大。“红土地”导弹采用两对全动鸭舵，将使控制效率大幅度提高，导弹的机动性大加改善。

2)无控飞行段鸭舵不张开

当炮弹发射后，在初始段舵片仍折插于弹身内，对于远区攻击模式直至增速发动机工作完，进入惯性制导段后舵片才张开。这样做的好处有：

(1)阻力小，减小了无控飞行段的速度损失。在增速段末端速度要求一定的情况下，可以减少增速发动机的装药量。

(2)滚转阻尼小，减小了弹箭飞离炮口后转速的衰减，容易建立起由气动滚转力矩产生的转速。

(3)保证弹箭在无控飞行段有较大的静稳定度，提高抗扰动能力。

(4)进入惯性制导段张开鸭舵，此时质心已前移，既能保证弹箭飞行所需的静稳定度，又能保证弹箭机动飞行具有良好的操纵性。

3)大展弦比后掠尾翼

“红土地”制导炮弹采用大展弦比后掠尾翼，这是一般炮射折叠尾翼弹箭的共同特点。一方面便于折叠；另一方面可以提高尾翼的稳定效率，保证无控飞行时弹箭所需的纵向静稳定度和滑翔增程时所需的升阻比。

4)发射后依靠尾翼安装角(或扭转角)滚转

“红土地”制导炮弹出炮口时的转速 $\omega_x = 6 \sim 10\ \text{r/s}$，该转速是由膛线的缠角和闭气减旋弹带赋予的，出炮口后要靠尾翼气动滚转力矩维持弹箭滚转。气动转速随飞行马赫数基本呈线性变化。气动滚转力矩可由尾翼安装角产生，也可由尾翼的几何扭转角产生。“红土地”制导炮弹采用尾翼扭转角产生气动滚转力矩，其扭转角相当于1°50′的安装角。由于尾翼翼展很大，滚转阻尼也较大，所以“红土地”的转速并不高。在惯性制导段，转速不到7 r/s。在末制导段，转速约为6 r/s。

5)鸭舵后拖涡螺旋形畸变与洗流气动力干扰

弹箭在旋转飞行中，当攻角很小时，从舵面向后拖出的尾涡很快卷成集中涡。由于弹体旋转，其涡线将绕着弹体发生扭曲，涡的强度和起始位置将随弹箭旋转方位的变化而变化，流动是非定常的。另一方面旋转鸭式弹箭的下洗流不仅使尾翼的升力减小，同时还将产生一个垂直于攻角平面的侧向力，这是攻角和旋转耦合作用的结果。

6)舵面和尾翼折放槽对气动特性的影响

“红土地”制导炮弹在膛内滑行时，尾翼前折插入弹体内，鸭舵后折插入弹体内。

弹箭飞离炮口后，四片尾翼同步向后张开呈后掠状态。飞过弹道最高点，四片鸭舵同步向前张开呈后掠状态。增速发动机的四个燃烧室之间上下左右贯通的槽缝用于折放四片尾翼。气流可通过槽缝流进后弹体，并有横向流动，但气流不能从弹体底部流出。鸭舵和尾翼的折放槽对阻力、升力、压心、力矩、稳定度都有影响。

3.3.2 航空制导炸弹的典型气动布局

航空制导炸弹在现代战争中扮演着重要角色，在近些年的战争中显示了巨大作用。目前世界各国都在积极研制和装备，随着更多新技术的应用，航空制导炸弹的精度越来越高，在未来战场上的作用将更加显著。

常见的航空制导炸弹主要有两种类型，即激光制导型和光电(电视)制导型。激光制导型多为半主动制导，由地面或空中使用激光目标指示器照射目标。例如，美国的宝石路Ⅰ、Ⅱ、Ⅲ，法国的比基埃尔，俄罗斯的 КАБ-500Л、КАБ-1500Л 等都是激光制导航空炸弹。而美国的 AGM-130/A、AGM-62A 型白星眼、俄罗斯的 КАБ-500КР 则为电视图像制导航空炸弹；美国的 AGM-130/B 为红外图像制导航空炸弹；美国的 GBU-15(V)为模块化制导航空炸弹，既可以电视图像制导，也可以红外图像制导；美国的宝石路Ⅳ为红外图像/毫米波雷达主动制导航空炸弹。

常见的激光制导航空炸弹有两种气动布局，即鸭式和无尾式。美国常采用鸭式布局，即用四片鸭舵与四片弹翼呈“×−×”配置，而俄罗斯则多采用无尾式布局。

下面以俄罗斯 КАБ-500Л 激光制导航空炸弹为例，介绍其气动布局与气动特性。

1. КАБ-500Л 气动布局与气动特性

如图 3-14 所示，КАБ-500Л 采用无尾式布局。其主要特点是：两对小展弦比后掠弹翼布置在弹身尾部，在弹翼后缘装有空气动力操纵面。为了减小这种布局带来的过大静稳定度，在弹体头部加装了四片反安定面，反安定面与弹翼呈“×−×”形配置。

图 3-14　КАБ-500Л 激光制导航空炸弹

根据相关文献和资料得知：

(1) КАБ-500Л 的零升阻力系数随马赫数向 1 趋近而显著增大；阻力系数随攻角呈抛物线变化。攻角较小时，阻力系数随舵偏角增大而增大；攻角较大时，阻力系数随舵偏角增大而减小。

(2) $Ma \leqslant 0.8$ 时，升力线斜率相差很小，马赫数向 1 趋近，升力线斜率增大。攻角较小时，升力系数随攻角基本呈线性变化；攻角较大时，升力系数随攻角呈非线性增大。

(3) 攻角较小时，俯仰力矩系数 m_z 随 α 基本呈线性变化；攻角较大时，m_z 随 α 的非线性变化十分显著。静稳定度随攻角增大略有增大，随马赫数变化比较缓慢。

(4) 在一定舵偏角下，平衡攻角随马赫数增大而减小。平衡攻角与舵偏角的关系是非线性的。平衡攻角下的升阻比随马赫数变化缓慢。

(5) КАБ-500Л 的俯仰控制效率很高，而滚转控制效率较低，这是后缘舵控制的共同特点。

2. КАБ-500Л 的特殊气动力问题

1) 弹体滚转角影响

根据相关试验，无舵偏小攻角时，阻力系数随滚转角变化不大；攻角较大时，阻力系数随滚转角增大而减小。“×”形状态 ($\theta = 45°$) 的阻力系数明显小于“+”形状态 ($\theta = 0°$) 的阻力系数。

无舵偏时，升力系数随滚转角增大而减小，“×”形状态的升力系数比“+”形状态的小。

弹体滚转使得 $|m_z|$ 减小，静稳定度降低。“×”形状态的 $|m_z|$ 比“+”形状态的低得多。“×”形状态的平衡攻角比“+”形状态的高得多。

小攻角时，“×”形状态的俯仰控制效率 C_L^{δ}、m_{zg}^{δ} 约为“+”形状态的 $\sqrt{2}$ 倍。大攻角时，“×”形状态与“+”形状态的控制效率接近。

由此表明，即使对于纵向气动特性也不能用“+”形状态的结果代替“×”形状态的结果，试验必须在实际的滚转角下进行。

2) 气动特性随攻角的非线性

有关试验表明 КАБ-500Л 的 $C_N \sim \alpha$、$m_{zg} \sim \alpha$ 曲线有明显的“S”形。在 $\alpha = 20°$ 附近，$C_N \sim \alpha$ 曲线的斜率开始变小；在 $\alpha = 10°$ 附近，$m_{zg} \sim \alpha$ 曲线的斜率(绝对值)开始变小。弹体滚转使 $C_N \sim \alpha$、$m_{zg} \sim \alpha$ 曲线的“S”形减弱。

3) 后体对风标头非对称气动力干扰——风标头失调角

无论是鸭式布局还是无尾式布局，一般采用追踪法导引的制导炸弹，在弹体前部都有一个装有光学位标器的风标头。理论上风标头的指向应始终与飞行速度矢量一致。实际上由于亚声速下后弹体(相对风标头来说后弹体大得多)的非对称气动力干扰，风标头的轴线与飞行速度方向并不完全重合，而是有一个小的失调角存在，见图 3-15。在误差探测器按追踪法导引规律测量炸弹的速度矢量与弹目线之间的夹角，形成误差信号和控制指令时，应该把这个失调角考虑进去。因此风标头失调角的确定是激光制导炸弹研制中的一项重要工作。风标头失调角实验结果表明，由于后弹体对风标头的非对称气动力干扰，即使风标头是静稳定的，也存在失调角。失调角不大，但随攻角增大改变符号。小攻角时失调角为负值，大攻角时失调角为正值。

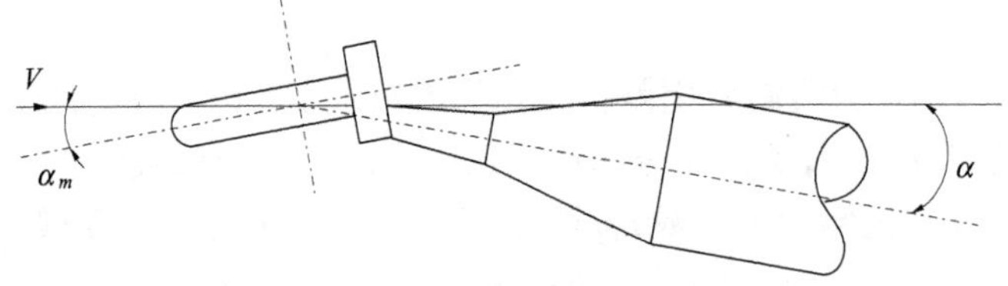

图 3-15　风标头失调角

3.3.3　反坦克导弹的典型气动布局

反坦克导弹历经 50 多年的发展，已经出现了三代产品、80 多个品种。根据对 70 多个型号的初步统计，其中正常式气动布局约占 26%、鸭式布局约占 14%、无尾式布局约占 36%、尾翼式布局约占 24%。

以俄罗斯 9M14(AT-3A)反坦克导弹为例，介绍其气动布局与气动特性。

如图 3-16 所示，9M14(AT-3A)主要特点为：无尾式气动布局，结构简单，质量轻，阻力小；小展弦比双后掠十字形弹翼，具有空气动力轴对称性；旋转飞行方式，简化了控制系统，一定程度上可克服偏心影响，但旋转产生的马格努斯效应又引起纵、横向运动交连；起飞发动机四个喷管出口位于弹体前中部，要考虑燃气流对空气动力的影响。

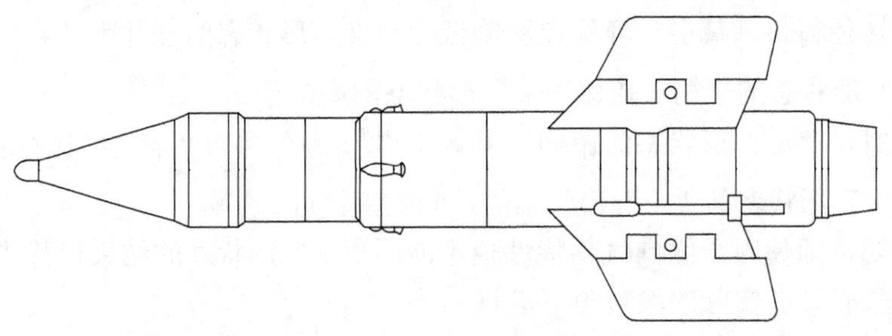

图 3-16　9M14 外形

该导弹的零升阻力中，弹身约占 85%，弹翼约占 15%，压差阻力略大于摩擦阻力。弹身上发动机喷管、曳光管、导轨槽、卡簧等附件使阻力增加 20%左右。诱导阻力情况刚好相反，弹身约占 15%，弹翼约占 85%。弹翼是产生升力、提供机动飞行过载的主要部件，这是无尾式布局反坦克导弹的共同特点。

该导弹的弹翼有 3°15′ 安装角，在飞行中提供使导弹绕纵轴顺时针旋转(后视)的滚转力矩。如果风洞试验是在模型固定状态下进行，测得的阻力将偏大 5%左右。因此，对于旋转弹应该在旋转状态下进行风洞试验。

其升力中单独弹身的贡献不过 10%，翼身干扰升力可达 40%，弹翼的升力大于 50%。风洞试验结果表明，弹体旋转对升力没有影响。

该导弹的压心由四部分组成。单独弹身的压心很靠前，位于弹身长度的 2%～9%处；单独弹翼的压心与弹身对弹翼干扰的压心位置很接近，约位于弹长的 72%处；弹翼对弹身干扰的压心在根弦前缘靠后的地方，约占弹长的 65%。全弹压心系数 $\bar{x}_p = 0.64 \sim 0.65$ 。

在起飞段静稳定度很小，在起飞发动机工作结束时，静稳定度约为 2%；续航发动机工作结束时，静稳定度约为 4%。

该导弹气动力特性有以下两个值得注意的问题。

1) 弹体旋转的影响

(1) 在马赫数 0.3～0.4、攻角 0°～8°范围内，弹体旋转使飞行阻力减小 4%～6%，压力中心前移 0.5%～8%，静稳定度降低 5%～50%。

(2) 旋转使导弹产生马格努斯力和力矩，引起纵向与横向运动交连，即当对导弹实施俯仰控制时，会同时引起导弹的左偏或右偏；当对导弹实施航向控制时，导弹会出现抬头或低头。研究表明，其马格努斯力不到相应升力的 5%，对飞行性能的影响可不予考虑。马格努斯力矩能达到相应俯仰力矩的 20%～30%，在飞行性能计算及控制系统设计时必须予以考虑。对于类似的无尾式旋转反坦克导弹，马格努斯力矩主要由弹翼产生。

(3) 旋转对动稳定性有重要影响。对尾翼稳定旋转弹动稳定性影响最大的是静稳定导数、俯仰动导数和马格努斯力矩系数导数。静稳定导数、俯仰动导数是增加动稳定性的，而马格努斯力矩系数导数是减少动稳定性的。引起动态不稳定的临界转速约为13 r/s，而其实际转速约为9 r/s。

2) 发动机喷流的影响

该导弹弹翼前方有四个起飞发动机喷管，出口距翼根前缘 125mm，喷管与弹翼呈 45°布置，对导弹外形部件有不大的气动干扰影响。除前喷流影响外，尾部尾罩两侧还有两个续航发动机喷管出口。续航发动机燃气喷流对周围空气流的强力引射作用使得尾部表面上的压力系数下降，导致尾部阻力增大。随 *Ma* 数增大，喷流的引射作用降低，尾部阻力的增大值减小。尾喷流使得底部的真空度降低，压强增大，底部阻力减小甚至变成“推力”。但因后者的作用低于前者，所以尾喷流作用的总效果是使阻力增大。

3.4　有控弹箭气动特性预测方法

在有控弹箭设计中，气动特性预测的精确度越高越好，即要求预测的误差尽可能的小。据统计，目前有控弹箭气动特性预测结果的相对误差为：纵向气动特性，包括阻力、升力、俯仰力矩和压心等为±10%；滚动力矩、铰链力矩和动导数为±20%。

有控弹箭的飞行特性与其气动特性的预测精度有密切的关系，气动特性预测的误差必将给飞行性能指标的确定带来相应的误差。因此，在确定有控弹箭战术技术指标的容许误差范围时，必须考虑气动特性误差的影响，并找出两者之间的关系。例如，对于无控弹箭，升力系数±10%的误差将给射程带来±5%的误差；阻力系数±10%的误差将给射程带来±10%的误差。

预测有控弹箭气动特性通常采用三种手段，即工程计算、数值计算和地面实验(主要是风洞试验，还有其他一些模拟实验)，这三种方法各有其特点。

3.4.1 工程计算方法

工程计算只能给出气动特性数据，不能给出流场结构，但由于该方法快速、经济、方便，而且工程计算方法是以大量的试验、经验数据整理出来的公式和图线为基础，对于有控弹箭气动特性的预测有相当好的准确性，能满足初步设计要求，所以在早期有控弹箭气动设计中的气动特性预测主要依靠工程计算方法完成，目前仍是设计部门用来预测有控弹箭气动特性的重要手段。

在气动外形设计中，一般是以工程计算结果为基础，运用风洞试验对外形参数和气动特性进行检验和修正，再通过飞行试验重点校核某些主要气动特性参数，最后确定有控弹箭的气动外形，给出气动特性。由于飞行试验成本高、周期长，在有控弹箭气动外形设计中不作为气动特性预测的手段，往往是作为气动特性评估和考核的手段。

在战术弹箭的气动特性工程预估方面，美国一些兵器研究机构经过多年的研发，相继开发了一些气动特性工程预估程序。对于轴对称外形的气动特性，工程预估程序主要有：美国海面战争中心(Naval Surface Warfair Center，NSWC)开发的 Aeroprediction 程序，尼尔森工程研究公司(Nielsen Engineering & Research Inc.)开发的 NEAR Missile II、Missile II A，美国麦道飞机公司(McDonnell Douglas Aircraft Company)开发的 Aerop I 程序。对于任意弹体外形的气动特性，工程预估程序主要有：美国空军(United States Air Force，USAF)开发的 DATCOM 程序、超声速/高超声速程序 SHABP，美国罗克韦尔国际公司(Rockwell International Corp.)开发的气动初步分析系统 APAS II。大攻角程序主要有：美国国家航空航天局(National Aeronautics and Space Administration，NASA)开发的大攻角程序，美国阿诺德工程发展中心(Arnold Engineering Development Center，AEDC)开发的大攻角程序，美国陆军开发的 Martin Marietta 大攻角程序等。

在上述工程预估程序中，由美国海面战争中心开发的气动工程预估程序是公认比较好的程序之一。该程序由 Frank G. Moore 等建立，部件气动特性计算主要采用近似方法：细长体理论、线性理论、牛顿理论、横流理论、范戴克(Van Dyke)混合理论、Van Driest 平板理论等。部件之间的气动干扰以 PNK(Pitts-Nielsen-Kaatari)方法为基础。非线性气动特性计算则直接使用风洞试验数据库，或使用基于风洞试验数据库发展的经验方法。

我国在弹箭气动力工程计算方法方面以纪楚群、苗瑞生、居贤铭、吴甲生、雷娟棉等学者以及其他相关研究单位撰写的书籍文献为主要参考。

3.4.2 数值计算方法

计算流体力学(computational fluid dynamics，CFD)是流体力学的一个分支。它用于求解固定几何形状空间内的流体的动量、热量和质量方程以及相关的其他方程，并通过计算机模拟获得某种流体在特定条件下的有关信息，是分析和解决流体问题的强有力和用途广泛的工具。CFD 建立在流体力学数学模型上，通过计算机仿真，可以给出弹箭及其部件上的压力分布和流场特性，可对外形进行微观评价和修改，可为结构设计提供分布载荷。

作为流体力学的计算手段，CFD 大大缩短了设计的时间，节省了设计费用。相对于理论方法，CFD 具有假设限制少、应用范围广的特点，也容易应用。相对于实验方法，CFD 很少有马赫数和物体尺寸的限制，并且具有较高的经济价值。数值仿真优于实验的地方还在于计算机仿真的诊断“探测”并不干扰流动。

随着 CFD 和计算机的飞速发展，流场的数值模拟和气动特性的数值计算已成为有控弹箭气动外形设计的一种重要手段，目前已经开发出了多种商业软件。CFD 软件一般包括三个主要部分：前处理器(建模、网格生成等)、解算器(具体的数值运算)和后处理器(运算结果的具体演示)。常见的 CFD 软件有 FLUENT、 PHOENICS、CFX、STAR-CD 和 FIDAP 等。

以 FLUENT 公司开发的大型 CFD 软件 FLUENT 为例，它可计算从不可压缩(低亚声速)到轻度可压缩(跨声速)直达高度可压缩(超声速)流体的复杂流动问题。FLUENT 本身所带的物理模型可以准确地预测层流、过渡流和湍流等多种方式的传热和传质、化学反应、多相流和其他复杂现象。它可以灵活地产生非结构网格以适应复杂结构，并且能根据初步计算结果调速网格。前处理软件 Gambit 提供了多方位的几何输入接口，计算采用有限容积法。通过图形后处理软件，可以得到二维和三维图像，包括速度矢量图、等值线图(流线图、等压线图)、等值面图(等温面和等马赫面图)、流动轨迹图，并具有积分功能，可以求得力和流量等。

图 3-17 为某弹箭计算流场网格示意图，图 3-18 为某弹箭的侧向喷流干扰流场计算结果的等马赫数云图。

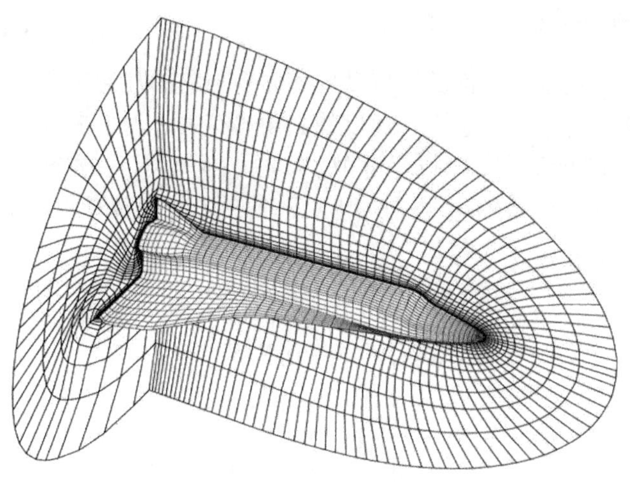

图 3-17　某弹箭的计算流场网格示意图

计算流体力学目前主要向两个方面发展：一方面是研究流动非定常稳定特性、分叉解及湍流流动的机制，更为复杂的非定常、多尺度的流动特征，高精度、高分辨率的计算方法和并行算法；另一方面是将计算流体力学直接用于模拟各种实际流动，解决工业设计中产生的各种问题。

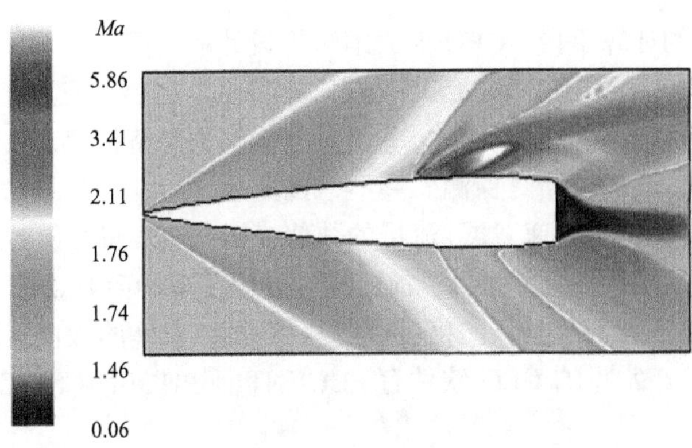

图 3-18　某弹箭的侧向喷流干扰流场计算结果

3.4.3　风洞试验方法

弹箭气动力试验方法中最常见的就是风洞试验，即按预选的气动外形，以一定的缩小比例，做成模型弹箭，将其固定在专门的风洞里吹风，并用仪器测量模型所受的气动力和力矩。风洞试验方法在航空航天科学、各类飞行器和弹箭的研制中广为采用。

弹箭风洞试验采用的基本理论是相似性。把描述物理现象的方程式化成无量纲形式，然后由无量纲系数的相等就可确定现象的相似性。这些无量纲系数称为相似准则，并在实现物理现象的模拟时要加以使用。

1. 气动力和力矩的无量纲化

弹箭运动时，作用在它上面的空气动力和力矩与它的几何参数(尺寸和形状)、飞行速度、飞行高度以及弹箭相对于飞行速度的夹角等有关。为了求得无量纲系数，必须把阻力 X 、升力 Y、侧向力 Z 、滚转力矩 M_{x_t} 、偏航力矩 M_{y_t}、俯仰力矩 M_{z_t} 用有力或力矩量纲的参数组合进行无量纲化。一般用 X 、 Y、 Z 除以具有相同量纲的 $\rho_\infty V_\infty^2 S/2$ ，即得无量纲空气动力系数：

$$\begin{cases} C_x = \dfrac{X}{\dfrac{1}{2}\rho_\infty V_\infty^2 S} \\ C_y = \dfrac{Y}{\dfrac{1}{2}\rho_\infty V_\infty^2 S} \\ C_z = \dfrac{Z}{\dfrac{1}{2}\rho_\infty V_\infty^2 S} \end{cases} \tag{3-1}$$

而无量纲的空气动力矩系数则用具有相同量纲的 $\rho_\infty V_\infty^2 S/2$ 相除得到

$$\begin{cases} m_{x_t} = \dfrac{M_{x_t}}{\dfrac{1}{2}\rho_\infty V_\infty^2 Sl} \\ m_{y_t} = \dfrac{M_{y_t}}{\dfrac{1}{2}\rho_\infty V_\infty^2 SL} \\ m_{z_t} = \dfrac{M_{z_t}}{\dfrac{1}{2}\rho_\infty V_\infty^2 Sb_A} \end{cases} \tag{3-2}$$

式中，S为弹翼的水平投影面积；b_A为弹翼的平均气动弦长；l为弹翼的展长；L为特征长度(面对称导弹 $L=l$；轴对称导弹 $L=b_A$)；ρ_∞为来流密度；V_∞为来流速度。这些参数均为已知量。

此外，还定义压强系数

$$p = \frac{p-p_\infty}{\dfrac{1}{2}\rho_\infty V_\infty^2} \tag{3-3}$$

2. 相似准则

如果弹箭在空中飞行时的流动与风洞试验条件完全相似，则两者无量纲气动系数对应相等，即

$$C_x(\text{模})=C_x(\text{飞}),\ C_y(\text{模})=C_y(\text{飞}),\ C_z(\text{模})=C_z(\text{飞})$$

$$m_{x_t}(\text{模})=m_{x_t}(\text{飞}),\ m_{y_t}(\text{模})=m_{y_t}(\text{飞}),\ m_{z_t}(\text{模})=m_{z_t}(\text{飞})$$

且对应点的压强系数也相等，即

$$p_i(\text{模})=p_i(\text{飞})$$

因此测量风洞试验中模型上的气动力和力矩，根据气动系数就可以计算飞行条件下的力和力矩。

根据相似性理论和量纲分析，为了使风洞试验中的流动与真实飞行中的流动相似，必须满足以下三方面的条件：①模型和实物的几何相似，即要求模型与实物的几何形状完全一样；②模型和实物与气流的相对方位相同，即保证两者运动学相似；③动力相似。

3. 风洞的基本结构

风洞作为空气动力试验的基本设备。风洞试验就是把模型固定在风洞的试验段，并生成均匀、平直的气流吹向模型，同时测量作用在模型上的气动力和力矩。风洞的形式、尺寸、速度大小、用途和作用原理是多种多样的。风洞有低速风洞和高速风洞，气流通道有直流和回流的。

图 3-19 为我国某研究单位的超高速风洞，该风洞由试验段、亚扩段、超扩段、喷管等组成。

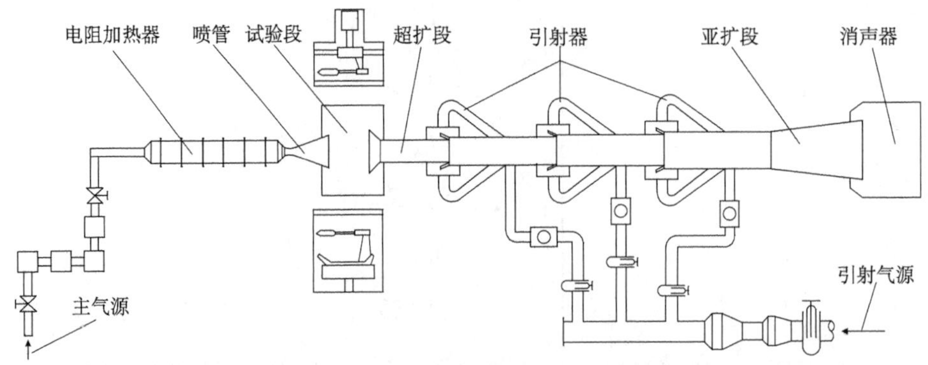

图 3-19　某超高速风洞结构示意图

图 3-20 为某导弹模型风洞试验示意图，图 3-21 为某弹箭模型风洞吹风得到的流场波系纹影照片。从照片中可以清楚地看到激波和整个流场的波系结构。

图 3-20　某导弹模型风洞试验示意图

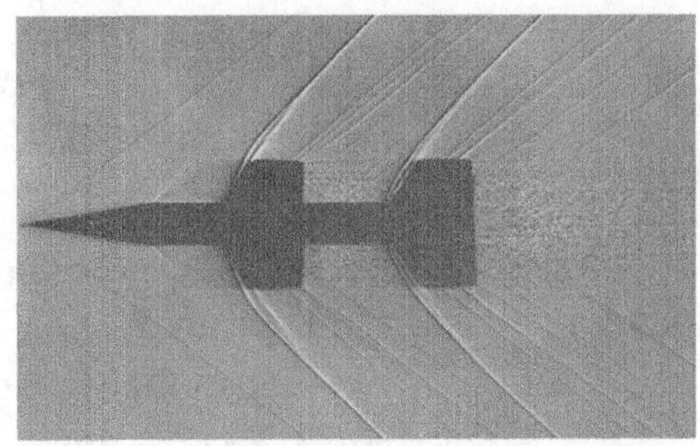

图 3-21　某弹箭模型风洞吹风流场波系纹影照片

思 考 题

1. 有控弹箭翼面沿弹身周向有哪几种布置方式及其特点?
2. 有控弹箭翼面沿弹身轴向有哪几种布置方式及其特点?
3. 介绍“红土地”气动布局与气动特性。
4. “红土地”有哪些特殊的气动问题?
5. 介绍航空制导炸弹的典型气动布局。
6. 介绍反坦克导弹的典型气动布局。
7. 介绍有控弹箭气动特性预测的几种方法。
8. 风洞试验中气动力和力矩是如何无量纲化的?
9. 解释风洞试验中的相似准则。

第 4 章　有控弹箭飞行力学基本方程与坐标系统

4.1　弹箭运动的建模基础

4.1.1　基本定理

弹箭运动方程组作为弹箭运动规律的基本数学模型，是分析、计算或模拟弹箭运动的基本模型。构建弹箭运动方程组是在应用牛顿定律的基础上，同时应用变质量力学、空气动力学、推进原理和自动控制理论等基础理论。

弹箭的空间运动模型是以六自由度刚体运动理论为基础的。由刚体运动学，任何刚体在空间的任意运动，都可以分解为刚体质心的平移运动和刚体绕质心旋转运动两者的合成，即表征刚体质心瞬时位置的三个自由度，以及表征刚体瞬时姿态的三个自由度，共六个自由度。对于刚体来说，一般应用牛顿定律来建立质心运动模型，而用动量矩定理建立刚体绕质心的转动模型。

假设刚体的质量为 m ，刚体质心的速度为 $\boldsymbol{V}$ ，刚体相对于质心的动量矩为 $\boldsymbol{H}$ ，则描述刚体质心移动的动力学基本方程为

$$m\frac{\mathrm{d}\boldsymbol{V}}{\mathrm{d}t}=\boldsymbol{F}$$

刚体绕质心转动的动力学基本方程为

$$\frac{\mathrm{d}\boldsymbol{H}}{\mathrm{d}t}=\boldsymbol{M}$$

式中， $\boldsymbol{F}$ 表示作用于刚体上的合外力； $\boldsymbol{M}$ 则表示外力对刚体质心的合力矩。

需要说明的是，上述两个公式的应用是有条件的：一是运动物体是常质量的刚体；二是运动是在惯性坐标系中描述的，即描述刚体运动采用的是绝对运动参数，而不是相对运动参数。

4.1.2　弹箭运动建模的简化处理

首先弹箭的运动一般是变质量过程。例如产生推力的火箭发动机不断喷出推进剂的燃烧介质，使弹箭质量随时间不断变化；在弹箭飞行过程中，操纵机构、控制系统的电气和机械部件都可能有相对于弹体的运动。因此，研究弹箭的运动不能直接应用经典的动力学定理，而必须借助于变质量力学定理。

在弹箭飞行力学建模过程中，不同的研究阶段，描述系统的数学模型也不相同。一般是根据研究阶段最能反映弹箭飞行运动的最本质和最主要的因素，来建立所需要的数学模型。例如，在弹箭设计的方案论证或初步设计阶段，可把弹箭视为一个质点，建立一组简单的数学模型，用于估算其运动轨迹。随着弹箭设计工作的进行，以及研究弹箭

运动和分析动态特性的需要，就必须采用刚体模型等把描述弹箭运动的数学模型建立得更加复杂，更加完善。

弹箭在设计过程中，总是需要尽量减小弹体的结构质量，致使飞行过程中弹箭结构不可避免地呈现柔性的特性。许多弹箭在接近其最大飞行速度时，总会出现所谓的“气动弹性”现象。这种现象是由空气动力所造成的弹体外形变化与空气动力的耦合效应所致。它对飞行器的稳定性和操纵性有较大影响。从设计的观点来看，弹性现象会影响弹箭的运动特性和结构的整体性，但是，这种弹性变形及其对弹箭运动的影响均可视为小量，大都采用线性化理论进行处理。

在建立弹箭飞行运动模型时，为简化问题，一般可以把弹箭质量与发动机喷出的燃气质量合在一起考虑，将系统转换为一个常质量系，即采用所谓的“固化原理”(或刚化原理)：在任意研究瞬时，将变质量系的弹箭视为虚拟刚体，把该瞬时弹箭所包含的所有物质固化在虚拟的刚体上。同时，忽略一些影响弹箭运动的次要因素，如弹体结构的弹性变形、科氏惯性力(如液体发动机内流动液体因弹箭的转动而产生的惯性力)、变分力(如液体发动机内流体的非定常运动引起的力)等。

基于“固化原理”，就可以将变质量弹箭运动方程简化成常质量刚体的方程。即在某一研究瞬时，用该瞬时的弹箭质量 $m(t)$ 取代原来的常质量 m 。至于弹箭绕质心转动的研究，同样也采用“固化原理”类似的方法来处理。多年的工程实践证明，采用上述简化方法具有较高的精度，能满足大多数情况下研究问题的需要。

由此，弹箭运动方程的矢量表达式即可以写成

$$m(t)\frac{\mathrm{d}\boldsymbol{V}}{\mathrm{d}t}=\boldsymbol{F}$$

$$\frac{\mathrm{d}\boldsymbol{H}}{\mathrm{d}t}=\boldsymbol{M}$$

对于一般有控弹箭而言，在建立弹箭运动方程时，一般将大地当作静止的平面，即不考虑地球的曲率和旋转，这样处理可以大大简化弹箭的运动方程表达形式。

4.2 有翼弹箭飞行力学坐标系及其变换

由于弹箭的空间运动与姿态的描述是多维度的，因此在将弹箭的矢量方程分解为标量形式时，必须借助一组坐标系。坐标系的建立方式不同，则得到的弹箭运动方程组的形式和复杂程度也会有所差异。故建立和选择合适的坐标系统对于恰当地描述弹箭的空间复杂飞行运动是十分重要的。

一般选取坐标系的原则是：既能正确地描述弹箭的运动，又要使描述弹箭运动的方程形式简单且清晰明了。目前，我们国家在建立弹箭运动方程时所用的坐标系统与欧美坐标系统不同，本书依照我国的飞行力学教科书和著作中常用的坐标系统。

在飞行力学中，一般把作用在弹箭上的空气动力 $\boldsymbol{R}$ 沿速度坐标系的轴分解成三个分量来进行研究。而空气动力矩 $\boldsymbol{M}$ 则沿弹体坐标系的轴分解成三个分量。下面先介绍两个与导弹速度矢量及弹体相联系的坐标系。

4.2.1　坐标系定义

弹箭飞行力学中经常用到的坐标系有地面坐标系 $Axyz$ 、弹体坐标系 $Ox_1y_1z_1$ 、弹道坐标系 $Ox_2y_2z_2$ 、速度坐标系 $Ox_3y_3z_3$ ，它们都是右手直角坐标系。

1. 地面坐标系 $Axyz$

顾名思义，地面坐标系 $Axyz$ 是与地球固联的坐标系，其原点 A 通常取弹箭质心在地面(水平面)上的投影点， Ax 轴在水平面内，指向目标(或目标在地面的投影)为正； Ay 轴与地面垂直，向上为正； Az 轴按右手定则确定，如图 4-1 所示。为了便于进行坐标变换，通常将地面坐标系平移，即原点 A 移至弹箭质心 O 处，各坐标轴平行移动。

对于近程的战术弹箭而言，地面坐标系其实就是惯性坐标系，主要是用来作为确定弹箭质心位置和空间姿态的基准的。

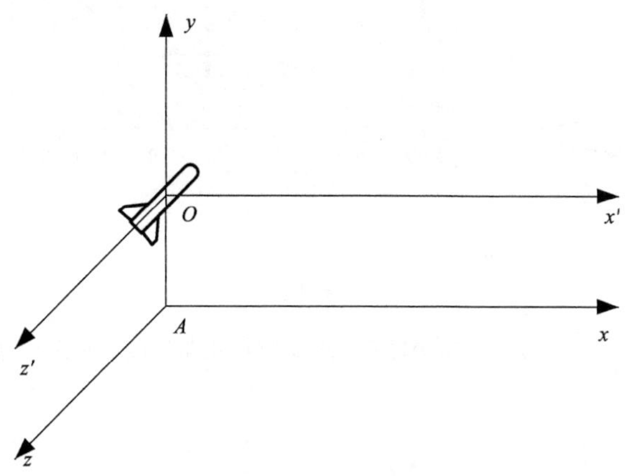

图 4-1　地面坐标系

2. 弹体坐标系 $Ox_1y_1z_1$

弹体坐标系的原点 O 取在弹箭的质心上； Ox_1 轴与弹体纵轴重合，指向头部为正； Oy_1 轴在弹体纵向对称平面内，垂直于 Ox_1 轴，向上为正； Oz_1 轴垂直于 x_1Oy_1 平面，方向按右手定则确定(图 4-2(a))。此坐标系与弹体固联，也是动坐标系。

3. 弹道坐标系 $Ox_2y_2z_2$

弹道坐标系 $Ox_2y_2z_2$ 的原点 O 取在弹箭的质心上； Ox_2 轴同弹箭质心的速度矢量 $\boldsymbol{V}$ 重合(即与速度坐标系 $Ox_3y_3z_3$ 的 Ox_3 轴完全一致)； Oy_2 轴位于包含速度矢量 $\boldsymbol{V}$ 的铅垂平面内，且垂直于 Ox_2 轴，向上为正； Oz_2 轴按照右手定则确定，如图 4-2(b)所示。显然，弹道坐标系与弹箭的速度矢量 $\boldsymbol{V}$ 固联，是一个动坐标系。该坐标系主要用于研究弹箭质心的运动特性，在以后的研究中将会发现，利用该坐标系建立的弹箭质心运动的动力学方程，在分析和研究弹道特性时比较简单清晰。

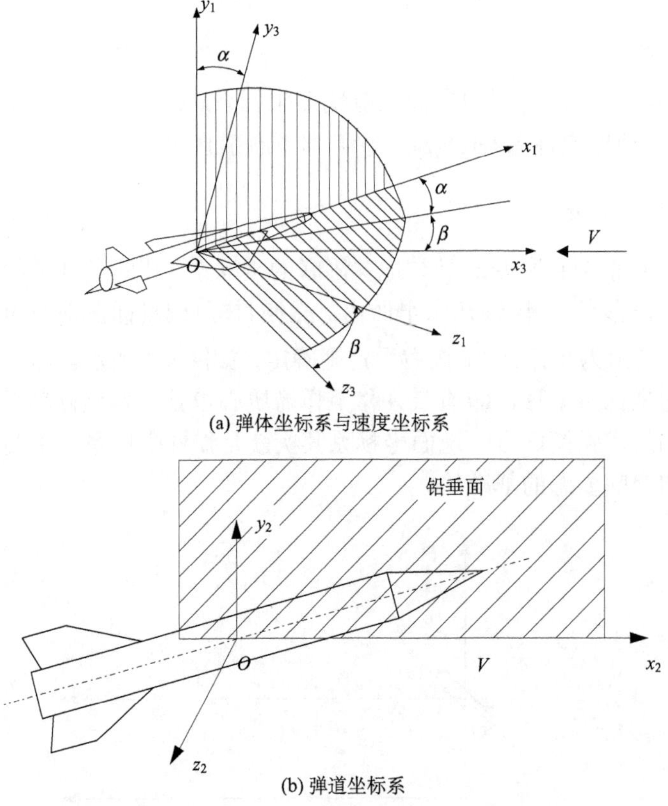

(a) 弹体坐标系与速度坐标系

(b) 弹道坐标系

图 4-2　弹体坐标系、弹道坐标系与速度坐标系

4. 速度坐标系 $Ox_3y_3z_3$

速度坐标系 $Ox_3y_3z_3$ 的原点 O 取在弹箭的质心上；Ox_3 轴与导弹速度矢量 $\boldsymbol{V}$ 重合；Oy_3 轴位于弹体纵向对称面内与 Ox_3 轴垂直，向上为正；Oz_3 轴垂直于 x_3Oy_3 平面，其方向按右手定则确定(图 4-2(a))。此坐标系与弹箭速度矢量固联，是一个动坐标系。

5. 速度坐标系与弹体坐标系之间的关系

由上述坐标系的定义可知，速度坐标系与弹体坐标系之间的相对关系可由两个角度确定(图 4-2(a))，分别定义如下：

攻角 α ：速度矢量 $\boldsymbol{V}$ 在纵向对称平面上的投影与纵轴 Ox_1 的夹角，当纵轴位于投影线的上方时，攻角 α 为正；反之为负。

侧滑角 β：速度矢量 $\boldsymbol{V}$ 与纵向对称平面之间的夹角，若来流从右侧(沿飞行方向观察)流向弹体，则所对应的侧滑角 β 为正；反之为负。

弹体坐标系 $Ox_1y_1z_1$ 与弹体固联，随弹箭在空间运动。它与地面坐标系配合，可以确定弹体的姿态。另外，研究作用在弹箭上的推力、推力偏心形成的力矩以及气动力矩时，利用该坐标系也比较方便。

速度坐标系 $Ox_3y_3z_3$ 也是动坐标系，常用来研究作用于弹箭上的空气动力 $\boldsymbol{R}$ 。该力在速度坐标系各轴上的投影分量就是所谓的阻力 X 、升力 Y 和侧向力 Z 。

4.2.2　坐标系变换

弹箭的几个坐标系在弹箭飞行的过程中有不同的指向，但是彼此之间有确定的方位关系。另外，弹箭在飞行过程中，作用于它的力包括空气动力、推力和重力。一般情况下，各个力分别定义在上述不同的坐标系中。要建立描述弹箭质心运动的动力学方程，必须将分别定义在各坐标系中的力变换(投影)到某个选定的、能够表征弹箭运动特征的动坐标系中。为此，需要建立各坐标系之间的变换关系。

坐标系之间的转换有多种数学表达方法，比如方向余弦矩阵方法或者四元数方法。以坐标变换矩阵为例，实际上，只要知道任意两个坐标系各对应轴的相互方位，就可以用一个确定的变换矩阵给出它们之间的变换关系。首先以地面坐标系与弹体坐标系为例，分析坐标变换的过程以及相应的坐标变换矩阵。

1. 地面坐标系与弹体坐标系之间的变换矩阵

将地面坐标系 $Axyz$ 平移，使原点 A 与弹体坐标系的原点 O 重合。弹体坐标系 $Ox_1y_1z_1$ 相对地面坐标系 $Axyz$ 的方位，可用三个姿态角来确定，它们分别为偏航角 ψ 、俯仰角 ϑ 、滚转角(又称倾斜角) γ ，如图 4-3(a)所示。其定义如下：

(1)偏航角 ψ ：弹箭的纵轴 Ox_1 在水平面上的投影与地面坐标系 Ax 轴之间的夹角。由 Ax 轴逆时针方向转至弹箭纵轴的投影线时，偏航角 ψ 为正(转动角速度方向与 Ay 轴的正向一致)；反之为负。

(2)俯仰角 ϑ ：弹箭的纵轴 Ox_1 与水平面之间的夹角。若弹箭纵轴在水平面之上，则俯仰角 ϑ 为正(转动角速度方向与 Az' 轴的正向一致)；反之为负。

(3)滚转角 γ ：弹箭的 Oy_1 轴与包含弹体纵轴 Ox_1 的铅垂平面之间的夹角。从弹体尾部顺 Ox_1 轴往前看，若 Oy_1 轴位于铅垂平面的右侧，形成的夹角 γ 为正(转动角速度方向与 Ox_1 轴的正向一致)；反之为负。

以上定义的三个角度，通常称为欧拉角，又称为弹体的姿态角。借助于它们可以推导出地面坐标系 $Axyz$ 到弹体坐标系 $Ox_1y_1z_1$ 的变换矩阵 $\boldsymbol{L}(\psi,\vartheta,\gamma)$ 。按照姿态角的定义，绕相应坐标轴依次旋转 ψ 、 ϑ 和 γ ，每一次旋转称为基元旋转，相应地得到三个基元变换矩阵(又称初等变换矩阵)，这三个基元变换矩阵的乘积，就是坐标变换矩阵 $\boldsymbol{L}(\psi,\vartheta,\gamma)$ 。具体过程如下所述。

先将地面坐标系 $Axyz$ 绕 Ay 轴旋转 ψ 角，形成过渡坐标系 $Ax'yz'$ (图 4-3(b))。

若某矢量在地面坐标系 $Axyz$ 中的分量为 x 、 y 、 z ，分量列阵为 $\begin{bmatrix} x & y & z \end{bmatrix}^{\mathrm{T}}$ ，则转换到坐标系 $Ax'yz'$ 后的分量列阵为

$$\begin{bmatrix} x' \\ y \\ z' \end{bmatrix} = \boldsymbol{L}_y(\psi) \begin{bmatrix} x \\ y \\ z \end{bmatrix} \tag{4-1}$$

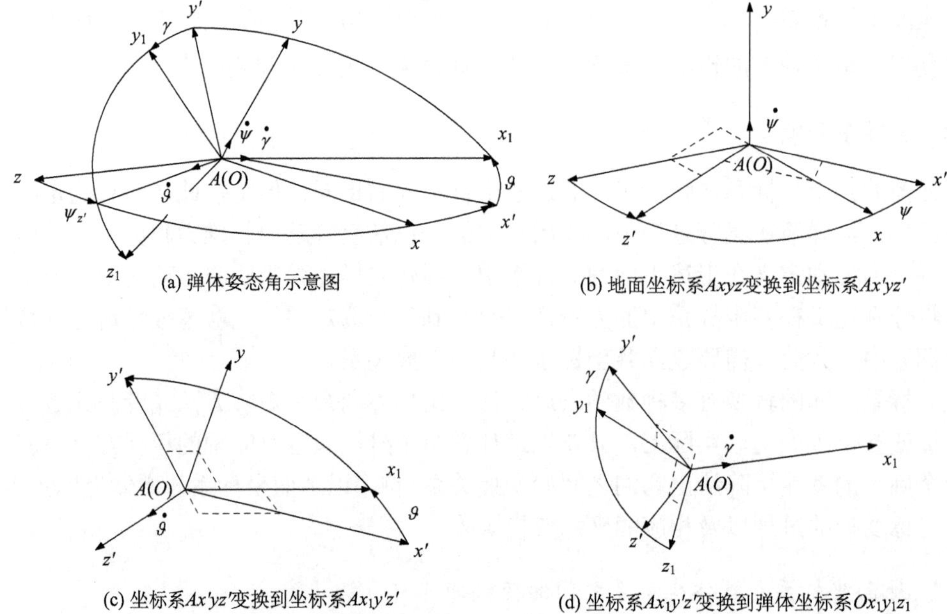

图 4-3　坐标系 $Axyz$ 与 $Ox_1y_1z_1$ 的相对关系

式中的基元变换矩阵

$$
\boldsymbol{L}_y(\psi)=\begin{bmatrix}\cos\psi & 0 & -\sin\psi\\ 0 & 1 & 0\\ \sin\psi & 0 & \cos\psi\end{bmatrix} \tag{4-2}
$$

称为绕 Ay 轴转过 ψ 角的基元变换矩阵。

再将坐标系 $Ax'yz'$ 绕 Az' 轴旋转 ϑ 角，组成新的坐标系 $Ax_1y'z'$（图 4-3(c)）。同样得到

$$
\begin{bmatrix}x_1\\ y'\\ z'\end{bmatrix}=\boldsymbol{L}_z(\vartheta)\begin{bmatrix}x'\\ y\\ z'\end{bmatrix} \tag{4-3}
$$

式中的基元变换矩阵

$$
\boldsymbol{L}_z(\vartheta)=\begin{bmatrix}\cos\vartheta & \sin\vartheta & 0\\ -\sin\vartheta & \cos\vartheta & 0\\ 0 & 0 & 1\end{bmatrix} \tag{4-4}
$$

最后将坐标系 $Ax_1y'z'$ 绕 Ax_1 轴转过 γ 角，即得到弹体坐标系 $Ox_1y_1z_1$（图 4-3(d)）。同样得到

$$
\begin{bmatrix}x_1\\ y_1\\ z_1\end{bmatrix}=\boldsymbol{L}_x(\gamma)\begin{bmatrix}x_1\\ y'\\ z'\end{bmatrix} \tag{4-5}
$$

式中的基元变换矩阵

$$L_x(\gamma)=\begin{bmatrix}1 & 0 & 0\\ 0 & \cos\gamma & \sin\gamma\\ 0 & -\sin\gamma & \cos\gamma\end{bmatrix} \tag{4-6}$$

由以上推导可知，要将某矢量在地面坐标系 $Axyz$ 中的分量 x、y、z 转换到弹体坐标系 $Ox_1y_1z_1$ 中，只需将式(4-1)和式(4-3)代入式(4-5)即可得到

$$\begin{bmatrix}x_1\\ y_1\\ z_1\end{bmatrix}=L_x(\gamma)L_z(\vartheta)L_y(\psi)\begin{bmatrix}x\\ y\\ z\end{bmatrix} \tag{4-7}$$

令

$$L(\psi,\vartheta,\gamma)=L_x(\gamma)L_z(\vartheta)L_y(\psi) \tag{4-8}$$

则式(4-7)可写成

$$\begin{bmatrix}x_1\\ y_1\\ z_1\end{bmatrix}=L(\psi,\vartheta,\gamma)\begin{bmatrix}x\\ y\\ z\end{bmatrix} \tag{4-9}$$

$L(\psi,\vartheta,\gamma)$ 称为地面坐标系到弹体坐标系的坐标变换矩阵。将式(4-2)、式(4-4)、式(4-6)代入式(4-8)中，则有

$$L(\psi,\vartheta,\gamma)=\begin{bmatrix}\cos\vartheta\cos\psi & \sin\vartheta & -\cos\vartheta\sin\psi\\ -\sin\vartheta\cos\psi\cos\gamma+\sin\psi\sin\gamma & \cos\vartheta\cos\gamma & \sin\vartheta\sin\psi\cos\gamma+\cos\psi\sin\gamma\\ \sin\vartheta\cos\psi\sin\gamma+\sin\psi\cos\gamma & -\cos\vartheta\sin\gamma & -\sin\vartheta\sin\psi\sin\gamma+\cos\psi\cos\gamma\end{bmatrix} \tag{4-10}$$

地面坐标系与弹体坐标系之间的变换关系也可用表 4-1 中所列的方向余弦给出。

表 4-1　地面坐标系与弹体坐标系之间的坐标变换方向余弦表

	Ax	Ay	Az
Ox_1	$\cos\vartheta\cos\psi$	$\sin\vartheta$	$-\cos\vartheta\sin\psi$
Oy_1	$-\sin\vartheta\cos\psi\cos\gamma+\sin\psi\sin\gamma$	$\cos\vartheta\cos\gamma$	$\sin\vartheta\sin\psi\cos\gamma+\cos\psi\sin\gamma$
Oz_1	$\sin\vartheta\cos\psi\sin\gamma+\sin\psi\cos\gamma$	$-\cos\vartheta\sin\gamma$	$-\sin\vartheta\sin\psi\sin\gamma+\cos\psi\cos\gamma$

由上述过程可以看出，两个坐标系之间的坐标变换矩阵就是各基元变换矩阵的乘积，且基元变换矩阵相乘的顺序与坐标系旋转的顺序相反(左乘)。根据这一规律，我们可以直接写出任何两个坐标系之间的变换矩阵。关于基元变换矩阵的写法也是有规律可循的，请读者自行总结。值得注意的是，坐标系旋转的顺序并不是唯一的，可参见相关参考文献。

如果已知某矢量在弹体坐标系中的分量为 x_1、y_1、z_1，那么，在地面坐标系中的分量计算式为

$$\begin{bmatrix} x \\ y \\ z \end{bmatrix} = \boldsymbol{L}^{-1}(\psi, \vartheta, \gamma) \begin{bmatrix} x_1 \\ y_1 \\ z_1 \end{bmatrix} \tag{4-11}$$

而且，$\boldsymbol{L}^{-1}(\psi,\vartheta,\gamma)=\boldsymbol{L}^{\mathrm{T}}(\psi,\vartheta,\gamma)$，因此，坐标变换矩阵是规范化正交矩阵，它的元素满足如下条件：

$$\begin{cases} \sum_{k=1}^{3} l_{ik} l_{jk} = \delta_{ij} \\ \sum_{k=1}^{3} l_{ki} l_{kj} = \delta_{ij} \\ \delta_{ij} = 1, i = j \\ \delta_{ij} = 0, i \neq j \end{cases} \tag{4-12}$$

另外，坐标变换矩阵还具有传递性：设想有三个坐标系 A 、B 、C ，若 A 到 B 、B 到 C 的转换矩阵分别为 $\boldsymbol{L}_{AB}$ 、$\boldsymbol{L}_{BC}$ ，则 A 到 C 的变换矩阵为

$$\boldsymbol{L}_{AC} = \boldsymbol{L}_{AB} \boldsymbol{L}_{BC} \tag{4-13}$$

2. 地面坐标系与弹道坐标系之间的变换矩阵

地面坐标系 $Axyz$ 与弹道坐标系 $Ox_2y_2z_2$ 的变换，也是通过两次旋转得到，如图 4-4 所示。它们之间的相互方位可由两个角度确定，分别定义如下：

(1) 弹道倾角 θ：弹箭的速度矢量 $\boldsymbol{V}$ (即 Ox_2 轴) 与水平面 xAz 之间的夹角，若速度矢量 $\boldsymbol{V}$ 在水平面之上，则 θ 为正；反之为负。

(2) 弹道偏角 ψ_V：弹箭的速度矢量 $\boldsymbol{V}$ 在水平面 xAz 上的投影 Ox' 与 Ax 轴之间的夹角。沿 Ay 轴向下看，当 Ax 轴逆时针方向转到投影线 Ox' 上时，弹道偏角 ψ_V 为正；反之为负。

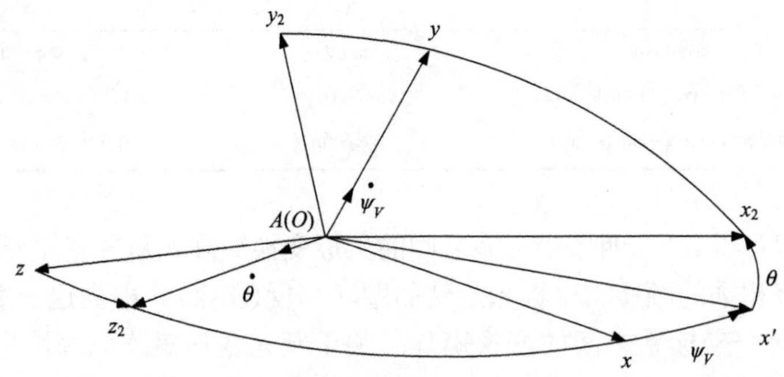

图 4-4　坐标系 $Axyz$ 与 $Ox_2y_2z_2$ 的相对关系

显然地面坐标系到弹道坐标系的变换矩阵可通过两次旋转求得。首先将地面坐标系绕 Ay 轴旋转一个 ψ_V 角，组成过渡坐标系 $A'xyz_2$，得到基元旋转矩阵为

$$
\boldsymbol{L}_y(\psi_V)=\begin{bmatrix}\cos\psi_V & 0 & -\sin\psi_V\\ 0 & 1 & 0\\ \sin\psi_V & 0 & \cos\psi_V\end{bmatrix} \tag{4-14}
$$

再使过渡坐标系 $A'xyz_2$ 绕 Az_2 轴旋转一个 θ 角，基元旋转矩阵为

$$
\boldsymbol{L}_z(\theta)=\begin{bmatrix}\cos\theta & \sin\theta & 0\\ -\sin\theta & \cos\theta & 0\\ 0 & 0 & 1\end{bmatrix} \tag{4-15}
$$

由此，地面坐标系与弹道坐标系之间的变换矩阵为

$$
\boldsymbol{L}(\psi_V,\theta)=\boldsymbol{L}_z(\theta)\boldsymbol{L}_y(\psi_V)=\begin{bmatrix}\cos\theta\cos\psi_V & \sin\theta & -\cos\theta\sin\psi_V\\ -\sin\theta\cos\psi_V & \cos\theta & \sin\theta\sin\psi_V\\ \sin\psi_V & 0 & \cos\psi_V\end{bmatrix}
$$

如果已知地面坐标系 $Axyz$ 中的列矢量 x 、 y 、 z ，求在弹道坐标系 $Ox_2y_2z_2$ 各轴上的分量 x_2 、 y_2 、 z_2 ，则利用上式可得

$$
\begin{bmatrix}x_2\\ y_2\\ z_2\end{bmatrix}=\boldsymbol{L}(\psi_V,\theta)\begin{bmatrix}x\\ y\\ z\end{bmatrix} \tag{4-16}
$$

地面坐标系与弹道坐标系之间的变换关系也可用方向余弦表即表 4-2 给出。

表 4-2　地面坐标系与弹道坐标系之间的坐标变换方向余弦表

	Ax	Ay	Az
Ox_2	$\cos\theta\cos\psi_V$	$\sin\theta$	$-\cos\theta\sin\psi_V$
Oy_2	$-\sin\theta\cos\psi_V$	$\cos\theta$	$\sin\theta\sin\psi_V$
Oz_2	$\sin\psi_V$	0	$\cos\psi_V$

3. 速度坐标系与弹体坐标系之间的变换矩阵

弹体坐标系 $Ox_1y_1z_1$ 相对于速度坐标系 $Ox_3y_3z_3$ 的方位，是由攻角 α 和侧滑角 β 来确定的。根据攻角 α 和侧滑角 β 的定义，首先将速度坐标系 $Ox_3y_3z_3$ 绕 Oy_3 轴旋转一个 β 角，得到过渡坐标系 $Ox'y_3z_1$ (图 4-5)，其基元旋转矩阵为

$$
\boldsymbol{L}_y(\beta)=\begin{bmatrix}\cos\beta & 0 & -\sin\beta\\ 0 & 1 & 0\\ \sin\beta & 0 & \cos\beta\end{bmatrix}
$$

再将坐标系 $Ox'y_3z_1$ 绕 Oz_1 轴旋转一个 α 角，即得到弹体坐标系 $Ox_1y_1z_1$ ，对应的基元旋转矩阵为

$$
\boldsymbol{L}_z(\alpha)=\begin{bmatrix}\cos\alpha & \sin\alpha & 0\\ -\sin\alpha & \cos\alpha & 0\\ 0 & 0 & 1\end{bmatrix}
$$

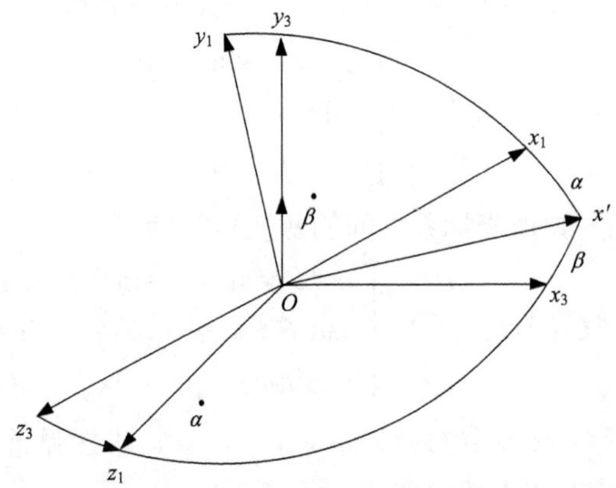

图 4-5　弹体坐标系 $Ox_1y_1z_1$ 与速度坐标系 $Ox_3y_3z_3$ 的相对关系

因此，速度坐标系 $Ox_3y_3z_3$ 到弹体坐标系 $Ox_1y_1z_1$ 的变换矩阵可写成

$$
\boldsymbol{L}(\beta,\alpha)=\boldsymbol{L}_z(\alpha)\boldsymbol{L}_y(\beta)=\begin{bmatrix}\cos\alpha\cos\beta & \sin\alpha & -\cos\alpha\sin\beta\\ -\sin\alpha\cos\beta & \cos\alpha & \sin\alpha\sin\beta\\ \sin\beta & 0 & \cos\beta\end{bmatrix}
$$

基于上式，可将速度坐标系中的分量 x_3、 y_3、 z_3 转换到弹体坐标系中，即

$$
\begin{bmatrix}x_1\\ y_1\\ z_1\end{bmatrix}=\boldsymbol{L}(\beta,\alpha)\begin{bmatrix}x_3\\ y_3\\ z_3\end{bmatrix} \tag{4-17}
$$

速度坐标系与弹体坐标系的坐标变换关系也可用方向余弦表即表 4-3 给出。

表 4-3　速度坐标系与弹体坐标系的坐标变换方向余弦表

	Ox_3	Oy_3	Oz_3
Ox_1	$\cos\alpha\cos\beta$	$\sin\alpha$	$-\cos\alpha\sin\beta$
Oy_1	$-\sin\alpha\cos\beta$	$\cos\alpha$	$\sin\alpha\sin\beta$
Oz_1	$\sin\beta$	0	$\cos\beta$

4. 弹道坐标系与速度坐标系之间的变换矩阵

由弹道坐标系和速度坐标系的定义可知，Ox_2 轴和 Ox_3 轴都与速度矢量 $\boldsymbol{V}$ 重合，因此，它们之间的相互方位只用一个角参数 γ_V 即可确定。γ_V 称为速度滚转角，定义成位于弹箭纵向对称平面 x_1Oy_1 内的 Oy_3 轴与包含速度矢量 $\boldsymbol{V}$ 的铅垂面之间的夹角（Oy_2 轴与 Oy_3 轴的夹角）。沿着速度方向（从弹箭尾部）看，Oy_2 轴顺时针方向转到 Oy_3 轴时，γ_V 为正；反之为负(图 4-6)。

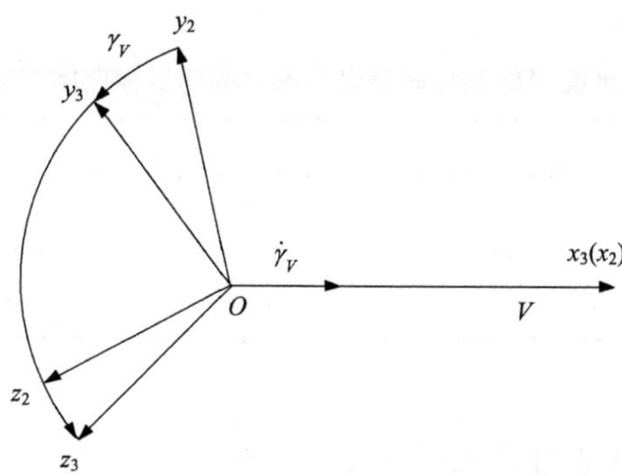

图 4-6　坐标系 $Ox_2y_2z_2$ 与 $Ox_3y_3z_3$ 的相对关系

两者之间的变换矩阵就是绕 Ox_2 轴旋转 γ_V 角所得的基元旋转矩阵，即

$$\boldsymbol{L}(\gamma_V)=\boldsymbol{L}_x(\gamma_V)=\begin{bmatrix}1 & 0 & 0\\ 0 & \cos\gamma_V & \sin\gamma_V\\ 0 & -\sin\gamma_V & \cos\gamma_V\end{bmatrix}$$

基于上式，可将弹道坐标系中的坐标分量变换到速度坐标系中去，即

$$\begin{bmatrix}x_3\\ y_3\\ z_3\end{bmatrix}=\boldsymbol{L}(\gamma_V)\begin{bmatrix}x_2\\ y_2\\ z_2\end{bmatrix} \tag{4-18}$$

两坐标系之间的方向余弦表由表 4-4 给出。

表 4-4　弹道坐标系与速度坐标系之间的坐标变换方向余弦表

	Ox_2	Oy_2	Oz_2
Ox_3	1	0	0
Oy_3	0	$\cos\gamma_V$	$\sin\gamma_V$
Oz_3	0	$-\sin\gamma_V$	$\cos\gamma_V$

5. 地面坐标系与速度坐标系之间的变换矩阵

若以弹道坐标系作为过渡坐标系，将式(4-16)代入式(4-18)，即可得到地面坐标系与速度坐标系之间的变换关系为

$$\begin{bmatrix}x_3\\ y_3\\ z_3\end{bmatrix}=\boldsymbol{L}(\gamma_V)\boldsymbol{L}(\psi_V,\theta)\begin{bmatrix}x\\ y\\ z\end{bmatrix} \tag{4-19}$$

由此，地面坐标系到速度坐标系的变换矩阵为

$$L(\psi_V,\theta,\gamma_V)=L(\gamma_V)L(\psi_V,\theta)$$

将 $L(\psi_V,\theta,\gamma_V)$ 展开并写成表 4-5 给出的方向余弦表。

表 4-5 地面坐标系与速度坐标系之间的坐标变换方向余弦表

	Ax	Ay	Az
Ox_3	$\cos\theta\cos\psi_V$	$\sin\theta$	$-\cos\theta\sin\psi_V$
Oy_3	$-\sin\theta\cos\psi_V\cos\gamma_V+\sin\psi_V\sin\gamma_V$	$\cos\theta\cos\gamma_V$	$\sin\theta\sin\psi_V\cos\gamma_V+\cos\psi_V\sin\gamma_V$
Oz_3	$\sin\theta\cos\psi_V\sin\gamma_V+\sin\psi_V\cos\gamma_V$	$-\cos\theta\sin\gamma_V$	$-\sin\theta\sin\psi_V\sin\gamma_V+\cos\psi_V\cos\gamma_V$

6. 弹道坐标系与弹体坐标系之间的变换矩阵

以速度坐标系作为过渡坐标系，将式(4-18)代入式(4-17)，即可得到弹道坐标系与弹体坐标系之间的变换关系为

$$\begin{bmatrix}x_1\\y_1\\z_1\end{bmatrix}=L(\beta,\alpha)L(\gamma_V)\begin{bmatrix}x_2\\y_2\\z_2\end{bmatrix}\tag{4-20}$$

弹道坐标系到弹体坐标系的变换矩阵为

$$L(\gamma_V,\beta,\alpha)=L(\beta,\alpha)L(\gamma_V)$$

将 $L(\gamma_V,\beta,\alpha)$ 展开并写成表 4-6 给出的方向余弦表。

表 4-6 弹道坐标系与弹体坐标系之间的坐标变换方向余弦表

	Ox_2	Oy_2	Oz_2
Ox_1	$\cos\alpha\cos\beta$	$\sin\alpha\cos\gamma_V+\cos\alpha\sin\beta\sin\gamma_V$	$\sin\alpha\sin\gamma_V-\cos\alpha\sin\beta\cos\gamma_V$
Oy_1	$-\sin\alpha\cos\beta$	$\cos\alpha\cos\gamma_V-\sin\alpha\sin\beta\sin\gamma_V$	$\cos\alpha\sin\gamma_V+\sin\alpha\sin\beta\cos\gamma_V$
Oz_1	$\sin\beta$	$-\cos\beta\sin\gamma_V$	$\cos\beta\cos\gamma_V$

4.3 滚转弹箭飞行力学坐标系及其变换

4.3.1 滚转弹箭常用坐标系和坐标系间的转换

前面所定义的弹体坐标系的 Oy_1 轴和速度坐标系的 Oy_3 轴都在弹箭的纵向对称面内，当弹体滚转时，纵向对称面就跟着滚转，攻角 α 和侧滑角 β 也将随之产生周期性交变，给研究弹箭的运动带来诸多不便。为此，在建立滚转弹箭运动方程组时，除了要用到前面的地面坐标系 $Axyz$、弹体坐标系 $Ox_1y_1z_1$、弹道坐标系 $Ox_2y_2z_2$ 和速度坐标系 $Ox_3y_3z_3$ 外，还要建立两个新的坐标系，即准弹体坐标系 $Ox_4y_4z_4$ 和准速度坐标系 $Ox_5y_5z_5$，并建立这两个新坐标系与其他有关坐标系之间的坐标转换矩阵，同时，还需要重新定义攻角和侧滑角。借助于它们所建立的滚转弹箭运动方程组，在研究分析滚转

弹箭运动的特性和规律时，获得的攻角和侧滑角的变化规律更为直观。

1) 准弹体坐标系 $Ox_4y_4z_4$

坐标系的原点 O 取在弹箭的瞬时质心上；Ox_4 轴与弹体纵轴重合，指向头部为正；Oy_4 轴位于包含弹体纵轴的铅垂面内，且垂直于 Ox_4 轴，指向上为正；Oz_4 轴与其他两轴垂直并构成右手坐标系。

2) 准速度坐标系 $Ox_5y_5z_5$

坐标系的原点 O 取在弹箭的瞬时质心上；Ox_5 轴与弹箭质心的速度矢量 $\boldsymbol{V}$ 重合；Oy_5 轴位于包含弹体纵轴的铅垂面内，且垂直于 Ox_5 轴，指向上为正；Oz_5 轴与其他两轴垂直并构成右手坐标系。

4.3.2　坐标系之间的关系及其转换

1. 地面坐标系与准弹体坐标系之间的关系及其转换

准弹体坐标系相对地面坐标系的方位，可用前面所定义的俯仰角 ϑ 和偏航角 ψ 确定(图 4-7)。地面坐标系与准弹体坐标系之间的转换矩阵 $\boldsymbol{L}(\vartheta,\psi)$ 可这样求得：首先将地面坐标系 $Axyz$ 与准弹体坐标系 $Ox_4y_4z_4$ 的原点及各对应坐标轴分别重合，以地面坐标系为基准，第一次以角速度 $\dot{\psi}$ 绕 Ay 轴旋转 ψ 角，Ax 轴、Az 轴分别转到 Ax'、Az_4 轴上，形成过渡坐标系 $Ax'yz_4$；第二次以角速度 $\dot{\vartheta}$ 绕 Oz_4 轴旋转 ϑ 角，最终形成准弹体坐标系 $O(A)x_4y_4z_4$。所以，转换矩阵 $\boldsymbol{L}(\vartheta,\psi)$ 为其相应的两个初等旋转矩阵的乘积，可写成

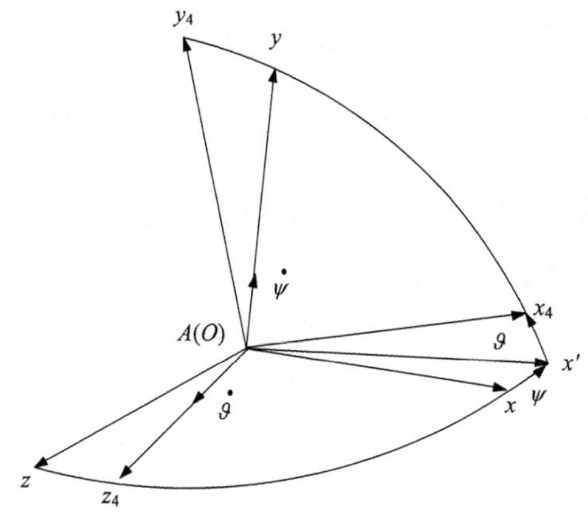

图 4-7　地面坐标系与准弹体坐标系之间的关系

$$\boldsymbol{L}(\vartheta,\psi)=\boldsymbol{L}(\vartheta)\boldsymbol{L}(\psi)=\begin{bmatrix}\cos\vartheta\cos\psi & \sin\vartheta & -\cos\vartheta\sin\psi\\ -\sin\vartheta\cos\psi & \cos\vartheta & \sin\vartheta\sin\psi\\ \sin\psi & 0 & \cos\psi\end{bmatrix}\tag{4-21}$$

$$\begin{bmatrix}x_4\\ y_4\\ z_4\end{bmatrix}=\boldsymbol{L}(\vartheta,\psi)\begin{bmatrix}x\\ y\\ z\end{bmatrix}\tag{4-22}$$

其方向余弦表见表 4-7。

表 4-7　地面坐标系与准弹体坐标系之间的方向余弦表

	Ax	Ay	Az
Ox_4	$\cos\vartheta\cos\psi$	$\sin\vartheta$	$-\cos\vartheta\sin\psi$
Oy_4	$-\sin\vartheta\cos\psi$	$\cos\vartheta$	$\sin\vartheta\sin\psi$
Oz_4	$\sin\psi$	0	$\cos\psi$

2. 准速度坐标系与准弹体坐标系之间的关系及其转换

准速度坐标系和准弹体坐标系之间的关系由两个角度来确定(图 4-8)，分别定义如下：

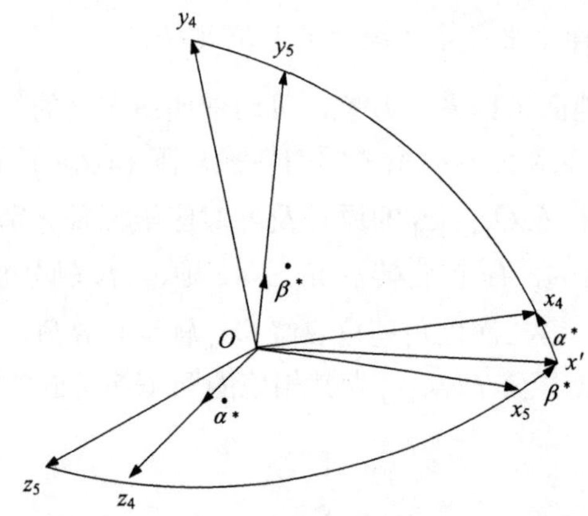

图 4-8　准速度坐标系与准弹体坐标系之间的关系

攻角 α^*：弹箭质心的速度矢量 $\boldsymbol{V}$（Ox_5 轴）在铅垂面 Ox_4y_4 上的投影与弹体纵轴 Ox_4 的夹角。若 Ox_4 轴位于 $\boldsymbol{V}$ 的投影线的上方(即产生正升力)，则 α^* 角为正；反之为负。

侧滑角 β^*：速度矢量 $\boldsymbol{V}$（Ox_5 轴）与铅垂面 Ox_4y_4 之间的夹角。沿飞行方向观察，若来流从右侧流向弹体(即产生负侧向力)，则所对应的侧滑角 β^* 为正；反之为负。

准速度坐标系与准弹体坐标系之间的转换矩阵可以通过两次旋转求得，$\boldsymbol{L}(\alpha^*,\beta^*)$ 可直接参照速度坐标系和弹体坐标系的变换写出

$$\boldsymbol{L}(\alpha^*,\beta^*)=\boldsymbol{L}(\alpha^*)\boldsymbol{L}(\beta^*)=\begin{bmatrix}\cos\alpha^*\cos\beta^* & \sin\alpha^* & -\cos\alpha^*\sin\beta^*\\ -\sin\alpha^*\cos\beta^* & \cos\alpha^* & \sin\alpha^*\sin\beta^*\\ \sin\beta^* & 0 & \cos\beta^*\end{bmatrix} \tag{4-23}$$

$$\begin{bmatrix}x_4\\ y_4\\ z_4\end{bmatrix}=\boldsymbol{L}(\alpha^*,\beta^*)\begin{bmatrix}x_5\\ y_5\\ z_5\end{bmatrix} \tag{4-24}$$

准速度坐标系与准弹体坐标系之间的方向余弦表见表 4-8。

表 4-8　准速度坐标系与准弹体坐标系之间的方向余弦表

	Ox_5	Oy_5	Oz_5
Ox_4	$\cos\alpha^*\cos\beta^*$	$\sin\alpha^*$	$-\cos\alpha^*\sin\beta^*$
Oy_4	$-\sin\alpha^*\cos\beta^*$	$\cos\alpha^*$	$\sin\alpha^*\sin\beta^*$
Oz_4	$\sin\beta^*$	0	$\cos\beta^*$

3. 弹道坐标系与准速度坐标系之间的关系及其转换

由这两个坐标系的定义可知，Ox_2 轴和 Ox_5 轴均与弹箭质心的速度矢量 $\boldsymbol{V}$ 重合，所以，它们之间的关系用一个角度即可确定(图 4-9)，定义如下：

速度倾斜角 γ_V^*：准速度坐标系的 Oy_5 轴与包含速度矢量 $\boldsymbol{V}$ 的铅垂面 Ox_2y_2 之间的夹角。

参照弹道坐标系与速度坐标系的关系，即得转换矩阵 $\boldsymbol{L}\left(\gamma_V^*\right)$

$$\boldsymbol{L}\left(\gamma_V^*\right)=\begin{bmatrix}1 & 0 & 0\\ 0 & \cos\gamma_V^* & \sin\gamma_V^*\\ 0 & -\sin\gamma_V^* & \cos\gamma_V^*\end{bmatrix} \tag{4-25}$$

$$\begin{bmatrix}x_5\\ y_5\\ z_5\end{bmatrix}=\boldsymbol{L}\left(\gamma_V^*\right)\begin{bmatrix}x_2\\ y_2\\ z_2\end{bmatrix} \tag{4-26}$$

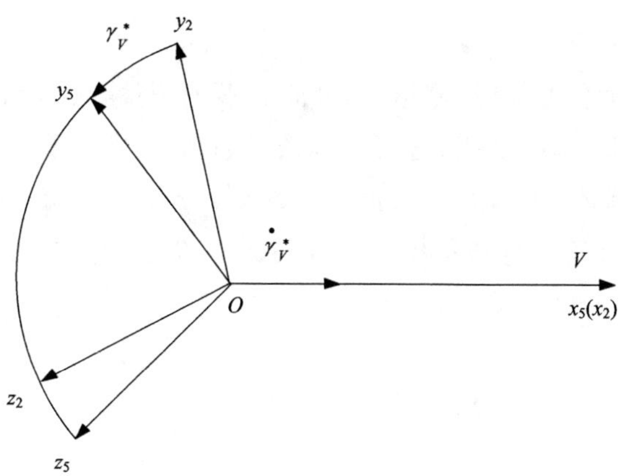

图 4-9　弹道坐标系与准速度坐标系之间的关系

其方向余弦表见表 4-9。

表 4-9　弹道坐标系与准速度坐标系之间的方向余弦表

	Ox_2	Oy_2	Oz_2
Ox_5	1	0	0
Oy_5	0	$\cos\gamma_V^*$	$\sin\gamma_V^*$
Oz_5	0	$-\sin\gamma_V^*$	$\cos\gamma_V^*$

4. 准弹体坐标系与弹体坐标系之间的关系及其转换

设滚转弹箭的滚转角速度为$\dot{\gamma}$。由于弹箭纵向对称面Ox_1y_1随弹体以角速度$\dot{\gamma}$旋转，因此，准弹体坐标系与弹体坐标系之间的关系及其转换矩阵$\boldsymbol{L}(\dot{\gamma}t)$可写成

$$\begin{bmatrix} x_1 \\ y_1 \\ z_1 \end{bmatrix} = \boldsymbol{L}(\dot{\gamma}t)\begin{bmatrix} x_4 \\ y_4 \\ z_4 \end{bmatrix} \tag{4-27}$$

$$\boldsymbol{L}(\dot{\gamma}t) = \begin{bmatrix} 1 & 0 & 0 \\ 0 & \cos\dot{\gamma}t & \sin\dot{\gamma}t \\ 0 & -\sin\dot{\gamma}t & \cos\dot{\gamma}t \end{bmatrix} \tag{4-28}$$

其方向余弦表见表 4-10。

表 4-10　准弹体坐标系与弹体坐标系之间的方向余弦表

	Ox_4	Oy_4	Oz_4
Ox_1	1	0	0
Oy_1	0	$\cos\dot{\gamma}t$	$\sin\dot{\gamma}t$
Oz_1	0	$-\sin\dot{\gamma}t$	$\cos\dot{\gamma}t$

4.3.3　角参数之间的关系

当弹箭绕其纵轴的自旋角速度$\dot{\gamma}=0$时，弹体坐标系$Ox_1y_1z_1$和准弹体坐标系$Ox_4y_4z_4$，速度坐标系$Ox_3y_3z_3$和准速度坐标系$Ox_5y_5z_5$分别是重合的；当$\dot{\gamma}\neq0$时，由于纵向对称面Ox_1y_1随弹体一起旋转，根据角参数α、β、γ_V的定义可知，β都将随弹体的旋转而周期交变。下面推导角参数α、β与a^*、β^*之间的关系。

由式(4-24)和式(4-27)可得

$$\begin{bmatrix} x_5 \\ y_5 \\ z_5 \end{bmatrix} = \boldsymbol{L}^{\mathrm{T}}\left(\alpha^*,\beta^*\right)\boldsymbol{L}^{\mathrm{T}}(\dot{\gamma}t)\begin{bmatrix} x_1 \\ y_1 \\ z_1 \end{bmatrix} \tag{4-29}$$

式中，$\boldsymbol{L}^{\mathrm{T}}\left(\alpha^*,\beta^*\right)$和$\boldsymbol{L}^{\mathrm{T}}(\dot{\gamma}t)$分别由式(4-23)和式(4-28)可得，于是

$$\begin{aligned} &\boldsymbol{L}^{\mathrm{T}}\left(\alpha^*,\beta^*\right)\boldsymbol{L}^{\mathrm{T}}(\dot{\gamma}t) \\ &= \begin{bmatrix} \cos\alpha^*\cos\beta^* & \sin\beta^*\sin\dot{\gamma}t-\sin\alpha^*\sin\beta^*\cos\dot{\gamma}t & \sin\alpha^*\cos\beta^*\sin\dot{\gamma}t+\sin\beta^*\cos\dot{\gamma}t \\ \sin\alpha^* & \cos\alpha^*\cos\dot{\gamma}t & -\cos\alpha^*\sin\dot{\gamma}t \\ -\cos\alpha^*\cos\beta^* & \sin\alpha^*\sin\beta^*\cos\dot{\gamma}t+\cos\beta^*\sin\dot{\gamma}t & -\sin\alpha^*\sin\beta^*\sin\dot{\gamma}t+\cos\beta^*\cos\dot{\gamma}t \end{bmatrix} \end{aligned} \tag{4-30}$$

参照速度坐标系和弹体坐标系之间的变换可得

$$\begin{bmatrix} x_3 \\ y_3 \\ z_3 \end{bmatrix} = \boldsymbol{L}^{\mathrm{T}}(\alpha,\beta)\begin{bmatrix} x_1 \\ y_1 \\ z_1 \end{bmatrix} \tag{4-31}$$

$$\boldsymbol{L}^{\mathrm{T}}(\alpha,\beta) = \begin{bmatrix} \cos\alpha\cos\beta & -\sin\alpha\sin\beta & \sin\beta \\ \sin\alpha & \cos\alpha & 0 \\ -\cos\alpha\cos\beta & \sin\alpha\sin\beta & \cos\beta \end{bmatrix} \tag{4-32}$$

为推导简单起见，设沿 Ox_1、Oy_1、Oz_1 轴分别为单位矢量。根据速度坐标系和准速度坐标系的定义可知，Ox_3 轴和 Ox_5 轴都与速度矢量 $\boldsymbol{V}$ 重合。因此，单位列矢量 $[x_1, y_1, z_1]^{\mathrm{T}} = [1,1,1]^{\mathrm{T}}$ 分别在 Ox_3 轴和 Ox_5 轴上的投影结果必然相等。若视 α、β 和 α^*、β^* 为小量，由式(4-29)～式(4-32)推导并经简化后可得

$$\begin{bmatrix} \alpha \\ \beta \end{bmatrix} = \begin{bmatrix} \cos\dot{\gamma}t & -\sin\dot{\gamma}t \\ \sin\dot{\gamma}t & \cos\dot{\gamma}t \end{bmatrix}\begin{bmatrix} \alpha^* \\ \beta^* \end{bmatrix} \tag{4-33}$$

或

$$\begin{bmatrix} \alpha^* \\ \beta^* \end{bmatrix} = \begin{bmatrix} \cos\dot{\gamma}t & \sin\dot{\gamma}t \\ -\sin\dot{\gamma}t & \cos\dot{\gamma}t \end{bmatrix}\begin{bmatrix} \alpha \\ \beta \end{bmatrix} \tag{4-34}$$

通过式(4-34)可进一步了解滚转弹箭和非滚转弹箭有关角参数之间的关系。同时还可看出，选用了准弹体坐标系和准速度坐标系之后，就有可能使滚转弹箭的某些运动参数(如 α^*、β^*、γ_V^*)的变化规律更加直观。

思　考　题

1. 简述弹箭运动建模的简化处理方法。
2. 地面坐标系、弹体坐标系、弹道坐标系、速度坐标系如何定义？
3. 上述几个坐标系是如何进行旋转变换的？
4. 准弹体坐标系和准速度坐标系是什么含义？是如何变换得到的？
5. 弹道倾角、弹道偏角、速度倾斜角如何定义？
6. 攻角和侧滑角是如何定义的？

第 5 章　有控弹箭飞行的力学环境

5.1　空 气 动 力

5.1.1　空气动力的表达式

弹箭飞行过程中，作用在弹箭上的力主要有空气动力、控制力、发动机推力和重力。

弹箭和其他物体一样，当其相对于大气运动时，大气会在弹箭的表面形成作用力。空气动力就是作用在弹箭表面的分布力系，如图 5-1 所示。空气动力(简称为气动力)是空气对在其中运动的物体的作用力。当可压缩的黏性气流流过弹箭各部件的表面时，由于整个表面上压强分布的不对称，出现了压强差；空气对弹箭表面有黏性摩擦，产生了黏性摩擦力。这两部分力合在一起，就形成了作用在弹箭上的空气动力。空气动力的作用线一般不通过弹箭的质心，因此，将形成对质心的空气动力矩。

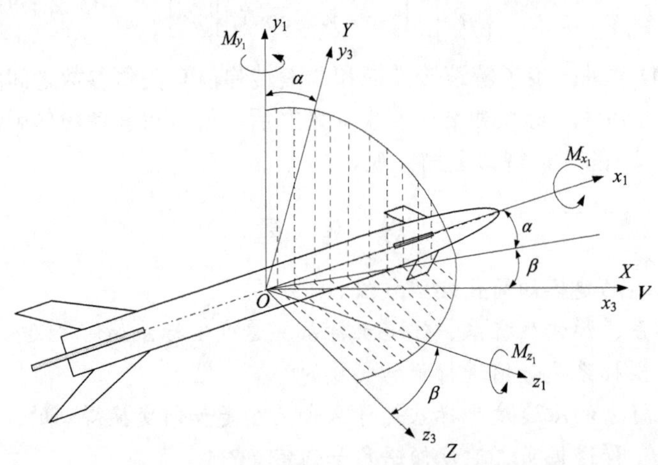

图 5-1　弹体表面的压力分布关系曲线

一般空气动力 $\boldsymbol{R}$ 沿速度坐标系分解为三个分量，分别称之为阻力 X (沿 Ox_3 轴负向定义为正)、升力 Y (沿 Oy_3 轴正向定义为正)和侧向力 Z (沿 Oz_3 轴正向定义为正)。实验分析表明：空气动力的大小与来流的动压头 q 和弹箭的特征面积(又称参考面积) S 成正比，即

$$\begin{cases} X = C_x qS \\ Y = C_y qS \\ Z = C_z qS \\ q = \dfrac{1}{2}\rho V^2 \end{cases} \tag{5-1}$$

式中，C_x、C_y、C_z为无量纲比例系数，分别称为阻力系数、升力系数和侧向力系数(总称为气动力系数)；ρ为空气密度；V为弹箭飞行速度；S为参考面积，通常取弹翼面积或弹身最大横截面积。

由式(5-1)可以看出，在弹箭外形尺寸、飞行速度和高度(影响空气密度)给定(即qS给定)的情况下，研究弹箭飞行中所受的气动力，可简化成研究这些气动力的系数C_x、C_y、C_z。

5.1.2　升力

弹箭的升力可以看成是弹翼、弹身、尾翼(或舵面)等各部件产生的升力之和，再加上各部件之间的相互干扰所引起的附加升力。弹翼是提供升力的最主要部件，而弹箭的尾翼(或舵面)和弹身产生的升力较小。全弹升力Y的计算公式为

$$Y = C_y \frac{1}{2}\rho V^2 S$$

若已知弹箭气动布局和外形尺寸，则其升力系数C_y基本上取决于马赫数Ma、攻角α和升降舵的舵面偏转角δ_z(简称为舵偏角，按照通常的符号规则，升降舵的后缘相对于中立位置向下偏转时，舵偏角定义为正)，即

$$C_y = f\left(Ma, \alpha, \delta_z\right) \tag{5-2}$$

在攻角和舵偏角不大的情况下，升力系数可以表示为α和δ_z的线性函数，即

$$C_y = C_{y_0} + C_y^{\alpha}\alpha + C_y^{\delta_z}\delta_z \tag{5-3}$$

式中，C_{y_0}为攻角和升降舵偏角均为零时的升力系数，简称零升力系数，主要是由弹箭气动外形不对称产生的。

对于气动外形轴对称的弹箭而言，$C_{y0} = 0$，于是有

$$C_y = C_y^{\alpha}\alpha + C_y^{\delta_z}\delta_z \tag{5-4}$$

式中，$C_y^{\alpha}\alpha = \partial C_y / \partial \alpha$，为升力系数对攻角的偏导数，又称升力线斜率，它表示当攻角变化单位角度时升力系数的变化量；$C_y^{\delta_z} = \partial C_y / \partial \delta_z$，为升力系数对舵偏角的偏导数，它表示当舵偏角变化单位角度时升力系数的变化量。

当弹箭外形尺寸给定时，C_y^{α}、$C_y^{\delta_z}$是Ma的函数。C_y^{α}-Ma的函数关系如图 5-2 所示，$C_y^{\delta_z}$-Ma的关系曲线与此相似。

当马赫数Ma固定时，升力系数C_y随着攻角α的增大呈线性增大，但升力曲线的线性关系只能保持在攻角不大的范围内，而且，随着攻角的继续增大，升力线斜率可能还会下降。当攻角增至一定程度时，升力系数将达到其极值。与极值相对应的攻角，称为临界攻角。超过临界攻角以后，由于气流分离迅速加剧，升力急剧下降，这种现象称为失速(图 5-3)。

必须指出：确定升力系数，还应考虑弹箭的气动布局和舵偏角的偏转方向等因素。系数C_y^{α}和$C_y^{\delta_z}$的数值可以通过理论计算得到，也可由风洞试验或飞行试验确定。已知系

数 C_y^{α} 和 $C_y^{\delta_z}$、飞行高度 H（用于确定空气密度 ρ）和速度 V，以及弹箭的飞行攻角 α 和舵偏角 δ_z 之后，就可以确定升力的大小，即

$$Y = Y_0 + \left(C_y^{\alpha}\alpha + C_y^{\delta_z}\delta_z\right)\frac{\rho V^2}{2}S$$

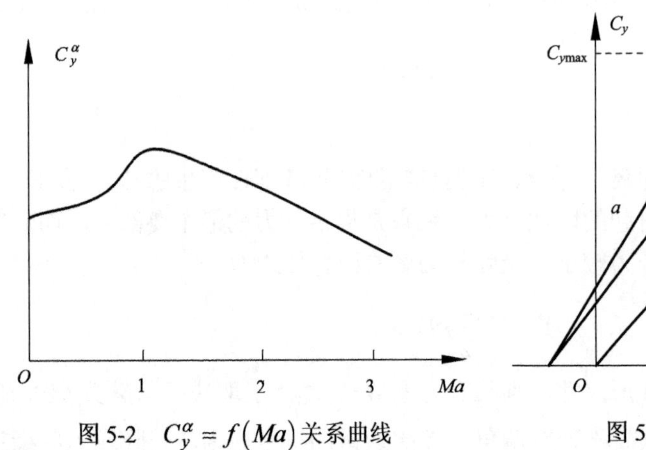

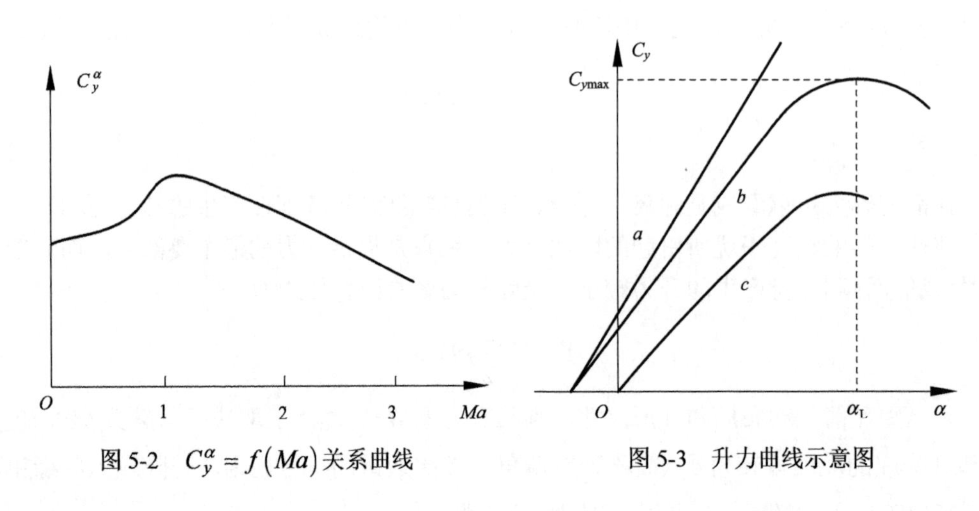

图 5-2　$C_y^{\alpha} = f(Ma)$ 关系曲线　　　图 5-3　升力曲线示意图

或写成

$$Y = Y_0 + Y^{\alpha}\alpha + Y^{\delta_z}\delta_z \tag{5-5}$$

式中

$$Y^{\alpha} = C_y^{\alpha}\frac{\rho V^2}{2}S$$

$$Y^{\delta_z} = C_y^{\delta_z}\frac{\rho V^2}{2}S$$

因此，对于给定的弹箭气动布局和外形尺寸，升力可以看作是弹箭速度、飞行高度、飞行攻角和升降舵偏角 4 个参数的函数。

5.1.3　侧向力

弹箭的侧向力(简称侧力) Z 与升力 Y 类似，在弹箭气动布局和外形尺寸给定的情况下，侧向力系数基本上取决于马赫数 Ma、侧滑角 β 和方向舵的偏转角 δ_y (后缘向右偏转为正)。当 β、δ_y 较小时，侧向力系数 C_z 可以表示为

$$C_z = C_z^{\beta}\beta + C_z^{\delta_y}\delta_y \tag{5-6}$$

按照本书应用的符号规则，正的 β 值对应于负的 C_z 值，正的 δ_y 值对应于负的 C_z 值，因此，系数 C_z^{β} 和 $C_z^{\delta_y}$ 永远是负值。

对于气动轴对称的弹箭，侧向力的求法和升力是相同的。如果将弹箭看作是绕 Ox_3 轴转过了 90°，这时侧滑角将起攻角的作用，方向舵偏角 δ_y 起升降舵偏角 δ_z 的作用，而侧向力则起升力的作用(图 5-4)。因为所采用的符号规则不同，所以在计算公式中应该用

$-\beta$代替α，而用$-\delta_y$代替δ_z，于是对气动轴对称的弹箭，有

$$C_z^{\beta} = -C_y^{\alpha}$$

$$C_z^{\delta_y} = -C_y^{\delta_z}$$

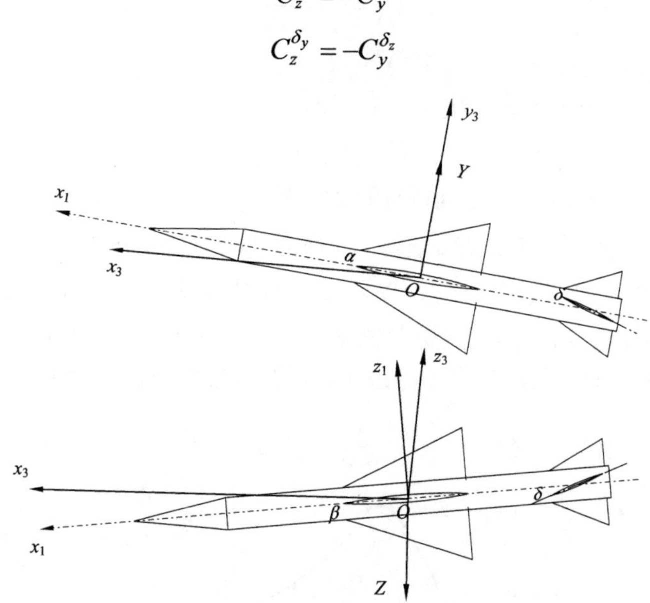

图 5-4　弹箭的升力和侧向力

5.1.4　阻力

弹箭的阻力是作用在弹箭上的空气动力在速度方向的分量,它总是与速度方向相反,起阻碍弹箭运动的作用。阻力受空气的黏性影响最为显著，用理论方法计算阻力必须考虑空气黏性的影响。但无论采用理论方法还是风洞试验方法，要想求得精确的阻力都比较困难。

按照一般气动力工程算法计算弹箭阻力，先分别计算出弹翼、弹身、尾翼(或舵面)等部件的阻力，再求和，然后加以适当的修正(一般是放大 10%)。

根据是否与升力有关，通常将弹箭的空气阻力分成两部分来进行研究。与升力无关的部分称为零升阻力(即升力为零时的阻力)；另一部分取决于升力的大小，称为诱导阻力。即弹箭的空气阻力为

$$X = X_0 + X_{\mathrm{i}}$$

式中，X_0为零升阻力；X_{i}为诱导阻力。

零升阻力包括摩擦阻力和压差阻力，是由气体的黏性引起的。在超声速情况下，空气还会产生另一种形式的压差阻力——波阻。大部分诱导阻力是由弹翼产生的，弹身和舵面产生的诱导阻力较小。

需要注意的是，当有侧向力时，与侧向力大小有关的那部分阻力也是诱导阻力。影响诱导阻力的因素与影响升力和侧向力的因素相同。计算分析表明，弹箭的诱导阻力近似地与攻角、侧滑角的平方成正比。

阻力系数定义为

$$C_x = \frac{X}{\frac{1}{2}\rho V^2 S}$$

类似地，阻力系数也可表示成两部分，即

$$C_x = C_{x_0} + C_{x_i} \tag{5-7}$$

式中，C_{x_0} 为零升阻力系数；C_{x_i} 为诱导阻力系数。

阻力系数 C_x 可通过计算或试验获得。在弹箭气动布局和外形尺寸给定的条件下，C_x 主要取决于马赫数 Ma、雷诺数 Re、攻角 α 和侧滑角 β。C_x-Ma 的关系曲线如图 5-5 所示。当 Ma 接近于 1 时，阻力系数急剧增大。这种现象可由在弹箭的局部地方和头部形成的激波来解释，即这些激波产生了波阻。随着马赫数的增加，阻力系数 C_x 逐渐减小。

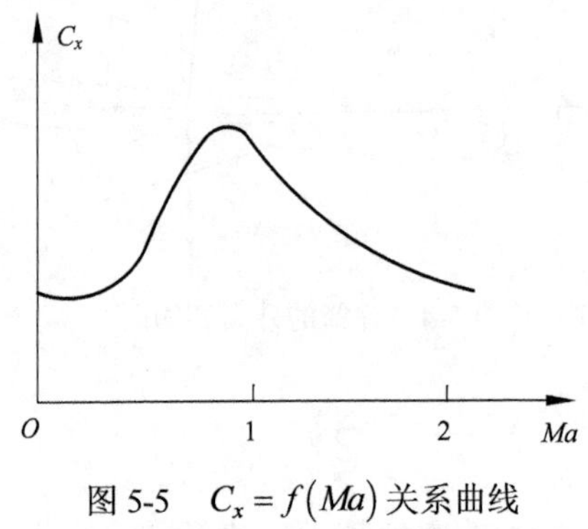

图 5-5　$C_x = f(Ma)$ 关系曲线

在气动布局和外形尺寸给定的情况下，弹箭的阻力随着弹箭的速度、攻角和侧滑角的增大而增大。但是，随着飞行高度的增加，阻力将减小。

5.2　空气气动力矩、压力中心和焦点

5.2.1　气动力矩的表达式

弹箭的气动力矩 $\boldsymbol{M}$ 一般沿弹体坐标系 $Ox_1y_1z_1$ 分解为三个分量，分别称为滚转力矩 M_{x_1} (与 Ox_1 轴的正向一致时定义为正)、偏航力矩 M_{y_1} (与 Oy_1 轴的正向一致时定义为正)和俯仰力矩 M_{z1} (与 Oz_1 轴的正向一致时定义为正)。与研究气动力时一样，用对气动力矩系数的研究来取代对气动力矩的研究。气动力矩表达式为

$$\begin{cases} M_{x_1} = m_{x_1} qSL \\ M_{y_1} = m_{y_1} qSL \\ M_{z_1} = m_{z_1} qSL \end{cases} \tag{5-8}$$

式中，m_{x_1}、m_{y_1}、m_{z_1} 为无量纲的比例系数，分别称为滚转力矩系数、偏航力矩系数和俯仰力矩系数(统称为气动力矩系数)；L 为特征长度。

对于有控弹箭，工程上一般选用弹身长度为特征长度，也有将弹翼的翼展长度或平均气动力弦长作为特征长度的。而在无控弹箭研究领域中，则常取弹径作为特征长度。

需要说明的是，当涉及气动力、气动力矩的具体数值时，应注意它们所对应的特征尺寸。另外，在不产生混淆的情况下，为了书写方便，通常将与弹体坐标系相关的下标“1”省略。

5.2.2　压力中心和焦点

分析弹箭的气动力矩时，例如气动力相对于重心(或质心，本书不严格区分)的气动力矩，必须明确气动力的作用点。空气动力的作用线与弹箭纵轴的交点称为全弹的压力中心(简称压心)。在攻角不大的情况下，常近似地把全弹升力作用线与纵轴的交点作为全弹的压力中心。

在升力公式(5-5)中，由攻角所引起的那部分升力 $Y^{\alpha}\alpha$ 的作用点，称为弹箭的焦点。由升降舵偏转所引起的那部分升力 $Y^{\delta_z}\delta_z$ 作用在舵面的压力中心上。

一般来说，对于有翼弹箭，弹翼是产生升力的主要部件，因此，有翼弹箭的压心位置在很大程度上取决于弹翼相对于弹身的安装位置。此外，压心位置还与飞行马赫数 Ma、攻角 α 、舵偏角 δ_z 等参数有关，这是因为这些参数变化时，改变了弹箭上的压力分布的缘故。

弹箭的压心位置，一般用压力中心至弹箭头部顶点的距离 x_p 来表示。压心位置 x_p 与飞行马赫数和攻角的关系如图 5-6 所示。由图可以看出，当飞行马赫数接近于 1 时，压心位置的变化幅度较大。

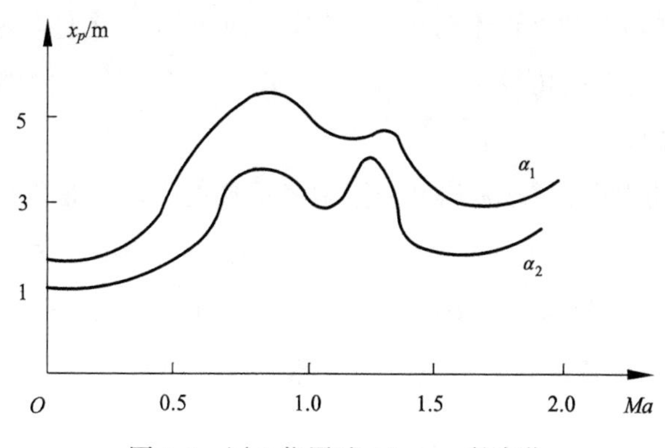

图 5-6　压心位置随 Ma 、α 的变化

通常情况下，焦点并不与压力中心重合，仅当 $\delta_z=0$ 且弹箭相对于 x_1Oz_1 平面完全对称(即 $C_{y_0}=0$)时，焦点才与压力中心重合。

弹箭的焦点还有另外一种定义方式，即焦点位于纵向对称平面之内，升力对焦点的力矩与攻角无关。

5.3 俯仰力矩

俯仰力矩 M_z 的作用是使弹箭绕横轴 Oz_1 做抬头或低头的转动，俯仰力矩又称纵向力矩。在气动布局和外形参数给定的情况下，俯仰力矩的大小不仅与飞行马赫数 Ma、飞行高度 H 有关，还与飞行攻角 α、升降舵偏转角 δ_z、弹箭绕 Oz_1 轴的旋转角速度 ω_z（下标“1”也省略，以下同）、攻角的变化率 $\dot{\alpha}$ 以及升降舵的偏转角速度 $\dot{\delta}_z$ 等有关。因此，俯仰力矩的函数形式为

$$M_z = f\left(Ma, H, \alpha, \delta_z, \omega_z, \dot{\alpha}, \dot{\delta}_z\right)$$

当 α、δ_z、$\dot{\alpha}$、$\dot{\delta}_z$ 和 ω_z 较小时，俯仰力矩与这些量的关系是近似线性的，其一般表达式为

$$M_z = M_{z0} + M_z^{\alpha}\alpha + M_z^{\delta_z}\delta_z + M_z^{\omega_z}\omega_z + M_z^{\dot{\alpha}}\dot{\alpha} + M_z^{\dot{\delta}_z}\dot{\delta}_z \tag{5-9}$$

严格地说，俯仰力矩还取决于其他一些参数，例如侧滑角 β、副翼偏转角 δ_x、弹箭绕 Ox 轴的旋转角速度 ω_x 等，通常这些参数的影响不大，一般予以忽略。

为了讨论方便，俯仰力矩用无量纲力矩系数来表示，即

$$m_{\dot{z}} = m_{z0} + m_z^{\alpha}\alpha + m_z^{\delta_z}\delta_z + m_z^{\overline{\omega}_z}\overline{\omega}_z + m_z^{\overline{\dot{\alpha}}}\overline{\dot{\alpha}} + m_z^{\overline{\dot{\delta}}_z}\overline{\dot{\delta}}_z \tag{5-10}$$

式中，$\overline{\omega}_z = \omega_z L / V$，$\overline{\dot{\alpha}} = \dot{\alpha} L / V$，$\overline{\dot{\delta}}_z = \dot{\delta}_z L / V$，分别是与旋转角速度 ω_z、攻角变化率 $\dot{\alpha}$ 以及升降舵的偏转角速度 $\dot{\delta}_z$ 对应的无量纲参数；m_{z0} 是当 $\alpha = \delta_z = \overline{\omega}_z = \overline{\dot{\alpha}} = \overline{\dot{\delta}}_z = 0$ 时的俯仰力矩系数，是由弹箭气动外形不对称引起的，主要取决于飞行马赫数、弹箭的几何形状、弹翼(或安定面)的安装角等；m_z^{α}、$m_z^{\delta_z}$、$m_z^{\overline{\omega}_z}$、$m_z^{\overline{\dot{\alpha}}_z}$、$m_z^{\overline{\dot{\delta}}_z}$ 分别是 m_z 关于 α、δ_z、$\overline{\omega}_z$、$\overline{\dot{\alpha}}$、$\overline{\dot{\delta}_z}$ 的偏导数。

由攻角 α 引起的力矩 $M_z^{\alpha}\alpha$ 是俯仰力矩中最重要的一项，是作用在焦点的弹箭升力 $Y_z^{\alpha}\alpha$ 对重心的力矩，即

$$M_z^{\alpha}\alpha = Y_z^{\alpha}\alpha\left(x_g - x_F\right) = C_y^{\alpha} qS\alpha\left(x_g - x_F\right)$$

式中，x_F、x_g 分别为弹箭的焦点、重心至头部顶点的距离。

又因为

$$M_z^{\alpha}\alpha = m_z^{\alpha} qSL\alpha$$

于是有

$$M_z^{\alpha} = C_y^{\alpha}\left(x_g - x_F\right)/L = C_y^{\alpha}\left(\overline{x}_g - \overline{x}_F\right)$$

式中，$\overline{x}_F = x_F / L$，$\overline{x}_g = x_g / L$，分别为弹箭的焦点、重心位置对应的无量纲值。

为方便起见，先讨论定常飞行情况下(此时 $\omega_z = \dot{\alpha} = \dot{\delta}_z = 0$)的俯仰力矩，然后再研究由 ω_z、$\dot{\alpha}$、$\dot{\delta}_z$ 所引起的附加俯仰力矩。

5.3.1　定常直线飞行时的俯仰力矩

弹箭的定常飞行是指飞行速度V、攻角α、舵偏角δ_z等不随时间变化的飞行状态。但是，弹箭几乎不会有严格的定常飞行。即使弹箭做等速直线飞行，燃料的消耗使弹箭质量发生变化，保持等速直线飞行所需的攻角也会随之改变，因此只能说弹箭在一段比较小的距离上接近于定常飞行。

若弹箭做定常直线飞行，即$\omega_z = \dot{\alpha} = \dot{\delta}_z = 0$，则俯仰力矩系数的表达式变为

$$m_z = m_{z0} + m_z^{\alpha}\alpha + m_z^{\delta_z}\delta_z \tag{5-11}$$

对于外形为轴对称的弹箭，$m_{z0} = 0$，则有

$$m_z = m_z^{\alpha}\alpha + m_z^{\delta_z}\delta_z \tag{5-12}$$

根据相关实验，只有在小攻角和小舵偏角的情况下，上述线性关系才成立。随着α、δ_z增大，线性关系将被破坏(图 5-7)。

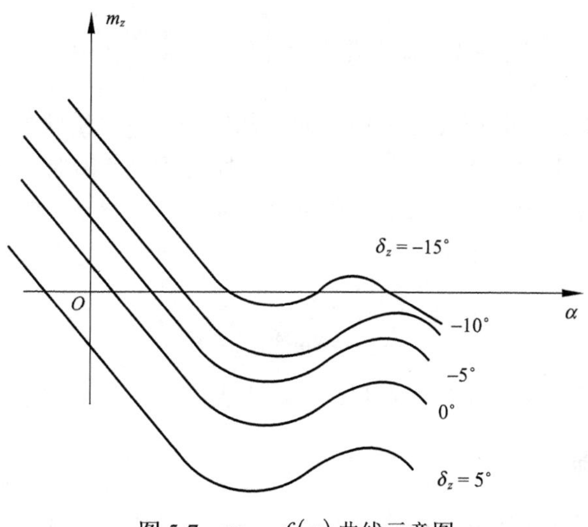

图 5-7　$m_z = f(\alpha)$ 曲线示意图

偏导数m_z^{α}和$m_z^{\delta_z}$主要取决于马赫数、重心位置和弹箭的几何外形。对应于一组δ_z值，可画出一组m_z随α的变化曲线，如图 5-7 所示。这些曲线与横坐标轴的交点满足$m_z = 0$；偏导数m_z^{α}表示这些曲线相对于横坐标轴的斜率；m_{z0}值代表$\delta_z = 0$时的$m_z = f(\alpha)$曲线在纵轴上所截的线段长度。

5.3.2　纵向平衡状态

$m_z = f(\alpha)$曲线与横坐标轴的交点称为静平衡点，对应于$m_z = 0$，即作用在弹箭上的升力对重心的力矩为零，亦即弹箭处于力矩平衡状态。这种俯仰力矩的平衡又称为弹箭的纵向静平衡。

为使弹箭在某一飞行攻角下处于平衡状态，必须使升降舵偏转一个相应的角度，这

个角度称为升降舵的平衡舵偏角，以符号 δ_{zb} 表示。换句话说，在某一舵偏角下，为保持弹箭的纵向静平衡所需要的攻角就是平衡攻角，以 α_b 表示。平衡舵偏角与平衡攻角的关系可通过令式(5-12)的右端为零求得，即

$$\left(\frac{\delta_z}{\alpha}\right)_b = -\frac{m_z^\alpha}{m_z^{\delta_z}} \tag{5-13}$$

或

$$\delta_{zb} = -\frac{m_z^\alpha}{m_z^{\delta_z}}\alpha_b$$

式中的比值 $\left(-m_z^\alpha / m_z^{\delta_z}\right)$ 除了与飞行马赫数有关外，还随弹箭气动布局的不同而不同(对于正常式布局 $m_z^\alpha / m_z^{\delta_z} > 0$，鸭式布局 $m_z^\alpha / m_z^{\delta_z} < 0$)。在弹箭飞行过程中，这个比值一般来说是变化的，因为马赫数和重心位置均会发生变化，m_z^α 和 $m_z^{\delta_z}$ 也要相应地改变。

平衡状态时的全弹升力，称为平衡升力。平衡升力系数的计算方法为

$$C_{yb} = C_y^\alpha \alpha_b + C_y^{\delta_z}\delta_{zb} = \left(C_y^\alpha - C_y^{\delta_z}\frac{m_z^\alpha}{m_z^{\delta_z}}\right)\alpha_b \tag{5-14}$$

在进行弹道计算时，若假设每一瞬时弹箭都处于上述平衡状态，则可用式(5-14)来计算弹箭在弹道各点上的平衡升力。这种假设，通常称为“瞬时平衡”假设，即认为弹箭从某一平衡状态改变到另一平衡状态是瞬时完成的，也就是忽略了弹箭绕质心的旋转运动过程。此时作用在弹箭上的俯仰力矩只有 $m_z^\alpha \alpha$ 和 $m_z^{\delta_z}\delta_z$，而且此两力矩总是处于平衡状态，即

$$m_z^\alpha \alpha_b + m_z^{\delta_z}\delta_{zb} = 0 \tag{5-15}$$

弹箭初步设计阶段采用瞬时平衡假设，可大大减少计算工作量。

5.3.3 纵向静稳定性

弹箭的平衡有稳定平衡和不稳定平衡。在稳定平衡中，弹箭由于某一小扰动的瞬时作用破坏了它的平衡后，经过某一过渡过程仍能恢复到原来的平衡状态。在不稳定平衡中，即便是很小的扰动瞬时作用于弹箭，使其偏离平衡位置，弹箭也没有恢复到原来平衡位置的能力。判别弹箭纵向静稳定性的方法是看偏导数 m_z^α 的性质，即

当 $m_z^\alpha\big|_{\alpha=\alpha_b} < 0$ 时，为纵向静稳定；

当 $m_z^\alpha\big|_{\alpha=\alpha_b} > 0$ 时，为纵向静不稳定；

当 $m_z^\alpha\big|_{\alpha=\alpha_b} = 0$ 时，是纵向静中立稳定，因为当 α 稍离开 α_b 时，它不会产生附加力矩。

图 5-8 给出了 $m_z = f(\alpha)$ 的三种典型情况，它们分别对应于静稳定、静不稳定和静中立稳定的三种气动特性。

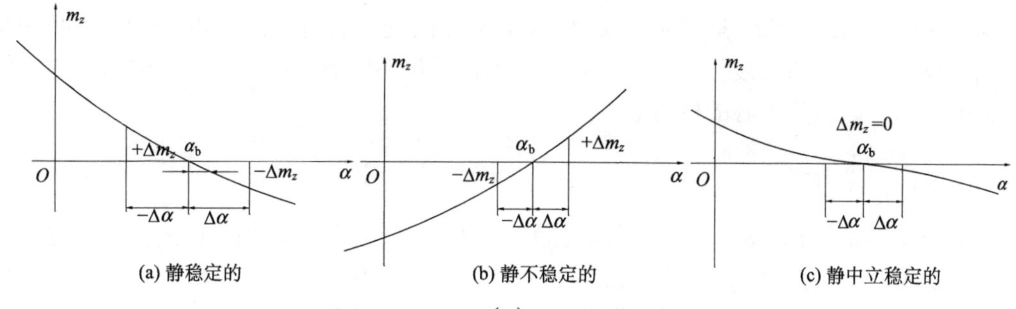

图 5-8　$m_z = f(\alpha)$ 的三种典型情况

图 5-8(a) 中所示力矩特性曲线 $m_z = f(\alpha)$ 显示 $m_z^{\alpha}\big|_{\alpha=\alpha_b} < 0$。如果弹箭在平衡状态下 $(\alpha = \alpha_b)$ 飞行，某一微小扰动的瞬时作用，使攻角 α 偏离平衡攻角 α_b，增加了一个小量 $\Delta\alpha > 0$，那么，在焦点上将有一附加升力 ΔY 产生，它对重心形成附加俯仰力矩，即

$$\Delta M_x = m_z^{\alpha} \Delta\alpha qSL$$

由于 $m_z^{\alpha} < 0$，故 ΔM_z 是个负值，它使弹箭低头，即力图减小攻角，由 $(\alpha_b + \Delta\alpha)$ 值恢复到原来的 α_b 值。弹箭的这种物理属性称为纵向静稳定性。力图使弹箭恢复到原来平衡状态的气动力矩 ΔM_z 称为静稳定力矩或恢复力矩。

图 5-8(b) 表示弹箭静不稳定的情况 $\left(m_z^{\alpha}\big|_{\alpha=\alpha_b} > 0\right)$。弹箭一旦偏离平衡状态后，所产生的附加力矩将使弹箭更加偏离平衡状态。

图 5-8(c) 表示弹箭静中立稳定的情况 $\left(m_z^{\alpha}\big|_{\alpha=\alpha_b} = 0\right)$。弹箭偏离平衡状态后，不产生附加力矩，则干扰造成的攻角偏量 $\Delta\alpha$ 既不增大，也不能被消除。

综上所述，纵向静稳定性的定义可概述如下：弹箭在平衡状态下飞行时，受到外界干扰作用而偏离原平衡状态，在外界干扰消失的瞬间，若弹箭不经操纵能产生附加气动力矩，使弹箭具有恢复到原平衡状态的趋势，则称弹箭是静稳定的；若产生的附加气动力矩使弹箭更加偏离原平衡状态，则称弹箭是静不稳定的；若附加气动力矩为零，弹箭既无恢复到原平衡状态的趋势，也不再继续偏离，则称弹箭是静中立稳定的。

工程上，常用 $m_z^{C_y}$ 评定弹箭的静稳定性。与偏导数 m_z^{α} 一样，偏导数 $m_z^{C_y}$ 也能对弹箭的静稳定性给出质和量的评价，其计算表达式为

$$m_z^{C_y} = \frac{\partial m_z}{\partial C_y} = \frac{\partial m_z}{\partial \alpha}\frac{\partial \alpha}{\partial C_y} = \frac{m_z^{\alpha}}{C_y^{\alpha}} = \bar{x}_g - \bar{x}_F \tag{5-16}$$

显然，对于具有纵向静稳定性的弹箭，存在关系式 $m_z^{C_y} < 0$，这时，重心位于焦点之前 $\left(\bar{x}_g < \bar{x}_F\right)$。当重心逐渐向焦点靠近时，静稳定性逐渐降低。当重心后移到与焦点重合 $\left(\bar{x}_g = \bar{x}_F\right)$ 时，弹箭是静中立稳定的。当重心后移到焦点之后 $\left(\bar{x}_g > \bar{x}_F\right)$ 时，$m_z^{C_y} > 0$，弹箭则是静不稳定的。因此把焦点无量纲坐标与重心的无量纲坐标之间的差值 $\left(\bar{x}_F - \bar{x}_g\right)$ 称为静稳定度。

弹箭的静稳定度与飞行性能有关。为了保证弹箭具有适当的静稳定度，设计过程中

常采用两种办法：一是改变弹箭的气动布局，从而改变焦点的位置，如改变弹翼的外形、面积以及相对弹身的安装位置，改变尾翼面积，添置小前翼等；二是改变弹箭内部器件的部位安排，以调整重心的位置。

5.3.4 俯仰操纵力矩

对于采用正常式气动布局(舵面安装在弹身尾部)，且具有静稳定性的弹箭来说，当舵面向上偏转一个角度$\delta_z<0$时，舵面上会产生向下的操纵力，并形成相对于弹箭重心的抬头力矩$M_z(\delta_z)>0$，从而使攻角增大，则对应的升力对重心形成一低头力矩(图 5-9)。当达到力矩平衡时，α 与δ_z应满足平衡关系式(5-13)。舵面偏转产生的气动力对重心形成的力矩称为操纵力矩，其值为

$$M_z^{\delta_z}\delta_z=m_z^{\delta_z}\delta_z qSL=C_y^{\delta_z}\delta_z qS\left(x_g-x_r\right) \tag{5-17}$$

由此得

$$m_z^{\delta_z}=C_y^{\delta_z}\left(\bar{x}_g-\bar{x}_r\right) \tag{5-18}$$

式中，$\bar{x}_r=x_r/L$为舵面压力中心至弹身头部顶点距离的无量纲值；$m_z^{\delta_z}$为舵面偏转单位角度时所引起的操纵力矩系数，称为舵面效率；$C_y^{\delta_z}$为舵面偏转单位角度时所引起的升力系数，它随马赫数的变化规律如图 5-10 所示。

对于正常式弹箭，重心总是在舵面之前，故$m_z^{\delta_z}<0$；而对于鸭式弹箭，则$m_z^{\delta_z}>0$。

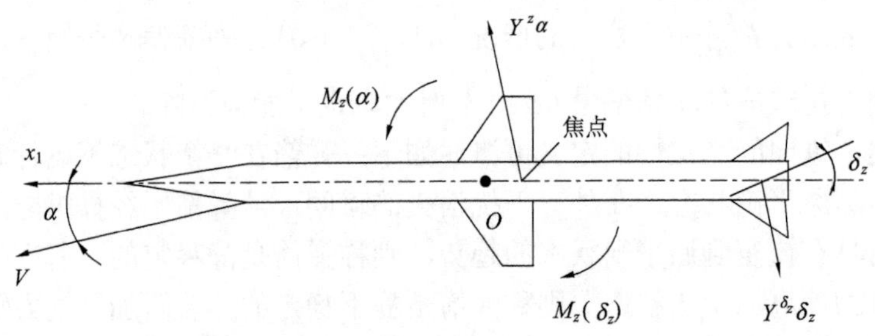

图 5-9 操纵力矩的示意图

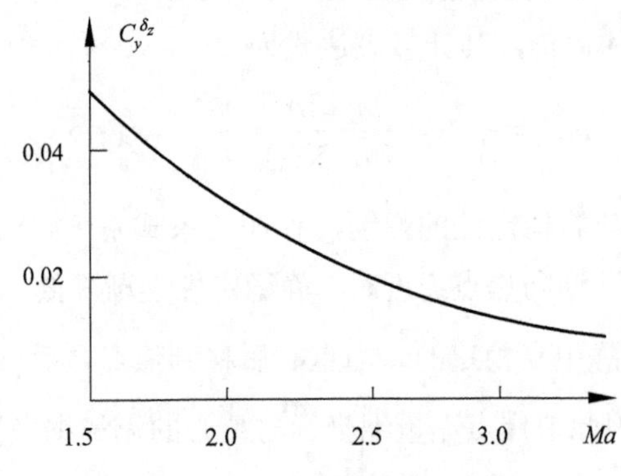

图 5-10 $C_y^{\delta_z}$与 Ma 数的关系曲线

5.3.5　俯仰阻尼力矩

俯仰阻尼力矩是由弹箭绕 Oz_1 轴的旋转运动所引起的，其大小与旋转角速度 ω_z 成正比，而方向与 ω_z 相反。该力矩总是阻止弹箭的旋转运动，故称为俯仰阻尼力矩(或称为纵向阻尼力矩)。

假定弹箭质心速度为 V，同时又以角速度 ω_z 绕 Oz_1 轴旋转。旋转使弹箭表面上各点均获得一附加速度，其方向垂直于连接重心与该点的矢径 r，大小等于 $\omega_z r$（图 5-11）。若 $\omega_z > 0$，则重心之前的弹箭表面上各点的攻角将减小一个 $\Delta\alpha$，其值为

$$\Delta\alpha = \arctan\frac{r\omega_z}{V}$$

而处于重心之后的弹箭表面上各点将增加一个 $\Delta\alpha$ 值。攻角的变化导致附加升力的出现，在重心之前附加升力向下，而在重心之后，附加升力向上，因此所产生的俯仰力矩与 ω_z 的方向相反，即力图阻止弹箭绕 Oz_1 轴的旋转运动。

俯仰阻尼力矩常用无量纲俯仰阻尼力矩系数来表示，即有

$$M_z\left(\omega_z\right) = m_z^{\bar{\omega}_z}\bar{\omega}_z qSL \tag{5-19}$$

式中，$m_z^{\bar{\omega}_z}$ 总是一个负值，它的大小主要取决于飞行马赫数、弹箭的几何外形和质心位置。为书写方便，通常将 $m_z^{\bar{\omega}_z}$ 简记作 $m_z^{\omega_z}$，但它的原意并不因此而改变。

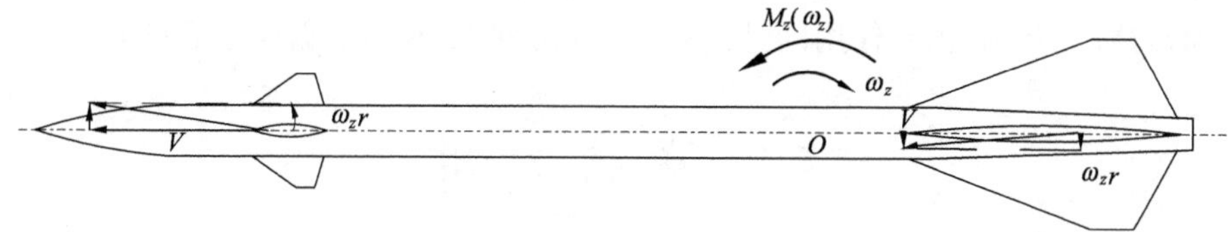

图 5-11　俯仰阻尼力矩

一般情况下，阻尼力矩相对于稳定力矩和操纵力矩来说是比较小的，当旋转角速度 ω_z 较小时，甚至可以忽略它对弹箭运动的影响，但在分析弹箭运动的过渡过程品质时却不能忽略。

5.3.6　下洗延迟俯仰力矩

严格地说，上述关于计算升力和俯仰力矩的方法，仅适用于弹箭定常飞行这一特殊情况。在一般情况下，弹箭的飞行是非定常飞行，其运动参数、空气动力和力矩都是时间的函数。这时的空气动力系数和力矩系数不仅取决于该瞬时的 ε、δ_z、ω_z、Ma 等参数值，还取决于这些参数随时间变化的特性。但是，作为初步的近似计算，可以认为作用在弹箭上的空气动力和力矩仅取决于该瞬时的运动参数，这个假设通常称为“定常假设”。采用此假设，不但可以大大减少计算工作量，而且由此所求得的空气动力和力矩也非常接近实际值。但在某些情况下，例如在研究下洗对弹箭飞行的影响时，按“定常假设”计算的结果是有偏差的。

对于正常式布局的弹箭，流经弹翼和弹身的气流，受到弹翼、弹身的反作用力作用，导致气流速度方向发生偏斜，这种现象称为“下洗”。由于下洗，尾翼处的实际攻角将小于弹箭的飞行攻角。若弹箭以速度V和随时间变化的攻角(例如$\dot{\alpha}$)做非定常飞行，则弹翼后的气流也是随时间变化的，但是被弹翼下压了的气流不可能瞬间到达尾翼，而必须经过某一时间间隔Δt (其大小取决于弹翼与尾翼间的距离和气流速度)，此即所谓“下洗延迟”现象。因此，尾翼处的实际下洗角$\varepsilon(t)$是与Δt间隔以前的攻角$\alpha(t-\Delta t)$相对应的。例如，在$\dot{\alpha}>0$的情况下，实际下洗角$\varepsilon(t)=\varepsilon^{\alpha}\cdot\left[\alpha(t)-\dot{\alpha}\Delta t\right]$将比定常飞行时的下洗角$\varepsilon^{\alpha}\cdot\alpha t$要小些，也就是说，按“定常假设”计算得到的尾翼升力偏小，应在尾翼上增加一个向上的附加升力，由此形成的附加气动力矩将使弹箭低头，其作用是使攻角减小(阻止α 值的增大)；当$\dot{\alpha}<0$时，“下洗延迟”引起的附加力矩将使弹箭抬头以阻止α 值的减小。总之，“下洗延迟”引起的附加气动力矩相当于一种阻尼力矩，力图阻止α 值的变化。

同样，若弹箭的气动布局为鸭式或旋转弹翼式，当舵面或旋转弹翼的偏转角速度$\dot{\delta}_z\neq0$时，也存在“下洗延迟”现象。同理，由$\dot{\delta}_z$引起的附加气动力矩也是一种阻尼力矩。

当$\dot{\alpha}\neq0$和$\dot{\delta}_z\neq0$时，由下洗延迟引起的两个附加俯仰力矩系数分别写成$m_z^{\bar{\dot{\alpha}}}\bar{\dot{\alpha}}$和$m_z^{\bar{\dot{\delta}}_z}\bar{\dot{\delta}}_z$，为书写方便，简记作$m_z^{\dot{\alpha}}\dot{\alpha}$和$m_z^{\dot{\delta}_z}\dot{\delta}_z$，它们都是无量纲量。

在分析了俯仰力矩的各项组成以后，必须强调指出，尽管影响俯仰力矩的因素有很多，但通常情况下，起主要作用的是由攻角引起的$m_z^{\alpha}\alpha$和由舵偏角引起的$m_z^{\delta_z}\delta_z$。

5.4 偏 航 力 矩

偏航力矩M_y是空气动力矩在弹体坐标系Oy_1轴上的分量，它将使弹箭绕Oy_1轴转动。偏航力矩与俯仰力矩产生的物理成因是相同的。

对于轴对称弹箭而言，偏航力矩特性与俯仰力矩类似。偏航力矩系数的表达式可仿照式(5-10)写成如下形式：

$$m_y=m_y^{\beta}\beta+m_y^{\delta_y}\delta_y+m_y^{\bar{\omega}_y}\bar{\omega}_y+m_y^{\bar{\dot{\beta}}}\bar{\dot{\beta}}+m_y^{\bar{\dot{\delta}}_y}\bar{\dot{\delta}}_y \tag{5-20}$$

式中，$\bar{\omega}_y=\omega_y L/V$，$\bar{\dot{\beta}}=\dot{\beta}L/V$，$\bar{\dot{\delta}}_y=\dot{\delta}_y L/V$，均是无量纲参数；$m_y^{\beta}$、$m_y^{\delta_y}$、$m_y^{\bar{\omega}_y}$、$m_y^{\bar{\dot{\beta}}}$、$m_y^{\bar{\dot{\delta}}_y}$分别是$m_y$关于$\beta$、$\delta_y$、$\bar{\omega}_y$、$\bar{\dot{\beta}}$、$\bar{\dot{\delta}}_y$的偏导数。

由于所有有翼弹箭外形相对于x_1Oy_1平面都是对称的，故在偏航力矩系数中不存在m_{y0}这一项。

m_y^{β}表征着弹箭航向静稳定性，若$m_y^{\beta}<0$，则是航向静稳定的。对于正常式弹箭，$m_y^{\delta_y}<0$；而对于鸭式弹箭，则$m_y^{\delta_y}>0$。

对于面对称(飞机型)弹箭，当存在绕Ox_1轴的滚动角速度ω_x时，安装在弹身上方的垂直尾翼的各个剖面上将产生附加的侧滑角$\Delta\beta$ (图 5-12)，且

$$\Delta\beta = \frac{\omega_x}{V} y_t$$

式中，y_t 为由弹身纵轴到垂直尾翼所选剖面的距离。

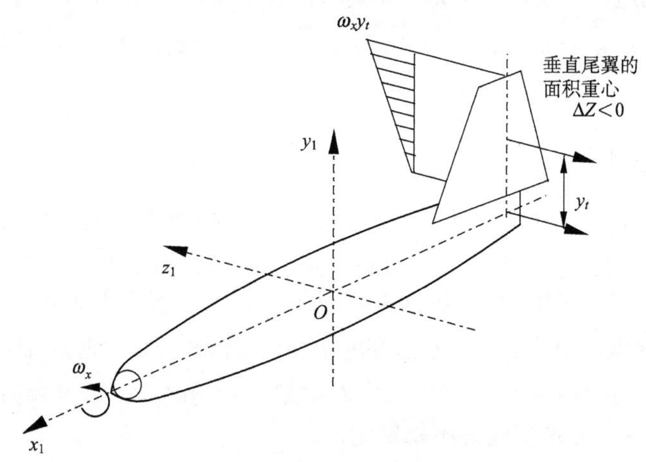

图 5-12　垂直尾翼螺旋偏航力矩

由于附加侧滑角 $\Delta\beta$ 的存在，垂直尾翼将产生侧向力，从而产生相对于 Oy_1 轴的偏航力矩。这个力矩对于面对称的弹箭是不可忽视的，因为它的力臂大。该力矩有使弹箭做螺旋运动的趋势，故称之为螺旋偏航力矩(又称交叉导数，其值总为负)。因此，对于面对称弹箭，式(5-20)右端必须加上一项 $m_y^{\bar{\omega}_x}\bar{\omega}_x$，即

$$m_y = m_y^{\beta}\beta + m_y^{\delta_y}\delta_y + m_y^{\bar{\omega}_y}\bar{\omega}_y + m_y^{\bar{\omega}_x}\bar{\omega}_x + m_y^{\bar{\dot{\beta}}}\bar{\dot{\beta}} + m_y^{\bar{\dot{\delta}}_y}\bar{\dot{\delta}}_y \tag{5-21}$$

式中，$\bar{\omega}_x = \omega_x L / V$，$m_y^{\bar{\omega}_x} = \partial m_y / \partial\bar{\omega}_x$，均是无量纲参数。

5.5　滚 转 力 矩

5.5.1　滚转力矩

滚转力矩(又称滚动力矩或倾斜力矩) M_x 是绕弹箭纵轴 Ox_1 的气动力矩，它是由于迎面气流不对称地流过弹箭所产生的。当存在侧滑角，或操纵机构偏转，或弹箭绕 Ox_1、Oy_1 轴旋转时，均会使气流流动的对称性受到破坏。此外，因生产工艺误差造成的弹翼(或安定面)不对称安装或尺寸大小的不一致，也会破坏气流流动的对称性。因此，滚动力矩的大小取决于弹箭的形状和尺寸、飞行速度和高度、攻角、侧滑角、舵面偏转角、角速度及制造误差等多种因素。

与分析其他气动力矩一样，只讨论滚动力矩的无量纲力矩系数，即

$$m_x = \frac{M_x}{qSL} \tag{5-22}$$

若影响滚动力矩的上述参数都比较小时，可略去一些次要系素，则滚动力矩系数可

用线性关系近似地表示为

$$m_x = m_{x0} + m_x^{\beta}\beta + m_x^{\delta_x}\delta_x + m_x^{\delta_y}\delta_y + m_x^{\overline{\omega}_x}\overline{\omega}_x + m_y^{\overline{\omega}_y}\overline{\omega}_y \tag{5-23}$$

式中，m_{x0}是由制造误差引起的外形不对称产生的；m_x^{β}、$m_x^{\delta_x}$、$m_x^{\delta_y}$、$m_x^{\overline{\omega}_x}$、$m_x^{\overline{\omega}_y}$分别是滚转力矩系数$m_x$关于$\beta$、$\delta_x$、$\delta_y$、$\overline{\omega}_x$、$\overline{\omega}_y$的偏导数，主要与弹箭的几何参数和马赫数有关。

5.5.2　横向静稳定性

偏导数m_x^{β}表征弹箭的横向静稳定性，它对面对称弹箭来说具有重要意义。为了说明这一概念，以弹箭做水平直线飞行为例，假定由于某种原因弹箭突然向右倾斜了某一角度γ (图 5-13)，因升力Y总在纵向对称平面内，故当弹箭倾斜时，会产生水平分量$Y\sin\gamma$，它使弹箭做侧滑飞行，产生正的侧滑角。若$m_x^{\beta}<0$，则$m_x^{\beta}\beta<0$，于是该力矩使弹箭具有消除由于某种原因所产生的向右倾斜运动的趋势，可见弹箭具有横向静稳定性；若$m_x^{\beta}>0$，则弹箭是横向静不稳定的。

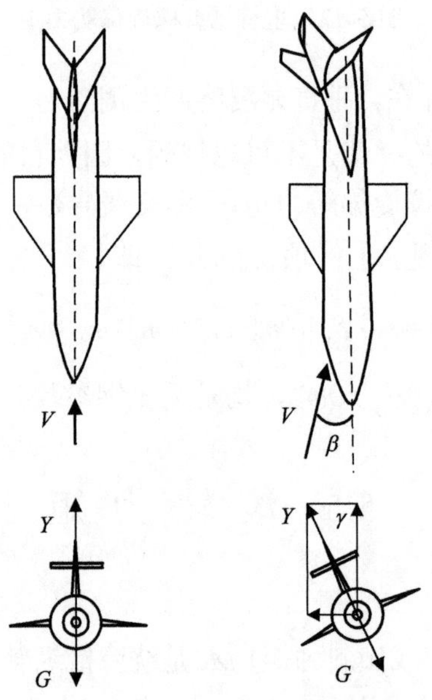

图 5-13　倾斜时产生的侧滑

影响面对称弹箭横向静稳定性的因素比较复杂，但静稳定性主要是由弹翼和垂直尾翼产生的。而弹翼的m_x^{β}又主要与弹翼的后掠角和上反角有关。

1. 弹翼后掠角的影响

弹箭空气动力学中曾指出，弹翼的升力与弹翼的后掠角和展弦比有关。设气流以某侧滑角流经具有后掠角的平置弹翼，左、右两侧弹翼的实际后掠角和展弦比将不同，如图 5-14 所示。当$\beta>0$时，左翼的实际后掠角为$\chi+\beta$，而右翼的实际后掠角则为$\chi-\beta$，所以，来流速度V在右翼前缘的垂直速度分量(称有效速度)$V\cos(\chi-\beta)$大于左翼前缘的垂直速度分量$V\cos(\chi+\beta)$。此外，右翼的有效展弦比也比左翼的大，而且右翼的侧缘一部分变成了前缘，左翼侧缘的一部分却变成了后缘。综合这些因素，右翼产生的升力大于左翼的，这就导致弹翼产生负的滚动力矩，即$m_x^\beta<0$，由此增加了横向静稳定性。

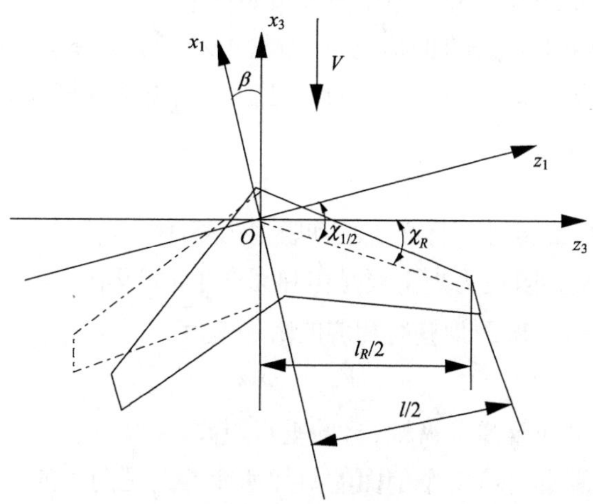

图5-14　侧滑时弹翼几何参数变化示意图

2. 弹翼上反角的影响

弹翼上反角ψ_w是翼弦平面与x_1Oz_1平面之间的夹角(图5-15)。翼弦平面在x_1Oz_1平面之上时，ψ_w角为正。设弹箭以$\beta>0$做侧滑飞行，由于上反角ψ_w的存在，垂直于右翼面的速度分量$V\sin\beta\sin\psi_w$将使该翼面的攻角有一个增量，其值为

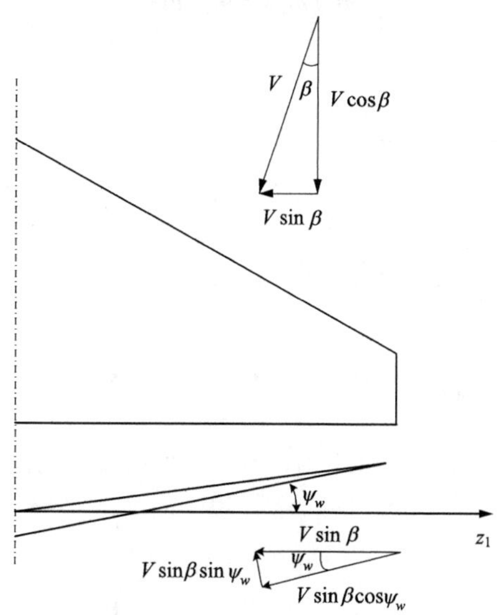

图5-15　侧滑时上反角导致有效攻角的变化

$$\sin\Delta\alpha = \frac{V\sin\beta\sin\psi_w}{V} = \sin\beta\sin\psi_w \tag{5-24}$$

当 β 和 ψ_w 都较小时，式(5-24)可写成

$$\Delta\alpha = \beta\psi_w$$

左翼则有与其大小相等、方向相反的攻角变化量。

不难看出，在 $\beta>0$ 和 $\psi_w>0$ 的情况下，右翼 $\Delta\alpha>0$，$\Delta Y>0$；左翼 $\Delta\alpha<0$，$\Delta Y<0$，于是产生负的滚转力矩，即 $m_x^\beta<0$，因此，正上反角将增强横向静稳定性。

5.5.3 滚动阻尼力矩

当弹箭绕纵轴 Ox_1 旋转时，将产生滚动阻尼力矩 $M_x^{\omega_x}\omega_x$，该力矩产生的物理成因与俯仰阻尼力矩类似。滚动阻尼力矩主要是由弹翼产生的。从图 5-16 可以看出，弹箭绕 Ox_1 轴的旋转使得弹翼的每个剖面均获得相应的附加速度

$$V_y = -\omega_x z \tag{5-25}$$

式中，z 为弹翼所选剖面至弹箭纵轴 Ox_1 的垂直距离。

当 $\omega_x>0$ 时，左翼(前视)每个剖面的附加速度方向是向下的，而右翼与之相反。所以，左翼任一剖面上的攻角增量为

$$\Delta\alpha = \frac{\omega_x z}{V} \tag{5-26}$$

而右翼对称剖面上的攻角则减小了同样的数值。

左、右翼攻角的差别将引起两侧升力的不同，从而产生滚转力矩，该力矩总是阻止弹箭绕纵轴 Ox_1 转动，故称该力矩为滚动阻尼力矩。不难证明，滚动阻尼力矩系数与无量纲角速度 $\overline{\omega}_x$ 成正比，即

$$m_x(\omega_x) = m_x^{\overline{\omega}_x}\overline{\omega}_x \tag{5-27}$$

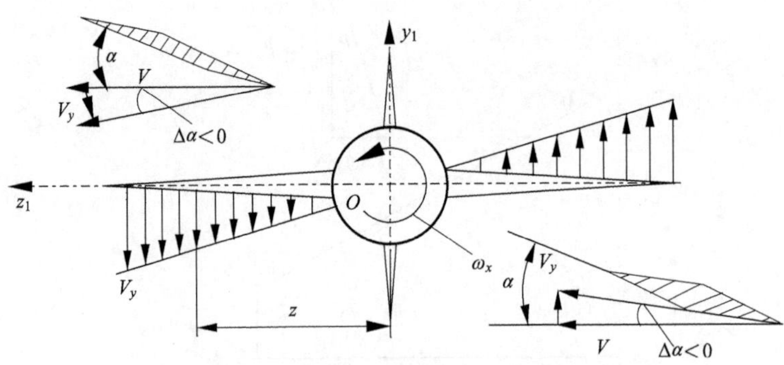

图 5-16 绕 Ox_1 轴旋转时，弹翼上的附加速度与附加攻角

5.5.4 交叉导数

交叉导数记为 $m_x^{\overline{\omega}_y}$，我们以无后掠弹翼为例，解释 $m_x^{\overline{\omega}_y}$ 产生的物理成因。当弹箭绕

Oy_1 轴转动时，弹翼的每一个剖面将获得沿 Ox_1 轴方向的附加速度(图 5-17)

$$\Delta V = \omega_y z \tag{5-28}$$

如果 $\omega_y > 0$，则附加速度在右翼上是正的，在左翼上是负的。这就导致右翼的绕流速度大于左翼的绕流速度，使左、右弹翼对称剖面的攻角发生变化，即右翼的攻角减小了 $\Delta\alpha$，左翼则增加了一个 $\Delta\alpha$ 角。但更主要的还是由于左、右翼动压头的改变引起左、右翼面的升力差，综合效应是：右翼面升力大于左翼面升力，形成了负的滚动力矩。当 $\omega_y < 0$ 时，将产生正的滚动力矩，因此，$m_x^{\bar{\omega}_y} < 0$。滚动力矩系数与无量纲角速度 $\bar{\omega}_y$ 成正比，即

$$m_x\left(\omega_y\right) = m_x^{\bar{\omega}_y} \bar{\omega}_y \tag{5-29}$$

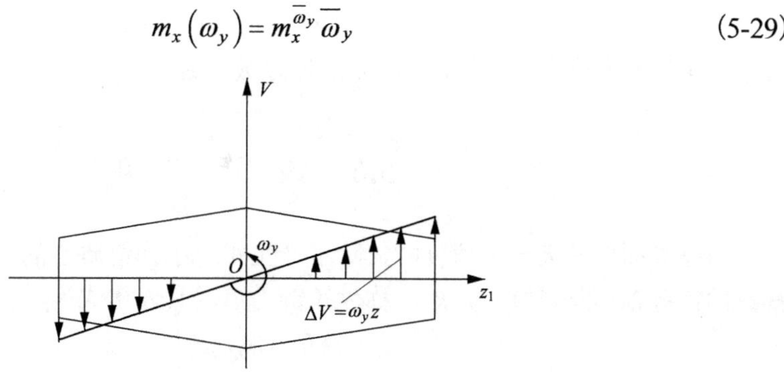

图 5-17　绕 Oy_1 轴转动时，弹翼上的附加速度

5.5.5　滚动操纵力矩

面对称弹箭绕纵轴 Ox_1 转动或保持倾斜稳定，主要是由一对副翼产生滚动操纵力矩实现的。副翼一般安装在弹翼后缘的翼梢处，两边副翼的偏转角方向相反。

轴对称弹箭则利用升降舵和方向舵的差动实现副翼的功能。如果升降舵的一对舵面上下对称偏转(同时向上或向下)，那么它将产生俯仰力矩；如果方向舵的一对舵面左右对称偏转(同时向左或向右)，那么它将产生偏航力矩；如果升降舵或方向舵不对称偏转(方向相反或大小不同)，那么它们将产生滚转力矩。

现以副翼偏转一个 δ_x 角后产生的滚动操纵力矩为例进行讨论。由图 5-18 可以看出，后缘向下偏转的右副翼产生正的升力增量 ΔY，而后缘向上偏转的左副翼则使升力减小了 ΔY，由此产生了负的滚动操纵力矩 $m_x < 0$。该力矩一般与副翼的偏转角 δ_x 成正比，即

$$m_x\left(\delta_x\right) = m_x^{\delta_x} \delta_x \tag{5-30}$$

式中，$m_x^{\delta_x}$ 为副翼的操纵效率。通常定义右副翼下偏、左副翼上偏时 δ_x 为正，因此 $m_x^{\delta_x} < 0$。

对于面对称弹箭，垂直尾翼相对于 x_1Oz_1 平面是非对称的。如果在垂直尾翼后缘安装有方向舵，那么，当舵面偏转 δ_y 角时，作用于舵面上的侧向力不仅使弹箭绕 Oy_1 轴转动，还将产生一个与舵偏角 δ_y 成比例的滚动力矩，即

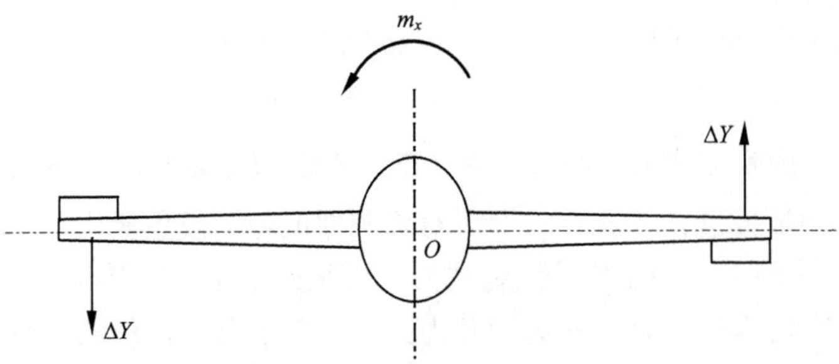

图 5-18　副翼工作原理示意图(后视图)

$$m_x\left(\delta_y\right)=m_x^{\delta_y}\delta_y \tag{5-31}$$

式中，$m_x^{\delta_y}$ 为滚动力矩系数 m_x 对 δ_y 的偏导数，$m_x^{\delta_y}<0$。

5.6　铰 链 力 矩

当操纵面偏转某一个角度时，除了产生相对于弹箭质心的力矩外，还会产生相对于操纵面铰链轴(即转轴)的力矩，称为铰链力矩，其表达式为

$$M_{\mathrm{h}}=m_{\mathrm{h}}q_{\mathrm{r}}S_{\mathrm{r}}b_{\mathrm{r}} \tag{5-32}$$

式中，m_{h} 为铰链力矩系数；q_{r} 为流经舵面气流的动压头；S_{r} 为舵面面积；b_{r} 为舵面弦长。

对于弹箭而言，驱动操纵面偏转的舵机所需的功率取决于铰链力矩的大小。以升降舵为例，当舵面处的攻角为 α，舵偏角为 δ_z 时(图 5-19)，铰链力矩主要是由舵面上的升力 Y_{r} 产生的。若忽略舵面阻力对铰链力矩的影响，则铰链力矩的表达式为

$$M_{\mathrm{h}}=-Y_{\mathrm{r}}h\cos\left(\alpha+\delta_z\right) \tag{5-33}$$

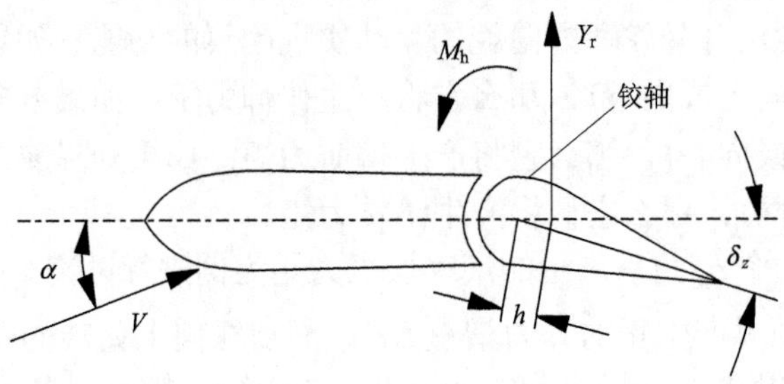

图 5-19　铰链力矩

式中，h 为舵面压心至铰链轴的距离。

当攻角 α 和舵偏角 δ_z 较小时，式(5-33)中的升力 Y_{r} 可视为与 α 和 δ_z 呈线性关系，且 $\cos\left(\alpha+\delta_z\right)\approx 1$，则式(5- 33)可改写成

$$M_{\mathrm{h}}=-\left(Y_{\mathrm{r}}^{\alpha}\alpha+Y_{\mathrm{r}}^{\delta_z}\delta_z\right)h=M_{\mathrm{h}}^{\alpha}\alpha+M_{\mathrm{h}}^{\delta_z}\delta_z \tag{5-34}$$

相应的铰链力矩系数也可写成

$$m_{\mathrm{h}} = m_{\mathrm{h}}^{\alpha}\alpha + m_{\mathrm{h}}^{\delta_z}\delta_z \tag{5-35}$$

铰链力矩系数 m_{h} 主要取决于操纵面的类型及形状、马赫数、攻角(对于垂直安装的操纵面则取决于侧滑角)、操纵面的偏转角以及铰链轴的位置等因素。

5.7　推　　力

推力是弹箭飞行的动力。有翼弹箭常采用固体火箭发动机或空气喷气发动机。发动机的类型不同，推力特性也不一样。

固体火箭发动机的推力可在地面试验台上测定，推力的表达式为

$$P = m_s\mu_e + S_a\left(p_a - p_H\right) \tag{5-36}$$

式中，m_s 为单位时间内的燃料消耗量；μ_e 为燃气介质相对弹体的喷出速度；S_a 为发动机喷管出口处的横截面积；p_a 为发动机喷管出口处燃气流的压强；p_H 为弹箭所处高度的大气压强。

由式(5-36)可知，火箭发动机推力的大小主要取决于发动机性能参数，也与弹箭的飞行高度有关，而与弹箭的飞行速度无关。式(5-36)中的第一项是由于燃气介质高速喷出而产生的推力，称之为动力学推力或动推力；第二项是由于发动机喷管截面处的燃气流压强 p_a 与大气压强 p_H 的压差引起的推力，一般称之为静力学推力或静推力，它与弹箭的飞行高度有关。

空气喷气发动机的推力，不仅与弹箭飞行高度有关，还与弹箭的飞行速度 $\boldsymbol{V}$ 、攻角 α 、侧滑角 β 等运动参数有关。

发动机推力 $\boldsymbol{P}$ 的作用方向，一般情况下是沿弹体纵轴 Ox_1 并通过弹箭质心的，因此不存在推力矩，即 $\boldsymbol{M}_P = 0$ 。推力矢量 $\boldsymbol{P}$ 在弹体坐标系 $Ox_1y_1z_1$ 各轴上的投影分量可写成

$$\begin{bmatrix} P_{x_1} \\ P_{y_1} \\ P_{z_1} \end{bmatrix} = \begin{bmatrix} P \\ 0 \\ 0 \end{bmatrix} \tag{5-37}$$

如果推力矢量 $\boldsymbol{P}$ 不通过弹箭质心，且与弹体纵轴构成某夹角，那么，推力将产生力矩。设推力作用线至质心的偏心矢径为 $\boldsymbol{R}_P$ ，它在弹体坐标系中的投影分量分别为 $\begin{bmatrix} x_{1P} & y_{1P} & z_{1P} \end{bmatrix}^{\mathrm{T}}$，推力产生的力矩 $\boldsymbol{M}_P$ 可表示为

$$\boldsymbol{M}_P = \boldsymbol{R}_P \times \boldsymbol{P} = \widehat{\boldsymbol{R}}_P\boldsymbol{P} \tag{5-38}$$

式中

$$\widehat{\boldsymbol{R}}_P \overset{\wedge}{=\!=} \begin{bmatrix} 0 & -z_{1P} & y_{1P} \\ z_{1P} & 0 & -x_{1P} \\ y_{1P} & x_{1P} & 0 \end{bmatrix}$$

是矢量 $\boldsymbol{R}_P$ 的反对称阵。所以

$$\begin{bmatrix} M_{x_1P} \\ M_{y_1P} \\ M_{z_1P} \end{bmatrix} \triangleq \begin{bmatrix} 0 & -z_{1P} & y_{1P} \\ z_{1P} & 0 & -x_{1P} \\ y_{1P} & x_{1P} & 0 \end{bmatrix} \begin{bmatrix} P_{x_1} \\ P_{y_1} \\ P_{z_1} \end{bmatrix} = \begin{bmatrix} P_{z_1} y_{1P} - P_{y_1} z_{1P} \\ P_{x_1} z_{1P} - P_{z_1} x_{1P} \\ P_{y_1} x_{1P} - P_{x_1} y_{1P} \end{bmatrix} \tag{5-39}$$

5.8 重　　力

弹箭在空间飞行将会受到地球、太阳、月球等星球的引力。对于有翼弹箭而言，由于它是在近地球的大气层内飞行，所以只需考虑地球对弹箭的引力。在考虑地球自转的情况下，弹箭除受地心的引力G_1外，还要受到因地球自转所产生的离心惯性力F_e。因而作用于弹箭上的重力就是地心引力和离心惯性力的矢量和，即

$$G = G_1 + F_e \tag{5-40}$$

重力G的大小和方向与弹箭所处的地理位置有关。根据牛顿万有引力定律，引力G_1与地心至弹箭的距离的平方成反比。而离心惯性力F_e则与弹箭至地球极轴的距离有关。

实际上，地球的外形是个凸凹不平的不规则几何体，其质量分布也不均匀。为了研究方便，通常把它看作是均质的椭球体，如图 5-20 所示。若物体在椭球形地球表面上的质量为m，地心至该物体的矢径为R_e，地理纬度为φ_e，地球绕极轴的旋转角速度为Ω_e，则地球对物体的引力G_1与R_e共线，方向相反；而离心惯性力的大小则为

$$F_e = mR_e\Omega_e^2 \cos\varphi_e \tag{5-41}$$

式中，$\Omega_e = 7.2921\times10^{-5}\text{s}^{-1}$。

重力的作用方向与悬锤线的方向一致，即与物体所在处的地面法线$\boldsymbol{n}$共线，方向相反，如图 5-20 所示。

计算表明，离心惯性力$\boldsymbol{F}_e$比地心引力$\boldsymbol{G}_1$的量值小得多，因此，通常把引力$\boldsymbol{G}_1$视为重力，即

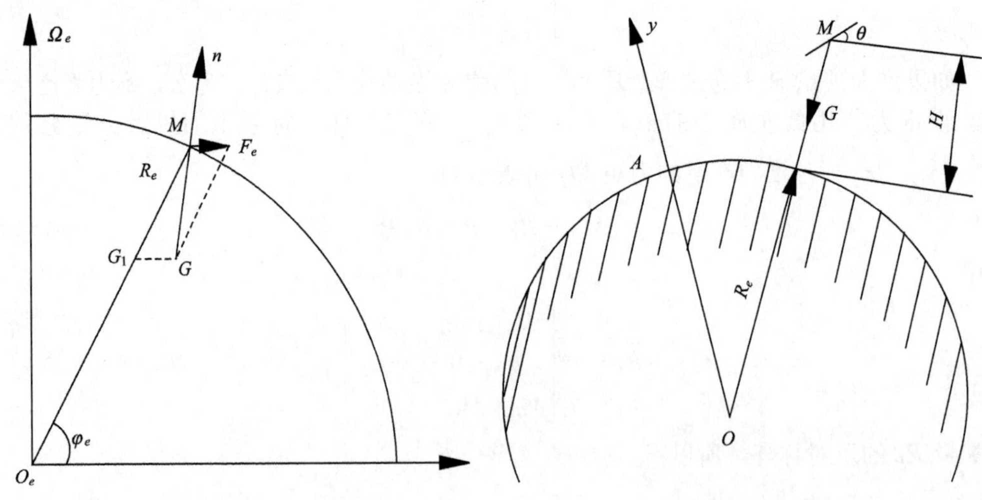

图 5-20　椭球模型上M点的重力方向　　图 5-21　圆球模型上M点的重力方向

$$G = G_1 = mg \tag{5-42}$$

这时，作用在物体上的重力总是指向地心，事实上也就是把地球看作是圆球形状(圆球模型)，如图 5-21 所示。

重力加速度 $\boldsymbol{g}$ 的大小与弹箭的飞行高度有关，即

$$g = g_0 \frac{R_e^2}{\left(R_e + H\right)^2} \tag{5-43}$$

式中，g_0 为地球表面处的重力加速度，一般取值为 $9.81\,\mathrm{m/s^2}$；R_e 为地球半径，一般取值为 $6371\,\mathrm{km}$；H 为弹箭离地球表面的高度。

由式(5-43)可知，重力加速度是高度 H 的函数。当 $H = 32\,\mathrm{km}$ 时，$g = 0.99g_0$，重力加速度仅减小 1%。因此，对于近程有翼弹箭，在整个飞行过程中，重力加速度可认为是常量，且可视航程内的地面为平面，即重力场是平行力场。

5.9　滚转弹箭的马格努斯力和力矩

5.9.1　单独弹身的马格努斯力和力矩

当弹箭以某一攻角飞行，且以一定的角速度 ω_x 绕自身纵轴 Ox_1 旋转时，由于旋转和来流横向分速的联合作用，在垂直于攻角平面的方向上将产生侧向力 Z_1，该力称为马格努斯力。该力对质心的力矩 M_{y_1} 称为马格努斯力矩。

马格努斯力一般不大，不超过相应法向力的 5%。但马格努斯力矩有时却很大，尤其是对有翼的旋转弹箭。在旋转弹的动稳定性分析中必须考虑马格努斯力矩的影响。马格努斯力和力矩与多种因素有关。对单独弹身来说，影响因素有：附面层位移厚度的非对称性、压力梯度的非对称性、主流切应力的非对称性、横流切应力的非对称性、分离的非对称性、转捩的非对称性、附面层与非对称体涡的相互作用等。对弹翼来说，影响因素有：旋转弹翼的附加攻角差动、附加速度差动、安装角差动、钝后缘弹翼底部压力差动、弹身对背风面翼片的遮蔽作用、非对称体涡对弹翼的冲击干扰、弹翼对尾翼的非对称干扰等。因此，研究旋转弹的马格努斯效应是一个十分复杂的问题。本节着重介绍单独弹身压力梯度的非对称性、弹翼安装角的差动、旋转弹翼的附加攻角差动所引起的马格努斯力矩的机制。

人们曾对来流以速度 $\boldsymbol{V}$ 和攻角 α 绕过一个无限长的圆柱体进行了研究。这时，来流可分解成轴向流 $V\cos\alpha$ 和横向流 $V\sin\alpha$。如果弹身不绕纵轴 Ox_1 旋转，则 $V\sin\alpha$ 绕圆柱的流动是对称于攻角平面的。如果圆柱体以 ω_x 沿顺时针方向滚动，那么，由于空气黏性的作用，圆柱体左侧流线密集、流速大、压强小；而右侧正好相反(图 5-22)。所以，圆柱体得到一个指向左方的侧向力，即马格努斯力。该力与角速度 ω_x 和攻角 α 相关联。对于以正攻角飞行且顺时针绕纵轴 Ox_1 旋转的弹身，马格努斯力为负。当马格努斯力作用点位于质心之前时，所产生的马格努斯力矩为正；当马格努斯力作用点位于质心之后时，马格努斯力矩为负。

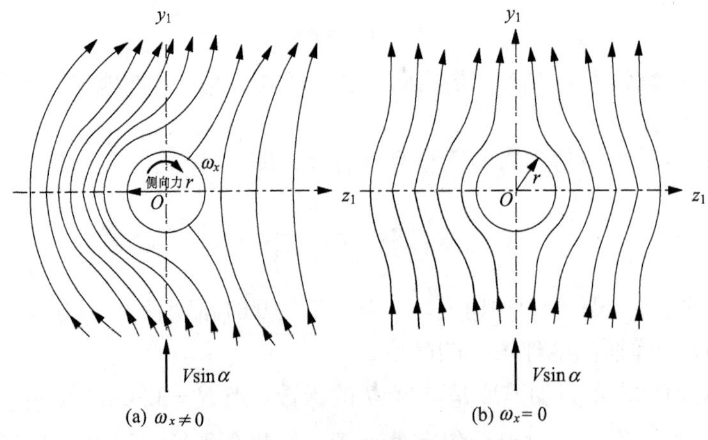

图 5-22　弹身的马格努斯效应

因此，当$\omega_x \neq 0$时，若对弹箭进行俯仰操纵($\alpha \neq 0$)，将伴随偏航运动发生；同样，当对弹箭进行偏航操纵($\beta \neq 0$)时，也将伴随俯仰运动发生，这就是所谓运动的交连。

5.9.2　弹翼的马格努斯力矩

下面以有差动安装角φ的斜置弹翼在绕纵轴Ox_1旋转时产生马格努斯效应的情形为例来进行分析。

如图 5-23 所示，这是一个十字形斜置尾翼弹。当弹箭的飞行攻角为α，且以角速度ω_x绕纵轴Ox_1旋转时，左、右翼片位于z处的剖面上将产生附加速度$\omega_x z$，左、右翼的有效攻角分别用α_1、α_2表示，则有

$$\begin{cases} 左翼 \quad \alpha_1 = \alpha + \varphi - \dfrac{\omega_x |z|}{V} \\ 右翼 \quad \alpha_2 = \alpha - \varphi + \dfrac{\omega_x |z|}{V} \end{cases} \tag{5-44}$$

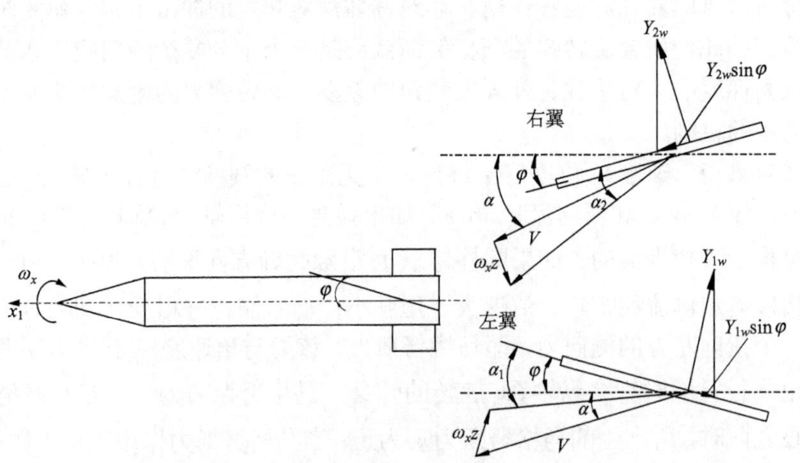

图 5-23　具有差动安装角的斜置弹翼的马格努斯力矩

由于左、右翼实际攻角的改变，作用在其上的法向力也发生了变化。在不考虑轴向力的影响时，由左、右翼片法向力的轴向分量所产生的偏航力矩为

$$M_y = \left(Y_{1w}\sin\varphi z_1 - Y_{2w}\sin\varphi z_2\right) \approx \left(Y_{1w}z_1 - Y_{2w}z_2\right)\varphi \tag{5-45}$$

式中，Y_{1w} 为左翼面法向力；Y_{2w} 为右翼面法向力；z_1、z_2 为左、右翼的压心至弹体纵轴的距离(其中 $z_1<0$，$z_2>0$)；φ 为斜置弹翼的安装角，φ 的定义与 δ_x 定义相同(即 $\varphi<0$，$M_z(\varphi)>0$，图 5-23 所示 $\varphi<0$)。

由此可以得出：当气流以速度 $\boldsymbol{V}$ 和攻角 α 流经不旋转的斜置水平弹翼时，或流经旋转的平置水平弹翼时，都将产生偏航方向的马格努斯力矩。同理，当来流以速度 $\boldsymbol{V}$ 和侧滑角 β 流经不旋转的斜置垂直弹翼或具有旋转角速度 ω_x 的垂直弹翼时，也将产生俯仰方向的马格努斯力矩。

5.10　滚转弹箭的操纵力和操纵力矩

滚转弹箭一般采用单通道控制系统，同时实现控制俯仰和偏航运动的任务。滚转弹箭设计中，广泛地采用脉冲调宽控制信号直接控制继电式操纵机构(例如摆帽、空气扰流片、燃气扰流片等)。下面以摆帽为例说明操纵力的产生。

假设控制系统理想工作，操纵机构是理想的继电式偏转，没有时间延迟存在。设弹箭开始旋转时刻，弹体坐标系和准弹体坐标系相重合($\gamma=0$)，操纵机构处于水平位置，操纵机构偏转轴(相当于铰链轴)平行于弹体的 Oy_1 轴，且规定产生的操纵力指向 Oz_1 轴的负向时，操纵机构的偏转角 $\delta>0$；反之，$\delta<0$。

由于弹体本身具有低通滤波特性，故只有脉冲调宽操纵机构产生的操纵力的周期平均值才能得到弹体的响应。弹体滚转时，操纵力 $\boldsymbol{F}_c$ 随弹体滚转。若控制信号的极性不变，即操纵机构的偏摆不换向时，则操纵力 $\boldsymbol{F}_c$ 随弹体滚转一周在准弹体系 Oy_4 轴和 Oz_4 轴方向上的周期平均的操纵力为零(图 5-24)。若弹体滚转的前半周期($0\leqslant\dot{\gamma}t<\pi$)控制信号使 $\delta>0$，而后半周期($\pi\leqslant\dot{\gamma}t<2\pi$)控制信号的极性改变，使 $\delta<0$ 时，则操纵力 $\boldsymbol{F}_c$ 随弹体滚转一周在 Oy_4 轴和 Oz_4 轴方向上的投影变化曲线如图 5-25 所示。由图可以看出：操纵力 $\boldsymbol{F}_c$ 在 Oy_4 轴方向的周期平均值 F_{y_4} 达到最大，而沿 Oz_4 轴方向的周期平均值 $F_{z_4}=0$，这可由图 5-25 中的曲线进行积分求得

$$F_{y_4} = \frac{1}{2\pi}\left(\int_0^{\pi} F_c\sin\gamma\mathrm{d}\gamma - \int_{\pi}^{2\pi} F_c\sin\gamma\mathrm{d}\gamma\right) = \frac{F_c}{2\pi}\left[\left(-\cos\gamma\right)\Big|_0^{\pi} + \left(\cos\gamma\right)\Big|_{\pi}^{2\pi}\right] = \frac{2}{\pi}F_c$$

$$F_{z_4} = -\frac{F_c}{2\pi}\left(\int_0^{\pi}\cos\gamma\mathrm{d}\gamma - \int_{\pi}^{2\pi}\cos\gamma\mathrm{d}\gamma\right) = 0$$

这就是说，当控制信号的初始相位为零时，弹体每滚转半个周期，控制信号改变一次极性。于是作用于弹箭上的周期平均操纵力 $\boldsymbol{F}(\delta)$ 为

$$\boldsymbol{F}(\delta) = \boldsymbol{F}_{y_4} + \boldsymbol{F}_{z_4} = \boldsymbol{F}_{y_4}$$

即在上述条件下，周期平均操纵力 $\boldsymbol{F}(\delta)$ 总是与 Oy_4 轴重合

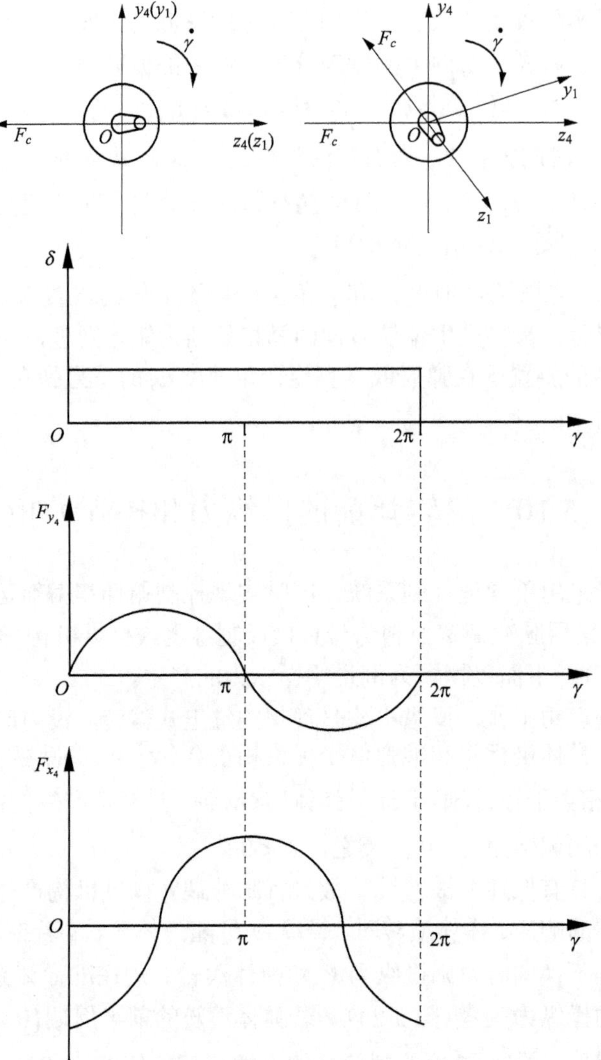

图 5-24　操纵机构偏摆不换向情况

$$F(\delta)=F_{y_4}=\frac{2}{\pi}F_c \tag{5-46}$$

若控制信号的初始相位超前(或滞后) φ 角，那么周期平均操纵力 $\boldsymbol{F}(\delta)$ 也将超前(或滞后) φ 角(图 5-26)。这时，周期平均操纵力 $\boldsymbol{F}(\delta)$ 在准弹体坐标系 Oy_4 轴和 Oz_4 轴方向上的投影分别为

$$\begin{cases} F_{y_4}=F(\delta)\cos\varphi \\ F_{z_4}=F(\delta)\sin\varphi \end{cases} \tag{5-47}$$

将式(5-47)两端分别除以 $F(\delta)$，并令

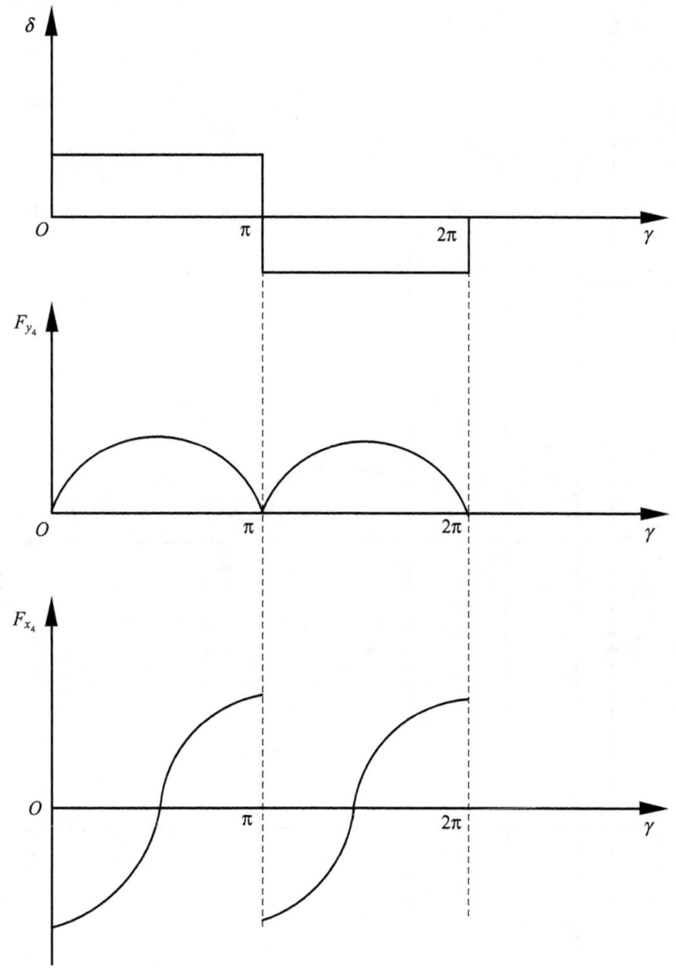

图 5-25　控制信号初始相位为零时，操纵机构偏摆每半个周期换向一次的情况

$$\begin{cases} K_y = \dfrac{F_{y_4}}{F(\delta)} = \dfrac{F(\delta)\cos\varphi}{F(\delta)} = \cos\varphi \\ K_z = \dfrac{F_{z_4}}{F(\delta)} = \dfrac{F(\delta)\sin\varphi}{F(\delta)} = \sin\varphi \end{cases} \tag{5-48}$$

式中，K_y、K_z 分别称为俯仰指令系数和偏航指令系数。

将式(5-46)、式(5-48)代入式(5-47)中，则得

$$\begin{cases} F_{y_4} = K_y \dfrac{2}{\pi} F_c \\ F_{z_4} = K_z \dfrac{2}{\pi} F_c \end{cases} \tag{5-49}$$

于是，F_{y_4}、F_{z_4} 分别相对于 Oz_4 轴、Oy_4 轴的操纵力矩为

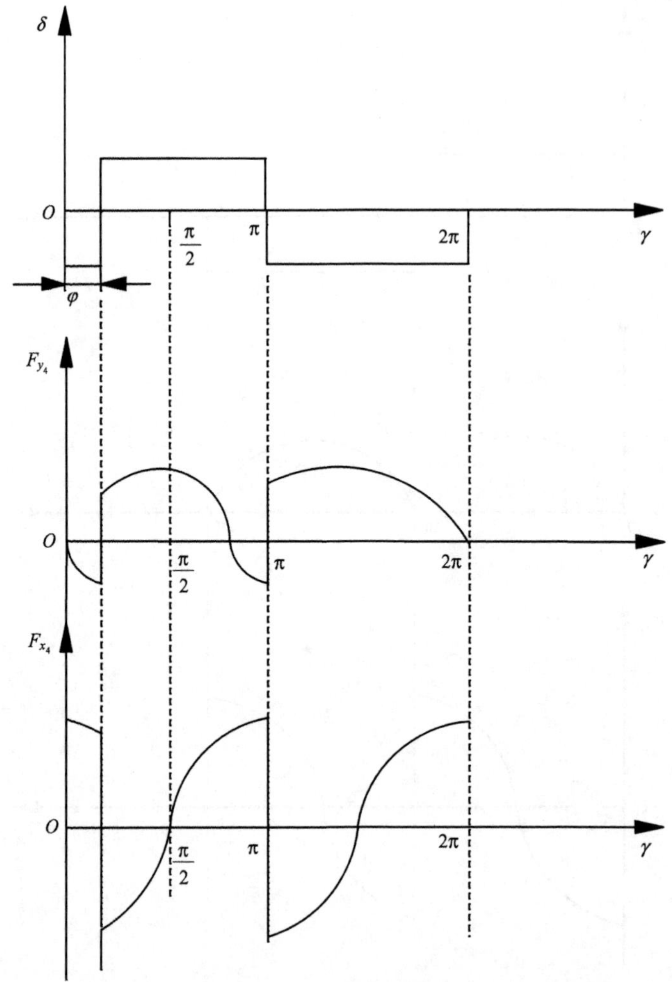

图 5-26　控制信号初始相位滞后 φ 角，操纵机构偏摆每半个周期换向一次的情况

$$\begin{cases} M_{cy_4} = K_z \dfrac{2}{\pi} F_c \left(x_P - x_G \right) \\ M_{cz_4} = -K_y \dfrac{2}{\pi} F_c \left(x_P - x_G \right) \end{cases} \tag{5-50}$$

式中，x_P、x_G分别为由弹体顶点至操纵力 F_c 的作用点、弹箭质心的距离。

思 考 题

1. 简述升力线斜率、阻力系数与马赫数的变化关系。
2. 简述升力与攻角的关系。
3. 什么叫失速？
4. 压力中心和焦点如何定义？两者有何区别和联系？
5. 什么叫纵向静稳定性？改变纵向静稳定性的途径有哪些？

6. 写出轴对称弹箭定常飞行时的纵向平衡关系式。

7. 正常式弹箭重心向后移动时，为保持平衡，舵偏角应如何偏转？如果是鸭式弹箭呢？

8. 弹箭的纵向阻尼力矩是如何产生的？

9. 什么叫横向静稳定性？影响横向静稳定性的因素有哪些？

10. 什么叫铰链力矩？研究铰链力矩的意义何在？

11. 简述固体火箭发动机推力的计算方法。

12. 如何计算近程有翼弹箭的重力？

13. 飞行高度对作用在弹箭上的力有何影响？

14. 马格努斯力和力矩是什么含义？

15. 滚转弹箭的操纵力和操纵力矩是如何实现的？

第 6 章　有翼弹箭运动方程组

6.1　弹箭运动方程组

弹箭作为自由刚体在空间的飞行运动，可以分为刚体质心的运动和绕质心的转动两个部分的合成。弹箭在空中的运动一共有六个自由度，即刚体质心瞬时位置三个自由度和刚体绕质心转动姿态三个自由度。弹箭运动方程组是描述作用在弹箭上的力、力矩与弹箭运动参数之间关系的一组方程。它由描述弹箭质心运动和弹体姿态变化的动力学方程、运动学方程、弹箭质量变化方程、角度几何关系方程和描述控制系统工作的方程所组成。

6.1.1　动力学方程

弹箭的空间运动作为变质量物体的六自由度运动，由两个矢量方程描述。为研究方便起见，通常将矢量方程投影到坐标系上，写成三个描述弹箭质心运动的动力学标量方程和三个描述弹箭绕质心转动的动力学标量方程。

1. 弹箭质心运动的动力学方程

建立的弹箭质心运动方程需要选取合适的坐标系。目前飞行力学领域，一般认为近程战术弹箭质心运动的动力学问题，将矢量方程投影到弹道坐标系 $Ox_2y_2z_2$ 最便于分析。

考虑到一般近程战术弹箭的射程比较近，将地面坐标系视为惯性坐标系，可以保证所需要的计算准确度。弹道坐标系 $Ox_2y_2z_2$ 是动坐标系，它相对地面坐标系既有位移运动(其速度为 $\boldsymbol{V}$)，又有转动运动(其角速度为 $\boldsymbol{\Omega}$)。

在动坐标系中建立动力学方程，需要引用矢量的绝对导数和相对导数之间的关系，即

$$\frac{\mathrm{d}\boldsymbol{V}}{\mathrm{d}t}=\frac{\partial \boldsymbol{V}}{\partial t}+\boldsymbol{\Omega}\times\boldsymbol{V}$$

式中， $\mathrm{d}\boldsymbol{V}/\mathrm{d}t$ 为矢量 $\boldsymbol{V}$ 在惯性坐标系(地面坐标系)中的绝对导数； $\partial\boldsymbol{V}/\partial t$ 为矢量 $\boldsymbol{V}$ 在动坐标系(弹道坐标系)中的相对导数。

弹箭质心运动方程可写成

$$m\left(\frac{\partial \boldsymbol{V}}{\partial t}+\boldsymbol{\Omega}\times\boldsymbol{V}\right)=\boldsymbol{F} \tag{6-1}$$

式中，各矢量在弹道坐标系 $Ox_2y_2z_2$ 各轴上的投影定义为

$$\begin{bmatrix}\dfrac{\mathrm{d}V_{x_2}}{\mathrm{d}t} & \dfrac{\mathrm{d}V_{y_2}}{\mathrm{d}t} & \dfrac{\mathrm{d}V_{z_2}}{\mathrm{d}t}\end{bmatrix}^{\mathrm{T}},\ \begin{bmatrix}\Omega_{x_2} & \Omega_{y_2} & \Omega_{z_2}\end{bmatrix}^{\mathrm{T}}$$

$$\begin{bmatrix} V_{x_2} & V_{y_2} & V_{z_2} \end{bmatrix}^{\mathrm{T}}，\begin{bmatrix} F_{x_2} & F_{y_2} & F_{z_2} \end{bmatrix}^{\mathrm{T}}$$

将式(6-1)展开，得到

$$m\begin{bmatrix} \dfrac{\mathrm{d}V_{x_2}}{\mathrm{d}t} + \Omega_{y_2}V_{z_2} - \Omega_{z_2}V_{y_2} \\ \dfrac{\mathrm{d}V_{y_2}}{\mathrm{d}t} + \Omega_{z_2}V_{x_2} - \Omega_{x_2}V_{z_2} \\ \dfrac{\mathrm{d}V_{z_2}}{\mathrm{d}t} + \Omega_{x_2}V_{z_2} - \Omega_{y_2}V_{x_2} \end{bmatrix} = \begin{bmatrix} F_{x_2} \\ F_{y_2} \\ F_{z_2} \end{bmatrix} \tag{6-2}$$

由弹道坐标系 $Ox_2y_2z_2$ 的概念，速度矢量 $\boldsymbol{V}$ 与 Ox_2 轴重合，故 $\boldsymbol{V}$ 在弹道坐标系各轴上的投影分量为

$$\begin{bmatrix} V_{x_2} \\ V_{y_2} \\ V_{z_2} \end{bmatrix} = \begin{bmatrix} V \\ 0 \\ 0 \end{bmatrix} \tag{6-3}$$

根据坐标系之间的转换关系可知，地面坐标系经过两次旋转后与弹道坐标系重合，两次旋转的角速度大小分别为 $\dot{\psi}_V$ 、$\dot{\theta}$，则弹道坐标系相对地面坐标系的旋转角速度为两次旋转的角速度合成。它在 $Ox_2y_2z_2$ 各轴上的投影可利用变换矩阵得到，即

$$\begin{bmatrix} \Omega_{x_2} \\ \Omega_{y_2} \\ \Omega_{z_2} \end{bmatrix} = L(\psi_V,\theta)\begin{bmatrix} 0 \\ \dot{\psi}_V \\ 0 \end{bmatrix} + \begin{bmatrix} 0 \\ 0 \\ \dot{\theta} \end{bmatrix} = \begin{bmatrix} \dot{\psi}_V \sin\theta \\ \dot{\psi}_V \cos\theta \\ \dot{\theta} \end{bmatrix} \tag{6-4}$$

将式(6-3)和式(6-4)代入式(6-2)中，得

$$\begin{bmatrix} m\dfrac{\mathrm{d}V}{\mathrm{d}t} \\ mV\dfrac{\mathrm{d}\theta}{\mathrm{d}t} \\ -mV\cos\theta\dfrac{\mathrm{d}\psi_V}{\mathrm{d}t} \end{bmatrix} = \begin{bmatrix} F_{x_2} \\ F_{y_2} \\ F_{z_2} \end{bmatrix} \tag{6-5}$$

式中，$\mathrm{d}V/\mathrm{d}t$ 为加速度矢量在弹道切线(Ox_2)上的投影，又称为切向加速度；$V\mathrm{d}\theta/\mathrm{d}t$ 为加速度矢量在弹道法线(Oy_2)上的投影，又称法向加速度；$-V\cos\theta(\mathrm{d}\psi_V/\mathrm{d}t)$ 为加速度矢量在 Oz_2 轴上的投影分量，也称为侧向加速度。

法向加速度 $V\mathrm{d}\theta/\mathrm{d}t$ 使弹箭质心在铅垂平面内做曲线运动，如图 6-1 所示。若在 t 瞬时，弹箭位于 A 点，经 $\mathrm{d}t$ 时间间隔，弹箭飞过弧长 $\mathrm{d}s$ 到达 B 点，弹道倾角的变化量为 $\mathrm{d}\theta$，那么，这时的法向加速度为 $a_{y_2} = V^2/\rho$，其中，曲率半径又可写成

$$\rho = \frac{\mathrm{d}s}{\mathrm{d}\theta} = \frac{\mathrm{d}s}{\mathrm{d}t}\frac{\mathrm{d}t}{\mathrm{d}\theta} = \frac{V}{\dfrac{\mathrm{d}\theta}{\mathrm{d}t}} = \frac{V}{\dot{\theta}}$$

故

$$a_{y_2}=\frac{V^2}{\rho}=V\frac{\mathrm{d}\theta}{\mathrm{d}t}=V\dot{\theta}$$

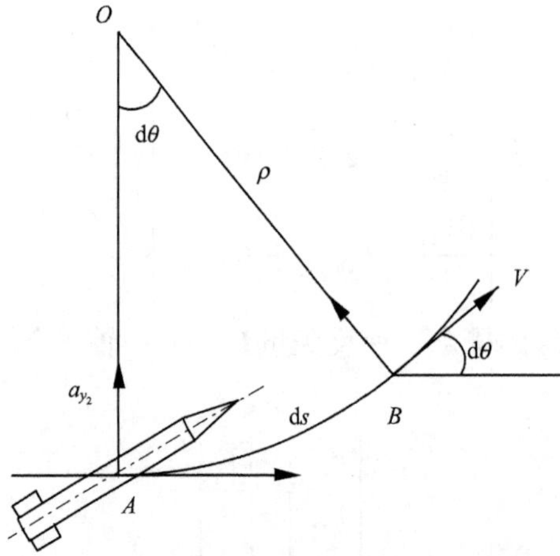

图 6-1　弹箭在铅垂平面内做曲线运动

其中法向加速度 $a_{z_2}=-V\cos\theta\left(\mathrm{d}\psi_V/\mathrm{d}t\right)$ 的“负”号表明，根据弹道偏角 ψ_V 所采用的正负号定义，当 $-\pi/2<\theta<\pi/2$ 时，正的侧向力将产生负的角速度 $\mathrm{d}\psi_V/\mathrm{d}t$ 。

下面将讨论式(6-5)右端项，即合外力在弹道坐标系各轴上的投影分量。前面章节中已经指出，作用于弹箭上的力一般包括空气动力、推力和重力等。它们在弹道坐标系各轴上的投影分量可利用有关变换矩阵得到。

(1)空气动力在弹道坐标系上的投影。由前面章节的介绍可知，作用在弹箭上的空气动力 $\boldsymbol{R}$ 在速度坐标系 $Ox_3y_3z_3$ 的分量形式最为简单，分别与阻力 X 、升力 Y 和侧向力 Z 相对应。根据弹道坐标系和速度坐标系之间的坐标变换矩阵式或方向余弦表，空气动力在弹道坐标系 $Ox_2y_2z_2$ 各轴上的投影分量为

$$\begin{bmatrix}R_{x_2}\\R_{y_2}\\R_{z_2}\end{bmatrix}=\boldsymbol{L}^{-1}\left(\gamma_V\right)\begin{bmatrix}-X\\Y\\Z\end{bmatrix}=\boldsymbol{L}^{\mathrm{T}}\left(\gamma_V\right)\begin{bmatrix}-X\\Y\\Z\end{bmatrix}=\begin{bmatrix}-X\\Y\cos\gamma_V-Z\sin\gamma_V\\Y\sin\gamma_V+Z\cos\gamma_V\end{bmatrix}\tag{6-6}$$

(2)推力在弹道坐标系上的投影。假设发动机的推力 $\boldsymbol{P}$ 与弹体纵轴 Ox_1 重合，那么，推力 $\boldsymbol{P}$ 在弹道坐标系 $Ox_2y_2z_2$ 各轴上的投影表达式只要进行两次坐标变换即可得到。首先利用速度坐标系与弹体坐标系之间的变换矩阵式，将推力 $\boldsymbol{P}$ 投影到速度坐标系 $Ox_3y_3z_3$ 各轴上；然后利用弹道坐标系与速度坐标系之间的变换关系式，即可得到推力 $\boldsymbol{P}$ 在弹道坐标系各轴上的投影。若推力 $\boldsymbol{P}$ 在 $Ox_1y_1z_1$ 系中的分量用 P_{x_1} 、 P_{y_1} 、 P_{z_1} 表示，则有

$$\begin{bmatrix}P_{x_1}\\P_{y_1}\\P_{z_1}\end{bmatrix}=\begin{bmatrix}P\\0\\0\end{bmatrix}\tag{6-7}$$

利用 $\boldsymbol{L}^{\mathrm{T}}\left(\beta,\alpha\right)$，得到推力 $\boldsymbol{P}$ 在速度坐标系各轴上的投影分量，即

$$\begin{bmatrix} P_{x_3} \\ P_{y_3} \\ P_{z_3} \end{bmatrix} = \boldsymbol{L}^{\mathrm{T}}(\beta,\alpha)\begin{bmatrix} P_{x_1} \\ P_{y_1} \\ P_{z_1} \end{bmatrix}$$

再利用弹道坐标系与速度坐标系之间的变换关系，得到推力在弹道坐标系上的投影分量，即

$$\begin{bmatrix} P_{x_2} \\ P_{y_2} \\ P_{z_2} \end{bmatrix} = \boldsymbol{L}^{\mathrm{T}}(\gamma_V)\begin{bmatrix} P_{x_3} \\ P_{y_3} \\ P_{z_3} \end{bmatrix} = \boldsymbol{L}^{\mathrm{T}}(\gamma_V)\boldsymbol{L}^{\mathrm{T}}(\beta,\alpha)\begin{bmatrix} P_{x_1} \\ P_{y_1} \\ P_{z_1} \end{bmatrix} \tag{6-8}$$

将相应坐标变换矩阵的转置代入式(6-8)，则有

$$\begin{bmatrix} P_{x_2} \\ P_{y_2} \\ P_{z_2} \end{bmatrix} = \begin{bmatrix} P\cos\alpha\cos\beta \\ P(\sin\alpha\sin\gamma_V + \cos\alpha\sin\beta\cos\gamma_V) \\ P(\sin\alpha\sin\gamma_V - \cos\alpha\sin\beta\cos\gamma_V) \end{bmatrix} \tag{6-9}$$

(3) 重力在弹道坐标系上的投影。对于近程战术弹箭，常把重力矢量视为平行力场，即重力与地面坐标系的 Ay 轴平行且其大小为 mg，故有

$$\begin{bmatrix} G_{Ax} \\ G_{Ay} \\ G_{Az} \end{bmatrix} = \begin{bmatrix} 0 \\ -G \\ 0 \end{bmatrix} = \begin{bmatrix} 0 \\ -mg \\ 0 \end{bmatrix}$$

显然，重力 $\boldsymbol{G}$ 在弹道坐标系各轴的投影只要利用变换矩阵或方向余弦表即可得到，即

$$\begin{bmatrix} G_{x_2} \\ G_{y_2} \\ G_{z_2} \end{bmatrix} = \boldsymbol{L}(\psi_V,\theta)\begin{bmatrix} G_{Ax} \\ G_{Ay} \\ G_{Az} \end{bmatrix} = \begin{bmatrix} -mg\sin\theta \\ -mg\cos\theta \\ 0 \end{bmatrix} \tag{6-10}$$

将式(6-6)、式(6-9)和式(6-10)代入式(6-5)，即可得到描述弹箭质心运动的动力学方程，即

$$\begin{bmatrix} m\dfrac{\mathrm{d}V}{\mathrm{d}t} \\ mV\dfrac{\mathrm{d}\theta}{\mathrm{d}t} \\ -mV\cos\theta\dfrac{\mathrm{d}\psi_V}{\mathrm{d}t} \end{bmatrix} = \begin{bmatrix} P\cos\alpha\cos\beta - X - mg\sin\theta \\ P(\sin\alpha\cos\gamma_V + \cos\alpha\sin\beta\sin\gamma_V) + Y\cos\gamma_V - Z\sin\gamma_V - mg\cos\theta \\ P(\sin\alpha\sin\gamma_V - \cos\alpha\sin\beta\cos\gamma_V) + Y\sin\gamma_V + Z\cos\gamma_V \end{bmatrix} \tag{6-11}$$

2. 弹箭绕质心转动的动力学方程

在飞行力学中，将弹箭绕质心转动的动力学矢量方程投影到弹体坐标系上建立标量形式方程。

由于弹体坐标系$Ox_1y_1z_1$是动坐标系，假设弹体坐标系相对地面坐标系的转动角速度为$\boldsymbol{\omega}$，在弹体坐标系中，弹箭绕质心转动的动力学方程为

$$\frac{\mathrm{d}\boldsymbol{H}}{\mathrm{d}t}=\frac{\partial \boldsymbol{H}}{\partial t}+\boldsymbol{\omega}\times\boldsymbol{H}=\boldsymbol{M} \tag{6-12}$$

式中，$\mathrm{d}\boldsymbol{H}/\mathrm{d}t$、$\partial\boldsymbol{H}/\partial t$分别为动量矩的绝对、相对导数。

设$\boldsymbol{i}_1$、$\boldsymbol{j}_1$、$\boldsymbol{k}_1$分别为沿弹体坐标系各轴的单位矢量；ω_{x1}、ω_{y1}、ω_{z1}分别为弹体坐标系转动角速度$\boldsymbol{\omega}$沿弹体坐标系各轴的分量。动量矩可表示成

$$\boldsymbol{H}=\boldsymbol{J}\cdot\boldsymbol{\omega}$$

式中，$\boldsymbol{J}$为惯性张量，其矩阵表示形式为

$$\boldsymbol{J}=\begin{bmatrix} J_{x_1} & -J_{x_1y_1} & -J_{z_1x_1} \\ -J_{x_1y_1} & J_{y_1} & -J_{y_1z_1} \\ -J_{z_1x_1} & -J_{y_1z_1} & J_{z_1} \end{bmatrix}$$

式中，J_{x_1}、J_{y_1}、J_{z_1}分别为弹箭对弹体坐标系各轴的转动惯量；$J_{x_1y_1}$、$J_{y_1z_1}$、$J_{z_1x_1}$分别为弹箭对弹体坐标系各轴的惯性积。

对于轴对称型弹箭，弹体坐标系的轴Ox_1、Oy_1与Oz_1就是弹箭的惯性主轴。此时，弹箭对弹体坐标系各轴的惯性积为零。于是，动量矩$\boldsymbol{H}$沿弹体坐标系各轴的分量为

$$\begin{bmatrix} H_{x_1} \\ H_{y_1} \\ H_{z_1} \end{bmatrix}=\begin{bmatrix} J_{x_1} & 0 & 0 \\ 0 & J_{y_1} & 0 \\ 0 & 0 & J_{z_1} \end{bmatrix}\begin{bmatrix} \omega_{x_1} \\ \omega_{y_1} \\ \omega_{z_1} \end{bmatrix}=\begin{bmatrix} J_{x_1}\omega_{x_1} \\ J_{y_1}\omega_{y_1} \\ J_{z_1}\omega_{z_1} \end{bmatrix}$$

而

$$\frac{\partial H}{\partial t}=\frac{\mathrm{d}H_{x_1}}{\mathrm{d}t}\boldsymbol{i}_1+\frac{\mathrm{d}H_{y_1}}{\mathrm{d}t}\boldsymbol{j}_1+\frac{\mathrm{d}H_{z_1}}{\mathrm{d}t}\boldsymbol{k}_1=J_{x_1}\frac{\mathrm{d}\omega_{x_1}}{\mathrm{d}t}\boldsymbol{i}_1+J_{y_1}\frac{\mathrm{d}\omega_{y_1}}{\mathrm{d}t}\boldsymbol{j}_1+J_{z_1}\frac{\mathrm{d}\omega_{z_1}}{\mathrm{d}t}\boldsymbol{k}_1 \tag{6-13}$$

$$\begin{aligned}\boldsymbol{\omega}\times\boldsymbol{H}&=\begin{vmatrix} \boldsymbol{i}_1 & \boldsymbol{j}_1 & \boldsymbol{k}_1 \\ \omega_{x_1} & \omega_{y_1} & \omega_{z_1} \\ H_{x_1} & H_{y_1} & H_{z_1} \end{vmatrix}=\begin{vmatrix} \boldsymbol{i}_1 & \boldsymbol{j}_1 & \boldsymbol{k}_1 \\ \omega_{x_1} & \omega_{y_1} & \omega_{z_1} \\ J_{x_1}\omega_{x_1} & J_{y_1}\omega_{y_1} & J_{z_1}\omega_{y_1} \end{vmatrix}=\left(J_{z_1}-J_{y_1}\right)\omega_{z_1}\omega_{y_1}\boldsymbol{i}_1\\&\quad+\left(J_{x_1}-J_{z_1}\right)\omega_{x_1}\omega_{z_1}\boldsymbol{j}_1+\left(J_{y_1}-J_{x_1}\right)\omega_{y_1}\omega_{x_1}\boldsymbol{k}_1\end{aligned} \tag{6-14}$$

将式(6-13)、式(6-14)代入式(6-12)，则弹箭绕质心转动的动力学方程就可化成(为了书写方便，将下标“1”省略)

$$\begin{bmatrix} J_x\dfrac{\mathrm{d}\omega_x}{\mathrm{d}t}+\left(J_z-J_y\right)\omega_z\omega_y \\ J_y\dfrac{\mathrm{d}\omega_y}{\mathrm{d}t}+\left(J_x-J_z\right)\omega_x\omega_z \\ J_z\dfrac{\mathrm{d}\omega_z}{\mathrm{d}t}+\left(J_y-J_x\right)\omega_y\omega_x \end{bmatrix}=\begin{bmatrix} M_x \\ M_y \\ M_z \end{bmatrix} \tag{6-15}$$

式中，M_x、M_y、M_z分别为作用于弹箭上的所有外力对质心之力矩在弹体坐标系$Ox_1y_1z_1$各轴上的分量。若推力矢量$\boldsymbol{P}$与Ox_1轴完全重合，则只考虑气动力矩就可以了。

对于面对称型弹箭(弹箭关于纵向平面 x_1Oy_1 对称)，即 $J_{yz}=J_{zx}=0$，那么，弹箭绕质心转动的动力学方程可写成

$$\begin{bmatrix} J_x\dfrac{\mathrm{d}\omega_x}{\mathrm{d}t}-J_{xy}\dfrac{\mathrm{d}\omega_y}{\mathrm{d}t}+\left(J_z-J_y\right)\omega_z\omega_y+J_{xy}\omega_x\omega_z \\ J_y\dfrac{\mathrm{d}\omega_y}{\mathrm{d}t}-J_{xy}\dfrac{\mathrm{d}\omega_x}{\mathrm{d}t}+\left(J_x-J_z\right)\omega_x\omega_z+J_{xy}\omega_z\omega_y \\ J_z\dfrac{\mathrm{d}\omega_z}{\mathrm{d}t}+\left(J_y-J_x\right)\omega_y\omega_x+J_{xy}\left(\omega_y^2-\omega_x^2\right) \end{bmatrix}=\begin{bmatrix} M_x \\ M_y \\ M_z \end{bmatrix}$$

6.1.2　运动学方程

弹箭运动方程组还包括描述各运动参数之间关系的运动学方程，包括确定质心每一瞬时的坐标位置的运动学方程和弹箭相对地面坐标系的瞬时姿态的运动学方程。

1. 弹箭质心运动的运动学方程

要描述弹箭质心相对于地面的运动轨迹，需要建立弹箭质心相对于地面坐标系的运动学方程。在地面坐标系中，弹箭速度分量为

$$\begin{bmatrix} V_x \\ V_y \\ V_z \end{bmatrix}=\begin{bmatrix} \dfrac{\mathrm{d}x}{\mathrm{d}t} \\ \dfrac{\mathrm{d}y}{\mathrm{d}t} \\ \dfrac{\mathrm{d}z}{\mathrm{d}t} \end{bmatrix}$$

由弹道坐标系 $Ox_2y_2z_2$ 的定义，速度矢量 $\boldsymbol{V}$ 与 Ox_2 轴重合，利用弹道坐标系和地面坐标系之间的变换矩阵又可得到

$$\begin{bmatrix} V_x \\ V_y \\ V_z \end{bmatrix}=\boldsymbol{L}^{\mathrm{T}}\left(\psi_V,\theta\right)\begin{bmatrix} V_{x_2} \\ V_{y_2} \\ V_{z_2} \end{bmatrix}=\boldsymbol{L}^{\mathrm{T}}\left(\psi_V,\theta\right)\begin{bmatrix} V \\ 0 \\ 0 \end{bmatrix}=\begin{bmatrix} V\cos\theta\cos\psi_V \\ V\sin\theta \\ -V\cos\theta\sin\psi_V \end{bmatrix}$$

综合上述两式，得到弹箭质心的运动学方程为

$$\begin{bmatrix} \dfrac{\mathrm{d}x}{\mathrm{d}t} \\ \dfrac{\mathrm{d}y}{\mathrm{d}t} \\ \dfrac{\mathrm{d}z}{\mathrm{d}t} \end{bmatrix}=\begin{bmatrix} V\cos\theta\cos\psi_V \\ V\sin\theta \\ -V\cos\theta\sin\psi_V \end{bmatrix} \tag{6-16}$$

采用积分方法即可求得弹箭质心相对于地面坐标系 $Axyz$ 的位置坐标 x 、 y 和 z 。

2. 弹箭绕质心转动的运动学方程

描述弹箭相对地面坐标系的瞬时姿态，则应建立描述弹箭相对地面坐标系姿态变化

的运动学方程，即建立弹箭姿态角ψ、ϑ、γ对时间的导数与转动角速度分量ω_{x_1}、ω_{y_1}、ω_{z_1}之间的关系式。

由弹体坐标系与地面坐标系之间的变换关系，可知弹箭相对地面坐标系的旋转角速度$\boldsymbol{\omega}$实际上是三次旋转的转动角速度的矢量合成(图 4-3)。这三次转动的角速度在弹体坐标系中的分量分别为$L_x(\gamma)L_z(\vartheta)\begin{bmatrix}0 & \dot{\psi} & 0\end{bmatrix}^{\mathrm{T}}$、$L_x(\gamma)\begin{bmatrix}0 & 0 & \dot{\vartheta}\end{bmatrix}^{\mathrm{T}}$、$\begin{bmatrix}\dot{\gamma} & 0 & 0\end{bmatrix}^{\mathrm{T}}$，因此，弹箭转动角速度在弹体坐标系中的分量为

$$\begin{bmatrix}\omega_{x_1}\\ \omega_{y_1}\\ \omega_{z_1}\end{bmatrix}=L_x(\gamma)L_z(\vartheta)\begin{bmatrix}0\\ \dot{\psi}\\ 0\end{bmatrix}+L_x(\gamma)\begin{bmatrix}0\\ 0\\ \dot{\vartheta}\end{bmatrix}+\begin{bmatrix}\dot{\gamma}\\ 0\\ 0\end{bmatrix}$$

$$=\begin{bmatrix}\dot{\psi}\sin\vartheta+\dot{\gamma}\\ \dot{\psi}\cos\vartheta\cos\gamma+\dot{\vartheta}\sin\gamma\\ -\dot{\psi}\cos\vartheta\sin\gamma+\dot{\vartheta}\cos\gamma\end{bmatrix}=\begin{bmatrix}1 & \sin\vartheta & 0\\ 0 & \cos\vartheta\cos\gamma & \sin\gamma\\ 0 & -\cos\vartheta\sin\gamma & \cos\gamma\end{bmatrix}\begin{bmatrix}\dot{\gamma}\\ \dot{\psi}\\ \dot{\vartheta}\end{bmatrix}$$

经变换后得

$$\begin{bmatrix}\dot{\gamma}\\ \dot{\psi}\\ \dot{\vartheta}\end{bmatrix}=\begin{bmatrix}1 & -\tan\vartheta\cos\gamma & \tan\vartheta\sin\gamma\\ 0 & \dfrac{\cos\gamma}{\cos\vartheta} & -\dfrac{\sin\gamma}{\cos\vartheta}\\ 0 & \sin\gamma & \cos\gamma\end{bmatrix}\begin{bmatrix}\omega_{x_1}\\ \omega_{y_1}\\ \omega_{z_1}\end{bmatrix}$$

将上式展开，就得到了弹箭绕质心转动的运动学方程(同样将下标“1”省略)，即

$$\begin{bmatrix}\dfrac{\mathrm{d}\vartheta}{\mathrm{d}t}\\ \dfrac{\mathrm{d}\psi}{\mathrm{d}t}\\ \dfrac{\mathrm{d}\gamma}{\mathrm{d}t}\end{bmatrix}=\begin{bmatrix}\omega_y\sin\gamma+\omega_z\cos\gamma\\ \dfrac{1}{\cos\vartheta}(\omega_y\cos\gamma-\omega_z\sin\gamma)\\ \omega_x-\tan\vartheta(\omega_y\cos\gamma-\omega_z\sin\gamma)\end{bmatrix}\tag{6-17}$$

需要指出的是，上述方程在某些情况下是不能应用的。例如当俯仰角$\vartheta=90°$时，方程是奇异的，偏航角ψ是不确定的。此时，则可采用四元数来表示弹箭的姿态，并用四元数建立弹箭绕质心转动的运动学方程；也可用双欧法克服运动学方程的奇异性，但较复杂。四元数法被经常用来研究弹箭或航天器的大角度姿态运动及导航计算等。

6.1.3　弹箭的质量方程

对于发动机在飞行中工作的弹箭，由于在飞行过程中发动机不断地消耗燃料，弹箭的质量不断减小。所以，在描述弹箭运动的方程组中，还需有描述弹箭质量变化的微分方程，即

$$\frac{\mathrm{d}m}{\mathrm{d}t}=-m_{\mathrm{s}}(t)\tag{6-18}$$

式中，$\mathrm{d}m/\mathrm{d}t$为弹箭质量变化率，其值总为负；$m_{\mathrm{s}}(t)$为弹箭在单位时间内的质量消耗

量(燃料秒流量)，$m_s(t)$的大小主要取决于发动机的性能，通常认为m_s是已知的时间函数，可能是常量，也可能是变量。这样，方程式(6-18)可独立于弹箭运动方程组之外单独求解，即

$$m = m_0 - \int_{t_0}^{t_f} m_s(t)\mathrm{d}t$$

式中，m_0为弹箭的初始质量；t_0为发动机开始工作时间；t_f为发动机工作结束时间。

6.1.4　角度几何关系方程

对于飞行力学中常用的四个坐标系，分析它们之间的变换矩阵可知，这四个坐标系之间的关系是由 8 个角度参数θ、ψ_V、γ_V、ϑ、ψ、γ、α、β联系起来的(图 6-2)。但是，这 8 个参数并不是完全独立的。例如，速度坐标系相对于地面坐标系 $Axyz$ 的方位，既可以通过θ、ψ_V和γ_V确定(弹道坐标系作为过渡坐标系)，也可以通过ϑ、ψ、γ、α、β来确定(弹体坐标系作为过渡坐标系)。说明这 8 个角度参数中，只有 5 个是独立的，其余 3 个角度参数则可以由这 5 个独立的角度参数来表示，相应的 3 个表达式称为角度几何关系方程。这 3 个几何关系可以根据需要表示成不同的形式，也就是说，角度几何关系方程并不是唯一的。

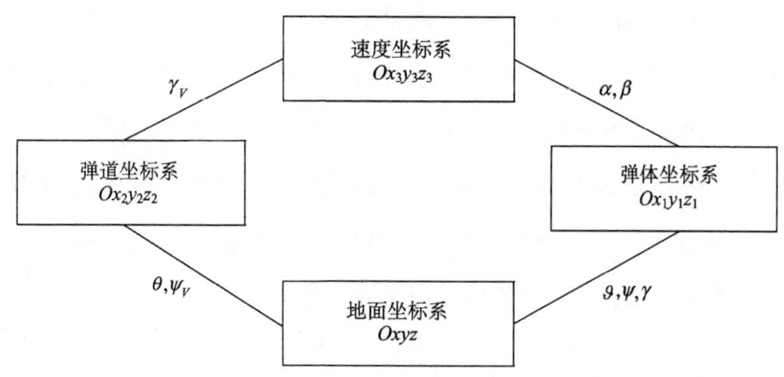

图 6-2　四个坐标系之间的关系

考虑到在式(6-11)和式(6-17)中，θ、ψ和ϑ、ψ、γ角已有相应的方程来描述，因此，可用这 5 个角度参量分别求α、β、γ，从而建立 3 个相应的几何关系方程。

推导各个角度几何关系方程，可采用球面三角、四元数和方向余弦等方法。下面介绍利用方向余弦和有关矢量运算的知识来建立 3 个角度几何关系方程。

根据坐标系转换方法，过参考坐标系原点的任意两个单位矢量夹角φ的余弦，等于它们各自与坐标系对应轴的方向余弦乘积之和(图 6-3)，即

$$\cos\varphi = \cos\alpha_1\cos\alpha_2 + \cos\beta_1\cos\beta_2 + \cos\gamma_1\cos\gamma_2 \tag{6-19}$$

设$\boldsymbol{i}$，$\boldsymbol{j}$，$\boldsymbol{k}$分别为参考坐标系 $Axyz$ 各对应轴的单位矢量，过原点 A 的两个单位矢量夹角的余弦记作$\langle l_1 \cdot l_2\rangle$，则式(6-19)又可写成

$$\langle l_1 \cdot l_2\rangle = \langle l_1 \cdot \boldsymbol{i}\rangle\langle l_2 \cdot \boldsymbol{i}\rangle + \langle l_1 \cdot \boldsymbol{j}\rangle\langle l_2 \cdot \boldsymbol{j}\rangle + \langle l_1 \cdot \boldsymbol{k}\rangle\langle l_2 \cdot \boldsymbol{k}\rangle \tag{6-20}$$

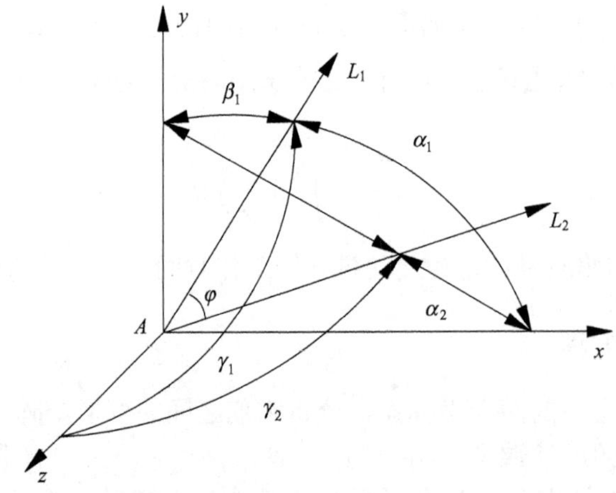

图 6-3　过坐标系原点两矢量的夹角

若把弹体坐标系的 Oz_1 轴和弹道坐标系的 Ox_2 轴的单位矢量分别视为 l_1 和 l_2，以地面坐标系 $Axyz$ 为参考坐标系，将 $Ox_2y_2z_2$ 和 $Ox_1y_1z_1$ 两坐标系平移至参考系，使其原点 O 与原点 A 重合，查坐标系之间坐标变换方向余弦表，可得式(6-20)的各单位矢量夹角的余弦项，经整理得

$$\sin\beta=\cos\theta\left[\cos\gamma\sin(\psi-\psi_V)+\sin\vartheta\sin\gamma\cos(\psi-\psi_V)\right]-\sin\theta\cos\vartheta\sin\gamma \tag{6-21}$$

若把弹体坐标系的 Ox_1 轴和弹道坐标系的 Ox_2 轴的单位矢量分别视为 l_1 和 l_2，则可得

$$\cos\alpha=\left[\cos\vartheta\cos\theta\cos(\psi-\psi_V)+\sin\vartheta\sin\theta\right]/\cos\beta \tag{6-22}$$

若把弹体坐标系的 Oz_1 轴和弹道坐标系的 Oz_2 轴的单位矢量分别视为 l_1 和 l_2，同样可得

$$\cos\gamma_V=\left[\cos\gamma\cos(\psi-\psi_V)-\sin\vartheta\sin\gamma\sin(\psi-\psi_V)\right]/\cos\beta \tag{6-23}$$

式(6-21)～式(6-23)即为 3 个角度几何关系方程。

在某些情况下角度的几何关系方程可能会很简单，例如，当弹箭做无侧滑、无滚转飞行时，存在 $\alpha=\vartheta-\theta$；当弹箭做无侧滑、零攻角飞行时，存在 $\gamma=\gamma_V$；当弹箭在水平面内做无滚转、小攻角 $(\alpha\approx 0)$ 飞行时，则有 $\beta=\psi-\psi_V$。

综上所述，已建立了描述弹箭质心运动的动力学方程式(6-11)、弹箭绕质心转动的动力学方程式(6-15)、弹箭质心运动的运动学方程式(6-16)、弹箭绕质心转动的运动学方程式(6-17)、质量变化方程式(6-18)和角度几何关系方程式(6-21)～式(6-23)，以上 16 个方程，构成了无控弹箭的运动方程组。如果不考虑外界干扰，只要给出初始条件，求解这组方程，就可唯一地确定一条无控弹道，并得到 16 个相应的运动参数：$V(t)$、$\theta(t)$、$\psi_V(t)$、$\vartheta(t)$、$\psi(t)$、$\gamma(t)$、$\omega_x(t)$、$\omega_y(t)$、$\omega_z(t)$、$x(t)$、$y(t)$、$z(t)$、$m(t)$、$\alpha(t)$、$\beta(t)$、$\delta_z(t)$ 随时间的变化规律，故方程组是封闭的。但是，对于可控弹箭来说，仅有上述 16 个方程还不能求解，因为方程组中的力和力矩不仅与上述一些运动参数有关，还与操纵机构的偏转角 $\delta_x(t)$、$\delta_y(t)$、$\delta_z(t)$ 和发动机的调节参数 $\delta_p(t)$ 有关。也就是说，仅给出起始参数，还不能唯一地确定可控弹箭的飞行弹道。要想唯一确定弹箭的飞行弹道，还必须增加约束弹箭运动的操纵关系方程。

6.1.5　操纵飞行原理与操纵关系方程

1. 操纵飞行原理

对于有控弹箭来说，改变弹箭速度方向和大小，按照要求飞行并命中目标，称为控制飞行。弹箭是在控制系统作用下，遵循一定的操纵关系来飞行。要想改变飞行速度的大小和方向，就必须改变作用于弹箭上的外力大小和方向。作用于弹箭上的力主要有空气动力 $\boldsymbol{R}$ 、推力 $\boldsymbol{P}$ 和重力 $\boldsymbol{G}$ 。由于重力 $\boldsymbol{G}$ 始终指向地心，其大小和方向也不能随意改变，因此，控制弹箭的飞行只能依靠改变空气动力 $\boldsymbol{R}$ 和推力 $\boldsymbol{P}$ ，其合力称为控制力 $\boldsymbol{N}$ ，即

$$\boldsymbol{N} = \boldsymbol{P} + \boldsymbol{R} \tag{6-24}$$

控制力 $\boldsymbol{N}$ 可分解为沿速度方向和垂直于速度方向的两个分量(图 6-4)，分别称为切向控制力和法向控制力，即

$$\boldsymbol{N} = \boldsymbol{N}_\tau + \boldsymbol{N}_n$$

切向控制力用来改变速度大小，其计算关系式为

$$\boldsymbol{N}_\tau = \boldsymbol{P}_\tau - \boldsymbol{X}$$

式中， $\boldsymbol{P}_\tau$ 、 $\boldsymbol{X}$ 分别为推力 $\boldsymbol{P}$ 在弹道切向的投影和空气阻力。

弹箭速度的改变和控制，通常采用推力控制来实现，即控制发动机节气阀偏角 δ_{p} 达到调节发动机推力大小的目的。

法向控制力 $\boldsymbol{N}_n$ 用来改变速度的方向，即弹箭的飞行方向，其计算关系式为

$$\boldsymbol{N}_n = \boldsymbol{P}_n + \boldsymbol{Y} + \boldsymbol{Z}$$

式中， $\boldsymbol{N}_n$ 、 $\boldsymbol{Y}$ 、 $\boldsymbol{Z}$ 分别为推力 $\boldsymbol{P}$ 的法向分量、升力和侧向力。

弹箭法向控制力的改变，则主要是依靠改变空气动力的法向力(升力和侧向力)来实现。当弹箭上的操纵机构(如空气舵、气动扰流片等)偏转时，操纵面上会产生相应的操纵力，它对弹箭质心形成操纵力矩，使得弹体绕质心转动，从而导致弹箭在空中的姿态发生变化。而弹箭姿态的改变，将会引起气流与弹体的相对流动状态的改变，攻角、侧滑角亦将随之变化，从而改变了作用在弹箭上的空气动力。

对于某些弹箭，还可以采用偏转燃气舵或摆动发动机等改变法向力。使用偏转燃气舵、直接摆动发动机或发动机喷管的方法来改变发动机推力的方向，形成对弹箭质心的操纵力矩，由此改变弹箭的飞行姿态，从而改变作用在弹箭上的法向力。

对轴对称型弹箭而言，其有两对弹翼，并沿纵轴对称分布，所以，气动效应也是对称的。通过改变升降舵的偏转角 δ_z 来改变攻角 α 的大小，从而改变升力 $\boldsymbol{Y}$ 的大小和方向；而改变方向舵的偏转角 δ_y ，则可改变侧滑角 β ，使侧向力 $\boldsymbol{Z}$ 的大小和方向发生变化；若同时使 δ_z 、 δ_y 各自获得任意角度，那么 α 、 β 都将改变，这时将得到任意方向和大小的空气动力。另外，当 α 、 β 改变时，推力的法向分量也随之变化。

对面对称型弹箭而言，其外形与飞机相似，有一对较大的水平弹翼，其升力要比侧

向力大得多。俯仰运动的操纵仍是通过改变升降舵的偏转角 δ_z 的大小来实现的；偏航运动的操纵则是通过差动副翼，使弹体倾斜来实现的。当升力转到某一方向（不在铅垂面内）时，升力的水平分量使弹箭进行偏航运动，如图 6-5 所示。

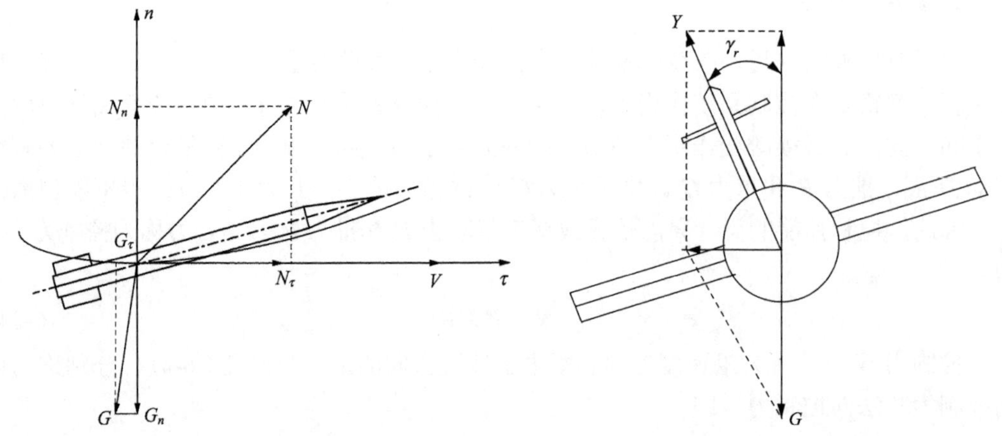

图 6-4　弹箭的切向力和法向力　　图 6-5　面对称型弹箭的倾斜运动

2. 操纵关系方程

与其他自动控制系统一样，弹箭制导系统也属于误差控制系统。当弹箭的实际运动参数与导引关系所要求的运动参数不一致时，就会产生控制信号。例如，如果弹箭飞行中的俯仰角 ϑ 与要求的俯仰角 ϑ_* 不相等，即存在偏差角 $\Delta\vartheta=\vartheta-\vartheta_*$ 时，控制系统则将根据 $\Delta\vartheta$ 的大小使升降舵偏转相应的角度 $\Delta\delta_z$，即

$$\Delta\delta_z = K_\vartheta\left(\vartheta-\vartheta_*\right)=K_\vartheta\Delta\vartheta$$

式中，K_ϑ 为由控制系统决定的比例系数，或称增益系数。

有控弹箭在飞行过程中，控制系统总是作出消除误差信号 $\Delta\vartheta$ 的反应。制导系统越准确，运动参数的误差就越小。假设制导系统的误差用 ε_i 表示，x_{i*} 为导引关系要求的运动参数值，x_i 为实际运动参数值，则有

$$\varepsilon_i = x_i - x_{i*}$$

在一般情况下，ε_i 不可能为零。此时控制系统将偏转相应的舵面和发动机调节机构，以求消除误差。舵面偏转角的大小和方向取决于误差 ε_i 的数值和正负号，通常情况下，操纵关系方程可写成

$$\begin{cases}\delta_x = f\left(\varepsilon_1\right)\\ \delta_y = f\left(\varepsilon_2\right)\\ \delta_z = f\left(\varepsilon_3\right)\\ \delta_\mathrm{p} = f\left(\varepsilon_4\right)\end{cases}\tag{6-25}$$

弹箭弹道的设计，需要综合考虑弹箭的运动方程与控制系统加在弹箭上的约束方程，

问题比较复杂。在弹箭初步设计时，可作近似处理：假设控制系统是按“无误差工作”的理想控制系统，运动参数始终能保持导引关系所要求的变化规律，则有

$$\varepsilon_i = x_i - x_{*i} = 0 \quad (i=1,2,3,4) \tag{6-26}$$

式(6-26)称为理想操纵关系方程。在某些特殊情况下，理想操纵关系方程的形式非常简单，例如，当轴对称弹箭做直线等速飞行时，理想操纵关系方程为

$$\begin{cases} \varepsilon_1 = \theta - \theta_* = 0 \\ \varepsilon_2 = \psi - \psi_* = 0 \\ \varepsilon_3 = \gamma = 0 \\ \varepsilon_4 = V - V_* = 0 \end{cases} \tag{6-27}$$

另外，面对称弹箭在水平面内进行等速倾斜转弯时，理想操纵关系方程为

$$\begin{cases} \varepsilon_1 = \theta = 0 \\ \varepsilon_2 = \gamma - \gamma_* = 0 \\ \varepsilon_3 = \beta = 0 \\ \varepsilon_4 = V - V_* = 0 \end{cases} \tag{6-28}$$

方程组(6-27)和方程组(6-28)中的θ_*、ψ_*、γ_*、V_*、β_*为导引关系要求的运动参数，θ、ψ、γ、V、β为弹箭飞行过程中的实际运动参数。

6.1.6　弹箭运动方程组

综合上述各方程式(6-11)、式(6-15)～式(6-18)、式(6-21)～式(6-23)和式(6-26)，构成描述弹箭飞行的运动方程组，即

$$\begin{cases} m\dfrac{\mathrm{d}V}{\mathrm{d}t} = P\cos\alpha\cos\beta - X - mg\sin\theta \\ mV\dfrac{\mathrm{d}\theta}{\mathrm{d}t} = P(\sin\alpha\cos\gamma_V + \cos\alpha\sin\beta\sin\gamma_V) + Y\cos\gamma_V - Z\sin\gamma_V - mg\cos\theta \\ J_x\dfrac{\mathrm{d}\omega_x}{\mathrm{d}t} + (J_z - J_y)\omega_y\omega_z = M_x \\ J_y\dfrac{\mathrm{d}\omega_y}{\mathrm{d}t} + (J_x - J_z)\omega_z\omega_x = M_y \\ J_z\dfrac{\mathrm{d}\omega_z}{\mathrm{d}t} + (J_y - J_x)\omega_x\omega_y = M_z \\ \dfrac{\mathrm{d}x}{\mathrm{d}t} = V\cos\theta\cos\psi_V \\ \dfrac{\mathrm{d}y}{\mathrm{d}t} = V\sin\theta \\ \dfrac{\mathrm{d}z}{\mathrm{d}t} = -V\cos\theta\sin\psi_V \\ \dfrac{\mathrm{d}\vartheta}{\mathrm{d}t} = \omega_y\sin\gamma + \omega_z\cos\gamma \end{cases} \tag{6-29}$$

$$\begin{cases}\dfrac{\mathrm{d}\psi}{\mathrm{d}t}=\dfrac{1}{\cos\vartheta}\left(\omega_y\cos\gamma-\omega_z\sin\gamma\right)\\ \dfrac{\mathrm{d}\gamma}{\mathrm{d}t}=\omega_x-\tan\vartheta\left(\omega_y\cos\gamma-\omega_z\sin\gamma\right)\\ \dfrac{\mathrm{d}m}{\mathrm{d}t}=-m_{\mathrm{s}}\\ \sin\beta=\cos\theta\left[\cos\gamma\sin\left(\psi-\psi_V\right)+\sin\vartheta\sin\gamma\cos\left(\psi-\psi_V\right)\right]-\sin\theta\cos\vartheta\sin\gamma\\ \cos\alpha=\left[\cos\vartheta\cos\theta\cos\left(\psi-\psi_V\right)+\sin\vartheta\sin\theta\right]/\cos\beta\\ \cos\gamma_V=\left[\cos\gamma\cos\left(\psi-\psi_V\right)-\sin\vartheta\sin\gamma\sin\left(\psi-\psi_V\right)\right]/\cos\beta\\ \varepsilon_1=0\\ \varepsilon_2=0\\ \varepsilon_3=0\\ \varepsilon_4=0\end{cases} \tag{6-29 续}$$

方程组(6-29)给出了弹箭的空间运动方程的标量形式，它是一组非线性常微分方程。在这 20 个方程中，除了根据前面章节介绍的方法计算出推力 $\boldsymbol{P}$ 、气动力 X 、Y 、Z 和力矩 M_x 、M_y 、M_z 以外，还包含有 20 个未知参数：$V(t)$ 、$\theta(t)$ 、$\psi_V(t)$ 、$\omega_x(t)$ 、$\omega_y(t)$ 、$\omega_z(t)$ 、$\vartheta(t)$ 、$\psi(t)$ 、$\gamma(t)$ 、$x(t)$ 、$y(t)$ 、$z(t)$ 、$\alpha(t)$ 、$\beta(t)$ 、$\gamma_V(t)$ 、$m(t)$ 、$\delta_x(t)$ 、$\delta_y(t)$ 、$\delta_z(t)$ 、$\delta_{\mathrm{p}}(t)$ 。因此，方程组(6-29)是可以封闭求解的。在给定各参数的初始条件后，即可用数值积分法求解方程组(6-29)，从而获得可控弹道及其相应参数的变化规律。

6.2 弹箭运动方程组的简化与分解

前面建立的弹箭空间运动方程组中有近 20 个方程。在工程上，实际用于弹道计算的弹箭运动方程个数远不止这些。例如有时还要加上计算气动力和气动力矩的公式，或者遥控、导引方法等方程。一般来说，弹箭运动方程组的方程数目越多，弹箭运动就描述得越完整、越准确，但研究和解算也就越麻烦。在弹箭设计的某些阶段，特别是在弹箭和制导系统的初步设计阶段，通常在求解精度允许范围内，应用一些近似方法对弹箭运动方程组进行简化求解。实践证明，在一定的假设条件下，把弹箭运动方程组(6-29)分解为纵向运动和侧向运动方程组，或简化为在铅垂平面和水平面内的运动方程组，都具有一定的实用价值。

6.2.1 弹箭的纵向运动和侧向运动

弹箭的纵向运动，是指弹箭运动参数 β 、γ 、γ_V 、ψ 、ψ_V 、ω_x 、ω_y 、z 恒为零的运动。

弹箭的纵向运动，是由弹箭质心在飞行平面或对称平面 x_1Oy_1 内的平移运动和绕 Oz 轴的旋转运动所组成的。在纵向运动中，参数 V 、θ 、ϑ 、ω_z 、α 、x 、y 是随时间变化的，通常称为纵向运动参数。

在纵向运动中等于零的参数 β 、γ 、γ_V 、ψ 、ψ_V 、ω_x、ω_y 、z 等称为侧向运动参数。所谓侧向运动，是指侧向运动参数 β 、γ 、γ_V 、ω_x、ω_y 、ψ 、ψ_V 、z 随时间变化的运动。它是由弹箭质心沿 Oz_1 轴的平移运动和绕弹体 Ox_1 轴、Oy_1 轴的旋转运动所组成的。

由方程组(6-29)不难看出，弹箭的飞行过程是由纵向运动和侧向运动所组成的，它们之间相互关联、相互影响。但当弹箭在给定的铅垂面内运动时，只要不破坏运动的对称性(不进行偏航、滚转操纵，且无干扰)，纵向运动是可以独立存在的。这时，描述侧向运动参数的方程可以去掉，只剩下 10 个描述纵向运动参数的方程，其中包含 V 、θ、ϑ、ω_z、α 、x 、y、m 、δ_z 、δ_{p} 这 10 个参数。然而，描述侧向运动参数的方程则不能离开纵向运动而单独存在。

1. 纵向运动方程

如果将弹箭的一般运动方程组(6-29)分解成两个独立的方程组：一是描述纵向运动参数变化的方程组；一是描述侧向运动参数变化的方程组。当研究弹箭的运动规律时，就会使联立求解的方程数目减少。为了能独立求解描述纵向运动参数变化的方程组，必须去掉该方程组中的侧向运动参数 β 、γ 、γ_V 、ψ 、ψ_V 、ω_x、ω_y 、z 。也就是说，要把纵向运动和侧向运动分开，应满足下述假设条件：

(1)侧向运动参数 β 、γ 、γ_V 、ψ 、ψ_V 、ω_x、ω_y 、z 及舵偏角 δ_x 、δ_y 都是小量，这样可以令 $\cos\beta=\cos\gamma=\cos\gamma_V\approx 1$，并略去各小量的乘积如 $\sin\beta\sin\gamma$ 、$\omega_y\sin\gamma$ 、$\omega_y\omega_x$、$z\sin\gamma_V$ 等，以及 β 、δ_x 、δ_y 对空气阻力的影响。

(2)弹箭基本上在某个铅垂面内飞行，即其飞行弹道与铅垂面内的弹道差别不大。

(3)弹箭俯仰操纵机构的偏转仅取决于纵向运动参数；而偏航、滚转操纵机构的偏转仅取决于侧向运动参数。

基于上述假设，就能将弹箭运动方程组分为描述纵向运动的方程组和描述侧向运动的方程组。

其中，弹箭纵向运动方程组可表示为

$$\begin{cases} m\dfrac{\mathrm{d}V}{\mathrm{d}t}=P\cos\alpha-X-mg\sin\theta \\ mV\dfrac{\mathrm{d}\theta}{\mathrm{d}t}=P\sin\alpha+Y-mg\cos\theta \\ J_z\dfrac{\mathrm{d}\omega_z}{\mathrm{d}t}=M_z \\ \dfrac{\mathrm{d}x}{\mathrm{d}t}=V\cos\theta \\ \dfrac{\mathrm{d}y}{\mathrm{d}t}=V\sin\theta \\ \dfrac{\mathrm{d}\vartheta}{\mathrm{d}t}=\omega_z \end{cases} \tag{6-30}$$

$$
\begin{cases}
\dfrac{\mathrm{d}m}{\mathrm{d}t}=-m_{\mathrm{s}} \\
\alpha=\vartheta-\theta \\
\varepsilon_1=0 \\
\varepsilon_4=0
\end{cases}
\tag{6-30 续}
$$

弹箭纵向运动方程组(6-30)，就是描述弹箭在铅垂平面内运动的方程组。它共有 10 个方程，包含有 10 个未知参数：V、θ、ϑ、ω_z、α、x、y、m、δ_z、δ_{p}。因此，方程组(6-30)是封闭的，可以独立求解。

2. 侧向运动方程组

弹箭侧向运动方程组可表示为

$$
\begin{cases}
-mV\cos\theta\dfrac{\mathrm{d}\psi_V}{\mathrm{d}t}=P\left(\sin\alpha+Y\right)\sin\gamma_V+\left(P\cos\alpha\sin\beta-Z\right)\cos\gamma_V \\
J_x\dfrac{\mathrm{d}\omega_x}{\mathrm{d}t}=M_x-\left(J_z-J_y\right)\omega_z\omega_y \\
J_y\dfrac{\mathrm{d}\omega_y}{\mathrm{d}t}=M_y-\left(J_x-J_z\right)\omega_z\omega_x \\
\dfrac{\mathrm{d}z}{\mathrm{d}t}=-V\cos\theta\sin\psi_V \\
\dfrac{\mathrm{d}\psi}{\mathrm{d}t}=\dfrac{1}{\cos\vartheta}\left(\omega_y\cos\gamma-\omega_z\sin\gamma\right) \\
\dfrac{\mathrm{d}\gamma}{\mathrm{d}t}=\omega_x-\tan\vartheta\left(\omega_y\cos\gamma-\omega_z\sin\gamma\right) \\
\sin\beta=\cos\theta\left[\cos\gamma\sin\left(\psi-\psi_V\right)+\sin\vartheta\sin\gamma\cos\left(\psi-\psi_V\right)\right]-\sin\theta\cos\vartheta\sin\gamma \\
\cos\gamma_V=\left[\cos\gamma\cos\left(\psi-\psi_V\right)-\sin\vartheta\sin\gamma\sin\left(\psi-\psi_V\right)\right]/\cos\beta \\
\varepsilon_2=0 \\
\varepsilon_3=0
\end{cases}
\tag{6-31}
$$

弹箭侧向运动方程组(6-31)共有 10 个方程，除了含有ψ_V、ψ、γ、γ_V、β、ω_x、ω_y、z、δ_x、δ_y这 10 个侧向运动参数外，还包括纵向运动参数V、θ、ϑ、ω_z、α、x、y等。无论怎样简化式(6-31)，也不能从中消去这些纵向参数。因此，若要由方程组(6-31)求得侧向运动参数，就必须首先求解纵向运动方程组(6-30)，然后，将解出的纵向运动参数代入侧向运动方程组(6-31)中，才可解出侧向运动参数的变化规律。

将弹箭运动分解为纵向运动和侧向运动，使联立求解的方程组的数目减少一半，同时，也能获得比较准确的计算结果。但是，当侧向运动参数不满足上述假设条件，即侧向运动参数变化较大时，就不能再将弹箭的运动分为纵向运动和侧向运动来研究，而应该直接研究完整的运动方程组(6-29)。

6.2.2 弹箭的平面运动

一般来说，弹箭都是在三维空间内运动的，而所谓的平面运动只是弹箭运动的一种特殊情况。但是在某些情况下，弹箭的运动确实可近似地视为在一个平面内，例如，地-空弹箭在许多场合是在铅垂面或倾斜平面内飞行；飞航式弹箭在爬升段和末制导段也可近似地认为是在铅垂平面内运动；空-空弹箭的运动，在许多场合也可看作是在水平面内，所以，在弹箭的初步设计阶段，研究、解算弹箭的平面弹道，是具有一定应用价值的。

1. 弹箭在铅垂平面内的运动

假设将弹箭运动限制在铅垂平面内，则弹箭的速度矢量 $\boldsymbol{V}$ 始终处于该平面内，弹道偏角 ψ_V 为常值(若选地面坐标系的 Ax 轴位于该铅垂平面内，则 $\psi_V=0$)。设弹体纵向对称平面 x_1Oy_1 与飞行平面重合，推力矢量 $\boldsymbol{P}$ 与弹体纵轴重合。若要保证弹箭在铅垂平面内飞行，那么在水平方向的侧向力应恒等于零。此时，弹箭只有在铅垂面内的质心平移运动和绕 Oz_1 轴的转动。弹箭在铅垂平面内的运动方程组与式(6-30)完全相同，这里不再赘述。

2. 弹箭在水平面内的运动

若将弹箭运动限制在水平面内时，则其速度矢量 $\boldsymbol{V}$ 始终处于该平面之内，即弹道倾角 θ 恒等于零。此时，作用于弹箭上在铅垂方向的法向控制力应与弹箭的重力相平衡，因此，要保持弹箭在水平面内飞行，弹箭应具有一定的攻角，以产生所需的法向控制力。弹箭在主动段飞行过程中，质量不断减小，要想保持法向力平衡，就必须不断改变攻角的大小，也就是说，弹箭要偏转升降舵 δ_z 角度，使弹体绕 Oz_1 轴转动。

如果弹箭在水平面内做机动飞行，则要求在水平方向上产生一定的侧向力，该力通常是借助于侧滑(轴对称型)或倾斜(面对称型)运动形成的。若弹箭飞行既有侧滑又有倾斜，则将使控制复杂化，因此，轴对称弹箭通常是采用有侧滑、无倾斜的控制飞行，而面对称弹箭则是采用有倾斜、无侧滑的控制飞行。

因为弹箭在水平面内做机动飞行时，在水平方向上产生侧向控制力的方式不同，因此，描述弹箭在水平面内运动的方程组也不同。

3. 有侧滑无倾斜的弹箭水平运动方程组

如果弹箭是在水平面内做有侧滑、无倾斜的机动飞行，$\theta\equiv0$，y 为常值，且 $\gamma=\gamma_V\equiv0$，$\omega_x\equiv0$，因此，根据方程组(6-29)的第 2 个方程，可得法向平衡关系式为

$$mg=P\sin\alpha+Y \tag{6-32}$$

根据弹箭运动方程组则可以得到弹箭在水平面内做有侧滑无倾斜飞行的运动方程组为

$$
\begin{cases}
m\dfrac{\mathrm{d}V}{\mathrm{d}t}=P\cos\alpha\cos\beta-X\\
mg=P\sin\alpha+Y\\
-mV\dfrac{\mathrm{d}\psi_V}{\mathrm{d}t}=-P\cos\alpha\sin\beta+Z\\
J_y\dfrac{\mathrm{d}\omega_y}{\mathrm{d}t}=M_y\\
J_z\dfrac{\mathrm{d}\omega_z}{\mathrm{d}t}=M_z\\
\dfrac{\mathrm{d}x}{\mathrm{d}t}=V\cos\psi_V\\
\dfrac{\mathrm{d}z}{\mathrm{d}t}=-V\sin\psi_V\\
\dfrac{\mathrm{d}\vartheta}{\mathrm{d}t}=\omega_z\\
\dfrac{\mathrm{d}\psi}{\mathrm{d}t}=\dfrac{\omega_y}{\cos\vartheta}\\
\dfrac{\mathrm{d}m}{\mathrm{d}t}=-m_s\\
\beta=\psi-\psi_V\\
\alpha=\vartheta\\
\varepsilon_2=0\\
\varepsilon_4=0
\end{cases}
\tag{6-33}
$$

上面的方程组共有 14 个方程，其中包含 14 个未知参数：V、ψ_V、ω_y、ω_z、x、z、ϑ、ψ、m、α、β、δ_z、δ_y、δ_p，则该方程组可封闭求解。

4. 有倾斜无侧滑的弹箭水平运动方程组

如果弹箭在水平面内做有倾斜、无侧滑的机动飞行时，$\theta\equiv 0$，y为常值，且$\beta\equiv 0$，$\omega_y\equiv 0$，假设攻角α（或俯仰角ϑ）、角速度ω_z比较小，由弹箭运动方程组(6-29)化简可以得到弹箭在水平面内做有倾斜、无侧滑飞行的运动方程组为

$$
\begin{cases}
m\dfrac{\mathrm{d}V}{\mathrm{d}t}=P-X\\
mg=\left(P\alpha+Y\right)\cos\gamma_V\\
-mV\dfrac{\mathrm{d}\psi_V}{\mathrm{d}t}=\left(P\alpha+Y\right)\sin\gamma_V\\
J_x\dfrac{\mathrm{d}\omega_x}{\mathrm{d}t}=M_x\\
J_z\dfrac{\mathrm{d}\omega_z}{\mathrm{d}t}=M_z
\end{cases}
\tag{6-34}
$$

$$
\begin{cases}
\dfrac{\mathrm{d}x}{\mathrm{d}t}=V\cos\psi_V\\
\dfrac{\mathrm{d}z}{\mathrm{d}t}=-V\sin\psi_V\\
\dfrac{\mathrm{d}\vartheta}{\mathrm{d}t}=\omega_z\cos\gamma\\
\dfrac{\mathrm{d}\gamma}{\mathrm{d}t}=\omega_x\\
\dfrac{\mathrm{d}m}{\mathrm{d}t}=-m_{\mathrm{s}}\\
\alpha=\vartheta/\cos\gamma\\
\gamma=\gamma_V\\
\varepsilon_3=0\\
\varepsilon_4=0
\end{cases}
\tag{6-34 续}
$$

上面的方程组共有 14 个方程，含有 14 个未知参数：V、ψ_V、ω_x、ω_z、x、z、ϑ、γ、m、α、γ_V、δ_z、δ_x、δ_{p}，则该方程组可封闭求解。

6.3　弹箭的质心运动

6.3.1　瞬时平衡的概念

弹箭的一般运动可看作其质心运动和绕其质心转动的合成。大量的飞行试验结果表明，弹箭的实际飞行轨迹总是在某一条光滑的曲线附近变化。事实上，对于有控弹箭，其运动过程是个可控过程，由于控制系统本身以及控制对象都存在惯性，弹箭从控制输出结构到运动参数发生变化并不是瞬间完成的，而要经过某一段时间，此时由于作用在弹箭上的力和力矩发生变化，弹箭的运动参数实际上也会出现振荡变化。

一般在工程上，特别是在弹箭初步设计阶段，为了能够简捷地获得弹箭的飞行弹道及其主要的飞行特性，研究过程通常分两步进行，即第一步暂不考虑弹箭绕质心的转动，而将弹箭当作一个可操纵质点来研究，然后在此基础上再研究弹箭绕其质心的转动运动。这种简化的处理方法，通常基于以下假设：

(1) 不考虑弹箭绕弹体轴转动的惯性，即

$$J_x=J_y=J_z=0 \tag{6-35}$$

(2) 认为弹箭的控制系统是理想的、无误差，也无时间延迟；

(3) 忽略各种干扰因素对弹箭的影响。

根据前两条假设，实质上就是假设弹箭在整个飞行期间的任一瞬时都处于平衡状态，即弹箭操纵机构偏转时，作用在弹箭上的力矩在每一瞬时都处于平衡状态，故称其为“瞬时平衡”假设。

对轴对称弹箭而言，依照前面章节纵向静平衡关系式(1-13)和对偏航运动的类似处理，可得俯仰和偏航力矩的平衡关系式为

$$\begin{cases} m_z^\alpha \alpha_b + m_z^{\delta_z} \delta_{zb} = 0 \\ m_y^\beta \beta_b + m_y^{\delta_y} \delta_{yb} = 0 \end{cases} \tag{6-36}$$

式中，α_b、β_b、δ_{zb}、δ_{yb}分别为相应参数的平衡值。式(6-36)也可写成

$$\begin{cases} \delta_{zb} = -\dfrac{m_z^\alpha}{m_z^{\delta_z}} \alpha_b \\ \delta_{yb} = -\dfrac{m_y^\beta}{m_y^{\delta_y}} \beta_b \end{cases} \tag{6-37}$$

或者

$$\begin{cases} \alpha_b = -\dfrac{m_z^{\delta_z}}{m_z^\alpha} \delta_{zb} \\ \beta_b = -\dfrac{m_y^{\delta_y}}{m_y^\beta} \delta_{yb} \end{cases} \tag{6-38}$$

因此，忽略弹箭转动无惯性的假设则意味着当操纵机构偏转时，参数α、β都瞬时达到其平衡值。

基于“瞬时平衡”假设即控制系统无误差，则操纵关系方程可写成

$$\varepsilon_1 = 0，\ \varepsilon_2 = 0，\ \varepsilon_3 = 0，\ \varepsilon_4 = 0 \tag{6-39}$$

事实上，弹箭的运动是一个可控过程，由于弹箭控制系统及其控制对象(弹体)都存在惯性，弹箭从操纵机构偏转到运动参数发生变化，并不是在瞬间完成的，而是要经过一段时间。例如，升降舵偏转一个δ_z角后，将引起弹体相对于Oz_1轴产生振荡运动，攻角的变化过程也是振荡的(图6-6)，直到过渡过程结束时，攻角α才能达到它的稳态值。而利用“瞬时平衡”假设之后，认为在舵面偏转的同时，运动参数就立即达到它的稳态值，即过渡过程的时间为零。

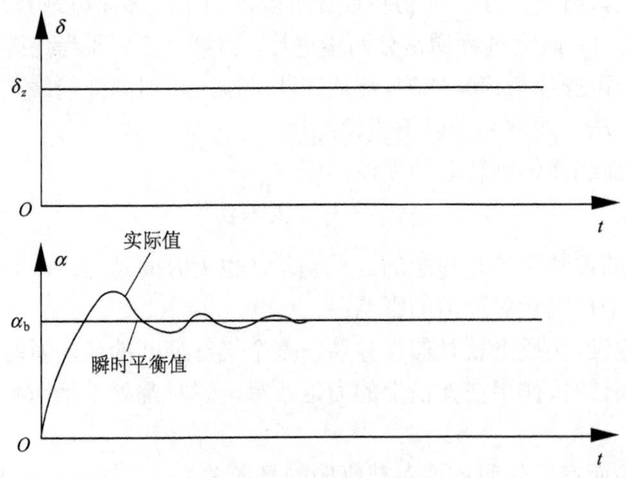

图6-6　过渡过程示意图

还有，弹箭的振荡运动会引起升力 Y 和侧向力 Z 的附加增量以及阻力 X 的增大。而阻力的增大，会使飞行速度减小，因此，在采用“瞬时平衡”假设研究弹箭的质心运动时，为尽可能接近真实弹道，应适当加大阻力。

6.3.2　弹箭质心运动方程组

在“瞬时平衡”假设的基础上，可以将弹箭的质心运动和绕质心的转动运动分别加以研究，基于弹箭运动方程组(6-29)，简化后可得描述弹箭质心运动的方程组为

$$
\begin{cases}
m\dfrac{\mathrm{d}V}{\mathrm{d}t}=P\cos\alpha_{\mathrm{b}}\cos\beta_{\mathrm{b}}-X_{\mathrm{b}}-mg\sin\theta \\
mV\dfrac{\mathrm{d}\theta}{\mathrm{d}t}=P\left(\sin\alpha_{\mathrm{b}}\cos\gamma_V+\cos\alpha_{\mathrm{b}}\sin\beta_{\mathrm{b}}\sin\gamma_V\right)+Y_{\mathrm{b}}\cos\gamma_V-Z_{\mathrm{b}}\sin\gamma_V-mg\cos\theta \\
-mV\cos\theta\dfrac{\mathrm{d}\psi_V}{\mathrm{d}t}=P\left(\sin\alpha_{\mathrm{b}}\sin\gamma_V-\cos\alpha_{\mathrm{b}}\sin\beta_{\mathrm{b}}\cos\gamma_V\right)+Y_{\mathrm{b}}\sin\gamma_V+Z_{\mathrm{b}}\cos\gamma_V \\
\dfrac{\mathrm{d}x}{\mathrm{d}t}=V\cos\theta\cos\psi_V \\
\dfrac{\mathrm{d}y}{\mathrm{d}t}=V\sin\theta \\
\dfrac{\mathrm{d}z}{\mathrm{d}t}=-V\cos\theta\sin\psi_V \\
\dfrac{\mathrm{d}m}{\mathrm{d}t}=-m_{\mathrm{s}} \\
\alpha_{\mathrm{b}}=-\dfrac{m_z^{\delta_z}}{m_z^{\alpha}}\delta_{z\mathrm{b}} \\
\beta_{\mathrm{b}}=-\dfrac{m_y^{\delta_y}}{m_y^{\beta}}\delta_{y\mathrm{b}} \\
\varepsilon_1=0 \\
\varepsilon_2=0 \\
\varepsilon_3=0 \\
\varepsilon_4=0
\end{cases}
\tag{6-40}
$$

上面方程组中 α_{b}、β_{b} 分别为平衡攻角、平衡侧滑角；X_{b}、Y_{b} 和 Z_{b} 分别为与 α_{b}、β_{b} 对应的平衡阻力、平衡升力和平衡侧向力。

上述方程组有 13 个方程，其中含有 13 个未知参数：V、θ、ψ_V、x、y、z、m、α_{b}、β_{b}、γ_V、$\delta_{z\mathrm{b}}$、$\delta_{y\mathrm{b}}$、δ_{p}，故方程组是封闭的。对于固体火箭发动机，若其推力不可调节，则 m_{s} 可以认为是时间的已知函数，那么方程组中的第 7 个方程可以独立求解，且 $\varepsilon_4=0$ 也就不存在了。方程的个数就减少为 11 个，未知参数也去掉 2 个：m、δ_{p}，方程组仍是可以封闭求解的。

上述基于“瞬时平衡”假设建立的弹箭运动方程组(6-40)，所得到的弹箭飞行弹道，实际上就是弹箭运动参数的“稳态值”，这对弹箭总体和导引系统设计都具有重要意义。

需要注意的是，对于操纵性能比较好，绕质心旋转运动不太剧烈的弹箭，利用质心运动方程组(6-40)进行弹道计算，所得到的结果可以用于工程设计和分析。但是对于操纵性能较差的弹箭，并且弹箭绕质心的旋转运动比较剧烈时，必须考虑弹箭旋转运动对质心运动的影响。

1. 弹箭在铅垂平面内的质心运动方程组

若弹箭在铅垂平面内运动，基于“瞬时平衡”假设，忽略随机干扰影响，简化方程组(6-30)即可得到描述弹箭在铅垂平面内运动的质心运动方程组

$$
\begin{cases}
m\dfrac{\mathrm{d}V}{\mathrm{d}t}=P\cos\alpha_{\mathrm{b}}-X_{\mathrm{b}}-mg\sin\theta \\
mV\dfrac{\mathrm{d}\theta}{\mathrm{d}t}=P\sin\alpha_{b}+Y_{\mathrm{b}}-mg\sin\theta \\
\dfrac{\mathrm{d}x}{\mathrm{d}t}=V\cos\theta \\
\dfrac{\mathrm{d}y}{\mathrm{d}t}=V\sin\theta \\
\dfrac{\mathrm{d}m}{\mathrm{d}t}=-m_{\mathrm{s}} \\
\delta_{\mathrm{zb}}=-\dfrac{m_z^{\alpha}}{m_z^{\delta_z}}\alpha_{\mathrm{b}} \\
\varepsilon_1=0 \\
\varepsilon_4=0
\end{cases}
\tag{6-41}
$$

上面方程组共有 8 个方程，包含 8 个未知参数：V、θ、x、y、m、α_{b}、δ_{zb}、δ_{p}，则方程组可封闭求解。

2. 弹箭在水平面内的质心运动方程组

若弹箭在水平面内运动，基于“瞬时平衡”假设，忽略随机干扰影响，根据运动方程组(6-33)和(6-34)可以简化得到弹箭在水平面内运动的质心运动方程组。以弹箭利用侧滑产生侧向控制力为例，在攻角和侧滑角较小的情况下，弹箭在水平面内的质心运动方程组为

$$
\begin{cases}
m\dfrac{\mathrm{d}V}{\mathrm{d}t}=P-X_{\mathrm{b}} \\
mg=P\alpha_{\mathrm{b}}+Y_{\mathrm{b}} \\
-mV\dfrac{\mathrm{d}\psi_V}{\mathrm{d}t}=-P\beta_{\mathrm{b}}+Z_{\mathrm{b}} \\
\dfrac{\mathrm{d}x}{\mathrm{d}t}=V\cos\psi_V
\end{cases}
\tag{6-42}
$$

$$
\begin{cases}
\dfrac{\mathrm{d}z}{\mathrm{d}t} = -V\sin\psi_V \\
\dfrac{\mathrm{d}m}{\mathrm{d}t} = -m_\mathrm{s} \\
\psi = \psi_V + \beta_\mathrm{b} \\
\vartheta = \alpha_\mathrm{b} \\
\delta_{z\mathrm{b}} = -\dfrac{m_z^\alpha}{m_z^{\delta_z}}\alpha_\mathrm{b} \\
\delta_{y\mathrm{b}} = -\dfrac{m_y^\beta}{m_y^{\delta_y}}\beta_\mathrm{b} \\
\varepsilon_2 = 0 \\
\varepsilon_4 = 0
\end{cases}
\tag{6-42 续}
$$

上面方程组共有 12 个方程，其中含有 12 个未知参数：V、ψ_V、x、z、m、α_b、β_b、$\delta_{z\mathrm{b}}$、$\delta_{y\mathrm{b}}$、ϑ、ψ、δ_p，则方程组可封闭求解。

6.3.3　理想弹道、理论弹道和实际弹道

基于上述方程组，可以得到弹箭的“理想弹道”以及主要的飞行性能。所谓“理想弹道”，就是将弹箭视为一个可操纵的质点，认为控制系统理想工作，且不考虑弹体绕质心的转动以及外界的各种干扰，求解质心运动方程组得到的飞行弹道。

飞行力学中的“理论弹道”，是指将弹箭视为某一力学模型(可操纵质点、刚体、弹性体)，作为控制系统的一个环节(控制对象)，将动力学方程、运动学方程、控制系统方程以及其他方程(质量变化方程、角度几何关系方程等)综合在一起，通过数值积分求得的弹道。方程中所用的弹体结构参数、外形几何参数、发动机的特性参数均取设计值；大气参数取标准大气值；控制系统的参数取额定值；方程组的初值符合规定条件。

因此，理想弹道可以说是理论弹道的一种简化情况。

而“实际弹道”，则是弹箭在真实情况下的飞行弹道，它与理想弹道和理论弹道的最大区别在于，弹箭在飞行过程中会受到各种随机干扰和误差的影响，因此，每发弹箭的实际弹道是不可能完全相同的。

6.4　过　　载

6.4.1　机动性与过载的概念

过载是有控弹箭飞行的一个重要分析参数。过载的力学本质是加速度，弹箭在飞行过程中受到的作用力和产生的加速度一般用过载来描述。弹箭的机动性是评价弹箭飞行性能的重要指标之一，弹箭的机动性也可以用过载进行评定。同时，过载与弹体结构、制导系统的设计存在密切的关系。

飞行力学中的机动性概念，是指弹箭在单位时间内改变飞行速度大小和方向的能力。

如果要攻击活动目标，特别是攻击空中的机动目标，弹箭必须具有良好的机动性。弹箭的机动性可以用切向和法向加速度来表征。但人们通常用过载矢量的概念来评定弹箭的机动性。

飞行力学中的过载概念，是指作用在弹箭上除重力之外的所有外力的合力 $\boldsymbol{N}$(即控制力)与弹箭重力 G 的比值

$$\boldsymbol{n}=\frac{\boldsymbol{N}}{G} \tag{6-43}$$

根据过载 $\boldsymbol{n}$ 的定义，过载是个矢量，其方向与控制力 $\boldsymbol{N}$ 的方向一致，其模值表示控制力大小为重力的多少倍。这就是说，过载矢量表征了控制力 $\boldsymbol{N}$ 的大小和方向。

过载作为一个重要的概念，除用于研究弹箭的运动外，在弹体结构强度和控制系统设计中也常用到。因为过载矢量决定了弹上各个部件或仪表所承受的作用力。例如，弹箭以加速度 $\boldsymbol{a}$ 做平移运动时，相对弹体固定的某个质量为 m_i 的部件，除受到随弹箭做加速运动引起的惯性力 $-m_i a$ 外，还要受到重力 $\boldsymbol{G}_i=m_i\boldsymbol{g}$ 和连接力 $\boldsymbol{F}_i$ 的作用，部件在这三个力的作用下处于相对平衡状态，即

$$m_i\boldsymbol{a}+\boldsymbol{G}_i+\boldsymbol{F}_i=0$$

弹箭的运动加速度 $\boldsymbol{a}$ 为

$$\boldsymbol{a}=\frac{\boldsymbol{N}+\boldsymbol{G}}{m}$$

所以

$$\boldsymbol{F}_i=m_i\frac{\boldsymbol{N}+\boldsymbol{G}}{m}-m_i\boldsymbol{g}=\boldsymbol{G}_i\frac{\boldsymbol{N}}{G}=\boldsymbol{n}G_i$$

因此可知，弹上任何部件所承受的连接力等于本身重量 G_i 乘以弹箭的过载矢量。如果已知弹箭在飞行时的过载，就能确定其上任何部件所承受的作用力。

需要指出的是，过载的概念还有其他的定义形式，在后面的弹箭导引飞行中将过载定义为作用在弹箭上的所有外力的合力(包括重力)与弹箭重力的比值。因此，在同样的情况下，过载的定义不同，其值也不同。

6.4.2　过载的投影

一般可由过载在某坐标系上的投影来确定过载矢量的大小和方向。研究弹箭运动的机动性时，需要给出过载矢量在弹道坐标系 $Ox_2y_2z_2$ 中的标量表达式；而在研究弹体或部件受力情况和进行强度分析时，又需要知道过载矢量在弹体坐标系 $Ox_1y_1z_1$ 中的投影。

按照过载概念，将推力投影到速度坐标系 $Ox_3y_3z_3$，得到过载矢量 $\boldsymbol{n}$ 在速度坐标系 $Ox_3y_3z_3$ 各轴上的投影为

$$\begin{bmatrix} n_{x_3} \\ n_{y_3} \\ n_{z_3} \end{bmatrix}=\frac{1}{G}\begin{bmatrix} P\cos\alpha\cos\beta-X \\ P\sin\alpha+Y \\ -P\cos\alpha\sin\beta+Z \end{bmatrix} \tag{6-44}$$

则过载矢量 $\boldsymbol{n}$ 在弹道坐标系 $Ox_2y_2z_2$ 各轴上的投影为

$$
\begin{bmatrix} n_{x_2} \\ n_{y_2} \\ n_{z_2} \end{bmatrix} = \boldsymbol{L}^{\mathrm{T}}\left(\gamma_V\right)\begin{bmatrix} n_{x_3} \\ n_{y_3} \\ n_{z_3} \end{bmatrix} = \frac{1}{G}\begin{bmatrix} P\cos\alpha\cos\beta - X \\ P\left(\sin\alpha\cos\gamma_V + \cos\alpha\sin\beta\sin\gamma_V\right) + Y\cos\gamma_V - Z\sin\gamma_V \\ P\left(\sin\alpha\sin\gamma_V + \cos\alpha\sin\beta\cos\gamma_V\right) + Y\sin\gamma_V + Z\cos\gamma_V \end{bmatrix} \tag{6-45}
$$

一般称过载矢量在速度方向上的投影 n_{x_2} 、 n_{x_3} 为切向过载；而将过载矢量在垂直于速度方向上的投影 n_{y_2} 、 n_{z_2} 和 n_{y_3} 、 n_{z_3} 称为法向过载。

弹箭的切向和法向过载一般用来评定弹箭的机动性。切向过载越大，则弹箭产生的切向加速度就越大，说明弹箭改变速度大小的能力越强；法向过载越大，则弹箭产生的法向加速度就越大，在同一速度下，弹箭改变飞行方向的能力就越强，即弹箭越能沿较弯曲的弹道飞行。因此，弹箭过载越大，机动性就越好。

过载也是进行弹体强度设计和分析的基本条件，强度分析需要知道过载 $\boldsymbol{n}$ 在弹体坐标系 $Ox_1y_1z_1$ 各轴上的投影分量。利用变换矩阵式(6-17)和式(6-44)即可求得过载 $\boldsymbol{n}$ 在弹体坐标系 $Ox_1y_1z_1$ 各轴上的投影为

$$
\begin{bmatrix} n_{x_1} \\ n_{y_1} \\ n_{z_1} \end{bmatrix} = \boldsymbol{L}\left(\beta,\alpha\right)\begin{bmatrix} n_{x_3} \\ n_{y_3} \\ n_{z_3} \end{bmatrix} = \begin{bmatrix} n_{x_3}\cos\alpha\cos\beta + n_{y_3}\sin\alpha - n_{z_3}\cos\alpha\sin\beta \\ -n_{x_3}\sin\alpha\cos\beta + n_{y_3}\cos\alpha + n_{z_3}\sin\alpha\sin\beta \\ n_{x_3}\sin\beta + n_{z_3}\cos\beta \end{bmatrix} \tag{6-46}
$$

式中，称过载 $\boldsymbol{n}$ 在弹体纵轴 Ox_1 上的投影分量 n_{x_1} 为纵向过载，在垂直于弹体纵轴方向上的投影分量 n_{y_1} 、 n_{z_1} 为横向过载。

6.4.3　运动与过载

过载的概念作为评定弹箭机动性的重要指标和参数，它和弹箭的运动之间存在着非常密切的联系。

按照过载的概念，弹箭质心运动的动力学方程可以写成

$$
\begin{cases} m\dfrac{\mathrm{d}V}{\mathrm{d}t} = N_{x_2} + G_{x_2} \\ mV\dfrac{\mathrm{d}\theta}{\mathrm{d}t} = N_{y_2} + G_{y_2} \\ -mV\cos\theta\dfrac{\mathrm{d}\psi_V}{\mathrm{d}t} = N_{z_2} + G_{z_2} \end{cases}
$$

将式(6-10)代入上式，方程两端同除以 mg ，得到

$$
\begin{cases} \dfrac{1}{g}\dfrac{\mathrm{d}V}{\mathrm{d}t} = n_{x_2} - \sin\theta \\ \dfrac{V}{g}\dfrac{\mathrm{d}\theta}{\mathrm{d}t} = n_{y_2} - \cos\theta \\ -\dfrac{V}{g}\cos\theta\dfrac{\mathrm{d}\psi_V}{\mathrm{d}t} = n_{z_2} \end{cases} \tag{6-47}
$$

上面的方程组描述了弹箭质心运动与过载之间的关系，方程组的左端表示弹箭质心的无量纲加速度在弹道坐标系上的三个分量。由此可见，以过载表示弹箭质心运动的动力学方程的形式很简单。

另外，过载也可以用运动参数 V 、θ、ψ_V 来表示，即

$$\begin{cases} n_{x_2} = \dfrac{1}{g}\dfrac{\mathrm{d}V}{\mathrm{d}t} + \sin\theta \\ n_{y_2} = \dfrac{V}{g}\dfrac{\mathrm{d}\theta}{\mathrm{d}t} + \cos\theta \\ n_{z_2} = -\dfrac{V}{g}\cos\theta\dfrac{\mathrm{d}\psi_V}{\mathrm{d}t} \end{cases} \tag{6-48}$$

式中，参数 V 、θ、ψ_V 表示飞行速度的大小和方向，方程的右边含有这些参数对时间的导数。由此看出，过载矢量在弹道坐标系上的投影表征着弹箭改变飞行速度大小和方向的能力。

根据式(6-48)可以得到弹箭在某些特殊飞行情况下所对应的过载：

(1)弹箭在铅垂平面内飞行时：$n_{z_2} = 0$；

(2)弹箭在水平面内飞行时：$n_{y_2} = 1$；

(3)弹箭沿直线飞行时：$n_{y_2} = \cos\theta = \mathrm{const}$，$n_{z_2} = 0$；

(4)弹箭做等速直线飞行时：$n_{x_2} = \sin\theta = \mathrm{const}$，$n_{y_2} = \cos\theta = \mathrm{const}$，$n_{z_2} = 0$；

(5)弹箭做水平直线飞行时：$n_{y_2} = 1$，$n_{z_2} = 0$；

(6)弹箭做水平等速直线飞行时：$n_{x_2} = 0$，$n_{y_2} = 1$，$n_{z_2} = 0$。

过载矢量的投影不仅表征弹箭改变飞行速度大小和方向的能力，如果利用过载在弹道坐标系上的投影，还能定性地表示弹道上各点的切向加速度和弹道的形状。由式(6-47)可得

$$\begin{cases} \dfrac{\mathrm{d}V}{\mathrm{d}t} = g\left(n_{x_2} - \sin\theta\right) \\ \dfrac{\mathrm{d}\theta}{\mathrm{d}t} = \dfrac{g}{V}\left(n_{y_2} - \cos\theta\right) \\ \dfrac{\mathrm{d}\psi_V}{\mathrm{d}t} = -\dfrac{g}{V\cos\theta}n_{z_2} \end{cases} \tag{6-49}$$

按照上面方程组可建立过载在弹道坐标系中的投影与弹箭切向加速度之间的关系：

$$当\, n_{x_2} \begin{cases} = \sin\theta\,时，\;弹箭做等速飞行 \\ > \sin\theta\,时，\;弹箭做加速飞行 \\ < \sin\theta\,时，\;弹箭做减速飞行 \end{cases}$$

弹箭在铅垂平面 x_2Oy_2 内(图 6-7)：

$$
\text{当}\, n_{y_2} \begin{cases} > \cos\theta \text{时}, \dfrac{\mathrm{d}\theta}{\mathrm{d}t} > 0, & \text{此时弹道向上弯曲} \\ = 0 \text{时}, \dfrac{\mathrm{d}\theta}{\mathrm{d}t} = 0, & \text{弹道在该点处曲率为零} \\ < \cos\theta \text{时}, \dfrac{\mathrm{d}\theta}{\mathrm{d}t} < 0, & \text{此时弹道向下弯曲} \end{cases}
$$

弹箭在水平面 x_2Oz_2 内(图 6-8)：

$$
\text{当}\, n_{z_2} \begin{cases} > 0 \text{时}, \dfrac{\mathrm{d}\psi_V}{\mathrm{d}t} < 0, & \text{弹道向右弯曲} \\ = 0 \text{时}, \dfrac{\mathrm{d}\psi_V}{\mathrm{d}t} = 0, & \text{弹道在该点处曲率为零} \\ < 0 \text{时}, \dfrac{\mathrm{d}\psi_V}{\mathrm{d}t} > 0, & \text{弹道向左弯曲} \end{cases}
$$

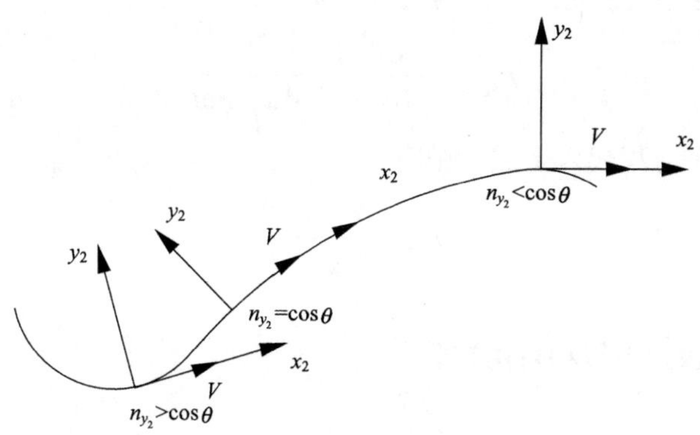

图 6-7　过载 n_{y_2} 与弹道特性之间的关系

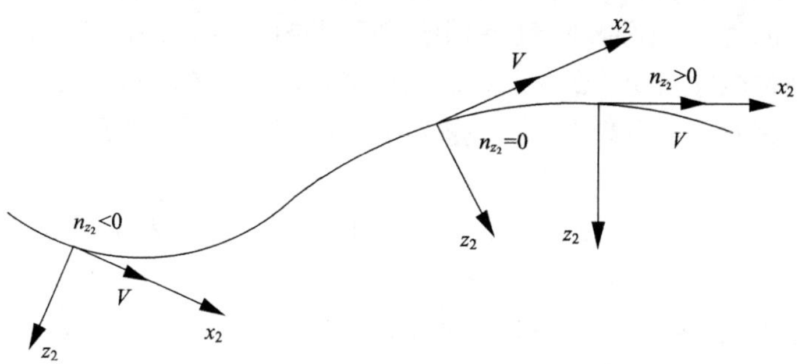

图 6-8　过载 n_{z_2} 与弹道特性之间的关系

6.4.4　弹道曲率半径与法向过载的关系

为了研究弹道特性，通常要分析弹道曲率半径与法向过载之间的关系。如果弹箭是在铅垂平面 x_2Oy_2 内运动，那么，弹道上某点的曲率就是该点处的弹道倾角 θ 对弧长 s 的导数，即

$$K = \frac{d\theta}{ds}$$

因此该点的曲率半径 ρ_{y_2} 则为曲率的倒数，所以有

$$\rho_{y_2} = \frac{ds}{d\theta} = \frac{ds}{dt}\frac{dt}{d\theta} = \frac{V}{d\theta / dt}$$

将式(6-49)的第 2 个方程代入上式，可得到

$$\rho_{y_2} = \frac{V^2}{g\left(n_{y_2} - \cos\theta\right)} \tag{6-50}$$

式(6-50)说明在给定速度V 的情况下，法向过载越大，曲率半径越小，弹箭转弯速率 $\frac{d\theta}{ds} = \frac{V}{\rho_{y_2}}$ 也就越大；若 n_{y_2} 值不变，随着飞行速度V 的增加，弹道曲率半径就增加，这说明速度越大，弹箭越不容易转弯。

同样，如果弹箭在水平面 x_2Oy_2 内飞行，那么曲率半径 ρ_{z_2} 可写成

$$\rho_{z_2} = -\frac{ds}{d\psi_V} = -\frac{V}{d\psi_V / dt}$$

将式(6-49)的第 3 个方程代入上式，则有

$$\rho_{z_2} = \frac{V^2\cos\theta}{gn_{z_2}} \tag{6-51}$$

6.4.5 需用过载、极限过载和可用过载

1. 需用过载

弹箭在飞行过程中能够承受的过载是弹体结构和控制系统设计的重要依据。根据弹箭战术技术要求的规定，弹箭飞行过程中过载不得超过某一数值。这个数值决定了弹体结构和弹上各部件能够承受的最大载荷。为保证弹箭能正常飞行，飞行中的过载也必须小于这个数值。因此，在弹箭设计、校核和分析时，都要用到需用过载、极限过载和可用过载的概念。

弹箭需用过载，一般是指弹箭按给定的弹道飞行时所需要的法向过载，用 n_R 表示。弹箭的需用过载是飞行弹道的一个重要特性。

需用过载是根据弹箭飞行要满足其战术技术指标而确定的。例如，弹箭要攻击机动性强的空中目标，则弹箭按一定的导引规律飞行时必须具有较大的法向过载(即需用过载)；另一方面，从设计和制造的角度来看，希望需用过载在满足弹箭战术技术要求的前提下越小越好。因为需用过载越小，弹箭在飞行过程中所承受的载荷越小，这对防止弹体结构破坏、保证弹上仪器和设备的正常工作以及减小导引误差都是有利的。

2. 极限过载

极限过载 n_L，是指攻角或侧滑角达到临界值时的法向过载。需用过载必须满足弹箭

飞行战术技术指标，即需要方面。而弹箭在飞行中能否产生足够的过载，则是可能方面。因此，弹箭在给定的设计方案、给定的高度和速度下只能产生有限的过载。

在给定飞行速度和高度的情况下，弹箭在飞行中所能产生的过载取决于攻角α、侧滑角β及操纵机构的偏转角。正如弹箭气动力分析中要求的那样，弹箭在飞行中，当攻角达到临界值α_L时，对应的升力系数达到最大值$C_{y\max}$，这是一种极限情况。若使攻角继续增大，则会出现所谓的“失速”现象。

以弹箭做纵向运动为例，相应的极限过载可写成

$$n_L = \frac{1}{G}\left(P\sin\alpha_L + qSC_{y\max}\right)$$

3. 可用过载

弹箭可用过载n_P，是指当弹箭操纵面的偏转角为最大时，所能产生的法向过载。可用过载表示弹箭产生法向控制力的实际能力。若要使弹箭沿着导引规律所确定的弹道飞行，那么，在这条弹道的任一点上，弹箭所能产生的可用过载都应大于需用过载。

以采用追踪法导引(见后面章节)为例，在某一时刻，从O点向运动着的目标O'发射一枚弹箭，亦即弹箭的速度矢量始终跟随目标转动(图 6-9)。这时弹箭跟踪目标所需的过载，即为需用过载n_R。如果在某时刻，操纵面偏转角达到最大允许值所产生的可用过载仍小于需用过载，则弹箭速度矢量就不可能再跟随目标转动，从而导致脱靶。

实际上，弹箭飞行过程中的各种干扰因素总是存在的，弹箭不可能完全沿着理论弹道飞行，因此，在弹箭设计时，必须留有一定的过载余量，用以克服各种扰动因素导致的附加过载。

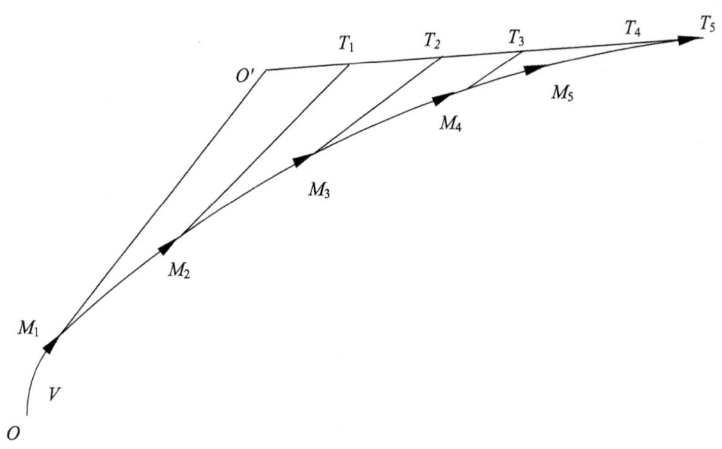

图 6-9 追踪导引弹道示意图

必须说明的是，可用过载也不是越大越好，因为弹体结构、弹上仪器设备的承载能力有限。事实上，弹箭的舵面偏转总是会受到一定的限制，如操纵机构的输出限幅和舵面的机械限制等。

综上所述，可以得到上述三种过载的大小关系：极限过载 n_L >可用过载 n_P >需用过载 n_R 。

思 考 题

1. 试述弹箭运动建模的简化处理方法。
2. 弹箭质心运动和绕质心转动的动力学方程一般分别投影到哪个坐标系？为什么？
3. 弹箭质心运动和绕质心转动的运动学方程一般分别投影到哪个坐标系？为什么？
4. 试述本章四个坐标系变换所用的 8 个角。
5. 弹箭运动方程组由哪些方程构成？共有多少个未知数？
6. 轴对称弹箭和面对称弹箭的控制飞行过程有何不同？
7. 何谓纵向运动和侧向运动？各自包括哪些参数？
8. 何谓“瞬时平衡”假设？它隐含的意义是什么？
9. 写出弹箭在铅垂面内运动的质心运动方程组。
10. 什么叫理想弹道、理论弹道和实际弹道？
11. 过载和机动性如何定义？两者有何联系？
12. 法向过载与弹道形状有何关系？
13. 弹道曲率半径、弹箭转弯速率与弹箭法向过载有何关系？
14. 需用过载、可用过载和极限过载如何定义？它们之间有何关系？

第 7 章　滚转弹箭的运动方程组

7.1　滚转弹箭质心运动的动力学方程

滚转弹箭质心运动的动力学方程建立在弹道坐标系上，即将弹箭飞行基本方程写成在弹道坐标系 $Ox_2y_2z_2$ 上的标量形式，构成滚转弹箭质心运动的动力学方程。假设滚转弹箭是在平行重力场中飞行，其推力矢量 $\boldsymbol{P}$ 与弹体纵轴重合。将空气动力投影到准速度坐标系上，将操纵力投影到准弹体坐标系上，再利用相应的转换矩阵，进一步求出推力、空气动力、重力和操纵力在弹道坐标系 $Ox_2y_2z_2$ 各轴上的投影，然后将其代入弹箭质心运动方程组中，得到滚转弹箭质心运动的动力学标量方程

$$\begin{bmatrix} m\dfrac{\mathrm{d}V}{\mathrm{d}t} \\ mV\dfrac{\mathrm{d}\theta}{\mathrm{d}t} \\ -mV\cos\theta\dfrac{\mathrm{d}\psi_V}{\mathrm{d}t} \end{bmatrix} = \boldsymbol{L}^{\mathrm{T}}\left(\gamma_V^*\right)\boldsymbol{L}^{\mathrm{T}}\left(\alpha^*,\beta^*\right)\begin{bmatrix} P \\ 0 \\ 0 \end{bmatrix} + \boldsymbol{L}^{\mathrm{T}}\left(\gamma_V^*\right)\begin{bmatrix} -X \\ Y \\ Z \end{bmatrix}$$

$$+\boldsymbol{L}(\theta,\psi_V)\begin{bmatrix} 0 \\ -G \\ 0 \end{bmatrix} + \boldsymbol{L}^{\mathrm{T}}\left(\gamma_V^*\right)\boldsymbol{L}^{\mathrm{T}}\left(\alpha^*,\beta^*\right)\begin{bmatrix} 0 \\ K_y\dfrac{2}{\pi}F_c \\ K_z\dfrac{2}{\pi}F \end{bmatrix}$$

将上式中矩阵各项展开后得

$$\begin{cases} m\dfrac{\mathrm{d}V}{\mathrm{d}t} = P\cos\alpha^*\cos\beta^* - X - mg\sin\theta + \dfrac{2}{\pi}F_c\left(K_z\sin\beta^* - K_y\sin\alpha^*\cos\beta^*\right) \\ mV\dfrac{\mathrm{d}\theta}{\mathrm{d}t} = P\left(\sin\alpha^*\cos\gamma_V^* + \cos\alpha^*\sin\beta^*\sin\gamma_V^*\right) + Y\cos\gamma_V^* - Z\sin\gamma_V^* - mg\cos\theta \\ \qquad + \dfrac{2}{\pi}F_c\left[K_y\left(\cos\alpha^*\cos\gamma_V^* - \sin\alpha^*\sin\beta^*\sin\gamma_V^*\right) - K_z\sin\gamma_V^*\cos\beta^*\right] \\ -mV\cos\theta\dfrac{\mathrm{d}\psi_V}{\mathrm{d}t} = P\left(\sin\alpha^*\sin\gamma_V^* - \cos\alpha^*\sin\beta^*\cos\gamma_V^*\right) + Y\sin\gamma_V^* + Z\cos\gamma_V^* \\ \qquad + \dfrac{2}{\pi}F_c\left[K_y\left(\sin\alpha^*\sin\beta^*\cos\gamma_V^* + \cos\alpha^*\sin\gamma_V^*\right) + K_z\cos\gamma_V^*\cos\beta^*\right] \end{cases} \tag{7-1}$$

7.2　滚转弹箭绕质心转动的动力学方程

构建滚转弹箭绕质心转动的动力学方程的标量形式时，通常将方程组投影在准弹体

坐标系上。假设准弹体坐标系 $Ox_4y_4z_4$ 相对于地面坐标系的转动角速度为 $\boldsymbol{\omega}'$，由地面坐标系和准弹体坐标系的角度关系可知

$$\boldsymbol{\omega}' = \dot{\boldsymbol{\psi}} + \dot{\boldsymbol{\vartheta}}$$

因此可将弹体坐标系 $Ox_1y_1z_1$ 相对于地面坐标系的转动角速度 $\boldsymbol{\omega}$ 写成

$$\boldsymbol{\omega} = \boldsymbol{\omega}' + \dot{\boldsymbol{\gamma}} \tag{7-2}$$

式中，$\dot{\boldsymbol{\gamma}}$ 为滚转弹箭绕弹体纵轴的自旋角速度。

采取与非滚转弹箭绕质心转动动力学方程相同的推导方法，则有

$$\frac{\mathrm{d}\boldsymbol{H}}{\mathrm{d}t} = \frac{\delta \boldsymbol{H}}{\delta t} + \boldsymbol{\omega}' \times \boldsymbol{H} = \boldsymbol{M} + \boldsymbol{M}_p \tag{7-3}$$

$$\frac{\delta \boldsymbol{H}}{\delta t} = J_{x_4} \frac{\mathrm{d}\omega_{x_4}}{\mathrm{d}t} \boldsymbol{i}_4 + J_{y_4} \frac{\mathrm{d}\omega_{y_4}}{\mathrm{d}t} \boldsymbol{j}_4 + J_{z_4} \frac{\mathrm{d}\omega_{z_4}}{\mathrm{d}t} \boldsymbol{k}_4 \tag{7-4}$$

$$\boldsymbol{\omega}' \times \boldsymbol{H} = \begin{vmatrix} \boldsymbol{i}_4 & \boldsymbol{j}_4 & \boldsymbol{k}_4 \\ \omega'_{x_4} & \omega'_{y_4} & \omega'_{z_4} \\ J_{x_4}\omega_{x_4} & J_{y_4}\omega_{y_4} & J_{z_4}\omega_{z_4} \end{vmatrix} \tag{7-5}$$

式中

$$\begin{bmatrix} \omega'_{x_4} \\ \omega'_{y_4} \\ \omega'_{z_4} \end{bmatrix} = \begin{bmatrix} \omega_{x_4} - \dot{\gamma} \\ \omega_{y_4} \\ \omega_{z_4} \end{bmatrix} \tag{7-6}$$

将式(7-6)代入式(7-5)中，展开后得

$$\begin{aligned} \boldsymbol{\omega}' \times \boldsymbol{H} = & \left(J_{z_4} - J_{y_4}\right)\omega_{z_4}\omega_{y_4}\boldsymbol{i}_4 + \left[\left(J_{x_4} - J_{y_4}\right)\omega_{x_4}\omega_{z_4} + J_{z_4}\omega_{z_4}\dot{\gamma}\right]\boldsymbol{j}_4 \\ & + \left[\left(J_{y_4} - J_{x_4}\right)\omega_{y_4}\omega_{x_4} - J_{y_4}\omega_{y_4}\dot{\gamma}\right]\boldsymbol{k}_4 \end{aligned} \tag{7-7}$$

将式(7-4)、式(7-7)代入式(7-3)中，最后得滚转弹箭绕质心转动的动力学标量方程

$$\begin{cases} J_{x_4} \dfrac{\mathrm{d}\omega_{x_4}}{\mathrm{d}t} + \left(J_{z_4} - J_{y_4}\right)\omega_{z_4}\omega_{y_4} = M_{x_4} + M_{cx_4} \\ J_{y_4} \dfrac{\mathrm{d}\omega_{y_4}}{\mathrm{d}t} + \left(J_{x_4} - J_{z_4}\right)\omega_{x_4}\omega_{z_4} + J_{z_4}\omega_{z_4}\dot{\gamma} = M_{y_4} + M_{cy_4} \\ J_{z_4} \dfrac{\mathrm{d}\omega_{z_4}}{\mathrm{d}t} + \left(J_{y_4} - J_{x_4}\right)\omega_{y_4}\omega_{x_4} - J_{y_4}\omega_{y_4}\dot{\gamma} = M_{z_4} + M_{cz_4} \end{cases} \tag{7-8}$$

式中，M_{x_4}、M_{y_4}、M_{z_4} 分别为作用在弹箭上除操纵力之外的所有外力(含推力)对质心的力矩在准弹体坐标系各轴上的分量；M_{cx_4}、M_{cy_4}、M_{cz_4} 分别为操纵力矩在准弹体坐标系各轴上的分量。

7.3 滚转弹箭运动学方程与几何关系方程

在建立弹箭的质心运动并不涉及绕质心运动时，描述滚转弹箭质心运动的运动学方

程，与有翼弹箭质心运动学方程是相同的。

对于滚转弹箭和有翼弹箭，两者的绕质心转动的运动学方程有所差异。根据滚转弹箭绕质心转动的运动学基本方程

$$\boldsymbol{\omega} = \boldsymbol{\omega}' + \dot{\boldsymbol{\gamma}} = \dot{\boldsymbol{\psi}} + \dot{\boldsymbol{\vartheta}} + \dot{\boldsymbol{\gamma}}$$

将其展开，可得

$$\begin{bmatrix} \omega_{x_4} \\ \omega_{y_4} \\ \omega_{z_4} \end{bmatrix} = \boldsymbol{L}(\vartheta,\psi)\begin{bmatrix} 0 \\ \dot{\psi} \\ 0 \end{bmatrix} + \begin{bmatrix} 0 \\ 0 \\ \dot{\vartheta} \end{bmatrix} + \begin{bmatrix} \dot{\gamma} \\ 0 \\ 0 \end{bmatrix} = \begin{bmatrix} \dot{\gamma} + \dot{\psi}\sin\vartheta \\ \dot{\psi}\cos\vartheta \\ \dot{\vartheta} \end{bmatrix} = \begin{bmatrix} 1 & \sin\vartheta & 0 \\ 0 & \cos\vartheta & 0 \\ 0 & 0 & 1 \end{bmatrix}\begin{bmatrix} \dot{\gamma} \\ \dot{\psi} \\ \dot{\vartheta} \end{bmatrix}$$

$$\begin{bmatrix} \dot{\gamma} \\ \dot{\psi} \\ \dot{\vartheta} \end{bmatrix} = \begin{bmatrix} 1 & \sin\vartheta & 0 \\ 0 & \cos\vartheta & 0 \\ 0 & 0 & 1 \end{bmatrix}^{-1}\begin{bmatrix} \omega_{x_4} \\ \omega_{y_4} \\ \omega_{z_4} \end{bmatrix} = \begin{bmatrix} 1 & -\tan\vartheta & 0 \\ 0 & \dfrac{1}{\cos\vartheta} & 0 \\ 0 & 0 & 1 \end{bmatrix}\begin{bmatrix} \omega_{x_4} \\ \omega_{y_4} \\ \omega_{z_4} \end{bmatrix}$$

因此，可得滚转弹箭绕质心转动的运动学方程为

$$\begin{cases} \dfrac{\mathrm{d}\gamma}{\mathrm{d}t} = \omega_{x_4} - \omega_{y_4}\tan\vartheta \\ \dfrac{\mathrm{d}\psi}{\mathrm{d}t} = \dfrac{1}{\cos\vartheta}\omega_{y_4} \\ \dfrac{\mathrm{d}\vartheta}{\mathrm{d}t} = \omega_{z_4} \end{cases} \tag{7-9}$$

同样地，对滚转弹箭需要补充的 3 个几何关系方程，其推导方法与推导非滚转弹箭的几何关系方程的方法相同。

以地面坐标系为参考系，Oz_4 轴和 Ox_2 轴为过参考系原点的两条直线，则利用式(6-20)和坐标系变换方向余弦表得到

$$\sin\beta^* = \cos\theta\sin(\psi - \psi_V) \tag{7-10}$$

同样地，另外 2 个几何关系方程也可得到

$$\sin\gamma_V^* = \tan\beta^*\tan\theta \tag{7-11}$$

$$\alpha^* = \vartheta - \arcsin\left(\sin\theta / \cos\beta^*\right) \tag{7-12}$$

7.4　滚转弹箭运动方程组

综合上述方程，可得到滚转弹箭完整的运动方程如下：

$$
\begin{cases}
m\dfrac{\mathrm{d}V}{\mathrm{d}t} = P\cos\alpha^*\cos\beta^* - X - mg\sin\theta + \dfrac{2}{\pi}F_c\left(K_z\sin\beta^* - K_y\sin\alpha^*\cos\beta^*\right) \\
mV\dfrac{\mathrm{d}\theta}{\mathrm{d}t} = P\left(\sin\alpha^*\cos\gamma_V^* + \cos\alpha^*\sin\beta^*\sin\gamma_V^*\right) + Y\cos\gamma_V^* - Z\sin\gamma_V^* - mg\cos\theta \\
\qquad + \dfrac{2}{\pi}F_c\left[K_y\left(\cos\alpha^*\cos\gamma_V^* - \sin\alpha^*\sin\beta^*\sin\gamma_V^*\right) - K_z\sin\gamma_V^*\cos\beta^*\right] \\
-mV\cos\theta\dfrac{\mathrm{d}\psi_V}{\mathrm{d}t} = P\left(\sin\alpha^*\sin\gamma_V^* - \cos\alpha^*\sin\beta^*\cos\gamma_V^*\right) + Y\sin\gamma_V^* + Z\cos\gamma_V^* \\
\qquad + \dfrac{2}{\pi}F_c\left[K_y\left(\sin\alpha^*\sin\beta^*\cos\gamma_V^* + \cos\alpha^*\sin\gamma_V^*\right) + K_z\cos\gamma_V^*\cos\beta^*\right] \\
J_{x_4}\dfrac{\mathrm{d}\omega_{x_4}}{\mathrm{d}t} = M_{x_4} + M_{cx_4} - \left(J_{z_4} - J_{y_4}\right)\omega_{z_4}\omega_{y_4} \\
J_{y_4}\dfrac{\mathrm{d}\omega_{y_4}}{\mathrm{d}t} = M_{y_4} + M_{cy_4} - \left(J_{x_4} - J_{z_4}\right)\omega_{x_4}\omega_{z_4} - J_{z_4}\omega_{z_4}\dot{\gamma} \\
J_{z_4}\dfrac{\mathrm{d}\omega_{z_4}}{\mathrm{d}t} = M_{z_4} + M_{cz_4} - \left(J_{y_4} - J_{x_4}\right)\omega_{y_4}\omega_{x_4} + J_{y_4}\omega_{y_4}\dot{\gamma} \\
\dfrac{\mathrm{d}x}{\mathrm{d}t} = V\cos\theta\cos\psi_V \\
\dfrac{\mathrm{d}y}{\mathrm{d}t} = V\sin\theta \\
\dfrac{\mathrm{d}z}{\mathrm{d}t} = -V\cos\theta\sin\psi_V \\
\dfrac{\mathrm{d}\gamma}{\mathrm{d}t} = \omega_{x_4} - \omega_{y_4}\tan\vartheta \\
\dfrac{\mathrm{d}\psi}{\mathrm{d}t} = \dfrac{1}{\cos\vartheta}\omega_{y_4} \\
\dfrac{\mathrm{d}\vartheta}{\mathrm{d}t} = \omega_{z_4} \\
\dfrac{\mathrm{d}m}{\mathrm{d}t} = -m_c \\
\beta^* = \arcsin\left[\cos\theta\sin\left(\psi - \psi_V\right)\right] \\
\alpha^* = \vartheta - \arcsin\left(\sin\theta / \cos\beta^*\right) \\
\gamma_V^* = \arcsin\left(\tan\beta^*\tan\theta\right) \\
\phi_1 = 0 \\
\phi_2 = 0
\end{cases}
\tag{7-13}
$$

式中，$\phi_1 = 0$ 和 $\phi_2 = 0$ 为控制关系方程；K_y、K_z 分别为俯仰指令系数和偏航指令系数；F_c 为操纵力。其中：

$$
M_{cx_4} = 0
$$

$$M_{cy_4}=K_z\frac{2}{\pi}F_c\left(x_P-x_G\right)$$

$$M_{cz_4}=-K_y\frac{2}{\pi}F_c\left(x_P-x_G\right)$$

$$M_{x_4}=\left(m_{x_4 0}+m_{x_4}^{\bar{\omega}_{x4}}\bar{\omega}_{x4}+m_{x_4}^{\bar{\omega}_{y4}}\bar{\omega}_{y4}+m_{x_4}^{\bar{\omega}_{z4}}\bar{\omega}_{z4}\right)qSl$$

$$M_{y_4}=\left(m_{y_4}^{\beta^*}\beta^*+m_{y_4}^{\bar{\omega}_{y4}}\bar{\omega}_{y4}+m_{y_4}^{\bar{\omega}_{x4}}\bar{\omega}_{x4}\right)qSL_B$$

$$M_{z_4}=\left(m_{z_4}^{\alpha^*}\alpha^*+m_{z_4}^{\bar{\omega}_{z4}}\bar{\omega}_{z4}+m_{z_4}^{\bar{\omega}_{x4}}\bar{\omega}_{x4}\right)qSL_B$$

式中，$m_{y_4}^{\bar{\omega}_{x4}}$、$m_{z_4}^{\bar{\omega}_{x4}}$ 为马格努斯力矩系数的导数；$m_{x_4}^{\bar{\omega}_{y4}}$、$m_{x_4}^{\bar{\omega}_{z4}}$ 为交叉力矩系数的导数；$m_{x_4 0}$ 为弹箭上、下(或左、右)外形不对称引起的滚动力矩系数；x_P 为弹体顶点至操纵力 F_c 的作用点之间的距离；x_G 为弹体顶点至弹箭质心的距离；l 为弹箭的翼展；L_B 为弹箭弹身长度。

思　考　题

1. 滚转弹箭质心运动的动力学方程组包含哪些方程?
2. 滚转弹箭绕质心转动的动力学方程组包含哪些方程?
3. 滚转弹箭运动学方程组包含哪些方程?
4. 滚转弹箭运动学方程组需要补充哪些几何关系方程?
5. 滚转弹箭运动方程组包含哪些方程?

第 8 章　有控弹箭自动寻的导引飞行运动学

8.1　导引飞行综述

有控弹箭与无控弹箭最根本的差别，就是有控弹箭在飞行过程需要依靠某种机制完成飞行的控制，例如一般战术导弹或炮射制导弹药，就是通过制导和控制系统将弹箭或制导弹药导引或者远程控制到目标上/接近目标，从而能比无控的弹箭大大地提高命中目标的精度。

现代弹箭的弹道，按制导系统的不同，可以分为导引弹道和方案弹道两大类；弹箭的制导系统主要有三种类型：自动寻的(又称自动瞄准)、遥远控制(简称遥控)和自主控制。

导引弹道是根据目标运动特性，以某种导引方法将弹箭导向目标的弹箭质心运动轨迹。

自动寻的制导：由导引头(弹箭上的敏感器)感受目标辐射或反射的能量，自动形成制导指令，控制弹箭飞向目标的制导技术。其特点是比较机动灵活，接近目标时精度较高。但弹箭本身装置较复杂，作用距离也较短。

遥控制导：是指由制导站测量、计算弹箭-目标运动参数，形成制导指令，弹箭接收指令后，通过弹上控制系统的作用，飞向目标。制导站可设在地面、空中或海上，弹箭上只安装接收指令和执行指令的装置。因此，弹箭内装置比较简单，作用距离较远。但在制导过程中，制导站不能撤离，易被敌方攻击，而且制导站离弹箭较远时，制导精度下降。

方案飞行或方案弹道：是指弹箭上装有一套程序自动控制装置，弹箭飞行时的舵面偏转规律就是由这套装置实现的。这种控制方式称为自主控制。飞行方案选定以后，弹箭的飞行弹道也就随之确定。也就是说，弹箭发射出去后，它的飞行轨迹就不能随意变更。弹箭按预定的飞行方案所做的飞行称为方案飞行。它所对应的飞行弹道称为方案弹道。

导引弹道和方案弹道各有应用。空-空导弹、地-空导弹、空-地导弹的弹道以及飞航导弹、巡航导弹的末段弹道都是导引弹道。攻击静止或缓慢运动目标的飞航式导弹，其弹道的爬升段(或称起飞段)、平飞段(或称巡航段)，甚至在俯冲攻击的初段都是方案飞行段。反坦克导弹的某些飞行段也有按方案弹道飞行的。某些垂直发射的地-空导弹的初始段、空-地导弹的下滑段以及弹道式导弹的主动段通常也采用方案飞行。此外，方案飞行在一些无人驾驶靶机、侦察机上也被广泛采用。

1. 导引方法的分类

按照弹箭和目标的相对运动关系可将导引方法分为以下几类：

(1)根据弹箭速度向量与目标线(弹箭-目标连线，又称视线)的相对位置，可分为追踪法(两者重合)和常值前置角法(弹箭速度向量超前视线一个常值角度)。

(2)根据目标线在空间的变化规律，可分为平行接近法(目标线在空间平行移动)和比例导引法(弹箭速度矢量的转动角速度与目标线的转动角速度成比例)。

(3)根据弹箭纵轴与目标线的相对位置，可分为直接法(两者重合)和常值方位角法(弹箭纵轴超前一个常值角度)。

(4)根据制导站-弹箭连线和制导站-目标连线的相对位置，可分为三点法(两者重合)和前置量法(制导站-弹箭连线超前一个角度，也称角度法或矫直法)。

2. 导引弹道的研究方法

前面章节中建立的弹箭运动方程组既适用于导引飞行的弹箭，也适合于自主控制飞行的弹箭。

研究弹箭的导引运动规律要注意其特殊性，即弹箭和目标都在运动，目标的运动对弹箭的轨迹有很大影响。导引弹道的特性主要取决于导引方法和目标运动特性。对应某种确定的导引方法，导引弹道的研究内容包括需用过载、弹箭飞行速度、飞行时间、射程和脱靶量等，这些参数将直接影响弹箭的命中精度。

一般来说，为简化问题，在弹箭和制导系统初步设计阶段，通常采用运动学分析方法研究导引弹道。导引弹道的运动学分析基于以下假设：①将弹箭、目标和制导站简化为质点；②制导系统理想工作；③弹箭速度(大小)是已知函数；④目标和制导站的运动规律是已知的；⑤弹箭、目标和制导站始终在同一个平面内运动，该平面称为攻击平面，它可能是水平面、铅垂平面或倾斜平面。

3. 自动瞄准的相对运动方程

相对运动方程是指弹箭、目标和制导站之间相对运动关系的方程。建立自动瞄准的相对运动方程时，常采用极坐标(r,q)来表示弹箭和目标的相对位置。

如图 8-1 所示，r 表示弹箭(M)与目标(T)之间的相对距离，当弹箭命中目标时，$r=0$。弹箭和目标的连线$\overline{MT}$称为目标瞄准线，简称目标线或瞄准线。

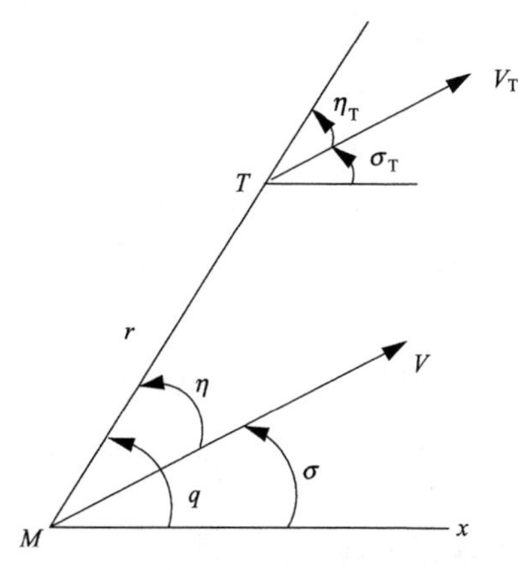

图 8-1　弹箭与目标的相对位置

q 表示目标瞄准线与攻击平面内某一基准线 $\overline{Mx}$ 之间的夹角，称为目标线方位角(简称视角)，从基准线逆时针转向目标线为正。

σ 、σ_{T} 分别表示弹箭速度向量、目标速度向量与基准线之间的夹角，从基准线逆时针转向速度向量为正。当攻击平面为铅垂平面时，σ 就是弹道倾角 θ；当攻击平面是水平面时，σ 就是弹道偏角 ψ_V 。η 、η_{T} 分别表示弹箭速度向量、目标速度向量与目标线之间的夹角，称为弹箭前置角和目标前置角。速度矢量逆时针转到目标线时，前置角为正。

从图 8-1 中可以看出，弹箭速度向量 V 在目标线上的分量为 $V\cos\eta$，是指向目标的，它使相对距离 r 缩短；而目标速度向量 V_{T} 在目标线上的分量为 $V_{\mathrm{T}}\cos\eta_{\mathrm{T}}$，它使 r 增大。$\mathrm{d}r/\mathrm{d}t$ 为弹箭到目标的距离变化率。显然，相对距离 r 的变化率 $\mathrm{d}r/\mathrm{d}t$ 等于目标速度向量和弹箭速度向量在目标线上分量的代数和，即

$$\frac{\mathrm{d}r}{\mathrm{d}t}=V_{\mathrm{T}}\cos\eta_{\mathrm{T}}-V\cos\eta$$

$\mathrm{d}q/\mathrm{d}t$ 表示目标线的旋转角速度。显然，弹箭速度向量 V 在垂直于目标线方向上的分量为 $V\sin\eta$，使目标线逆时针旋转，q 角增大；而目标速度向量 V_{T} 在垂直于目标线方向上的分量为 $V_{\mathrm{T}}\sin\eta_{\mathrm{T}}$，使目标顺时针旋转，$q$ 角减小。由理论力学知识可知，目标线的旋转角速度 $\mathrm{d}q/\mathrm{d}t$ 等于弹箭速度向量和目标速度向量在垂直于目标线方向上分量的代数和除以相对距离 r，即

$$\frac{\mathrm{d}q}{\mathrm{d}t}=\frac{1}{r}\left(V\sin\eta-V_{\mathrm{T}}\sin\eta_{\mathrm{T}}\right)$$

再根据图 8-1 中的几何关系，可以得到自动瞄准的相对运动方程组为

$$\begin{cases}\dfrac{\mathrm{d}r}{\mathrm{d}t}=V_{\mathrm{T}}\cos\eta_{\mathrm{T}}-V\cos\eta\\ r\dfrac{\mathrm{d}q}{\mathrm{d}t}=V\sin\eta-V_{\mathrm{T}}\sin\eta_{\mathrm{T}}\\ q=\sigma+\eta\\ q=\sigma_{\mathrm{T}}+\eta_{\mathrm{T}}\\ \varepsilon=0\end{cases}\tag{8-1}$$

上面的方程组中包含 8 个参数：r 、q 、V 、η 、σ 、V_{T} 、η_{T} 、σ_{T} 。其中 $\varepsilon=0$ 是导引关系式，与导引方法有关，它反映出各种不同导引弹道的特点。

通过相对运动方程组(8-1)的分析，可以看出弹箭相对目标的运动特性决定于以下三个因素：

(1)目标的运动特性，如飞行高度、速度及机动性能；

(2)弹箭飞行速度的变化规律；

(3)弹箭所采用的导引方法。

在弹箭设计阶段，一般不能完全预先确定目标的运动特性，通常是根据所要攻击的目标，在其性能范围内选择若干条典型航迹开展设计和分析。例如，等速直线飞行或等速盘旋等。只要典型航迹选得合适，弹箭的导引特性大致可以估算出来。这样，在研究

弹箭的导引特性时，认为目标运动的特性是已知的。

在弹箭初步设计阶段，当需要简便地确定航迹特性，以便选择导引方法时，一般采用比较简单的运动学方程。可以用近似计算方法，预先求出弹箭速度的变化规律。因此，在研究弹箭的相对运动特性时，速度可以作为时间的已知函数。这样，相对运动方程组中就可以不考虑动力学方程，而仅需单独求解相对运动方程组(8-1)。显然，该方程组与作用在弹箭上的力无关，称为运动学方程组。单独求解该方程组所得的轨迹，称为运动学弹道。

实际上，弹箭的飞行速度大小取决于发动机特性、结构参数和气动外形，求解包括动力学方程在内的弹箭运动方程组可得到。但是，为了初步设计阶段的需要，将速度作为时间的已知函数来处理是非常方便的。

4. 导引弹道的求解方法

求解导引弹道常用数值积分法、解析法或图解法。

1) 数值积分法

该方法是采用数值积分，如龙格-库塔等数值积分方法来积分相对运动方程组。其优点是可以获得运动参数随时间变化的函数，求得任何飞行情况下的轨迹。它的局限性即给定一组初始条件得到相应的一组特解，而得不到包含任意待定常数的一般解。

2) 解析法

即用解析式表达的方法来求解相对运动方程组。当然，只有在特定条件下，才能得到满足一定初始条件的解析解，例如，假设弹箭和目标在同一平面内运动、目标做等速直线飞行、弹箭的速度大小也是已知的等。这种解法的优点，是可以提供导引方法的某些一般性能。

3) 图解法

图解法也是在目标运动特性和弹箭速度大小已知的条件下进行的，它所得到的轨迹是给定初始条件$\left(r_0,q_0\right)$下的运动学弹道。图解法的优点是比较简单直观，但是精度不高。作图的精度受比例尺大小、时间步长等因素的影响较大。

如图 8-2 所示，三点法导引弹道的作图步骤如下：首先取适当的时间间隔，把各瞬时目标的位置 $0'$，$1'$，$2'$，$3'$，…标注出来，然后作目标各瞬时位置与制导站的连线。按三点法的导引关系，制导系统应使弹箭时刻处于制导站与目标的连线上。在初始时刻，弹箭处于 0 点。经过 Δt 时间后，弹箭飞经的距离为 $\overline{01}=V\left(t_0\right)\Delta t$，点 1 又必须在 $\overline{01'}$ 线段上，按照这两个条件确定 1 的位置。类似地，确定对应时刻弹箭的位置 2，3，…。最后用光滑曲线连接 0，1，2，3，…各点，就得到三点法导引时的运动学弹道。弹箭飞行速度的方向就是沿着轨迹各点的切线方向。

上述作图方法得到的弹道是弹箭相对地面坐标系的运动轨迹，称为绝对弹道。而弹箭相对于目标的运动轨迹，则称为相对弹道。或者说，相对弹道就是观察者在活动目标上所能看到的弹箭运动轨迹。

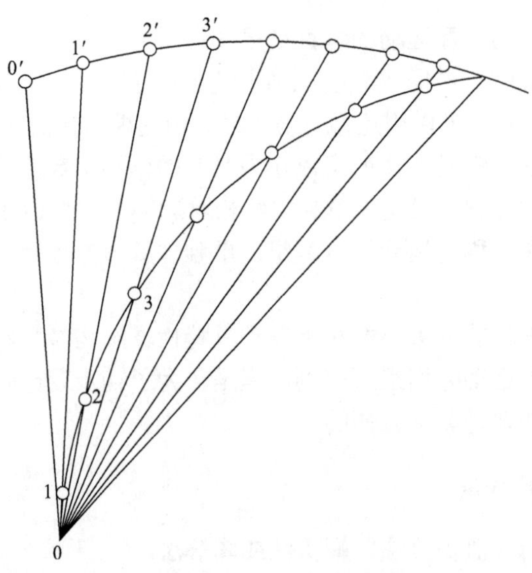

图 8-2　三点法导引弹道

同样地，相对弹道也可以用图解法作出。图 8-3 所示为目标做等速直线飞行，按追踪法导引时的相对弹道。作图时，假设目标固定不动，按追踪法的导引关系，弹箭速度向量V应始终指向目标。首先求出起始点(r_0,q_0)弹箭的相对速度$V_r=V-V_\text{T}$，这样可以得到第一秒时弹箭相对目标的位置 1。然后，依次确定瞬时弹箭相对目标的位置 2，3，…。最后，光滑连接 0，1，2，3，…各点，就得到追踪法导引时的相对弹道。显然，弹箭相对速度的方向就是相对弹道的切线方向。

从图 8-3 可以看出，在用追踪法导引时，弹箭的相对速度总是落后于目标线，而且总要绕到目标正后方去攻击，因而它的轨迹比较弯曲，要求弹箭具有较高的机动性，不能实现全向攻击。

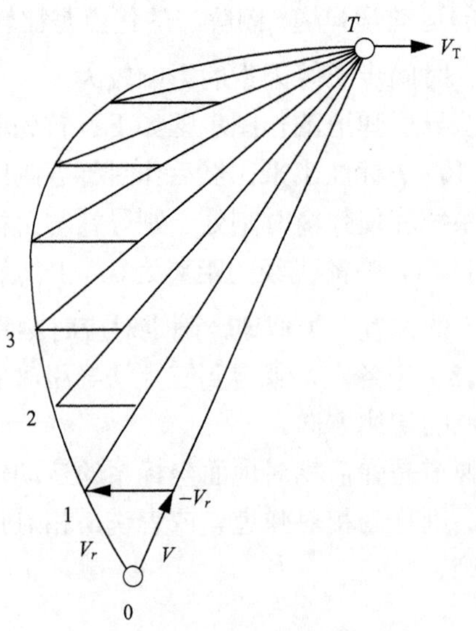

图 8-3　追踪法相对弹道

8.2 追 踪 法

8.2.1 弹道方程

追踪导引方法，是指弹箭在攻击目标的导引过程中，弹箭的速度矢量始终指向目标的一种导引方法。这种方法要求弹箭速度矢量的前置角η始终等于零。因此，追踪法导引关系方程为

$$\varepsilon = \eta = 0$$

在追踪法导引时，弹箭与目标之间的相对运动由方程组(8-1)可得

$$\begin{cases} \dfrac{\mathrm{d}r}{\mathrm{d}t} = V_{\mathrm{T}} \cos \eta_{\mathrm{T}} - V \\ r\dfrac{\mathrm{d}q}{\mathrm{d}t} = -V_{\mathrm{T}} \sin \eta_{\mathrm{T}} \\ q = \sigma_{\mathrm{T}} + \eta_{\mathrm{T}} \end{cases} \tag{8-2}$$

如果V、V_{T}和σ_{T}为已知的时间函数，则方程组(8-2)还包含 3 个未知参数：r、q和η_{T}。给出初始值r_0、q_0和η_{T0}，用数值积分法可以得到相应的特解。

下面通过解析解的方式来分析追踪法的一般特性。为了得到解析解，做以下假定：目标做等速直线运动，弹箭做等速运动。

如图 8-4，取基准线$\overline{Ax}$平行于目标的运动轨迹，这时，$\sigma_{\mathrm{T}} = 0$，$q = \eta_{\mathrm{T}}$，则方程组(8-2)可改写为

$$\begin{cases} \dfrac{\mathrm{d}r}{\mathrm{d}t} = V_{\mathrm{T}} \cos q - V \\ r\dfrac{\mathrm{d}q}{\mathrm{d}t} = -V_{\mathrm{T}} \sin q \end{cases} \tag{8-3}$$

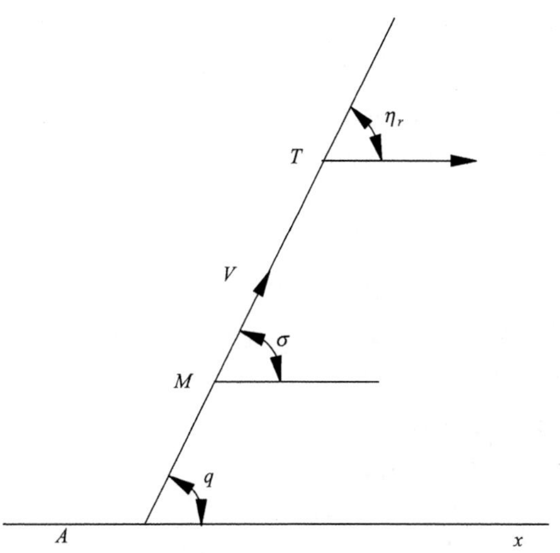

图 8-4　追踪法导引弹箭与目标的相运动关系

从方程组(8-3)可推导出相对弹道方程$r = f(q)$。采用方程组(8-3)的第 1 式除以第 2 式得

$$\frac{\mathrm{d}r}{r} = \frac{V_{\mathrm{T}}\cos q - V}{-V_{\mathrm{T}}\sin q}\mathrm{d}q \tag{8-4}$$

令$p = V / V_{\mathrm{T}}$，称为速度比。根据弹箭和目标做等速运动假设，p应为常值。于是有

$$\frac{\mathrm{d}r}{r} = \frac{-\cos q + q}{\sin q}\mathrm{d}q \tag{8-5}$$

积分上式得

$$r = r_0 \frac{\tan^p \dfrac{q}{2} \sin q_0}{\tan^p \dfrac{q_0}{2} \sin q} \tag{8-6}$$

令

$$c = r_0 \frac{\sin q_0}{\tan^p \dfrac{q_0}{2}} \tag{8-7}$$

式中，(r_0, q_0)为开始导引瞬时弹箭相对目标的位置。

最终得到以目标为原点的极坐标形式的弹箭相对弹道方程为

$$r = c\frac{\tan^p \dfrac{q}{2}}{\sin q} = c\frac{\sin^{p-1} \dfrac{q}{2}}{2\cos^{p+1} \dfrac{q}{2}} \tag{8-8}$$

根据式(8-8)可绘出追踪法导引的相对弹道即追踪曲线，方法如下：

(1)求命中目标时的q_{f}值。命中目标时$r_{\mathrm{f}} = 0$，当$p > 1$，由式(8-8)得到$q_{\mathrm{f}} = 0$。

(2)在q_0到q_{f}之间取一系列q值，由目标所在位置(T点)相应引出射线。

(3)将一系列q值分别代入式(8-8)中，可以求得相对应的r值，并在射线上截取相应线段长度，则可求得弹箭的对应位置。

(4)逐点描绘即可得到弹箭的相对弹道。

8.2.2 直接命中目标的条件

由方程组(8-3)的第 2 式可以看出：$\dot{q}$和q的符号总是相反的，说明不管弹箭开始追踪时的q_0为何值，弹箭在整个导引过程中$|q|$是不断减小的，即弹箭总是绕到目标的正后方去命中目标(图 8-3)。因此，$q \to 0$。

由式(8-8)可以得到 3 种可能性：

(1) $p > 1$，且$q \to 0$，则$r \to 0$；

(2) $p = 1$，且$q \to 0$，则$r \to r_0 \dfrac{\sin q_0}{2\tan \dfrac{q_0}{2}}$；

(3) $p<1$，且 $q \to 0$，则 $r \to \infty$。

由此得到弹箭直接命中目标的条件：只有当弹箭的速度大于目标的速度时，才有可能直接命中目标；若弹箭的速度等于或小于目标的速度，则弹箭与目标最终将保持一定的距离或距离越来越远而不能直接命中目标。由此可见，追踪法导引的弹箭直接命中目标的必要条件是弹箭的速度大于目标的速度(即 $p>1$)。

8.2.3　弹箭命中目标需要的飞行时间

弹箭命中目标所需的飞行时间是弹箭武器系统设计的必要数据，因为它直接关系到控制系统及弹体参数的选择。

方程组(8-3)中的第 1 式和第 2 式分别乘以 $\cos q$ 和 $\sin q$，然后相减，经整理得

$$\frac{\mathrm{d}r}{\mathrm{d}t}\cos q-\frac{\mathrm{d}q}{\mathrm{d}t}r\sin q=V_{\mathrm{T}}-V\cos q \tag{8-9}$$

方程组(8-3)的第 1 式可改写为

$$\cos q=\frac{\dfrac{\mathrm{d}r}{\mathrm{d}t}+V}{V_{\mathrm{T}}}$$

将上式代入式(8-9)中，整理后得

$$\frac{\mathrm{d}r}{\mathrm{d}t}(p+\cos q)-\frac{\mathrm{d}q}{\mathrm{d}t}r\sin q=V_{\mathrm{T}}-pV$$

$$\mathrm{d}\left[r(p+\cos q)\right]=(V_{\mathrm{T}}-pV)\mathrm{d}t$$

积分得

$$t=\frac{r_0(p+\cos q_0)-r(p+\cos q)}{pV-V_{\mathrm{T}}} \tag{8-10}$$

将命中目标的条件(即 $r\to 0$，$q\to 0$)代入式(8-10)中，可得弹箭从开始追踪至命中目标所需的飞行时间为

$$t_{\mathrm{f}}=\frac{r_0(p+\cos q_0)}{pV-V_{\mathrm{T}}}=\frac{r_0(p+\cos q_0)}{(V-V_{\mathrm{T}})(1+p)} \tag{8-11}$$

由式(8-11)可以看出：

(1) 当迎面攻击$(q_0=\pi)$时，$t_{\mathrm{f}}=\dfrac{r_0}{V+V_{\mathrm{T}}}$；

(2) 当尾追攻击$(q_0=0)$时，$t_{\mathrm{f}}=\dfrac{r_0}{V-V_{\mathrm{T}}}$；

(3) 当侧面攻击$\left(q_0=\dfrac{\pi}{2}\right)$时，$t_{\mathrm{f}}=\dfrac{r_0 p}{(V-V_{\mathrm{T}})(1+p)}$。

由此可知：在 r_0、V 和 V_{T} 相同的条件下，q_0 在 0～π 范围内，随着 q_0 的增加，命中目标所需的飞行时间将缩短。当迎面攻击$(q_0=\pi)$时，所需飞行时间最短。

8.2.4　弹箭的法向过载

弹箭飞行过载直接影响制导系统的工作条件和导引误差，同时也决定了弹箭弹体结构强度。因此，弹箭的过载特性是评定导引方法优劣的重要标志之一。沿导引弹道飞行的需用法向过载必须小于可用法向过载；否则，弹箭的飞行将脱离追踪曲线并按着可用法向过载所决定的弹道曲线飞行，在这种情况下，直接命中目标是不可能的。

在导引运动学中，将法向过载定义(与第 6 章中过载的第二种定义对应)为法向加速度与重力加速度(大小)之比，即

$$n=\frac{a_n}{g} \tag{8-12}$$

式中，a_n 为作用在弹箭上所有外力(包括重力)的合力所产生的法向加速度。

追踪法导引弹箭的法向加速度为

$$a_n=V\frac{\mathrm{d}\sigma}{\mathrm{d}t}=V\frac{\mathrm{d}q}{\mathrm{d}t}=-\frac{VV_\mathrm{T}\sin q}{r} \tag{8-13}$$

将式(8-6)代入式(8-13)得

$$a_n=-\frac{VV_\mathrm{T}\sin q}{r_0\dfrac{\tan^p\dfrac{q}{2}\sin q_0}{\tan^p\dfrac{q_0}{2}\sin q}}=-\frac{VV_\mathrm{T}\tan^p\dfrac{q_0}{2}}{r_0\sin q_0}\frac{4\cos^p\dfrac{q}{2}\sin^2\dfrac{q}{2}\cos^2\dfrac{q}{2}}{\sin^p\dfrac{q}{2}}=-\frac{4VV_\mathrm{T}}{r_0}\frac{\tan^p\dfrac{q_0}{2}}{\sin q_0}\cos^{(p+2)}\frac{q}{2}\sin^{(2-p)}\frac{q}{2} \tag{8-14}$$

将式(8-14)代入(8-12)中，且法向过载只考虑其绝对值，则过载可表示为

$$n=\frac{4VV_\mathrm{T}}{gr_0}\left|\frac{\tan^p\dfrac{q_0}{2}}{\sin q_0}\cos^{(p+2)}\frac{q}{2}\sin^{(2-p)}\frac{q}{2}\right| \tag{8-15}$$

弹箭命中目标时，$q\to 0$，由式(8-15)可知：

(1) 当 $q>2$ 时，$\lim\limits_{q\to 0}=\infty$；

(2) 当 $q=2$ 时，$\lim\limits_{q\to 0}n=\dfrac{4VV_\mathrm{T}}{gr_0}\left|\dfrac{\tan^p\dfrac{q_0}{2}}{\sin q_0}\right|$；

(3) 当 $q<2$ 时，$\lim\limits_{q\to 0}n=0$。

因此对于追踪导引方法，考虑到命中点的法向过载，只有当速度比满足 $1<p\leqslant 2$ 时，弹箭才有可能直接命中目标。

8.2.5　允许攻击区

允许攻击区，是指弹箭在此区域内按追踪法导引飞行，其飞行弹道上的需用法向过

载均不超过可用法向过载。

由式(8-13)得

$$r = -\frac{VV_{\mathrm{T}}\sin q}{a_n}$$

将式(8-12)代入上式，且只考虑其绝对值，则上式可改写为

$$r = \frac{VV_{\mathrm{T}}}{gn}\left|\sin q\right| \tag{8-16}$$

在弹箭目标速度V、V_{T}和n给定的条件下，在由r、q所组成的极坐标系中，式(8-16)是一个圆的方程，即追踪曲线上过载相同点的连线(简称等过载曲线)是个圆。圆心在$\left(VV_{\mathrm{T}}/(2gn),\pm\pi/2\right)$上，圆的半径等于$VV_{\mathrm{T}}/(2gn)$。在$V$、$V_{\mathrm{T}}$一定时，给出不同的$n$值，就可以绘出圆心在$q=\pm\pi/2$上、半径大小不同的圆族，且$n$越大，等过载圆半径越小。这族圆正通过目标，与目标的速度相切(图 8-5)。

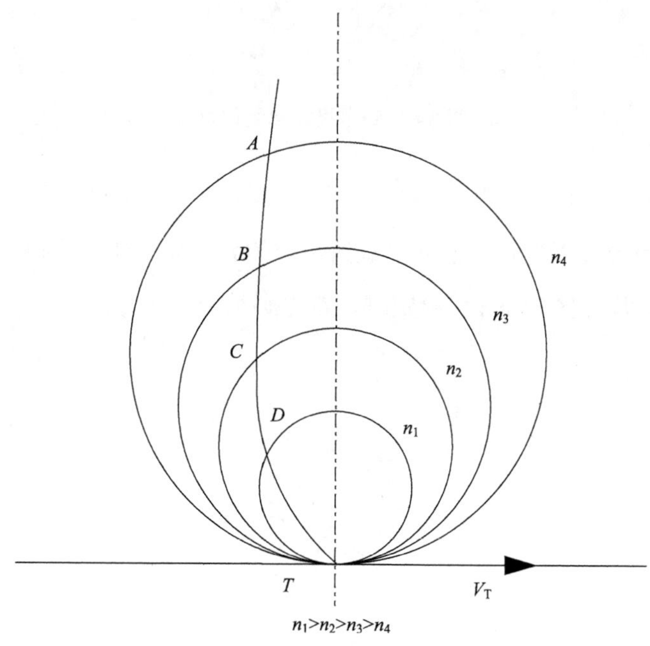

图 8-5　等过载圆族

若假设可用法向过载为n_{P}，则对应有一等过载圆。下面推导追踪导引起始时刻弹箭-目标相对距离r_0为某一给定值的允许攻击区。

假设弹箭的初始位置分别在点M_{01}、M_{02}、M_{03}。各自对应的追踪曲线为 1、2、3(图 8-6)。追踪曲线 1 不与n_{P}决定的圆相交，因而追踪曲线 1 上的任意一点的法向过载$n<n_{\mathrm{P}}$；追踪曲线 3 与n_{P}决定的圆相交，因而追踪曲线 3 上有一段的法向过载$n>n_{\mathrm{P}}$，显然，弹箭从M_{03}点开始追踪导引是不允许的，因为它不能直接命中目标；追踪曲线 2 与n_{P}决定的圆正好相切，切点E的过载最大，且$n=n_{\mathrm{P}}$，追踪曲线 2 上任意一点均满足

$n \leqslant n_P$。因此，M_{02} 点是追踪法导引的极限初始位置，它由 r_0、q_0 确定。于是 r_0 值给定时，允许攻击区必须满足

$$\left|q_0\right| \leqslant \left|q_0^*\right|$$

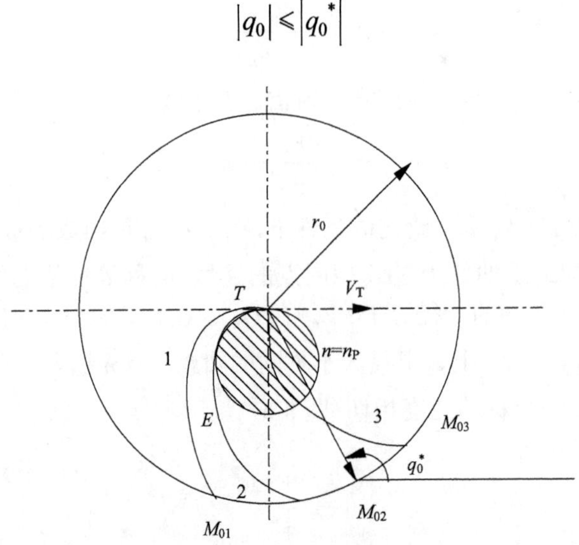

图 8-6　确定极限起始位置

追踪法导引的极限初始位置 $\left(r_0, q_0^*\right)$ 对应的追踪曲线 2 把攻击平面分成两个区域，$\left|q_0\right| \leqslant \left|q_0^*\right|$ 的区域就是由弹箭可用法向过载所决定的允许攻击区，如图 8-7 中阴影线所示。因此，要确定允许攻击区，在 r_0 值给定时，首先必须确定 q_0^* 值。

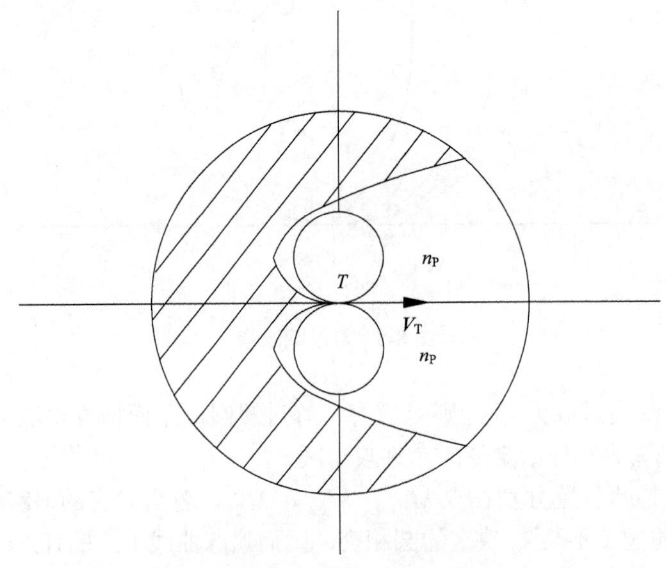

图 8-7　追踪法导引的允许攻击区

可知在追踪曲线 2 上，E 点过载最大，此点所对应的坐标为 $\left(r^*, q^*\right)$。q^* 值可以由

$\mathrm{d}n/\mathrm{d}q=0$ 求得。由式(8-15)可得

$$\frac{\mathrm{d}n}{\mathrm{d}q}=\frac{2VV_\mathrm{T}}{r_0 g\dfrac{\sin q_0}{\tan^p\dfrac{q_0}{2}}}\left[(2-p)\sin^{(1-p)}\frac{q}{2}\cos^{(p+3)}\frac{q}{2}-(2+p)\sin^{(3-p)}\frac{q}{2}\cos^{(p+1)}\frac{q}{2}\right]=0$$

即

$$(2-p)\sin^{(1-p)}\frac{q^*}{2}\cos(p+3)\frac{q^*}{2}=(2+q)\sin^{(3-p)}\frac{q^*}{2}\cos^{(p+1)}\frac{q^*}{2}$$

整理后得

$$(2-p)\cos^2\frac{q^*}{2}=(2+p)\sin^2\frac{q^*}{2}$$

又可以写成

$$2\left(\cos^2\frac{q^*}{2}-\sin^2\frac{q^*}{2}\right)=p\left(\sin^2\frac{q^*}{2}+\cos^2\frac{q^*}{2}\right)$$

于是

$$\cos q^*=\frac{p}{2}$$

由上式可知，追踪曲线上法向过载最大值处的视线角 q^* 仅取决于速度比 p 的大小。因 E 点在 n_P 的等过载圆上，且所对应的 r^* 值满足式(8-16)，于是

$$r^*=\frac{VV_\mathrm{T}}{gn_\mathrm{P}}\left|\sin q^*\right|$$

因为

$$\sin q^*=\sqrt{1-\frac{p^2}{4}}$$

所以

$$r^*=\frac{VV_\mathrm{T}}{gn_\mathrm{P}}\left(1-\frac{p^2}{4}\right)^{\frac{1}{2}} \tag{8-17}$$

E 点在追踪曲线 2 上，r^* 也同时满足弹道方程式(8-6)，即

$$r^*=r_0\frac{\tan^p\dfrac{q^*}{2}\sin q_0{}^*}{\tan^p\dfrac{q_0{}^*}{2}\sin q^*}=\frac{r_0\sin q_0{}^*2(2-p)^{\frac{p-1}{2}}}{\tan^p\dfrac{q_0{}^*}{2}(2+p)^{\frac{p+1}{2}}} \tag{8-18}$$

同时满足式(8-17)和式(8-18)，于是有

$$\frac{VV_\mathrm{T}}{gn_\mathrm{P}}\left(1-\frac{p}{2}\right)^{\frac{1}{2}}\left(1+\frac{p}{2}\right)^{\frac{1}{2}}=\frac{r_0\sin q_0{}^*2(2-p)^{\frac{p-1}{2}}}{\tan^p\dfrac{q_0{}^*}{2}(2+p)^{\frac{p+1}{2}}} \tag{8-19}$$

当V、V_{T}、n_{P}和r_0给定时，由式(8-19)解出q_0^*值，那么，允许攻击区也就相应确定了。

也就是说如果弹箭从发射时刻就开始实现追踪法导引，则$|q_0| \leqslant |q_0^*|$所确定的范围也就是允许发射区。

作为最早提出的一种导引方法，追踪法在技术上相对比较简单。例如，只要在弹内装一个“风标”装置，再将目标位标器安装在风标上，使其轴线与风标指向平行，由于风标的指向始终沿着弹箭速度矢量的方向，只要目标影像偏离了位标器轴线，这时，弹箭速度矢量没有指向目标，制导系统就会形成控制指令，以消除偏差，实现追踪法导引。由于追踪法导引在技术实施方面比较简单，部分空-地导弹、激光制导炸弹采用这种导引方法。但这种导引方法的弹道特性存在着严重的缺点。因为弹箭的绝对速度始终指向目标，相对速度总是落后于目标线，不管从哪个方向发射，弹箭总是要绕到目标的后面去命中目标，这样导致弹箭的弹道较弯曲(特别在命中点附近)，需用法向过载较大，要求弹箭要有很高的机动性。由于受到可用法向过载的限制，弹箭不能实现全向攻击。同时，考虑到追踪法导引命中点的法向过载，速度比受到严格的限制，$1 < p \leqslant 2$。故追踪法目前应用很少。

8.3 平行接近法

8.3.1 平行接近法的相对运动方程组

追踪法有一个明显的缺点，就是其相对速度落后于目标线，弹箭总要绕到目标正后方去攻击。平行接近法就是为了克服追踪法缺点的一种导引方法。

所谓平行接近法，是指在整个导引过程中，目标线在空间保持平行移动的一种导引方法。其导引关系式(即理想操纵关系式)为

$$\varepsilon = \frac{\mathrm{d}q}{\mathrm{d}t} = 0 \tag{8-20}$$

或

$$\varepsilon = q - q_0 = 0$$

代入方程组(8-1)的第 2 式，可得

$$r\frac{\mathrm{d}q}{\mathrm{d}t} = V\sin\eta - V_{\mathrm{T}}\sin\eta_{\mathrm{T}} = 0 \tag{8-21}$$

即

$$\sin\eta = \frac{V_{\mathrm{T}}}{V}\sin\eta_{\mathrm{T}} = \frac{1}{p}\sin\eta_{\mathrm{T}} \tag{8-22}$$

从式(8-21)可以看出，无论目标做何种机动飞行，弹箭速度向量V和目标速度向量V_{T}在垂直于目标线方向上的分量相等。因此，弹箭的相对速度V_r正好在目标线上，它的方向始终指向目标(图 8-8)。

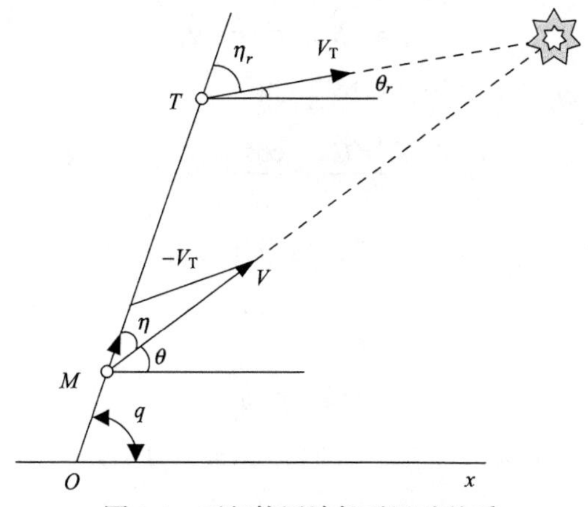

图 8-8　平行接近法相对运动关系

若弹箭在铅垂平面内按平行接近法导引飞行，其相对运动方程组为

$$\begin{cases}\dfrac{\mathrm{d}r}{\mathrm{d}t}=V_{\mathrm{T}}\cos\eta_{\mathrm{T}}-V\cos\eta \\ r\dfrac{\mathrm{d}q}{\mathrm{d}t}=V\sin\eta-V_{\mathrm{T}}\sin\eta_{\mathrm{T}} \\ q=\eta+\theta \\ q=\eta_{\mathrm{T}}+\theta_{\mathrm{T}} \\ \varepsilon=\dfrac{\mathrm{d}q}{\mathrm{d}t}=0\end{cases} \tag{8-23}$$

8.3.2　直线弹道问题与弹箭的法向过载

依照平行接近法，在整个导引过程中视线角 q 为常值，因此，如果弹箭速度的前置角 η 保持不变，则弹箭弹道倾角(或弹道偏角)为常值，弹箭的飞行轨迹(绝对弹道)就是一条直线弹道。由式(8-22)可以看出，只要满足 p 和 η_{T} 为常值，则 η 为常值，此时弹箭就沿着直线弹道飞行。因此，对于平行接近法导引，在目标直线飞行情况下，只要速度比保持为常数，且 $p>1$，那么弹箭无论从什么方向攻击目标，它的飞行弹道都是直线弹道。

为了防止被弹箭击中，目标常常做机动飞行。当目标做机动飞行，且弹箭速度不断变化时，如果速度比 $p=V/V_{\mathrm{T}}=\text{const}$，且 $p>1$，则弹箭按平行接近法导引的需用法向过载总是比目标的过载小。证明如下：将式(8-22)对时间求导，在 p 为常数时，有

$$\dot{\eta}\cos\eta=\frac{1}{p}\dot{\eta}_{\mathrm{T}}\cos\eta_{\mathrm{T}}$$

或

$$V\dot{\eta}\cos\eta=V_{\mathrm{T}}\dot{\eta}_{\mathrm{T}}\cos\eta_{\mathrm{T}} \tag{8-24}$$

如果攻击平面为铅垂平面，则

$$q=\eta+\theta=\eta_{\mathrm{T}}+\theta_{\mathrm{T}}=\text{const}$$

因此

$$\dot{\eta}=-\dot{\theta}，\quad \dot{\eta}_{\mathrm{T}}=-\dot{\theta}_{\mathrm{T}}$$

用$\dot{\theta}$、$\dot{\theta}_{\mathrm{T}}$置换$\dot{\eta}$、$\dot{\eta}_{\mathrm{T}}$，改写式(8-24)，得

$$\frac{V\dot{\theta}}{V_{\mathrm{T}}\dot{\theta}_{\mathrm{T}}}=\frac{\cos\eta_{\mathrm{T}}}{\cos\eta} \tag{8-25}$$

因恒有$p>1$，即$V>V_{\mathrm{T}}$，由式(8-22)可得$\eta_{\mathrm{T}}>\eta$，于是有

$$\cos\eta_{\mathrm{T}}<\cos\eta$$

从式(8-25)显然可得

$$V\dot{\theta}=V_{\mathrm{T}}\dot{\theta}_{\mathrm{T}} \tag{8-26}$$

若要保持q值为某一常数，在$\eta_{\mathrm{T}}>\eta$时，必须有$\theta>\theta_{\mathrm{T}}$，因此有不等式

$$\cos\theta>\cos\theta_{\mathrm{T}} \tag{8-27}$$

则弹箭和目标的需用法向过载可表示为

$$\begin{cases} n_y=\dfrac{V\dot{\theta}}{g}+\cos\theta \\ n_{y\mathrm{T}}=\dfrac{V_{\mathrm{T}}\dot{\theta}_{\mathrm{T}}}{g}+\cos\theta_{\mathrm{T}} \end{cases} \tag{8-28}$$

根据式(8-26)和式(8-27)，再比较式(8-28)右端，有

$$n_y>n_{y\mathrm{T}} \tag{8-29}$$

通过分析可以看到，无论目标做何种机动飞行，采用平行接近法导引时，弹箭的需用法向过载总是小于目标的法向过载，即弹箭弹道的弯曲程度比目标航迹弯曲的程度小。因此，弹箭的机动性就可以小于目标的机动性。

8.3.3　平行接近法的图解法弹道

下面以图解法来绘出平行接近法的弹道。先确定目标的位置$0',1',2',3',\cdots$，弹箭初始位置在0点。连接$\overline{00'}$，就确定了目标线方向。通过$1',2',3',\cdots$引平行于$\overline{00'}$的直线。弹箭在第一个Δt内飞过的路程$\overline{01}=V(t_0)\Delta t$。同时，点1必须处在对应的平行线上，按照这两个条件确定1点的位置。同样可以确定2,3，…，这样就得到弹箭的飞行弹道(图8-9)。

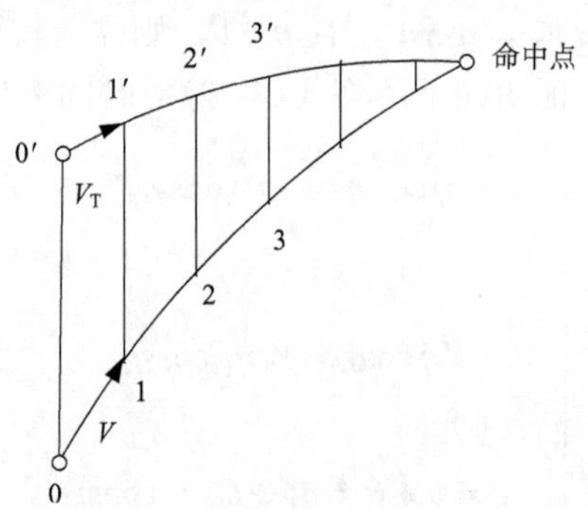

图8-9　平行接近法图解弹道

根据上述分析可知，当目标机动时，按平行接近法导引的弹道需用过载将小于目标的机动过载。进一步的分析表明，与其他导引方法相比，用平行接近法导引的弹道最为平直，还可实行全向攻击。因此，从这个意义上说，平行接近法是最好的导引方法。

尽管平行接近法有着特别的优势，但是在工程上，平行接近法很难实现。这也是到目前为止为什么平行接近法并未得到应用的原因。从工程实现的角度来看，平行接近法对制导系统提出了严格的要求，使制导系统复杂化。它要求制导系统在每一瞬时都要精确地测量目标及弹箭的速度和前置角，并严格保持平行接近法的导引关系。而实际上，由于发射偏差或干扰的存在，不可能绝对保证弹箭的相对速度 V_r 始终指向目标。

8.4　比例导引法

8.4.1　比例导引法的相对运动方程组

比例导引法是介于追踪法和平行接近法之间的一种导引方法。所谓比例导引法，是指弹箭飞行过程中速度向量 V 的转动角速度与目标线的转动角速度成比例的一种导引方法。其导引关系式为

$$\varepsilon=\frac{\mathrm{d}\sigma}{\mathrm{d}t}-K\frac{\mathrm{d}q}{\mathrm{d}t}=0 \tag{8-30}$$

式中， K 为比例系数，又称导航比。

即

$$\frac{\mathrm{d}\sigma}{\mathrm{d}t}=K\frac{\mathrm{d}q}{\mathrm{d}t} \tag{8-31}$$

假定比例系数 K 为一常数，对式(8-30)进行积分，就得到比例导引关系式的另一种形式为

$$\varepsilon=\left(\sigma-\sigma_0\right)-K\left(q-q_0\right)=0 \tag{8-32}$$

由式(8-32)不难看出：如果比例系数 $K=1$，且 $q_0=\sigma_0$，即弹箭前置角 $\eta=0$，这就是追踪法；如果比例系数 $K=1$，且 $q_0=\sigma_0+\eta_0$，则 $q=\sigma+\eta_0$，即弹箭前置角 $\eta=\eta_0=$ const，这就是常值前置角法(显然，追踪法是常值前置角法的一个特例)。

当比例系数 $K\to\infty$ 时，由式(8-30)知：$\mathrm{d}q/\mathrm{d}t\to 0$，$q=q_0=$ const，说明目标线只是平行移动，这就是平行接近法。

因此可以说，追踪法、常值前置角法和平行接近法都可看作是比例导引法的特殊情况。由于比例导引法的比例系数 K 在 $(1,\infty)$ 范围内，它是介于追踪法和平行接近法之间的一种导引方法，因此它的弹道性质也介于追踪法和平行接近法的弹道性质之间。

依照比例导引法，弹箭与目标的相对运动方程组为

$$\begin{cases}\dfrac{\mathrm{d}r}{\mathrm{d}t}=V_{\mathrm{T}}\cos\eta_{\mathrm{T}}-V\cos\eta\\ r\dfrac{\mathrm{d}q}{\mathrm{d}t}=V\sin\eta-V_{\mathrm{T}}\sin\eta_{\mathrm{T}}\end{cases} \tag{8-33}$$

$$\begin{cases} q = \eta + \sigma \\ q = \eta_{\mathrm{T}} + \sigma_{\mathrm{T}} \\ \dfrac{\mathrm{d}\sigma}{\mathrm{d}t} = K\dfrac{\mathrm{d}q}{\mathrm{d}t} \end{cases} \tag{8-33 续}$$

只要已知V、V_{T}、σ_{T}的变化规律以及 3 个初始条件：r_0、q_0、σ_0(或η_0)，就可以用数值积分法或图解法解算这组方程。而求出此方程组的解析解比较困难，只有当比例系数$K=2$，且目标等速直线飞行、弹箭等速飞行时，才能得到解析解。

8.4.2 比例导引法的弹道特性

通过求解运动方程组(8-33)，可以分析弹箭的运动特性。

1. 直线弹道

对弹箭与目标的相对运动方程组(8-33)的第 3 式求导得

$$\dot{q} = \dot{\eta} + \dot{\sigma}$$

将导引关系式$\dot{\sigma} = K\dot{q}$代入上式，得到

$$\dot{\eta} = (1-K)\dot{q} \tag{8-34}$$

直线弹道的条件为$\dot{\sigma}=0$，即

$$\dot{q} = \dot{\eta} \tag{8-35}$$

在$K \neq 0,1$的条件下，式(8-34)和式(8-35)若要同时成立，必须满足

$$\dot{q} = 0, \quad \dot{\eta} = 0 \tag{8-36}$$

亦即

$$\begin{aligned} q &= q_0 = \mathrm{const} \\ \eta &= \eta_0 = \mathrm{const} \end{aligned} \tag{8-37}$$

考虑到相对运动方程组(8-33)中的第 2 式，弹箭直线飞行的条件亦可写为

$$\begin{cases} V\sin\eta - V_{\mathrm{T}}\sin\eta_{\mathrm{T}} = 0 \\ \eta_0 = \arcsin\left(\dfrac{V_{\mathrm{T}}}{V}\sin\eta_{\mathrm{T}}\right)\Bigg|_{t=t_0} \end{cases} \tag{8-38}$$

式(8-38)表明：弹箭和目标的速度矢量在垂直于目标线方向上的分量相等，即弹箭的相对速度要始终指向目标。

直线弹道要求弹箭速度向量的前置角始终保持其初始值η_0，而前置角的初始值η_0有两种情况：一种是弹箭发射装置不能调整的情况，此时η_0为确定值；另一种是η_0可以调整的，发射装置可根据需要改变η_0的数值。

(1)在第一种情况下(η_0为定值)，由直线弹道条件式(8-38)解得

$$\eta_{\mathrm{T}} = \arcsin\frac{V\sin\eta_0}{V_{\mathrm{T}}} \text{ 或 } \eta_{\mathrm{T}} = \pi - \arcsin\frac{V\sin\eta_0}{V_{\mathrm{T}}} \tag{8-39}$$

将$q_0 = \sigma_{\mathrm{T}} + \eta_{\mathrm{T}}$代入，可得发射时目标线的方位角为

$$\begin{cases} q_{01} = \sigma_{\mathrm{T}} + \arcsin\dfrac{V\sin\eta_0}{V_{\mathrm{T}}} \\ q_{02} = \sigma_{\mathrm{T}} + \pi - \arcsin\dfrac{V\sin\eta_0}{V_{\mathrm{T}}} \end{cases}$$

上式说明，只有在两个方向发射弹箭才能得到直线弹道，即直线弹道只有两条。

(2)在第二种情况下，η_0 可以根据 q_0 的大小加以调整，此时，只要满足条件

$$\eta_0 = \arcsin\frac{V_{\mathrm{T}}\sin(q_0-\sigma_{\mathrm{T}})}{V}$$

弹箭沿任何方向发射都可以得到直线弹道。

当 $\eta_0 = \pi - \arcsin\dfrac{V_{\mathrm{T}}\sin(q_0-\sigma_{\mathrm{T}})}{V}$ 时，也可满足式(8-38)，但此时 $|\eta_0| > 90°$，表示弹箭背向目标，因而没有实际意义。

2. 需用法向过载

在比例导引法中，要求弹箭的转弯角速度 $\dot{\sigma}$ 与目标线旋转角速度 $\dot{q}$ 成正比，因而弹箭的需用法向过载也与 $\dot{q}$ 成正比，即

$$n = \frac{V}{g}\frac{\mathrm{d}\theta}{\mathrm{d}t} = \frac{VK}{g}\frac{\mathrm{d}q}{\mathrm{d}t} \tag{8-40}$$

而要分析弹道上各点需用法向过载的变化规律，则只需讨论 $\dot{q}$ 的变化规律。

相对运动方程组(8-33)的第 2 式对时间求导，得

$$\dot{r}\dot{q} + r\ddot{q} = \dot{V}\sin\eta + V\dot{\eta}\cos\eta - \dot{V}_{\mathrm{T}}\sin\eta_{\mathrm{T}} - V_{\mathrm{T}}\dot{\eta}_{\mathrm{T}}\cos\eta_{\mathrm{T}}$$

将

$$\begin{cases} \dot{\eta} = \dot{q} - \dot{\sigma} = (1-K)\dot{q} \\ \eta_{\mathrm{T}} = \dot{q} - \dot{\sigma}_{\mathrm{T}} \\ \dot{r} = V_{\mathrm{T}}\cos\eta_{\mathrm{T}} - V\cos\eta \end{cases}$$

代入上式，经整理后得

$$r\ddot{q} = -(KV\cos\eta + 2\dot{r})(\dot{q} - \dot{q}^*) \tag{8-41}$$

式中

$$\dot{q}^* = \frac{\dot{V}\sin\eta - \dot{V}_{\mathrm{T}}\sin\eta_{\mathrm{T}} + V_{\mathrm{T}}\dot{\sigma}_{\mathrm{T}}\cos\eta_{\mathrm{T}}}{KV\cos\eta + 2\dot{r}} \tag{8-42}$$

可分为两种情况讨论。

(1)假设目标做等速直线飞行，弹箭做等速飞行。此时，由式(8-42)可知

$$\dot{q}^* = 0$$

于是，式(8-41)可写成

$$\ddot{q} = -\frac{1}{r}(KV\cos\eta + 2\dot{r})\dot{q} \tag{8-43}$$

由式(8-43)可知，如果$(KV\cos\eta+2\dot{r})>0$，那么$\ddot{q}$的符号与$\dot{q}$相反。当$\dot{q}>0$时，$\ddot{q}<0$，即$\dot{q}$值将减小；当$\dot{q}<0$时，$\ddot{q}>0$，即$\dot{q}$值将增大。总之，$|\dot{q}|$总是减小的(图 8-10)。$\dot{q}$随时间的变化规律是向横坐标接近，弹道的需用法向过载随$|\dot{q}|$的不断减小而减小，弹道变得平直，这种情况称为$\dot{q}$"收敛"。

当$(KV\cos\eta+2\dot{r})<0$时，$\ddot{q}$与$\dot{q}$同号，$|\dot{q}|$将不断增大，弹道的需用法向过载随$|\dot{q}|$的不断增大而增大，弹道变得弯曲，这种情况称为$\dot{q}$"发散"(图 8-11)。

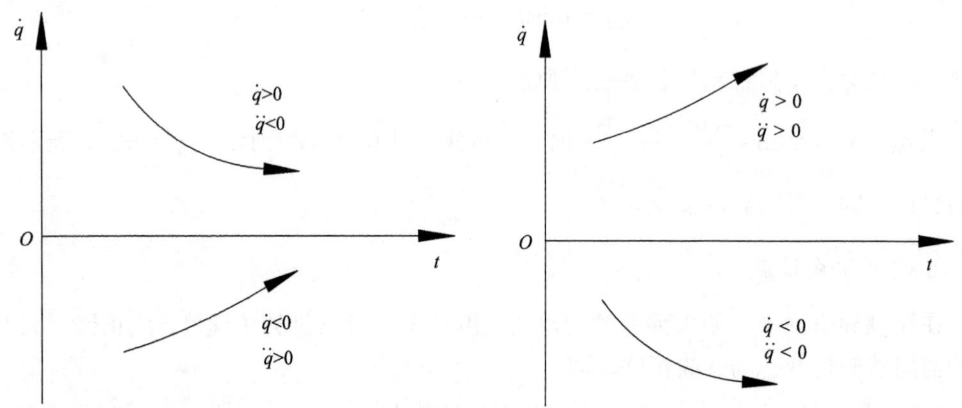

图 8-10 $(KV\cos\eta+2\dot{r})>0$时$\dot{q}$的变化趋势 图 8-11 $(KV\cos\eta+2\dot{r})<0$时$\dot{q}$的变化趋势

要使弹箭转弯较为平缓，则必须使$\dot{q}$收敛，此时应满足条件

$$K>\frac{2|\dot{r}|}{V\cos\eta} \tag{8-44}$$

因此可以得出：只要比例系数K选得足够大，使其满足式(8-44)，$|\dot{q}|$就可逐渐减小而趋向于零；相反，如不能满足式(8-44)，则$|\dot{q}|$将逐渐增大，在接近目标时，弹箭要以无穷大的速率转弯，这实际上是无法实现的，最终将导致脱靶。

(2)目标机动飞行，弹箭变速飞行。由式(8-42)可知：$\dot{q}^*$与目标的切向加速度$\dot{V}_T$、法向加速度$V_T\dot{\sigma}_T$和弹箭的切向加速度$\dot{V}$有关，$\dot{q}^*$不再为零。当$(KV\cos\eta+2\dot{r})\neq 0$时，$\dot{q}^*$是有限值。

由式(8-41)可知：当$(KV\cos\eta+2\dot{r})>0$时，若$\dot{q}<\dot{q}^*$，则$\ddot{q}>0$，这时$\dot{q}$将不断增大；若$\dot{q}>\dot{q}^*$，则$\ddot{q}<0$，此时$\dot{q}$将不断减小。总之，$\dot{q}$有接近$\dot{q}^*$的趋势。

当$(KV\cos\eta+2\dot{r})<0$时，$\dot{q}$有逐渐离开$\dot{q}^*$的趋势，弹道变得弯曲。在接近目标时，弹箭要以极大的速率转弯。

3. 命中点的需用法向过载

前已述及，若$(KV\cos\eta+2\dot{r})>0$，则$\dot{q}^*$是有限值。由式(8-41)可以看出，在命中点，$r=0$，因此

$$\dot{q}_{\mathrm{f}}=\dot{q}_{\mathrm{f}}^{*}=\left.\frac{\dot{V}\sin\eta-\dot{V}_{\mathrm{T}}\sin\eta_{\mathrm{T}}+V_{\mathrm{T}}\dot{\sigma}_{\mathrm{T}}\cos\eta_{\mathrm{T}}}{KV\cos\eta+2\dot{r}}\right|_{t=t_{\mathrm{f}}} \tag{8-45}$$

则弹箭的需用法向过载为

$$n_{\mathrm{f}}=\frac{V_{\mathrm{f}}\dot{\sigma}_{\mathrm{f}}}{g}=\frac{KV_{\mathrm{f}}\dot{q}_{\mathrm{f}}}{g}=\frac{1}{g}\left[\frac{\dot{V}\sin\eta-\dot{V}_{\mathrm{T}}\sin\eta_{\mathrm{T}}+V_{\mathrm{T}}\dot{\sigma}_{\mathrm{T}}\cos\eta_{\mathrm{T}}}{\cos\eta-\dfrac{2|\dot{r}|}{KV}}\right]_{t=t_{\mathrm{f}}} \tag{8-46}$$

分析式(8-46)可以看出：弹箭命中目标时的需用法向过载与命中点的弹箭速度V_{f}和弹箭接近速度$|\dot{r}|_{\mathrm{f}}$有直接关系。如果命中点弹箭的速度较小，则需用法向过载将增大。由于空-空导弹通常在被动段攻击目标，因此，很有可能出现上述情况。值得注意的是，弹箭从不同方向攻击目标，$|\dot{r}|$的值是不同的。例如，迎面攻击时，$|\dot{r}|=V+V_{\mathrm{T}}$；尾追攻击时，$|\dot{r}|=V-V_{\mathrm{T}}$。

不仅如此，从式(8-46)还可看出：目标机动$\left(\dot{V}_{\mathrm{T}},\dot{\sigma}_{\mathrm{T}}\right)$对命中点弹箭的需用法向过载也是有影响的。

当$\left(KV\cos\eta+2\dot{r}\right)<0$时，$\dot{q}$是发散的，$|\dot{q}|$不断增大，因此

$$\dot{q}_{\mathrm{f}}\to\infty$$

这表明K较小时，在接近目标的瞬间，弹箭要以无穷大的速率转弯，命中点的需用法向过载也趋于无穷大，这实际上是不可能的。所以，当$K<\left(2|\dot{r}|/\left(V\cos\eta\right)\right)$时，弹箭就不能直接命中目标。

8.4.3　比例系数的选择

如何选择合适的K值，是需要研究的一个重要问题。比例系数K的大小，直接影响弹道特性，影响弹箭命中目标。因此，K值的选择不仅要考虑弹道特性，还要考虑弹箭结构强度所允许承受的过载，以及制导系统能否稳定工作等。

1. K的下限应满足$\dot{q}$收敛的限制

$\dot{q}$收敛使弹箭在接近目标的过程中目标线的旋转角速度$|\dot{q}|$不断减小，弹道各点的需用法向过载也不断减小，$\dot{q}$收敛的条件为

$$K>\frac{2|\dot{r}|}{V\cos\eta} \tag{8-47}$$

式(8-47)给出了K的下限。由于弹箭从不同的方向攻击目标时，$|\dot{r}|$是不同的，因此，K的下限也是变化的。这就要求根据具体情况选择适当的K值，使弹箭从各个方向攻击的性能都能兼顾，不至于优劣悬殊；或者重点考虑弹箭在主攻方向上的性能。

2. K值受可用过载的限制

式(8-47)限制了比例系数K的下限。但是，这并不是意味着K值可以取任意大。如

果 K 取得过大，则由 $n = VK\dot{q}/g$ 可知，即使 $\dot{q}$ 值不大，也可能使需用法向过载值很大。弹箭在飞行中的可用过载受到最大舵偏角的限制，若需用过载超过可用过载，则弹箭便不能沿比例导引弹道飞行。因此，可用过载限制了 K 的最大值(上限)。

3. K 值应满足制导系统的要求

如果比例系数 K 选得过大，那么外界干扰信号的作用会被放大，这将影响弹箭的正常飞行。由于 $\dot{q}$ 的微小变化将会引起 $\dot{\sigma}$ 的很大变化，因此，从制导系统稳定工作的角度出发，K 值的上限值也不能选得太大。

因此 K 值的选择和确定，需要综合考虑上述因素。K 值可以是一个常数，也可以是一个变数，通常选 K 值在 3～6 范围内。

8.4.4 比例导引法的优缺点

比例导引法在工程上得到了广泛的应用。通过上述分析，得出比例导引法的优点：可以得到较为平直的弹道；在满足 $K > \left(2|\dot{r}|/(V\cos\eta)\right)$ 的条件下，$|\dot{q}|$ 逐渐减小，弹道前段较弯曲，充分利用了弹箭的机动能力；弹道后段较为平直，弹箭具有较充裕的机动能力；只要 K、η_0、q_0、p 等参数组合适当，就可以使全弹道上的需用过载均小于可用过载，从而实现全向攻击。另外，与平行接近法相比，它对发射瞄准时的初始条件要求不严，在技术实施上是可行的，因为只需测量 $\dot{q}$、$\dot{\sigma}$。

比例导引法也存在明显的缺点，即命中点弹箭需用法向过载受弹箭速度和攻击方向的影响。这一点由式(8-46)不难发现。

为了改善比例导引法的特性，消除比例导引法的缺点，人们一直致力于比例导引法的改进，设计出了很多形式的比例导引方法。例如广义比例导引法，即需用法向过载与目标线旋转角速度成比例，其导引关系式为

$$n = K_1\dot{q} \tag{8-48}$$

或

$$n = K_2|\dot{r}|\dot{q} \tag{8-49}$$

式中，K_1、K_2 为比例系数；$|\dot{r}|$ 为弹箭接近速度。

思 考 题

1. 导引方法如何分类？
2. 导引弹道运动学分析的假设条件是什么？
3. 写出自动瞄准弹箭相对目标运动的方程组。
4. 假设某种弹目条件，试用图解法汇出三点法导引弹道。
5. 何谓相对弹道、绝对弹道？
6. 要保持弹箭-目标线在空间的方位不变，应满足什么条件？
7. 弹箭和目标的相对运动关系如图 8-12 所示。设某瞬时 $V_T = 300\text{m/s}$，$V = 490\text{m/s}$，$|\eta| = 12°$，$q = 48°$，$r = 5260\text{m}$。试求接近速度 $\dot{r}$ 及目标线的转动角速度 $\dot{q}$。

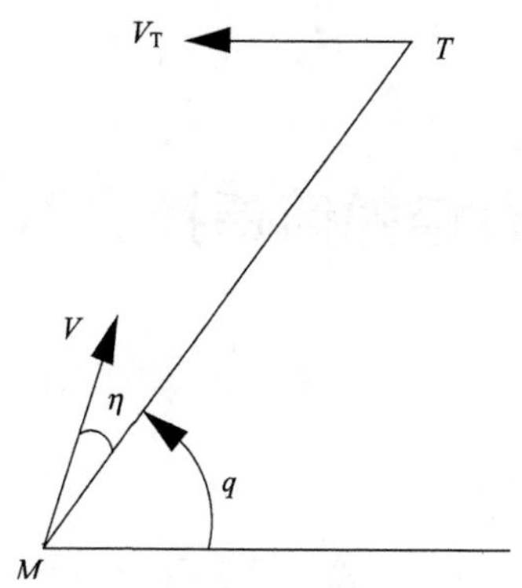

图 8-12　弹箭和目标相对运动关系

8. 设目标做等速直线飞行，已知弹箭的相对弹道，能否作出其绝对弹道？

9. 什么叫平行接近法？它有哪些优缺点？

10. 写出铅垂平面内比例导引法的弹箭-目标相对运动方程组。

11. 采用比例导引法，$\dot{q}$ 的变化对过载有什么影响？

12. 比例导引法中的比例系数与制导系统有什么关系？应如何选取比例系数？

13. 选择比例系数需要考虑哪些问题？为什么？

14. 弹箭发射瞬时目标的航迹倾角 $\theta_{T_0}=0$，以后目标以 $\dot{\theta}_T=0.05s^{-1}$ 做机动飞行，弹箭按 $\dot{\theta}=4\dot{q}$ 导引规律飞行，在 $t_f=10s$ 时命中目标。命中目标瞬时，$V_T=250m/s$，$\dot{V}_T=0$，$V=500m/s$，$\dot{V}=0$，$q_f=25°$。求命中瞬时弹箭的弹道倾角与需用法向过载。

第 9 章　有控弹箭遥控导引飞行运动学

9.1　三点法导引

9.1.1　遥控导引与雷达坐标系

遥控制导也是一种基本的制导方式。遥控导引方法与自动寻的导引相比有一个显著的区别，即存在一个制导站，而弹箭和目标的运动参数都由制导站来测量。在分析遥控导引时，既要考虑弹箭相对于目标的运动，还要考虑制导站运动对弹箭运动的影响。制导站可以是活动的，如发射空-空导弹的载机；也可以是固定不动的，如设在地面的地-空导弹的遥控制导站。

和前面一章的假设一样，在讨论遥控弹道特性时，假设弹箭、目标、制导站都为质点，并假设目标、制导站的运动特性是已知的，弹箭的速度$V(t)$的变化规律也是已知的。

首先介绍一下遥控制导所采用的坐标系。

遥控制导时常采用的是雷达坐标系$Ox_{\rm R}y_{\rm R}z_{\rm R}$，如图 9-1 所示。取地面制导站为坐标原点；$Ox_{\rm R}$轴指向目标方向；$Oy_{\rm R}$轴位于铅垂平面内并与$Ox_{\rm R}$轴相垂直；$Oz_{\rm R}$轴与$Ox_{\rm R}$轴、$Oy_{\rm R}$轴组成右手直角坐标系。

雷达坐标系与地面坐标系之间的关系由两个角度确定：高低角ε——$Ox_{\rm R}$轴与地平面xOz的夹角；方位角β——$Ox_{\rm R}$轴在地平面上的投影$Ox'_{\rm R}$与地面坐标系Ox轴的夹角。以Ox逆时针转到$Ox'_{\rm R}$为正。空间任一点的位置可以用$(x_{\rm R}, y_{\rm R}, z_{\rm R})$表示，也可用$(R, \varepsilon, \beta)$表示，其中$R$表示该点到坐标原点的距离，称为矢径。

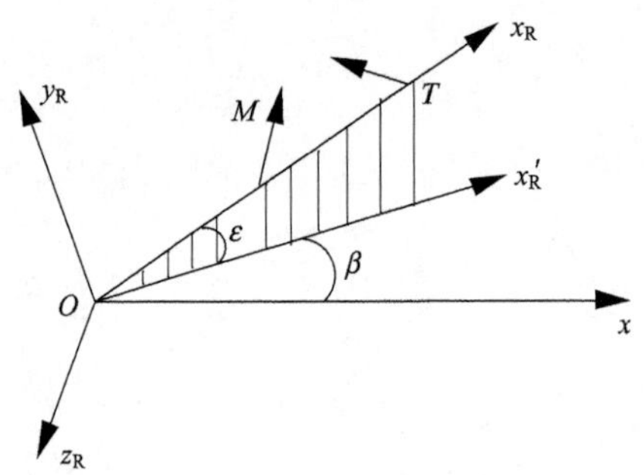

图 9-1　雷达坐标系

9.1.2　三点法导引关系式与运动学方程组

1. 三点法导引关系式

三点法又称为目标覆盖法或重合法。如图 9-2 所示，三点法导引要求弹箭在攻击目标过程中始终位于目标和制导站的连线上，如果观察者从制导站上看，则目标和弹箭的影像彼此重合。

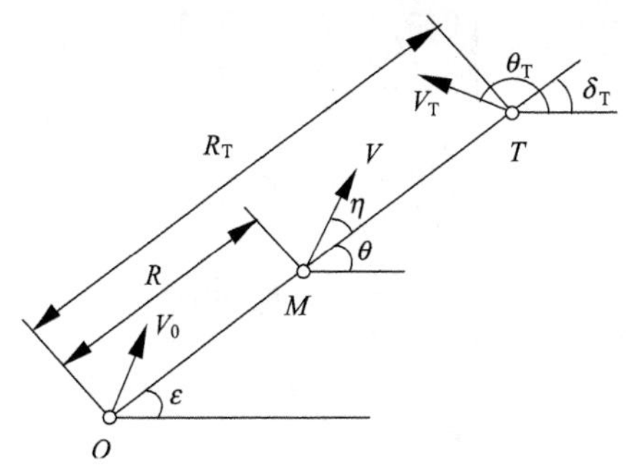

图 9-2　三点法

因为三点法导引时，弹箭始终处于目标和制导站的连线上，故弹箭与制导站连线的高低角 ε 和目标与制导站连线的高低角 ε_T 必须相等，所以三点法的导引关系为

$$\varepsilon = \varepsilon_T \tag{9-1}$$

采用雷达等进行遥控制导时，三点法导引在工程上很容易实现。例如，如图 9-3 所示，同时用一根雷达波束跟踪目标并且控制弹箭，使弹箭在波束中心线上运动。如果弹箭偏离了波束中心线，则制导系统将发出指令控制弹箭回到波束中心线上来。

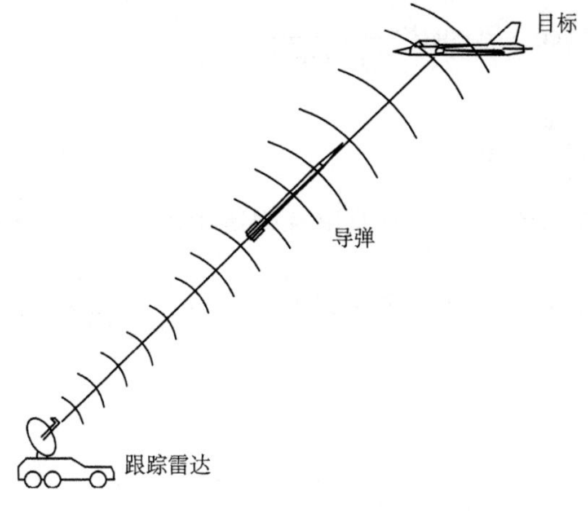

图 9-3　三点法波束制导

2. 三点法导引运动学方程组

为了分析三点法弹道特性，先建立三点法导引的相对运动方程组。如图 9-2 所示，以地-空导弹为例，设弹箭在铅垂平面内飞行，制导站固定不动，则三点法导引的相对运动方程组为

$$\begin{cases}\dfrac{\mathrm{d}R}{\mathrm{d}t}=V\cos\eta\\ R\dfrac{\mathrm{d}\varepsilon}{\mathrm{d}t}=-V\sin\eta\\ \varepsilon=\theta+\eta\\ \dfrac{\mathrm{d}R_{\mathrm{T}}}{\mathrm{d}t}=V_{\mathrm{T}}\cos\eta_{\mathrm{T}}\\ R_{\mathrm{T}}\dfrac{\mathrm{d}\varepsilon_{\mathrm{T}}}{\mathrm{d}t}=-V_{\mathrm{T}}\sin\eta_{\mathrm{T}}\\ \varepsilon_{\mathrm{T}}=\theta_{\mathrm{T}}+\eta_{\mathrm{T}}\\ \varepsilon=\varepsilon_{\mathrm{T}}\end{cases}\tag{9-2}$$

上面相对运动方程组中的目标运动参数V_{T}、θ_{T}以及弹箭速度V的变化规律是已知的。方程组的求解可用数值积分法、图解法和解析法。在应用数值积分法解算方程组时，可先积分方程组中的第4～6式，求出目标运动参数R_{T}、ε_{T}。然后积分其余方程，解出弹箭运动参数R、ε、η、θ等。三点法弹道的图解法在前面章节中已做过介绍。在特定情况(目标水平等速直线飞行，弹箭速度大小不变)下，可用解析法求出(推导过程略)方程组(9-2)的解为

$$\begin{cases}y=\sqrt{\sin\theta}\left\{\dfrac{y_0}{\sqrt{\sin\theta_0}}+\dfrac{pH}{2}\left[F(\theta_0)-F(\theta)\right]\right\}\\ \cot\varepsilon=\cot\theta+\dfrac{y}{pH\sin\theta}\\ R=\dfrac{y}{\sin\varepsilon}\end{cases}\tag{9-3}$$

式中，y_0、θ_0为导引开始的弹箭飞行高度和弹道倾角；H为目标飞行高度，见图9-4；$F(\theta_0)$、$F(\theta)$为椭圆函数，可查表或以公式$F(\theta)=\int_{\theta}^{\frac{\pi}{2}}\frac{\mathrm{d}\theta}{\sin^{3/2}\theta}$计算。

9.1.3　弹箭转弯速率

首先分析三点法导引弹道特性中的弹箭转弯速率$\dot{\theta}$。基于弹箭的转弯速率，可以求解需用法向过载在弹道各点的变化规律。

1. 假设目标水平等速直线飞行且弹箭速度为常值

假设目标以飞行高度H做水平等速直线飞行，弹箭在铅垂平面内迎面拦截目标，如图9-4所示。在这种情况下，将运动学方程组(9-2)中的第3式代入第2式，得到

$$R\frac{\mathrm{d}\varepsilon}{\mathrm{d}t}=V\sin(\theta-\varepsilon)\tag{9-4}$$

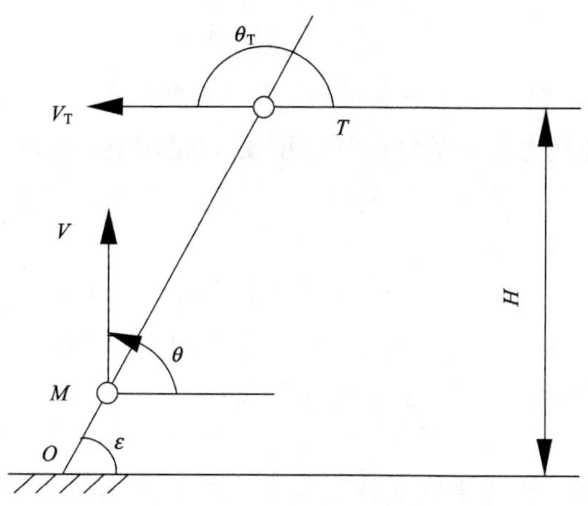

图 9-4　目标水平等速直线飞行

求导得

$$\dot{R}\dot{\varepsilon}+R\ddot{\varepsilon}=\dot{V}\left(\dot{\theta}-\dot{\varepsilon}\right)\cos\left(\theta-\varepsilon\right) \tag{9-5}$$

将方程组(9-2)中的第 1 式代入式(9-5)，整理后得

$$\dot{\theta}=2\dot{\varepsilon}+\frac{R}{\dot{R}}\ddot{\varepsilon} \tag{9-6}$$

式(9-6)中的$\dot{\varepsilon}$、$\ddot{\varepsilon}$可用已知量V_T、H来表示。根据导引关系$\varepsilon=\varepsilon_T$，易知

$$\dot{\varepsilon}=\dot{\varepsilon}_T$$

考虑到$H=R_T\sin\varepsilon_T$，有

$$\dot{\varepsilon}=\dot{\varepsilon}_T=\frac{V_T}{R_T}\sin\varepsilon_T=\frac{V_T}{H}\sin^2\varepsilon_T \tag{9-7}$$

对时间求导，得

$$\ddot{\varepsilon}=\frac{V_T\dot{\varepsilon}_T}{H}\sin 2\varepsilon_T \tag{9-8}$$

而

$$\dot{R}=V\cos\eta=V\sqrt{1-\sin^2\eta}=V\sqrt{1-\left(\frac{R\dot{\varepsilon}}{V}\right)^2} \tag{9-9}$$

将式(9-7)～式(9-9)代入式(9-6)，经整理后得

$$\dot{\theta}=\frac{V_T}{H}\left(2+\frac{R\sin 2\varepsilon_T}{\sqrt{p^2H^2-R^2\sin^4\varepsilon_T}}\right)\sin^2\varepsilon_T \tag{9-10}$$

上式表明，若已知V_T、V、H，则弹箭按三点法飞行所需要的$\dot{\theta}$完全取决于弹箭所处的位置R及ε。在已知目标航迹和速度比p的情况下，$\dot{\theta}$是弹箭矢径R与高低角ε的函数。

若给定$\dot{\theta}$为某一常值，则由式(9-10)得到一个只包含ε_T（或ε）与R的关系式为

$$f=(\varepsilon,R)=0 \tag{9-11}$$

上式在极坐标系(ε,R)中表示一条曲线。在这条曲线上，各点的$\dot{\theta}$为常数。在速度V为常值的情况下，该曲线上各点的法向加速度a_n也是常值。所以称这条曲线为等法向加速度曲线或等$\dot{\theta}$曲线。如果给出一系列的$\dot{\theta}$值，就可以在极坐标系中画出如图 9-5 中实线所示相应的等加速度曲线族。

图 9-5 中序号 1，2，3，⋯ 表示曲线具有不同的$\dot{\theta}$值，且$\dot{\theta}_1<\dot{\theta}_2<\cdots$或$a_{n1}<a_{n2}<\cdots$。图中虚线是等加速度曲线最低点的连线，它表示法向加速度的变化趋势。沿这条虚线越往上，法向加速度值越大。这条虚线称为主梯度线。

等法向加速度曲线与已知的V_{T}，H，p值相对应。当另给一组V_{T}，H，p值时，得到的将是与之对应的另一族等法向加速度曲线，而曲线的形状将是类似的。

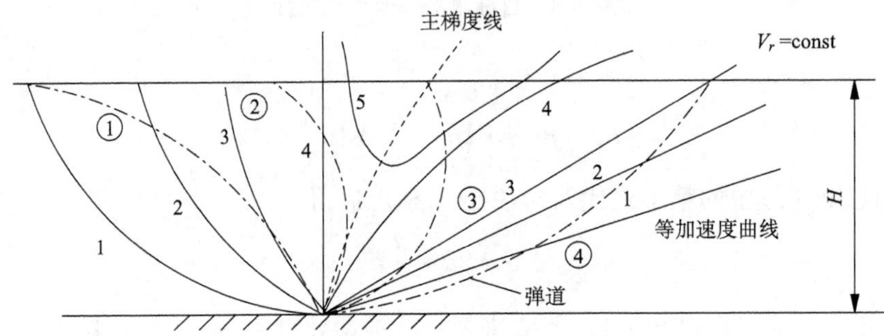

图 9-5　三点法弹道与等法向加速度曲线

如图 9-5 中的点划线所示，将各种不同初始条件(ε_0,R)下的弹道画在相应的等法向加速度曲线图上。可以看出，所有的弹道按其相对于主梯度线的位置可以分成三组：一组在其右，一组在其左，另一组则与主梯度线相交。

(1) 在主梯度线左边的弹道，如图 9-5 中的弹道①，首先与$\dot{\theta}$较大的等法向加速度曲线相交，然后与$\dot{\theta}$较小的相交，此时弹道的法向加速度随矢径R增大而递减，在发射点的法向加速度最大，命中点的法向加速度最小。初始发射的高低角$\varepsilon_0\geqslant\pi/2$。从式(9-10)可以求出弹道上的最大法向加速度(发生在导引弹道的始端)为

$$a_{n\max}=\frac{2VV_{\mathrm{T}}\sin^2\varepsilon_0}{H}=2V\dot{\varepsilon}_0$$

式中，$\dot{\varepsilon}_0$表示按三点法导引初始高低角的变化率，其绝对值与目标速度成正比，与目标飞行高度成反比。当目标速度与高度为定值时，$\dot{\varepsilon}_0$取决于矢径的高低角。越接近正顶上空，其值越大。因此，这一组弹道中，最大的法向加速度发生在初始高低角$\varepsilon_0=\pi/2$时，即

$$\left(a_{n\max}\right)_{\max}=\frac{2VV_{\mathrm{T}}}{H}$$

这种情形对应于目标飞临正顶上空时才发射弹箭。

上面讨论的这组弹道对应于尾追攻击的情况。

(2) 在主梯度线右边的弹道，如图 9-5 中的弹道③和④，首先与$\dot{\theta}$较小的等法向加速

度曲线相交，然后与 $\dot{\theta}$ 较大的相交。此时弹道的法向加速度随矢径 R 的增大而增大，在命中点法向加速度最大。弹道各点的高低角 $\varepsilon<\pi/2$，$\sin 2\varepsilon>0$。由式(9-10)得到命中点的法向加速度为

$$\left(a_{n\max}\right)_{\max}=\frac{VV_{\mathrm{T}}}{H}\left(2+\frac{R_{\mathrm{f}}\sin^2\varepsilon_{\mathrm{f}}}{\sqrt{p^2H^2-R_{\mathrm{f}}^2\sin^4\varepsilon_{\mathrm{f}}}}\right)\sin^2\varepsilon_{\mathrm{f}} \tag{9-12}$$

式中，ε_{f}、R_{f} 为命中点的高低角和矢径。这组弹道相当于迎击的情况，即目标尚未飞到制导站顶空时，便将其击落。在这组弹道中，末段都比较弯曲。其中，以弹道③的法向加速度为最大，它与主梯度线正好在命中点相会。

(3) 与主梯度线相交的弹道，如图 9-5 弹道②，介于以上两组弹道之间，最大法向加速度出现在弹道中段的某一点上。这组弹道的法向加速度沿弹道非单调地变化。

2. 假设目标为机动飞行

运动目标为了躲避弹箭攻击，实际上要不断做机动飞行，而且弹箭飞行速度在整个导引过程中往往变化亦比较大。因此，下面研究目标在铅垂平面内做机动飞行，弹箭速度不是常值的情况下，弹箭的转弯速率。将方程组(9-2)的第 2 式和第 5 式改写为

$$\sin(\theta-\varepsilon)=\frac{R}{V}\dot{\varepsilon} \tag{9-13}$$

$$\dot{\varepsilon}_{\mathrm{T}}=\frac{V_{\mathrm{T}}}{R_{\mathrm{T}}}\sin(\theta_{\mathrm{T}}-\varepsilon) \tag{9-14}$$

考虑到

$$\dot{\varepsilon}=\dot{\varepsilon}_{\mathrm{T}}$$

于是由式(9-13)、式(9-14)得到

$$\sin(\theta-\varepsilon)=\frac{V_{\mathrm{T}}}{V}\frac{R}{R_{\mathrm{T}}}\sin(\theta_{\mathrm{T}}-\varepsilon) \tag{9-15}$$

改写成

$$VR_{\mathrm{T}}\sin(\theta-\varepsilon)=V_{\mathrm{T}}R\sin(\theta_{\mathrm{T}}-\varepsilon)$$

将上式两边对时间求导，有

$$\begin{aligned}&(\dot{\theta}-\dot{\varepsilon})VR_{\mathrm{T}}\cos(\theta-\varepsilon)+\dot{V}R_{\mathrm{T}}\sin(\theta-\varepsilon)+V\dot{R}_{\mathrm{T}}\sin(\theta-\varepsilon)\\&=(\dot{\theta}_{\mathrm{T}}-\dot{\varepsilon})V_{\mathrm{T}}R\cos(\theta_{\mathrm{T}}-\varepsilon)+\dot{V}_{\mathrm{T}}R\sin(\theta_{\mathrm{T}}-\varepsilon)+V_{\mathrm{T}}\dot{R}\sin(\theta_{\mathrm{T}}-\varepsilon)\end{aligned}$$

再将运动学关系式

$$\cos(\theta-\varepsilon)=\frac{\dot{R}}{V}$$

$$\cos(\theta_{\mathrm{T}}-\varepsilon)=\frac{\dot{R}_{\mathrm{T}}}{V_{\mathrm{T}}}$$

$$\sin(\theta-\varepsilon)=\frac{R\dot{\varepsilon}}{V}$$

$$\sin\left(\theta_{\mathrm{T}}-\varepsilon\right)=\frac{R_{\mathrm{T}}\dot{\varepsilon}_{\mathrm{T}}}{V_{\mathrm{T}}}$$

代入，并整理后得

$$\dot{\theta}=\frac{R\dot{R}_{\mathrm{T}}}{R_{\mathrm{T}}\dot{R}}\dot{\theta}_{\mathrm{T}}+\left(2-\frac{2R\dot{R}_{\mathrm{T}}}{R_{\mathrm{T}}\dot{R}}-\frac{R\dot{V}}{\dot{R}V}\right)\dot{\varepsilon}+\frac{\dot{V}_{\mathrm{T}}}{V_{\mathrm{T}}}\tan\left(\theta-\varepsilon\right)$$

或者

$$\dot{\theta}=\frac{R\dot{R}_{\mathrm{T}}}{R_{\mathrm{T}}\dot{R}}\dot{\theta}_{\mathrm{T}}+\left(2-\frac{2R\dot{R}_{\mathrm{T}}}{R_{\mathrm{T}}\dot{R}}-\frac{R\dot{V}}{\dot{R}V}\right)\dot{\varepsilon}_{\mathrm{T}}+\frac{\dot{V}_{\mathrm{T}}}{V_{\mathrm{T}}}\tan\left(\theta-\varepsilon_{\mathrm{T}}\right) \tag{9-16}$$

当命中目标时，有 $R=R_{\mathrm{T}}$，此时弹箭的转弯速率为

$$\dot{\theta}_{\mathrm{f}}=\left[\frac{\dot{R}_{\mathrm{T}}}{\dot{R}}\dot{\theta}_{\mathrm{T}}+\left(2-\frac{2\dot{R}_{\mathrm{T}}}{\dot{R}}-\frac{R\dot{V}}{\dot{R}V}\right)\dot{\varepsilon}_{\mathrm{T}}+\frac{\dot{V}_{\mathrm{T}}}{V_{\mathrm{T}}}\tan\left(\theta-\varepsilon_{\mathrm{T}}\right)\right]_{t=t_{\mathrm{f}}} \tag{9-17}$$

由上述分析可知，以三点法导引的弹箭弹道受目标机动$\left(\dot{V}_{\mathrm{T}},\dot{\theta}_{\mathrm{T}}\right)$的影响很大，尤其在命中点附近将造成相当大的导引误差。

9.1.4 攻击禁区

弹箭攻击目标过程中的影响因素很多，特别是弹箭法向过载是重要因素之一。当弹箭的需用过载超过了可用过载，弹箭就不能沿理想弹道飞行，导致大大减小其击毁目标的可能性，甚至不能击毁目标，因此存在法向过载所决定的攻击禁区。

攻击禁区，是指在此区域内弹箭的需用法向过载将超过可用法向过载，弹箭无法沿要求的导引弹道飞行，因而不能命中目标。下面以地-空导弹为例，讨论按三点法导引时的攻击禁区。

若已知弹箭可用法向过载，则可计算出相应的法向加速度 a_n 或转弯速率 $\dot{\theta}$。然后按式(9-10)，在已知 $\dot{\theta}$ 下求出各组对应的 ε 和 R 值，作出如图 9-6 所示的等法向加速度曲线。如果由弹箭可用过载决定的等法向加速度曲线为曲线 2，设目标航迹与该曲线在 D、F 两点相交，则存在由法向加速度决定的攻击禁区，即图 9-6 中的阴影部分。现在来考察阴影区边界外的两条弹道：一条为 OD，与阴影区交于 D 点；另一条为 OC，与阴影区相切于 C 点。于是，攻击平面被这两条弹道分割成Ⅰ、Ⅱ、Ⅲ三个部分。可以看出，位于Ⅰ、Ⅲ区域内的任一条弹道，都不会与曲线 2 相交，即理想弹道所要求的法向加速度值，都小于弹箭可用法向加速度值。此区域称为允许发射区。位于Ⅱ区域内的任一条弹道，在命中目标之前，必然要与等法向加速度曲线相交，这表示需用法向过载将超过可用法向过载。因此，应禁止弹箭进入阴影区。我们把通过 C、D 两点的弹道称为极限弹道。显然，应当这样来选择初始发射角 ε_0，使它比 OC 弹道所要求的大或者比 OD 弹道所要求的还小。如果用 ε_{OC}、ε_{OD} 分别表示 OC、OD 两条弹道的初始高低角，则应有

$$\varepsilon_0 \leqslant \varepsilon_{OD}$$

或

$$\varepsilon_0 \geqslant \varepsilon_{OC}$$

实际上对于地–空导弹来说，为了避免目标进入阴影区，总是尽可能迎击目标，所以这时就要选择小于 ε_{OD} 的初始发射高低角，即

$$\varepsilon_0 \leqslant \varepsilon_{OD}$$

上述结论是等法向加速度曲线与目标航迹相交的情况。如果 a_n 值相当大，它与目标航迹不相交，如图 9-6 曲线 1，则说明以任何一个初始高低角发射，弹道各点的需用法向过载都将小于可用法向过载。从过载限制上说，这种情况下就不存在攻击禁区。

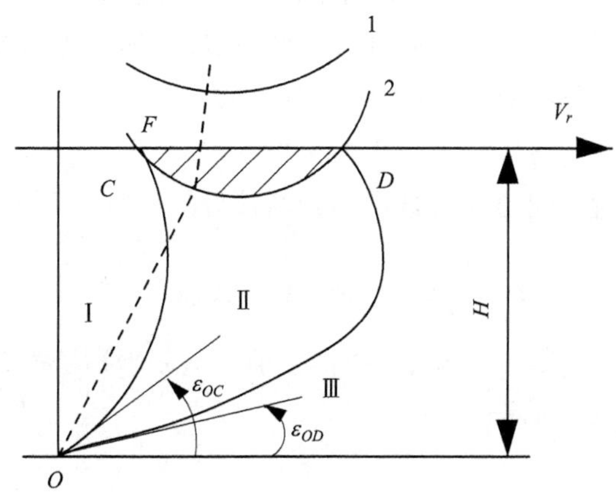

图 9-6　由可用法向过载决定的攻击禁区

9.1.5　三点法的优缺点

三点法有两个最显著的优点：

(1) 技术实施简单；

(2) 抗干扰性能好。

特别是射击低速目标，射击从高空向低空滑行或者俯冲的目标，被射击的目标释放干扰、制导站不能测量目标距离，制导雷达波速宽度或扫描范围很窄时，在这些范围内应用三点法不仅简单易行，而且其性能往往优于其他一些导引方法。因此，三点法在地-空导弹中应用较多。

三点法也存在明显的缺点：

(1) 三点法导引弹道比较弯曲。当迎击目标时，越是接近目标，弹道越弯曲，且命中点的需用法向过载较大。这对攻击高空目标非常不利，因为随着高度增加，空气密度迅速减小，由空气动力所提供的法向力也大大下降，使弹箭的可用过载减小。这样，在接近目标时，可能出现弹箭的可用法向过载小于需用法向过载的情况，从而导致脱靶。

(2) 三点法导引时动态误差难以补偿。所谓动态误差是指制导系统在过渡响应过程中复现输入时的误差。由于目标机动、外界干扰以及制导系统的惯性等影响，制导回路很难达到稳定状态，因此，弹箭实际上不可能严格地沿理想弹道飞行，即存在动态误差。而且，理想弹道越弯曲，相应的动态误差就越大。为了消除误差，必须在指令信号中加入补偿信号，这需要测量目标机动时的位置坐标及其一阶和二阶导数。来自目标的反射

信号有起伏误差，以及接收机存在干扰等原因，使得制导站测量的坐标不准确；如果再引入坐标的一阶、二阶导数，就会出现更大的误差，致使形成的补偿信号不准确，甚至很难形成。因此，对于三点法导引，由目标机动引起的动态误差难以补偿，往往会形成偏离波束中心线十几米的动态误差。

(3)迎击低空目标时可能出现弹道下沉现象。因为此时弹箭的发射角很小，弹箭离轨时的飞行速度也很小，操纵舵面产生的法向力也较小，因此，弹箭离轨后可能会出现下沉现象。若弹箭下沉太大，则有可能碰到地面。为了克服这一缺点，某些地-空导弹采用了小高度三点法，其目的主要是提高初始段弹道高度。所谓小高度三点法是指在三点法的基础上，加入一项前置偏差量，其导引关系式为

$$\varepsilon = \varepsilon_T + \Delta\varepsilon$$

式中，$\Delta\varepsilon$ 为前置偏差量，随时间衰减，当弹箭接近目标时，趋于零。具体表示形式为

$$\Delta\varepsilon = \frac{h_\varepsilon}{R} e^{\frac{t-t_0}{\tau}} \quad 或 \quad \Delta\varepsilon = \Delta\varepsilon_0 e^{-k\left(1-\frac{R}{R_T}\right)}$$

式中，h_ε、τ、k 为对应给定弹道的常值$(k>0)$；$\Delta\varepsilon_0$ 为初始前置偏差量；t_0 为弹箭进入波束时间；t 为弹箭飞行时间。

9.2　前置量法与半前置量法

9.2.1　前置量法

分析三点法的弹道特性可以看出，其弹道比较弯曲，需用法向过载较大，不易形成动态误差的补偿信号。为了改进遥控制导弹箭的弹道特性，应该使弹道特别是弹道末段变得比较平直。

比较追踪法和平行接近法的特点：后者弹箭速度矢量不指向目标，而是沿着目标飞行方向朝向目标瞄准一个角度，因此弹道要平直得多。同理，如果遥控制导的弹箭也采用一个前置量，也应该能使弹道变得平直。

前置量法就是根据上述改进要求而发展的。前置量法也称角度法或矫直法，在整个飞行过程中，弹箭与制导站的连线始终提前于目标与制导站连线，而两条连线之间的夹角 $\Delta\varepsilon = \varepsilon - \varepsilon_T$ 则按某种规律变化。

工程上，采用角度法导引时一般采用双波束制导，一根波束用于跟踪目标，测量目标位置；另一根波束用于跟踪和控制弹箭，测量弹箭的位置。

依照前置量法导引的思想，弹箭的高低角 ε 和方位角 β 应分别超前目标的高低角 ε_T 和方位角 β_T 一个角度。下面以攻击平面为铅垂面的情况为例，根据前置量法的定义有

$$\varepsilon = \varepsilon_T + \Delta\varepsilon \tag{9-18}$$

式中，$\Delta\varepsilon$ 为前置角。需要注意，遥控中的前置角是指弹箭的位置矢径与目标矢径的夹角，而自动瞄准中的前置角是指弹箭速度向量与目标线的夹角。

按照命中点的条件，当 R_T 与 R 之差 $\Delta R = R_T - R = 0$ 时，$\Delta\varepsilon$ 也应等于零。因此，如果令 $\Delta\varepsilon$ 与 ΔR 成比例关系变化，则可以达到这一目的，即

$$\Delta\varepsilon = F(\varepsilon,t)\Delta R \tag{9-19}$$

式中，$F(\varepsilon,t)$为与ε、t有关的函数。

将式(9-19)代入式(9-18)，得

$$\varepsilon = \varepsilon_{\mathrm{T}} + F(\varepsilon,t)\Delta R \tag{9-20}$$

显然，当式(9-20)中的函数$F(\varepsilon,t)=0$时，它就是三点法的导引关系式。

函数$F(\varepsilon,t)$的选择，应尽量使弹道平直。若弹箭高低角的变化率$\dot{\varepsilon}$为零，则弹道是一条直线弹道。当然，要求整条弹道上$\dot{\varepsilon}\equiv 0$是不现实的，只能要求弹箭在接近目标时$\dot{\varepsilon}\to 0$，使得弹道末段平直一些。下面根据这一要求确定$F(\varepsilon,t)$的表达式。

式(9-20)对时间求一阶导数，得

$$\dot{\varepsilon} = \dot{\varepsilon}_{\mathrm{T}} + \dot{F}(\varepsilon,t)\Delta R + F(\varepsilon,t)\Delta\dot{R}$$

在命中点，$\Delta R=0$，要求使$\dot{\varepsilon}=0$，代入上式后得到

$$F(\varepsilon,t) = -\frac{\dot{\varepsilon}_{\mathrm{T}}}{\Delta\dot{R}} \tag{9-21}$$

将式(9-21)代入式(9-20)，就得到前置量法的导引关系式

$$\varepsilon = \varepsilon_{\mathrm{T}} - \frac{\dot{\varepsilon}_{\mathrm{T}}}{\Delta\dot{R}}\Delta R \tag{9-22}$$

正是由于前置量法可使飞行弹道的末段变得较为平直，所以它又称为矫直法。

由于按三点法导引时，弹箭在命中点的过载受目标机动的影响，那么，按前置量法导引时，弹箭命中点过载是否也受目标机动的影响呢？

式(9-13)对时间求一阶导数，得

$$\dot{R}\dot{\varepsilon} + R\ddot{\varepsilon} = \dot{V}\sin(\theta-\varepsilon) + V(\dot{\theta}-\dot{\varepsilon})\cos(\theta-\varepsilon) \tag{9-23}$$

将$\sin(\theta-\varepsilon)=\dfrac{R\dot{\varepsilon}}{V}$，$V\cos(\theta-\varepsilon)=\dot{R}$代入式(9-23)，可解得

$$\dot{\theta} = \left(2-\frac{\dot{V}R}{V\dot{R}}\right)\dot{\varepsilon} + \frac{R}{\dot{R}}\ddot{\varepsilon} \tag{9-24}$$

可见$\dot{\theta}$不仅与$\dot{\varepsilon}$有关，而且与$\ddot{\varepsilon}$有关。令$\dot{\varepsilon}=0$，可得弹箭按前置量法导引时，在命中点的转弯速率为

$$\dot{\theta}_{\mathrm{f}} = \left(\frac{R}{\dot{R}}\ddot{\varepsilon}\right)_{t=t_{\mathrm{f}}} \tag{9-25}$$

进一步比较前置量法与三点法在命中点的法向过载，对式(9-22)所表示的导引关系求二阶导数，再把式(9-2)中的第 5 式对时间求一阶导数，然后一并代入式(9-25)，同时考虑到在命中点$\Delta R=0$，$\varepsilon=\varepsilon_{\mathrm{T}}$，$\dot{\varepsilon}=0$，经整理后可得

$$\ddot{\varepsilon}_{\mathrm{f}} = \left(-\ddot{\varepsilon}_{\mathrm{T}} + \frac{\ddot{\varepsilon}_{\mathrm{T}}\Delta\ddot{R}}{\dot{R}}\right)_{t=t_{\mathrm{f}}} \tag{9-26}$$

$$\ddot{\varepsilon}_{\mathrm{Tf}} = \frac{1}{R_{\mathrm{T}}}\left(-2\dot{R}_{\mathrm{T}}\dot{\varepsilon}_{\mathrm{T}} + \frac{\dot{V}_{\mathrm{T}}R_{\mathrm{T}}}{V_{\mathrm{T}}}\dot{\varepsilon}_{\mathrm{T}} + \dot{R}_{\mathrm{T}}\dot{\theta}_{\mathrm{T}}\right)_{t=t_{\mathrm{f}}} \tag{9-27}$$

将式(9-26)与式(9-27)代入式(9-25)，得

$$\dot{\theta}_{\mathrm{f}} = \left[\left(2\frac{\dot{R}_{\mathrm{T}}}{\dot{R}} + \frac{R\Delta\ddot{R}}{\dot{R}\Delta\dot{R}}\right)\dot{\varepsilon}_{\mathrm{T}} - \frac{\dot{V}}{\dot{R}}\sin\left(\theta_{\mathrm{T}} - \varepsilon_{\mathrm{T}}\right) - \frac{\dot{R}_{\mathrm{T}}}{\dot{R}}\dot{\theta}_{\mathrm{T}}\right]_{t=t_{\mathrm{f}}} \tag{9-28}$$

从式(9-28)可看出，以前置量法导引时，弹箭在命中点的法向过载仍受目标机动的影响，这是不利的。因为目标机动参数$\dot{V}_{\mathrm{T}}$、$\dot{\theta}_{\mathrm{T}}$不易测量，难以形成补偿信号来修正弹道，从而引起动态误差，特别是$\dot{\theta}_{\mathrm{T}}$的影响较大。与三点法比较，所不同的是，同样的目标机动动作，即同样的$\dot{\theta}_{\mathrm{T}}$，在三点法中造成的影响与前置量法中造成的影响却刚好相反。

9.2.2 半前置量法

对比式(9-17)和式(9-28)，可以看出，对于同样的机动动作即同样的$\dot{\theta}_{\mathrm{T}}$、$\dot{V}_{\mathrm{T}}$值，在三点法和前置量法中对弹箭命中点的转弯速率的影响刚好相反，若在三点法中为正，则在前置量法中为负。这就说明，在三点法和前置量法之间，还存在着另一种导引方法，按此导引方法，目标机动对弹箭命中点的转弯速率的影响正好是零，这就是半前置量法。

假设制导站静止，仍然在铅垂平面内，三点法和前置量法的导引关系式可以写成通式，即

$$\varepsilon = \varepsilon_{\mathrm{T}} + \Delta\varepsilon = \varepsilon_{\mathrm{T}} - C_{\varepsilon}\frac{\dot{\varepsilon}_{\mathrm{T}}}{\Delta\dot{R}}\Delta R \tag{9-29}$$

很容易看出：当$C_{\varepsilon}=0$时，式(9-29)就是三点法；当$C_{\varepsilon}=1$时，它就是前置量法。而所谓半前置量法应介于三点法与前置量法之间，其系数C_{ε}也应介于0与1之间。

为求出C_{ε}，将式(9-29)对时间求二阶导数，并代入式(9-24)，得

$$\dot{\theta}_{\mathrm{f}} = \left\{\left(2 - \frac{\dot{V}R}{V\dot{R}}\right)(1 - C_{\varepsilon})\dot{\varepsilon}_{\mathrm{T}} + \frac{R}{\dot{R}}\left[(1 - 2C_{\varepsilon})\ddot{\varepsilon}_{\mathrm{T}} + C_{\varepsilon}\frac{\Delta\ddot{R}}{\Delta\dot{R}}\dot{\varepsilon}_{\mathrm{T}}\right]\right\}_{t=t_{\mathrm{f}}} \tag{9-30}$$

由式(9-27)知，目标机动参数$\dot{\theta}_{\mathrm{T}}$、$\dot{V}_{\mathrm{T}}$影响着$\ddot{\varepsilon}_{\mathrm{Tf}}$，为使$\dot{\theta}_{\mathrm{T}}$、$\dot{V}_{\mathrm{T}}$不影响命中点过载，可令式(9-30)中与$\dot{\theta}_{\mathrm{T}}$、$\dot{V}_{\mathrm{T}}$有关的系数$(1-2C_{\varepsilon})$等于零，即

$$C_{\varepsilon} = \frac{1}{2}$$

于是，半前置量法的导引关系式为

$$\varepsilon = \varepsilon_{\mathrm{T}} - \frac{1}{2}\frac{\dot{\varepsilon}_{\mathrm{T}}}{\Delta\dot{R}}\Delta R \tag{9-31}$$

其命中点的转弯速率为

$$\dot{\theta}_{\mathrm{f}} = \left[\left(1 - \frac{R\dot{V}}{2\dot{R}V} + \frac{R\Delta\ddot{R}}{2\dot{R}\Delta\dot{R}}\right)\dot{\varepsilon}_{\mathrm{T}}\right]_{t=t_{\mathrm{f}}} \tag{9-32}$$

比较半前置量法式(9-32)与前置量法式(9-28)，可以看到，在半前置量法中，不包含影响弹箭命中点法向过载的目标机动参数 $\dot{\theta}_T$ 、 $\dot{V}_T$ ，这就减小了动态误差，提高了导引精度。从理论上来说，半前置量法是一种比较好的导引方法。

由上述分析可知，命中点过载不受目标机动的影响是半前置量法的主要优点。但是工程实施上还是比较困难的，因为对制导系统的结构要求更高。前置量法导引方法要求不断地测量弹箭和目标的位置矢径 R 、 R_T 、高低角 ε 、 ε_T 及其导数 $\dot{R}$ 、 $\dot{R}_T$ 、 $\dot{\varepsilon}_T$ 等参数，以便不断形成制导指令信号。特别是在目标发出积极干扰、造成假象的情况下，弹箭的抗干扰性能较差，甚至有可能造成很大的起伏误差。

思　考　题

1. 如何用雷达坐标系确定弹箭在空间的位置？

2. 什么是三点法导引的等加速度曲线？如何用等加速度曲线分析弹道特性？

3. 目标机动飞行是如何影响三点法导引弹道的？

4. 什么叫攻击禁区？攻击禁区与哪些因素有关？

5. 试以三点法为例，画出相对弹道与绝对弹道。

6. 设敌机迎面向制导站水平飞来，且做等速直线运动， $V_T = 400\text{m/s}$ ， $H_T = 20\text{km}$ ，地-空导弹发射时目标的高低角 $\varepsilon_{T0} = 30°$ ，导弹按三点法导引。试求发射后10 s时导弹的高低角。

7. 写出三点法、前置量法和半前置量法的导引关系式。

8. 试比较三点法、前置量法和半前置量法的优缺点。

9. 目标做等速平飞， $\theta_T = 180°$ ，高度 $H_T = 20\text{km}$ ，速度 $V_T = 300\text{m/s}$ ，弹箭先按三点法导引飞行，在下列条件下转为比例导引： $V = 600\text{m/s}$ ， $\varepsilon_T = 45°$ ， $R = 25\text{km}$ ， $\dot{\theta} = 3\dot{q}$ 。求按比例导引法飞行的起始需用过载。

第 10 章　有控弹箭方案飞行运动学

10.1　方案飞行的原理

方案飞行是指弹箭按预定的飞行方案所做的飞行，方案弹道就是弹箭按照某种固定的弹道飞行。一般来说，弹箭按照方案弹道飞行时，不能中间变更，也与目标是否运动无关，因此，一般只用来攻击静止的目标或运动缓慢的目标，或者到达固定点等。

飞行方案，指的是设计弹箭弹道时所选定的某些运动参数随时间的变化规律，运动参数是指弹道倾角 $\theta_*(t)$、俯仰角 $\vartheta_*(t)$、攻角 $\alpha_*(t)$ 或高度 $H_*(t)$ 等。弹箭按预定的飞行方案飞行，对应的弹道称为方案弹道，如图 10-1 所示。

弹箭飞行方案的设计其实就是弹箭飞行轨迹的设计。飞行方案的设计主要依据弹箭总体技术战术指标和使用要求，包括发射载体、射程、巡航速度和高度、制导体制、动力装置、弹箭几何尺寸和质量、目标类型等。当要求同一弹箭适应不同的发射平台，例如地面固定发射装置、车载发射、机载、舰载乃至潜艇发射等，还需要了解不同发射载体的运动特性、结构特性。另外，不同的目标也有不同特性，因此还要掌握目标的特性，从而选择最有效的攻击方式。只有充分发挥各系统的优点，才能设计出更为理想的方案。

在本书中，方案弹道的设计、弹道特性分析等都是基于理想弹道，也就是说，采用了“瞬时平衡”假设，将弹箭看作是一个理想的可操纵的质点。

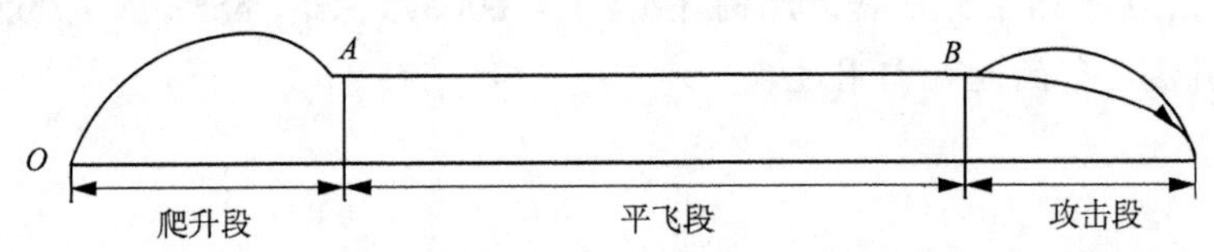

图 10-1　飞航式反舰导弹的典型弹道

10.2　铅垂平面内的方案飞行

10.2.1　弹箭运动基本方程

通常，飞航式导弹、空-地导弹以及弹道式导弹的方案飞行段，基本上是在铅垂平面内进行的。

假设地面坐标系的 Ax 轴选取在飞行平面(铅垂平面)内，则弹箭质心的坐标 z 和弹道偏角 ψ_V 恒等于零。假设弹箭的纵向对称面 x_1Oy_1 始终与飞行平面重合，则速度倾斜角 γ_V 和侧滑角 β 也等于零，因此，弹箭在铅垂平面内的质心运动方程组为

$$\begin{cases} m\dfrac{\mathrm{d}V}{\mathrm{d}t} = P\cos\alpha - X - mg\sin\theta \\ mV\dfrac{\mathrm{d}\theta}{\mathrm{d}t} = P\sin\alpha + Y - mg\cos\theta \\ \dfrac{\mathrm{d}x}{\mathrm{d}t} = V\cos\theta \\ \dfrac{\mathrm{d}y}{\mathrm{d}t} = V\sin\theta \\ \dfrac{\mathrm{d}m}{\mathrm{d}t} = -m_\mathrm{s} \\ \varepsilon_1 = 0 \\ \varepsilon_4 = 0 \end{cases} \tag{10-1}$$

假设弹箭气动外形给定的情况下，平衡状态的阻力 X 、升力 Y 取决于 V 、 α 和 y ，因此，方程组(10-1)中含有 7 个未知数： V 、 θ 、 α 、 x 、 y 、 m 、 P 。

弹箭在铅垂平面内的方案飞行取决于两个方面：一是飞行速度的方向，其理想控制关系式为 $\varepsilon_1 = 0$ ；二是发动机的工作状态，其理想控制关系式为 $\varepsilon_4 = 0$ 。

弹箭飞行速度的方向可以直接用弹道倾角 $\theta_*(t)$ 来给出，或者间接地用俯仰角 $\vartheta_*(t)$、攻角 $\alpha_*(t)$、法向过载 $n_{y_2*}(t)$、高度 $H_*(t)$ 给出。

注意方程组(10-1)中各式的右端项均与坐标 x 无关，所以在积分此方程组时，可以将第 3 个方程从中独立出来，在其余方程求解之后再进行积分。

当弹箭采用固体火箭发动机，燃料的质量流量 m_s 为已知(在许多情况下 m_s 可视为常值)；发动机的推力 $\boldsymbol{P}$ 仅与飞行高度有关，在计算弹道时，它们之间的关系通常也是给定的。因此，在采用固体火箭发动机的情况下，方程组中的第 5 式和第 7 式可以用已知的关系式 $m(t)$ 和 $P(t,y)$ 代替。

当弹箭采用涡轮风扇发动机或冲压发动机，m_s 和 $\boldsymbol{P}$ 不仅与飞行速度和高度有关，还与发动机的工作状态有关。因此，方程组(10-1)中必须给出约束方程 $\varepsilon_4 = 0$ 。

在弹道解算时，有时会遇到发动机产生额定推力的情况，而燃料的质量流量可以取常值，即等于秒流量的平均值。这时，方程组中的第 5 式和第 7 式也可以去掉(无须积分)。

10.2.2　几种典型飞行方案

在飞行方案设计中，理论上可采取的飞行方案有：弹道倾角 $\theta_*(t)$、俯仰角 $\vartheta_*(t)$、攻角 $\alpha_*(t)$、法向过载 $n_{y_2*}(t)$、高度 $H_*(t)$ 。下面分别讨论几种飞行方案的理想操纵关系式。

1. 给定弹道倾角的变化规律

假设弹道倾角的飞行方案为 $\theta_*(t)$ ，则理想控制关系式为

$$\varepsilon_1 = \theta - \theta_*(t) = 0 \quad (\text{即}\ \theta = \theta_*(t))$$

或

$$\varepsilon_1 = \dot{\theta} - \dot{\theta}_*(t) = 0 \quad (\text{即} \ \dot{\theta} = \dot{\theta}_*(t))$$

式中，θ为弹箭实际飞行的弹道倾角。

飞行方案的选择是为了使弹箭按所要求的弹道飞行。例如飞航式导弹以θ_0发射并逐渐爬升，然后转入平飞，这时飞行方案$\theta_*(t)$可以设计成各种变化规律，可以是直线，也可以是曲线，如图 10-2 所示。

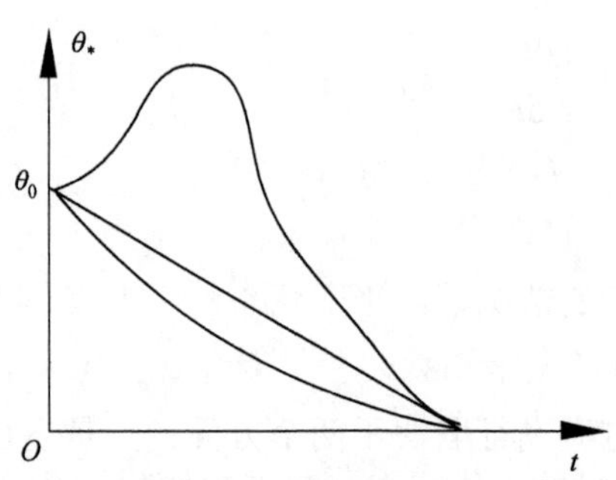

图 10-2 爬升段$\theta_*(t)$的示意图

利用函数$\theta_*(t)$对时间求导，得到$\dot{\theta}_*(t)$的表达式，改写方程组(10-1)中的第 2 式，得

$$\frac{\mathrm{d}\theta}{\mathrm{d}t} = \frac{g}{V}\left(n_{y_2} - \cos\theta\right)$$

无倾斜飞行时，$\gamma_V = 0$，故$n_{y_2} = n_{y_3}$。

平衡状态下的法向过载为

$$n_{y_3} = n_{y_3\mathrm{b}}^{\alpha}\alpha + \left(n_{y_3\mathrm{b}}\right)_{\alpha=0} \tag{10-2}$$

式中

$$n_{y_3\mathrm{b}}^{\alpha} = \frac{1}{mg}\left(P + Y^{\alpha} - \frac{m_z^{\alpha}}{m_z^{\delta_z}}Y^{\delta_z}\right) \tag{10-3}$$

$$\left(n_{y_3\mathrm{b}}\right)_{\alpha=0} = \frac{1}{mg}\left(Y_0 - \frac{m_{z0}}{m_z^{\delta_z}}Y^{\delta_z}\right) \tag{10-4}$$

由式(10-2)求出

$$\alpha = \frac{1}{n_{y_3\mathrm{b}}^{\alpha}}\left[\frac{V}{g}\frac{\mathrm{d}\theta}{\mathrm{d}t} + \cos\theta - \left(n_{y_3\mathrm{b}}\right)_{\alpha=0}\right]$$

对于轴对称弹箭，$\left(n_{y_3\mathrm{b}}\right)_{\alpha=0} = 0$。

则得到按给定弹道倾角的方案飞行的弹箭运动方程组为

$$
\begin{cases}
\dfrac{\mathrm{d}V}{\mathrm{d}t}=\dfrac{P\cos\alpha-X}{m}-g\sin\theta \\
\alpha=\dfrac{1}{n_{y_3\mathrm{b}}^{\alpha}}\left[\dfrac{V}{g}\dfrac{\mathrm{d}\theta}{\mathrm{d}t}+\cos\theta-\left(n_{y_3\mathrm{b}}\right)_{\alpha=0}\right] \\
\dfrac{\mathrm{d}x}{\mathrm{d}t}=V\cos\theta \\
\dfrac{\mathrm{d}y}{\mathrm{d}t}=V\sin\theta \\
\theta=\theta_*(t)
\end{cases}
\tag{10-5}
$$

联立上述方程组的第 1、2、4、5 式，通过数值积分，可以求解V、α、y、θ。然后再积分第 3 式，就可以解出$x(t)$，从而得到按给定弹道倾角飞行的方案弹道。

如果$\theta_*(t)=\text{const}$，则方案飞行弹道为直线。如果$\theta_*(t)=0$，则方案飞行弹道为水平直线(等高飞行)。如果$\theta_*(t)=\pi/2$，则弹箭做垂直上升飞行。

2. 给定俯仰角的变化规律

假设俯仰角的飞行方案为$\vartheta_*(t)$，则理想控制关系式为

$$\varepsilon_1=\vartheta-\vartheta_*(t)=0$$

即

$$\vartheta=\vartheta_*(t)$$

式中，ϑ为弹箭飞行过程中的实际俯仰角。

要求解弹道还需引入角度关系式

$$\alpha=\vartheta-\theta$$

则按给定俯仰角的方案飞行的弹箭运动方程组为

$$
\begin{cases}
\dfrac{\mathrm{d}V}{\mathrm{d}t}=\dfrac{P\cos\alpha-X}{m}-g\sin\theta \\
\dfrac{\mathrm{d}\theta}{\mathrm{d}t}=\dfrac{1}{mV}\left(P\sin\alpha+Y-G\cos\theta\right) \\
\dfrac{\mathrm{d}x}{\mathrm{d}t}=V\cos\theta \\
\dfrac{\mathrm{d}y}{\mathrm{d}t}=V\sin\theta \\
\alpha=\vartheta-\theta \\
\vartheta=\vartheta_*(t)
\end{cases}
\tag{10-6}
$$

上面方程组中包含 6 个未知参量：V、θ、α、x、y和ϑ，求解就能得到这些参量随时间的变化规律，同时得到按给定俯仰角的方案弹道。

给定俯仰角飞行方案的控制系统最容易实现。通常采用三自由度陀螺测量，或者通过捷联惯导系统测量、解算得到弹箭实际飞行时的俯仰角，与飞行方案$\vartheta_*(t)$比较，形成

角偏差信号，经放大送至舵机。升降舵的偏转规律为

$$\delta_z = K_\vartheta\left(\vartheta - \vartheta_*(t)\right)$$

式中，K_ϑ为放大系数。

3. 给定攻角的变化规律

通常给定攻角的变化规律，是为了使弹箭爬升得最快，即希望飞行所需的攻角始终等于允许的最大值；或者是为了防止需用过载超过可用过载而对攻角加以限制；若弹箭采用冲压发动机，为了保证发动机能正常工作，也必须将攻角限制在一定范围内。

假设攻角的飞行方案为$\alpha_*(t)$，则理想控制关系式为

$$\varepsilon_1 = \alpha - \alpha_*(t) = 0$$

即

$$\alpha = \alpha_*(t)$$

式中，α 为弹箭飞行过程中的实际攻角。

因为目前测量弹箭实际攻角的器件精度比较低，一般不直接采用控制弹箭攻角参量，而是将$\alpha_*(t)$折算成俯仰角$\vartheta_*(t)$，通过对俯仰角的控制来实现对攻角的控制。

4. 给定法向过载的变化规律

通常给定法向过载的飞行方案，主要是为了保证弹箭不会出现结构破坏。此时，理想控制关系式为

$$\varepsilon_1 = n_{y_2} - n_{y_2 *}(t) = 0$$

即

$$n_{y_2} = n_{y_2 *}(t)$$

式中，n_{y_2}为弹箭飞行的实际法向过载。

在平衡状态下，由式(10-2)和$\gamma_V = 0$得

$$\alpha = \frac{n_{y_2} - \left(n_{y_2\mathrm{b}}\right)_{\alpha=0}}{n_{y_2\mathrm{b}}^{\alpha}}$$

则按给定法向过载方案飞行的弹箭运动方程组为

$$\begin{cases} \dfrac{\mathrm{d}V}{\mathrm{d}t} = \dfrac{P\cos\alpha - X}{m} - g\sin\theta \\ \dfrac{\mathrm{d}\theta}{\mathrm{d}t} = \dfrac{g}{V}\left(n_{y_2} - \cos\theta\right) \\ \dfrac{\mathrm{d}x}{\mathrm{d}t} = V\cos\theta \\ \dfrac{\mathrm{d}y}{\mathrm{d}t} = V\sin\theta \end{cases} \tag{10-7}$$

$$\begin{cases}\alpha=\dfrac{n_{y_2}-\left(n_{y_2\mathrm{b}}\right)_{\alpha=0}}{n_{y_2\mathrm{b}}^{\alpha}}\\ n_{y_2}=n_{y_2*}(t)\end{cases} \tag{10-7 续}$$

上面方程组包含未知参量V、θ、α、x、y及n_{y_2}，求解可得这些参量随时间的变化量，并可得到按给定法向过载飞行的方案弹道。由此方程组可知，按给定法向过载的方案飞行实际上是通过相应的α来实现的。

5. 给定高度

假设弹箭高度的飞行方案为$H_*(t)$，则理想控制关系式为

$$\varepsilon_1=H-H_*(t)=0$$

即

$$H=H_*(t)$$

式中，H为弹箭的实际飞行高度。

上式对时间求导，可以得到关系式

$$\frac{\mathrm{d}H}{\mathrm{d}t}=\frac{\mathrm{d}H_*(t)}{\mathrm{d}t} \tag{10-8}$$

式中，$\mathrm{d}H_*(t)/\mathrm{d}t$为给定的弹箭飞行高度变化率。

对于近程战术导弹，一般不考虑地球曲率，存在关系式

$$\frac{\mathrm{d}H}{\mathrm{d}t}=\frac{\mathrm{d}y}{\mathrm{d}t}=V\sin\theta \tag{10-9}$$

由式(10-8)和式(10-9)解得

$$\theta=\arcsin\left(\frac{1}{V}\frac{\mathrm{d}H_*(t)}{\mathrm{d}t}\right) \tag{10-10}$$

对比给定弹道倾角方案飞行的运动方程组，可写出给定高度的方案飞行的运动方程组为

$$\begin{cases}\dfrac{\mathrm{d}V}{\mathrm{d}t}=\dfrac{P\cos\alpha-X}{m}-g\sin\theta\\ \alpha=\dfrac{1}{n_{y_3\mathrm{b}}^{\alpha}}\left[\dfrac{V}{g}\dfrac{\mathrm{d}\theta}{\mathrm{d}t}+\cos\theta-\left(n_{y_3\mathrm{b}}\right)_{\alpha=0}\right]\\ \dfrac{\mathrm{d}x}{\mathrm{d}t}=V\cos\theta\\ \dfrac{\mathrm{d}y}{\mathrm{d}t}=\dfrac{\mathrm{d}H_*(t)}{\mathrm{d}t}\\ \theta=\arcsin\left(\dfrac{1}{V}\dfrac{\mathrm{d}H_*(t)}{\mathrm{d}t}\right)\end{cases} \tag{10-11}$$

联立上述方程组，就可以求出其中的未知数V、α、x、y和θ，得到按给定高度飞行的方案弹道。

10.2.3 直线弹道问题

直线飞行属于常见的飞行状态。例如飞航式导弹在平飞段(巡航段)的飞行，空-地导弹、巡航导弹在巡航段的飞行，地-空导弹在初始弹道段的飞行等，都属于直线飞行。如前所述，如果给定飞行方案$\theta_*(t)=\text{const}$，则方案弹道为直线；如果$\theta_*(t)=0(\pi/2)$，则方案飞行弹道为水平(垂直)直线；如果给定高度飞行方案且$\mathrm{d}H_*(t)/\mathrm{d}t=0$，则方案飞行弹道为水平直线(等高飞行)。下面以飞航式导弹在爬升段为例，讨论两种其他形式的直线弹道问题。

1. 直线爬升时的飞行方案

当弹箭直线爬升飞行时，其弹道倾角应为常值，即$\mathrm{d}\vartheta_*(t)/\mathrm{d}t=0$，将其代入方程组(10-1)的第2式，则得到

$$P\sin\alpha+Y=G\cos\theta \tag{10-12}$$

从式(10-12)可以看出：直线爬升时，作用在弹箭上的法向控制力必须和重力的法向分量平衡。当攻角不大的情况下，攻角可表示为

$$\alpha=\frac{G\cos\theta}{P+Y^{\alpha}} \tag{10-13}$$

则直线爬升时的俯仰角飞行方案为

$$\vartheta_*(t)=\theta+\frac{G\cos\theta}{P+Y^{\alpha}} \tag{10-14}$$

按式(10-14)给定俯仰角的飞行方案，弹箭就会直线爬升。

2. 等速直线爬升

如果要求弹箭做等速直线爬升飞行，则必须要求$\dot{V}=0$、$\dot{\theta}=0$，将其代入方程组(10-1)的第1式和第2式得

$$\begin{cases}P\cos\alpha-X=G\sin\theta\\ P\sin\alpha+Y=G\cos\theta\end{cases} \tag{10-15}$$

从式(10-15)可以看出：弹箭要实现等速直线飞行，发动机推力在弹道切线方向上的分量与阻力之差必须等于重力在弹道切线方向上的分量；同时，作用在弹箭上的法向控制力应等于重力在法线方向上的分量。接下来讨论同时满足这两个条件的可能性。

要实现等速爬升，根据方程组(10-15)的第1式，弹箭等速爬升时的需用攻角为

$$\alpha_1=\arccos\left(\frac{X+G\sin\theta}{P}\right) \tag{10-16}$$

要实现直线爬升，根据方程组(10-15)的第2式，在飞行攻角不大的情况下，弹箭直线爬升时的需用攻角为

$$\alpha_2 = \frac{G\cos\theta}{P + Y^\alpha} \tag{10-17}$$

要实现弹箭等速直线爬升，则须同时满足式(10-16)和式(10-17)，因此弹箭等速直线爬升的条件应是$\alpha_1 = \alpha_2$，即

$$\arccos\left(\frac{X + G\sin\theta}{P}\right) = \frac{G\cos\theta}{P + Y^\alpha} \tag{10-18}$$

且$\theta = \text{const}$。

上述条件实际上是很难满足的。通过精心设计或许能找到一组参数(V、θ、P、G、C_x、C_y^α等)满足式(10-18)，但是在实际飞行中，弹箭不可避免地受到各种干扰，一旦某一参数偏离了设计值，弹箭就不可能真正实现等速直线爬升飞行。尤其是在发动机推力不能自动调节的情况下，要使弹箭时刻都严格地按等速直线爬升飞行是不可能的。即使发动机推力可以自动调节，要实现等速直线爬升飞行也只能是近似的。

10.2.4　等高飞行问题

对于空–地导弹、巡航导弹的巡航段，飞航式导弹的平飞段(巡航段)，弹箭都要求等高飞行。在理论上，实现等高飞行有两种飞行方案：$\theta_*(t) \equiv 0$或$H_*(t) = \text{const}$。等高飞行应满足

$$P\sin\alpha + Y = mg$$

依此可以得出

$$\alpha = \frac{mg}{P + Y^\alpha}$$

结合平衡条件，得到保持等高飞行所需要的升降舵偏转角为

$$\delta_z = -\frac{m_{z0} + \dfrac{mg \cdot m_z^\alpha}{P + Y^\alpha}}{m_z^{\delta_z}} \tag{10-19}$$

因为在等高飞行时，弹箭的质量和速度(影响Y^α)都在变化，因此升降舵的偏转角δ_z也是变化的。

如果发动机推力基本上与空气阻力相平衡，则等高飞行段内的速度变化较为缓慢，且弹箭在等高飞行中所需的攻角变化不大，那么，升降舵偏转角的变化也就不大，在其变化范围内选定一个常值偏转角δ_{z0}。如果弹箭始终以这个偏转角飞行，显然不可能实现等高飞行。为了实现等高飞行，则必须在常值偏转角δ_{z0}的基础上进行调节。调节方式有多种方法，例如，常采用的一种方式是利用高度差进行调节。此时升降舵偏转角的变化规律可以写成

$$\delta_z = \delta_{z0} + K_H\left(H - H_0\right) \tag{10-20}$$

式中，H为弹箭的实际飞行高度；H_0为给定的常值飞行高度；K_H为放大系数，表示为了消除单位高度偏差，升降舵应该偏转的角度。

从式(10-20)可以看出：若弹箭就在预定的高度上飞行(即$\Delta H = H - H_0 = 0$)，则维

持常值偏转角 δ_{z0} 就可以了。如果弹箭偏离了预定的飞行高度，要想回到原来的预定高度上飞行，则舵面的偏转角应为

$$\delta_z = \delta_{z0} + \Delta\delta_z$$

其中附加舵偏角

$$\Delta\delta_z = K_H\left(H - H_0\right) = K_H\Delta H \tag{10-21}$$

式(10-21)中的高度差 ΔH 一般可采用微动气压计或无线电高度表等弹上设备来测量。

需要注意 K_H 值的符号。对于正常式弹箭来说，当飞行的实际高度小于预定高度 H_0 时(即高度差 $\Delta H < 0$)，为使弹箭恢复到预定的飞行高度，则要使弹箭产生一个附加的向上升力，即附加攻角 $\Delta\alpha$ 应为正，亦即要有一个使弹箭抬头的附加力矩，为此，升降舵的附加偏转角应是一个负值，即 $\Delta\delta_z < 0$；反之，当 $\Delta H > 0$ 时，则要求 $\Delta\delta_z > 0$。因此，对于正常式弹箭来说，放大系数 K_H 为正值；同理，对于鸭式弹箭，放大系数 K_H 则为负值。

附加舵偏角 $\Delta\delta_z$ 是使弹箭保持等高飞行所必需的。由于控制系统和弹体具有惯性，在弹箭恢复到预定飞行高度的过程中，会不可避免地出现超高和掉高的现象，使弹箭在预定高度的某一范围内处于振荡状态(见图 10-3 中虚线)，而不能很快地进入预定高度稳定飞行。因此，为了使弹箭能尽快地稳定在预定的高度上，必须在式(10-20)中再引入一项与高度变化率 $\Delta\dot{H} = \mathrm{d}\Delta H / \mathrm{d}t$ 有关的量，即

$$\delta_z = \delta_{z0} + K_H\Delta H + K_{\dot{H}}\Delta\dot{H} \tag{10-22}$$

式中，$K_{\dot{H}}$ 为放大系数，指为了消除单位高度变化率升降舵所应偏转的角度。

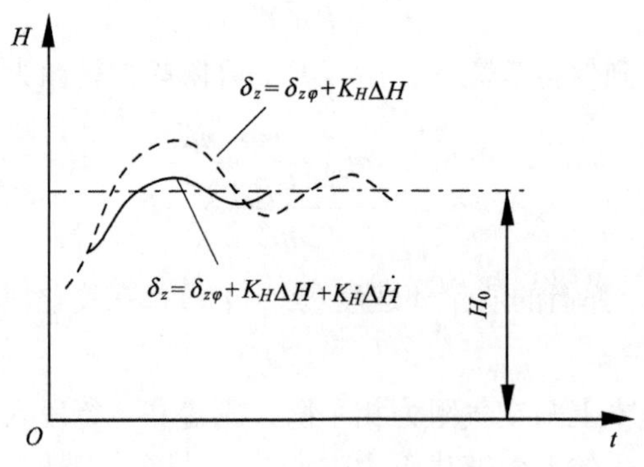

图 10-3　等高飞行的过渡过程

此时附加舵偏转角则为

$$\Delta\delta_z = K_H\Delta H + K_{\dot{H}}\Delta\dot{H}$$

上式与式(10-21)相比增加了一项 $K_{\dot{H}}\Delta\dot{H}$，该项起阻尼作用，以减小弹箭在进入预定高度飞行过程中产生的超高和掉高现象，使弹箭较平稳地恢复到预定的高度上飞行(图 10-3 中实线)，从而改善过渡过程的品质。

下面以正常式弹箭为例分析 $K_{\dot{H}}\Delta\dot{H}$ 的作用。

为了简化问题，均不考虑常值舵偏角 δ_{z0}，只研究附加舵偏角的规律分别为 $\Delta\delta_z = K_H\Delta H$ 和 $\Delta\delta_z = K_H\Delta H + K_{\dot{H}}\Delta\dot{H}$ 时，对等高飞行带来的影响。

首先，分析 $\Delta\delta_z = K_H\Delta H$ 时弹箭飞行高度的变化情况。如果弹箭的实际飞行高度低于预定高度$(\Delta H < 0)$，则 $\Delta\delta_z$ 应为负值，这时 ΔH 和 $\Delta\delta_z$ 的对应关系如图 10-4 中虚线所示。当 $t = t_1$ 时，虽然飞行高度已经达到了预定高度 H_0，但此时 $\Delta\dot{H} > 0$，弹箭的惯性使其飞行高度继续上升，超过了预定飞行高度 H_0，从而使 $\Delta H > 0$。这时，舵面附加偏角 $\Delta\delta_z$ 也应变号，即 $\Delta\delta_z > 0$。当 $t = t_2$ 时，再次出现 $H = H_0$，但此时 $\Delta\dot{H} < 0$，弹箭的惯性又会使其飞行高度继续下降。弹箭在预定飞行高度 H_0 附近经过几次振荡后才能稳定在预定的飞行高度上。

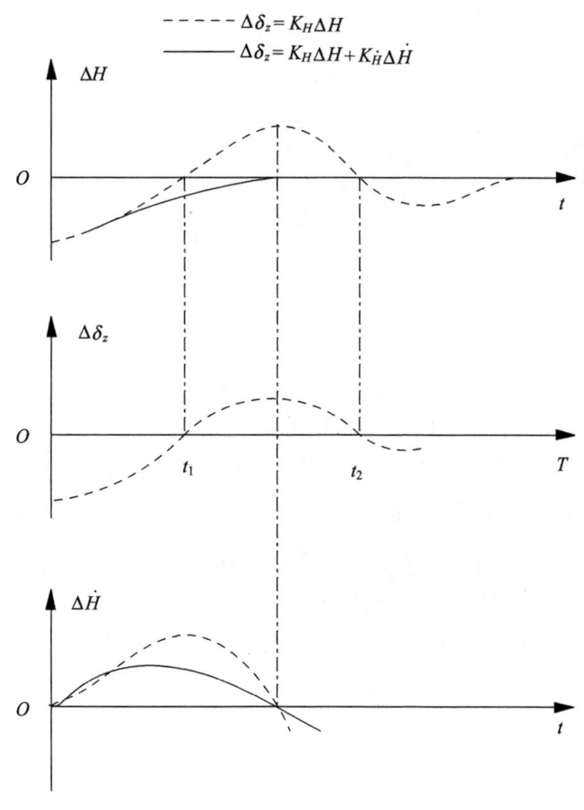

图 10-4　ΔH 的变化曲线

其次，分析 $\Delta\delta_z = K_H\Delta H + K_{\dot{H}}\Delta\dot{H}$ 时弹箭飞行高度的变化情况。当放大系数 $K_{\dot{H}}$ 和 K_H 之间比值选择得合理时，就可以很快地稳定在预定的飞行高度上，得到比较满意的过渡过程。例如，当 $\Delta H < 0$ 时，由 $K_{\dot{H}}\Delta\dot{H}$ 产生的附加舵偏角为负值，相应地当 $\Delta\dot{H} > 0$ 时，由 $K_H\Delta H$ 产生的附加偏角为正值，它相对于附加舵偏角调节规律 $\Delta\delta_z = K_H\Delta H$ 来说，可以提前改变舵面偏转方向，于是就降低了弹箭的爬升率 $\Delta\dot{H}$，使弹箭能较平稳地恢复到预定的高度上飞行，如图 10-4 中实线所示。

10.3 水平面内的方案飞行

10.3.1 水平面内飞行的方程组

如果弹箭攻角和侧滑角较小，其在水平面内的质心运动方程组为

$$\begin{cases} m\dfrac{\mathrm{d}V}{\mathrm{d}t}=P-X(P\alpha+Y)\cos\gamma_V-(-P\beta+Z)\sin\gamma_V-G=0 \\ -mV\dfrac{\mathrm{d}\psi_V}{\mathrm{d}t}=(P\alpha+Y)\sin\gamma_V+(-P\beta+Z)\cos\gamma_V \\ \dfrac{\mathrm{d}x}{\mathrm{d}t}=V\cos\psi_V \\ \dfrac{\mathrm{d}z}{\mathrm{d}t}=-V\sin\psi_V \\ \dfrac{\mathrm{d}m}{\mathrm{d}t}=-m_{\mathrm{s}} \\ \varepsilon_2=0 \\ \varepsilon_3=0 \\ \varepsilon_4=0 \end{cases} \tag{10-23}$$

上述方程组中含有 9 个未知数：V 、ψ_V 、α 、β 、γ_V 、x 、z 、m 、P 。

弹箭在水平面内的方案飞行，取决于给定的条件：

(1)给定飞行方向，其相应的理想控制关系式为$\varepsilon_2=0$ 、$\varepsilon_3=0$ 。

飞行速度的方向可以由下面三组约束关系：$\psi_{V*}(t)$(或$\dot{\psi}_{V*}(t)$ 或$n_{z_2*}(t)$)、$\beta_*(t)$(或$\psi_*(t)$)、$\gamma_{V*}(t)$中的任意两个参量的组合给出。但是，弹箭通常不做既操纵倾斜又操纵侧滑的水平面飞行，因为这样将使控制系统复杂化。

(2)给定发动机的工作状态，其相应的理想控制关系式为$\varepsilon_4=0$ 。

如果飞行方案是由偏航角的变化规律$\psi_*(t)$给出的，或者需要确定偏航角，则方程组(10-23)中还需要补充一个方程，即

$$\psi=\psi_V+\beta$$

由于方程组(10-23)右端与坐标x 、z 无关，所以积分此方程组时，第 4 式和第 5 式可以独立出来，在其余方程积分后，单独进行积分。

当弹箭采用固体火箭发动机时，方程组中的第 6 式和第 9 式可以用$m(t)$和$P(t)$的已知关系式来代替。

下面分析水平面内飞行的攻角。

从方程组(10-23)中的第 2 式可以看出：弹箭水平飞行时，其重力被空气动力和推力在沿铅垂方向上的分量所平衡，该式可改写为

$$n_{y_3}\cos\gamma_V-n_{z_3}\sin\gamma_V=1$$

攻角可用平衡状态下的法向过载来表示，即

$$\alpha = \frac{n_{y_3} - \left(n_{y_3 \mathrm{b}}\right)_{\alpha=0}}{n_{y_3 \mathrm{b}}^{\alpha}}$$

当无倾斜飞行时，$\gamma_V = 0$，则 $n_{y_2} = n_{y_3} = 1$，于是

$$\alpha = \frac{1 - \left(n_{y_3 \mathrm{b}}\right)_{\alpha=0}}{n_{y_3 \mathrm{b}}^{\alpha}} \tag{10-24}$$

当无侧滑飞行时，$\beta = 0$，则 $n_{z_3} = 0$，于是

$$n_{y_3} = 1/\cos\gamma_V$$

$$\alpha = \frac{1/\cos\gamma_V - \left(n_{y_3 \mathrm{b}}\right)_{\alpha=0}}{n_{y_3 \mathrm{b}}^{\alpha}} \tag{10-25}$$

对比分析式(10-24)和式(10-25)可以看出：在具有相同动压头时，做倾斜的水平曲线飞行所需攻角比侧滑飞行时要大些。这是因为倾斜飞行时，须使升力和推力的铅垂分量$\left(P\alpha + Y\right)\cos\gamma_V$与重力相平衡。同时还可看出，在做倾斜的水平机动飞行时，因受弹箭临界攻角和可用法向过载的限制，速度倾斜角γ_V不能太大。

10.3.2　无倾斜的机动飞行

弹箭在水平面内做侧滑而无倾斜的曲线飞行时，其质心运动方程组由方程组(10-23)改写得

$$\begin{cases} \dfrac{\mathrm{d}V}{\mathrm{d}t} = \dfrac{P - X}{m} \\ \alpha = \dfrac{1 - \left(n_{y_3 \mathrm{b}}\right)_{\alpha=0}}{n_{y_3 \mathrm{b}}^{\alpha}} \\ \dfrac{\mathrm{d}\psi_V}{\mathrm{d}t} = \dfrac{1}{mV}\left(P\beta - Z\right) \\ \dfrac{\mathrm{d}x}{\mathrm{d}t} = V\cos\psi_V \\ \dfrac{\mathrm{d}z}{\mathrm{d}t} = -V\sin\psi_V \\ \psi = \psi_V + \beta \\ \varepsilon_2 = 0 \end{cases} \tag{10-26}$$

上述方程组含有 7 个未知参量：V、ψ_V、α、β、x、z和ψ。

方程组(10-26)中描述飞行速度方向的理想控制关系方程$\varepsilon_2 = 0$，可以用下列不同的参量表示：弹道偏角ψ_V或弹道偏角的变化率$\dot{\psi}_V$、侧滑角β或偏航角ψ、法向过载n_{z_2}。现在分别讨论以上 3 种方案飞行。

1. 给定弹道偏角的方案飞行

当给出弹道偏角的变化规律$\psi_{V*}\left(t\right)$时，理想控制关系式为

$$\varepsilon_2 = \psi_V - \psi_{V*}(t) = 0$$

或

$$\varepsilon_2 = \dot{\psi}_V - \dot{\psi}_{V*}(t) = 0$$

按给定弹道偏角的方案飞行的弹箭运动方程组为

$$\begin{cases} \dfrac{\mathrm{d}V}{\mathrm{d}t} = \dfrac{P - X}{m} \\ \alpha = \dfrac{1 - \left(n_{y_3\mathrm{b}}\right)_{\alpha=0}}{n_{y_3\mathrm{b}}^{\alpha}} \\ \beta = -\dfrac{V}{g} \dfrac{\dfrac{\mathrm{d}\psi_V}{\mathrm{d}t}}{n_{z_3\mathrm{b}}^{\beta}} \\ \dfrac{\mathrm{d}x}{\mathrm{d}t} = V\cos\psi_V \\ \dfrac{\mathrm{d}z}{\mathrm{d}t} = -V\sin\psi_V \\ \psi_V = \psi_{V*}(t) \end{cases} \tag{10-27}$$

式中，$n_{z_3\mathrm{b}}^{\beta} = \dfrac{1}{mg}\left[-P + Z^{\beta} - \left(m_y^{\beta} / m_y^{\delta_y}\right) Z^{\delta_y}\right]$，可参照式(10-3)进行推导。

方程组(10-27)中含有 6 个未知参量：V、α、β、ψ_V、x 和 z。求解该方程组则可获得这些参量随时间的变化关系，并由 $x(t)$、$z(t)$ 绘出按给定弹道偏角飞行的方案弹道。

2. 给定侧滑角或偏航角的方案飞行

当给出侧滑角的变化规律 $\beta_*(t)$ 时，控制系统的理想控制关系式为

$$\varepsilon_2 = \beta - \beta_*(t) = 0$$

按给定侧滑角的方案飞行的弹箭运动方程组可写成

$$\begin{cases} \dfrac{\mathrm{d}V}{\mathrm{d}t} = \dfrac{P - X}{m} \\ \alpha = \dfrac{1 - \left(n_{y_3\mathrm{b}}\right)_{\alpha=0}}{n_{y_3\mathrm{b}}^{\alpha}} \\ \dfrac{\mathrm{d}\psi_V}{\mathrm{d}t} = \dfrac{1}{mV}(P\beta - Z) \\ \dfrac{\mathrm{d}x}{\mathrm{d}t} = V\cos\psi_V \\ \dfrac{\mathrm{d}z}{\mathrm{d}t} = -V\sin\psi_V \\ \beta = \beta_*(t) \end{cases} \tag{10-28}$$

若给出偏航角的变化规律 $\psi_*(t)$，则控制系统的理想控制关系式为

$$\varepsilon_2 = \psi - \psi_*(t) = 0$$

按给定偏航角的方案飞行的弹箭运动方程组为

$$\begin{cases} \dfrac{\mathrm{d}V}{\mathrm{d}t} = \dfrac{P - X}{m} \\ \alpha = \dfrac{1 - \left(n_{y_3\mathrm{b}}\right)_{\alpha=0}}{n_{y_3\mathrm{b}}^{\alpha}} \\ \dfrac{\mathrm{d}\psi_V}{\mathrm{d}t} = \dfrac{1}{mV}\left(P\beta - Z\right) \\ \dfrac{\mathrm{d}x}{\mathrm{d}t} = V\cos\psi_V \\ \dfrac{\mathrm{d}z}{\mathrm{d}t} = -V\sin\psi_V \\ \beta = \psi - \psi_V \\ \psi = \psi_*(t) \end{cases} \tag{10-29}$$

3. 给定法向过载的方案飞行

当给出法向过载的变化规律 $n_{z_2*}(t)$ 时，控制系统的理想控制关系式为

$$\varepsilon_2 = n_{z_2} - n_{z_2*}(t) = 0$$

按给定法向过载的方案飞行的弹箭运动方程组为

$$\begin{cases} \dfrac{\mathrm{d}V}{\mathrm{d}t} = \dfrac{P - X}{m} \\ \alpha = \dfrac{1 - \left(n_{y_3\mathrm{b}}\right)_{\alpha=0}}{n_{y_3\mathrm{b}}^{\alpha}} \\ \dfrac{\mathrm{d}\psi_V}{\mathrm{d}t} = -\dfrac{g}{V}n_{z_2} \\ \beta = \dfrac{n_{z_2}}{n_{z_2\mathrm{b}}^{\beta}} \\ \dfrac{\mathrm{d}x}{\mathrm{d}t} = V\cos\psi_V \\ \dfrac{\mathrm{d}z}{\mathrm{d}t} = -V\sin\psi_V \\ n_{z_2} = n_{z_2*}(t) \end{cases} \tag{10-30}$$

10.3.3　无侧滑的机动飞行

当弹箭在水平面内做倾斜而无侧滑的机动飞行时，其质心运动方程组为

$$\begin{cases} \dfrac{\mathrm{d}V}{\mathrm{d}t}=\dfrac{P-X}{m} \\ \left(P\alpha+Y\right)\cos\gamma_V-G=0 \\ \dfrac{\mathrm{d}\psi_V}{\mathrm{d}t}=-\dfrac{1}{mV}\left(P\alpha+Y\right)\sin\gamma_V \\ \dfrac{\mathrm{d}x}{\mathrm{d}t}=V\cos\psi_V \\ \dfrac{\mathrm{d}z}{\mathrm{d}t}=-V\sin\psi_V \\ \varepsilon_3=0 \end{cases} \tag{10-31}$$

上述方程组中含有 6 个未知参量：V 、α 、γ_V 、ψ_V 、x 和 z 。

方程组(10-31)中描述飞行速度方向的理想控制关系方程 $\varepsilon_3=0$ ，可由下列参量表示：速度倾斜角 γ_V ，或者法向过载 n_{y_3} ，或者攻角 α ；弹道偏角 ψ_V ，或者弹道偏角的变化率 $\dot{\psi}_V$ ，或者弹道曲率半径 ρ 。

1. 给定速度倾斜角的方案飞行

当给出速度倾斜角的变化规律 $\gamma_{V*}(t)$ 时，控制系统的理想控制关系方程为

$$\varepsilon_3=\gamma_V-\gamma_{V*}(t)=0$$

根据方程组(10-31)，可以得到按给定速度倾斜角的方案飞行的弹箭运动方程组为

$$\begin{cases} \dfrac{\mathrm{d}V}{\mathrm{d}t}=\dfrac{P-X}{m} \\ \alpha=\dfrac{\dfrac{1}{\cos\gamma_V}-\left(n_{y_3\mathrm{b}}\right)_{\alpha=0}}{n_{y_3\mathrm{b}}^{\alpha}} \\ \dfrac{\mathrm{d}\psi_V}{\mathrm{d}t}=-\dfrac{g}{V}\sin\gamma_V\left[n_{y_3\mathrm{b}}^{\alpha}\alpha+\left(n_{y_3\mathrm{b}}\right)_{\alpha=0}\right] \\ \dfrac{\mathrm{d}x}{\mathrm{d}t}=V\cos\psi_V \\ \dfrac{\mathrm{d}z}{\mathrm{d}t}=-V\sin\psi_V \\ \gamma_V=\gamma_{V*}(t) \end{cases} \tag{10-32}$$

2. 给定法向过载的方案飞行

当给定法向过载的变化规律 $n_{y_3*}(t)$，则理想控制关系方程为

$$\varepsilon_3=n_{y_3}-n_{y_3*}(t)=0$$

当弹箭在水平面内做无侧滑飞行时，法向过载 n_{y_3} 与速度倾斜角 γ_V 之间的关系为

$$n_{y_3}=\frac{1}{\cos\gamma_V}$$

根据方程组(10-31)，可得到按给定法向过载的方案飞行的弹箭运动方程组为

$$\begin{cases}\dfrac{\mathrm{d}V}{\mathrm{d}t}=\dfrac{P-X}{m}\\ \alpha=\dfrac{n_{y_3}-\left(n_{y_3\mathrm{b}}\right)_{\alpha=0}}{n_{y_3\mathrm{b}}^{\alpha}}\\ \dfrac{\mathrm{d}\psi_V}{\mathrm{d}t}=-\dfrac{g}{V}n_{y_3}\sin\gamma_V\\ \dfrac{\mathrm{d}x}{\mathrm{d}t}=V\cos\psi_V\\ \dfrac{\mathrm{d}z}{\mathrm{d}t}=-V\sin\psi_V\\ n_{y_3}=n_{y_3*}(t)\end{cases}\tag{10-33}$$

3. 给定弹道偏角的方案飞行

当给定弹道偏角的变化规律 $\psi_{V*}(t)$ 时，求导数得到 $\dot{\psi}_{V*}(t)$，相应的控制系统的理想控制关系方程为

$$\varepsilon_3=\psi_V-\psi_{V*}(t)=0$$

根据方程组(10-32)，可得到按给定弹道偏角的方案飞行的弹箭运动方程组为

$$\begin{cases}\dfrac{\mathrm{d}V}{\mathrm{d}t}=\dfrac{P-X}{m}\\ \alpha=\dfrac{\dfrac{1}{\cos\gamma_V}-\left(n_{y_3\mathrm{b}}\right)_{\alpha=0}}{n_{y_3\mathrm{b}}^{\alpha}}\\ \tan\gamma_V=-\dfrac{V}{g}\dfrac{\mathrm{d}\psi_V}{\mathrm{d}t}\\ \dfrac{\mathrm{d}x}{\mathrm{d}t}=V\cos\psi_V\\ \dfrac{\mathrm{d}z}{\mathrm{d}t}=-V\sin\psi_V\\ \psi_V=\psi_{V*}(t)\end{cases}\tag{10-34}$$

4. 按给定弹道曲率半径的方案飞行

如果给定水平面内转弯飞行的曲率半径 $\rho_*(t)$，则控制系统的理想控制关系方程为

$$\varepsilon_3=\rho-\rho_*(t)=0$$

当弹箭在水平面内曲线飞行时，曲率半径与弹道切线的转动角速度 ψ_V 之间的关系为

$$\rho = \frac{V}{\dfrac{\mathrm{d}\psi_V}{\mathrm{d}t}}$$

根据方程组(10-34)，可得到按给定弹道曲率半径的方案飞行的弹箭运动方程组为

$$\begin{cases} \dfrac{\mathrm{d}V}{\mathrm{d}t} = \dfrac{P - X}{m} \\ \alpha = \dfrac{\dfrac{1}{\cos\gamma_V} - \left(n_{y_3\mathrm{b}}\right)_{\alpha=0}}{n_{y_3\mathrm{b}}^{\alpha}} \\ \tan\gamma_V = -\dfrac{V}{g}\dfrac{\mathrm{d}\psi_V}{\mathrm{d}t} \\ \dfrac{\mathrm{d}\psi_V}{\mathrm{d}t} = \dfrac{V}{\rho} \\ \dfrac{\mathrm{d}x}{\mathrm{d}t} = V\cos\psi_V \\ \dfrac{\mathrm{d}z}{\mathrm{d}t} = -V\sin\psi_V \\ \rho = \rho_*(t) \end{cases} \tag{10-35}$$

10.4 方案飞行的应用

10.4.1 地–空导弹的垂直上升段

一些地-空导弹(如美国的“波马克 B 型”)和舰载导弹采用垂直发射方式，其初始段弹道是一条直线，且弹道倾角$\theta = \pi/2$。

将$\theta = \pi/2$，$\mathrm{d}\theta/\mathrm{d}t = 0$代入方程组(10-5)，得到垂直上升方案飞行的弹箭运动方程组为

$$\begin{cases} \dfrac{\mathrm{d}V}{\mathrm{d}t} = \dfrac{P\cos\alpha - X}{m} - g \\ \alpha = \dfrac{\left(n_{y_3\mathrm{b}}\right)_{\alpha=0}}{n_{y_3\mathrm{b}}^{\alpha}} \\ \dfrac{\mathrm{d}y}{\mathrm{d}t} = V \end{cases} \tag{10-36}$$

根据方程组(10-36)的第 2 式，可以得到

$$n_{y_2\mathrm{b}} = n_{y_3\mathrm{b}} = n_{y_3\mathrm{b}}^{\alpha}\alpha + \left(n_{y_3\mathrm{b}}\right)_{\alpha=0} = 0$$

上式表明平衡时的法向过载为零。换言之，在垂直上升飞行时应该没有法向力。

对于气动轴对称弹箭，由于$\left(n_{y_3\mathrm{b}}\right)_{\alpha=0} = 0$，故其做垂直上升飞行时，攻角应为零。

因为直接利用弹上设备测量弹道倾角比较困难，故此方案飞行通常不直接采用控制

弹箭的弹道倾角，而是采用给定俯仰角的飞行方案，即利用关系 $\vartheta=\theta+\alpha$（α 一般为 0），将飞行方案 $\theta_*(t)$ 转化成方案 $\vartheta_*(t)$。

10.4.2 中远程空-地导弹的下滑段

所谓空-地导弹，是由轰炸机、歼击机或武装直升机等携带，从空中发射，用于攻击地面目标的一种导弹，常见有战略型和战术型两种。

当空-地导弹由下滑段转入平飞段时，为了使弹箭稳定地转入平飞，消除高度超调量，在下滑段加入方案控制，使弹箭的飞行高度按某一规律变化。下滑段可以采用抛物线变化规律，如

$$H_*(t)=\begin{cases}a\left(t-t_\tau\right)^2+H_{\mathrm{p}} & t_H\leqslant t<t_H+t_\tau\\ H_{\mathrm{p}} & t\geqslant t_H+t_\tau\end{cases}\tag{10-37}$$

式中，H_* 为方案飞行高度；H_{p} 为弹箭的平飞高度；t_H 为高度指令发出时间；t_τ 为下滑段至转平段的时间；a 根据 $t=0$ 时刻的状态解算，a 计算公式为

$$a=\left(H_{t=t_H}-H_{\mathrm{p}}\right)/t_\tau^2$$

式中，$H_{t=t_H}$ 为 $t=t_H$ 时刻弹箭的飞行高度。

除此之外，还可以采用指数形式的高度程序，其表达式为

$$H_*(t)=\begin{cases}H_1 & t<t_1\\ \left(H_1-H_{\mathrm{p}}\right)\mathrm{e}^{-k(t-t_1)}+H_{\mathrm{p}} & t_1\leqslant t<t_2\\ H_{\mathrm{p}} & t\geqslant t_2\end{cases}\tag{10-38}$$

式中，H_1 为下滑段起始点高度；H_{p} 为弹箭的平飞高度；t_1、t_2 为给定的指令时间；k 为给定的控制常数。

高度 H_1、H_2 根据弹箭技术战术指标要求确定。t_1、t_2、k 的确定应综合考虑以下因素：满足最小射程的要求，下滑过程中高度超调量要小，转入平飞的时间最短，飞行过载小于弹箭结构允许值，弹箭姿态运动不影响发动机的正常工作等。

10.4.3 巡航导弹的爬升段

某巡航导弹从地面发射，按给定的俯仰角方案爬升，然后转入平飞。爬升段俯仰角方案为

$$\vartheta_*(t)=\begin{cases}\vartheta_0 & 0\leqslant t<t_1\\ \vartheta_0-\dot{\vartheta}\left(t-t_1\right) & t_1\leqslant t<t_2\\ \vartheta_1 & t_2\leqslant t<t_3\\ \vartheta_1-k_t\left(H-H_{\mathrm{p}}\right)\mathrm{e}^{\frac{\left|H-H_{\mathrm{p}}\right|}{\Delta H_{\mathrm{m}}}} & t\geqslant t_3\end{cases}\tag{10-39}$$

式中，ϑ_0 为助推段俯仰角；t_1 为助推器分离时间；$\dot{\vartheta}$ 为过渡段俯仰角变化率；t_2 为过渡段结束时间；ϑ_1 为转平前俯仰角；t_3 为转平段开始时间，从 $\left(H-H_{\mathrm{p}}\right)\leqslant\Delta H_{\mathrm{m}}$ 起计；k_1 为

转平段系数；H 为弹箭飞行高度；H_p 为平飞高度；ΔH_m 为最大高度差。

10.4.4 飞航式导弹的平飞段

从地面或舰上发射的飞航式导弹，在加速爬升段(助推段)其速度变化大，纵向运动参数变化剧烈，侧向运动则一般不实行控制。只在主发动机工作飞行段，才对侧向运动实施控制。由于助推段侧向运动无控制，各种干扰因素的作用势必会造成弹箭飞行的姿态和位置偏差。如果主发动机一开始工作就把较大的偏差作为控制量加入，很可能会造成侧向运动的振荡，严重时甚至会发散。为避免这种情况的发生，可采用下述偏航角程序信号：

$$\psi_*(t)=\begin{cases}\psi_1 & t<t_1\\ \psi_1 e^{-k(t-t_1)} & t_1\leqslant t<t_2\\ 0 & t\geqslant t_2\end{cases} \tag{10-40}$$

式中，ψ_1 为助推器分离时刻的偏航角；t_1 为助推器分离时刻；t_2 为给定的指令时间；k 为给定的控制常数。

从式(10-40)可以看出：助推段终点的偏航角偏差不是陡然直接加入，而是按指数形式引入的，从而避免了因起控不当造成失控的现象发生。相应的方向舵偏转控制规律为

$$\delta_y = K_{\Delta\psi}\Delta\psi + K_{\Delta\dot{\psi}}\Delta\dot{\psi} \tag{10-41}$$

式中，$\Delta\psi=\psi-\psi_*$，$\Delta\dot{\psi}=\mathrm{d}\Delta\psi/\mathrm{d}t$。

思 考 题

1. 何谓“方案飞行”？有何研究意义？
2. 弹箭在铅垂面内运动时，典型的飞行方案有哪些？
3. 写出按给定俯仰角的方案飞行的弹箭运动方程组。
4. 弹箭在水平面内做侧滑而无倾斜飞行的方案有哪些？
5. 弹箭垂直飞行时的攻角是否一定等于零？如不等于零，怎样才能使弹箭做垂直飞行？
6. 哪些弹箭采用方案飞行？

第 11 章　有翼弹箭飞行的动态特性

11.1　引　　言

在上面章节有控弹箭的运动方程组及其研究方法中，介绍了弹箭质心运动的基本理论，并将弹箭作为一个理想的可操纵质点，这种理论基于以下两个基本假设：

(1) 弹箭在大气中飞行是瞬时平衡的。此时在弹箭上只有气动恢复力矩和操纵力矩的作用。且两力矩处于平衡状态，即

$$m_z^{\alpha}\alpha + m_z^{\delta_z}\delta_z = 0 \tag{11-1}$$

(2) 稳定和操纵弹箭飞行的控制系统是理想的。因此采用了理想操纵关系方程，由式(6-26)可知

$$\varepsilon_i = x_i - x_{i*} = 0 \tag{11-2}$$

式中，x_i 是运动参数的实际值；x_{i*} 是运动参数的要求值。

视弹箭为一个理想的操纵质点，在规定的设计状态和标准大气条件下，由此计算的弹道称为理论弹道，或理想弹道、基准弹道。实际上，弹箭不可能在任何时候都是瞬时平衡的，也不可能没有运动参数的偏差。因此，弹箭的实际飞行状态与理论弹道是有差别的，只是这种差别在飞行力学设计中可以限制在很小的范围内。

11.1.1　小扰动法的概念

弹箭实际飞行的状态不同于理论弹道的状态，除与上述两个基本假设有关外，还与气动、结构和控制等参数的偏差有关。因此，计算理论弹道时，必须精确选择各种设计参数，同时使参数误差产生的扰动力和扰动力矩能够限制在很小的范围内。

为便于选择弹箭的各种设计参数，可分阶段地研究飞行力学的问题，首先研究弹箭沿理论弹道的运动，称为基准运动或未扰动运动。弹箭受到扰动作用(扰动力或扰动力矩)后，则近似看成是在理论弹道运动的基础上，出现了附加运动，称为扰动运动。

基准运动的参数一般用下标 0 表示，如飞行速度 $V_0(t)$、弹道倾角 $\theta_0(t)$、俯仰角 $\vartheta_0(t)$ 和攻角 $\alpha_0(t)$ 等。扰动运动的参数用运动偏量表示，例如速度偏量 $\Delta V(t)$、弹道倾角偏量 $\Delta\theta(t)$、俯仰角偏量 $\Delta\vartheta(t)$ 和攻角偏量 $\Delta\alpha(t)$ 等。

如果是小扰动，则受扰动作用后的实际飞行弹道很接近理论弹道。采用小扰动法，实际运动参数就可以用理论数值与其偏量之和表示为

$$\begin{cases} V(t)=V_0(t)+\Delta V(t) \\ \theta(t)=\theta_0(t)+\Delta\theta(t) \\ \vartheta(t)=\vartheta_0(t)+\Delta\vartheta(t) \\ \alpha(t)=\alpha_0(t)+\Delta\alpha(t) \end{cases} \tag{11-3}$$

小扰动值是相对理论值而言的，其绝对量应视具体情况而定。经验表明，小扰动的假设是符合实际情况的。当然，某些大扰动现象则不属此列。

11.1.2　稳定性概念

弹箭小扰动运动形态由常系数线性系统描述时，在扰动作用下，弹箭将离开基准运动。一旦扰动作用消失，弹箭经过扰动运动后又重新恢复到原来的飞行状态，则称弹箭的基准运动是稳定的，见图 11-1。如果在扰动作用消失后，弹箭不能恢复到原来的飞行状态，甚至偏差越来越大，则是不稳定的，见图 11-2。

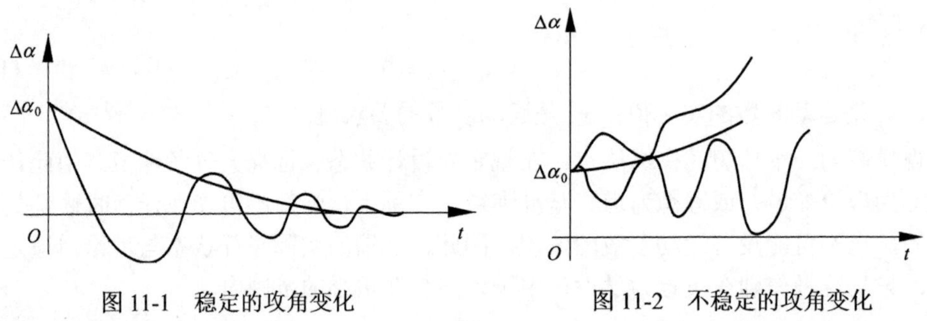

图 11-1　稳定的攻角变化　　　　图 11-2　不稳定的攻角变化

弹箭运动稳定性的概念，在一般情况下可应用李雅普诺夫关于运动稳定性的定义，其提法如下。

因为描述弹箭实际飞行的运动参数，可以表示为

$$x(t)=x_0(t)+\Delta x(t) \tag{11-4}$$

式中，$x_0(t)$为基准运动参数；$\Delta x(t)$为振动运动参数。假定干扰对弹箭作用的结果，在$t=0$时，出现初始值$\Delta x(0)$，并产生扰动运动；如果ε是任意小的正数，由此找到另外一个正数$\delta(\varepsilon)$，在$t=0$时，$|\Delta x(0)|\leqslant\delta$，而在$t>0$的所有时刻，扰动运动的所有参数$\Delta x(t)$均满足不等式

$$|\Delta x(t)|<\varepsilon \tag{11-5}$$

则称基准运动$x_0(t)$对于偏量$\Delta x(t)$是稳定的。

如果满足条件$|\Delta x(0)|\leqslant\delta$和式(11-5)外，还存在下述关系：

$$\lim_{t\to\infty}|\Delta x(t)|=0 \tag{11-6}$$

则称基准运动是渐近稳定的。

上述初始值$\Delta x(0)$比较小时稳定条件才能满足，就是小扰动范围内具有稳定性的情况。

若存在这样的 ε ，当 $\delta(\varepsilon)$ 任意小时，$|\Delta x(0)| \leqslant \delta$ 也成立，但在 $t>0$ 的某时刻不能满足式(11-5)，则称基准运动是不稳定的。

由此可见，稳定性是指整个扰动运动具有收敛的特性，它由飞行器随时间恢复到基准运动的能力所决定。

11.1.3　操纵性概念

操纵性可以理解为舵面偏转后，弹箭反应舵面偏转改变其原有飞行状态的能力，以及反应快慢的程度。

研究弹箭弹体本身的动态特性，不考虑自动控制系统的工作。为了在同一舵偏角下评定不同弹箭的操纵性，一般规定舵面做如下三种典型偏转。

1) 舵面阶跃偏转

假定舵偏角为阶跃函数，其目的是为了求弹箭扰动运动的过渡函数。这时弹箭的反应最为强烈，也比较典型，正像自动调节原理需要研究过渡过程一样，见图 11-3。

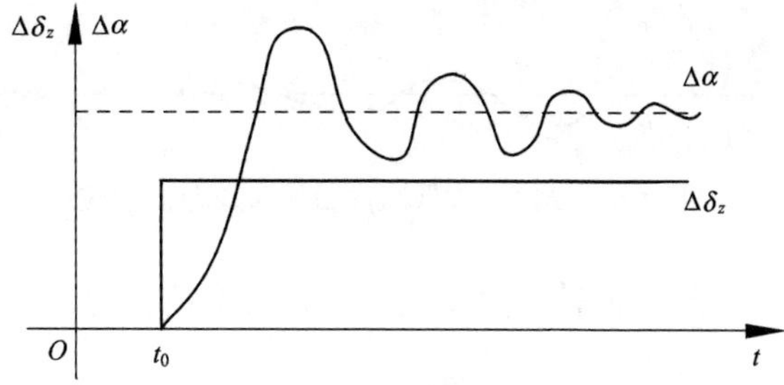

图 11-3　舵面阶跃偏转

2) 舵面简谐偏转

舵面做简谐转动时，弹箭的反应将出现延迟和输出振幅不等于输入振幅的现象。例如攻角 $\Delta\alpha$ 和舵偏角 $\Delta\delta_z$ 之间存在相位差，振幅间也有一定的比例关系，见图 11-4。舵面简谐转动时可求得弹箭的频率特性，以便利用频率法研究它在闭环飞行时的动态特性。

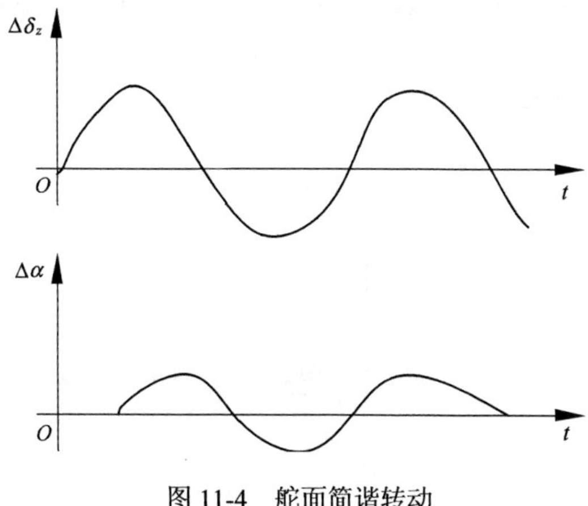

图 11-4　舵面简谐转动

3）脉冲偏转

脉冲偏转的表达式为

$$\Delta\delta(t)=\begin{cases}A, & 0<t<t_0\\0, & t<0,t>t_0\end{cases}$$

式中，A 为常数。图 11-5 为操纵机构做脉冲偏转时攻角的响应。

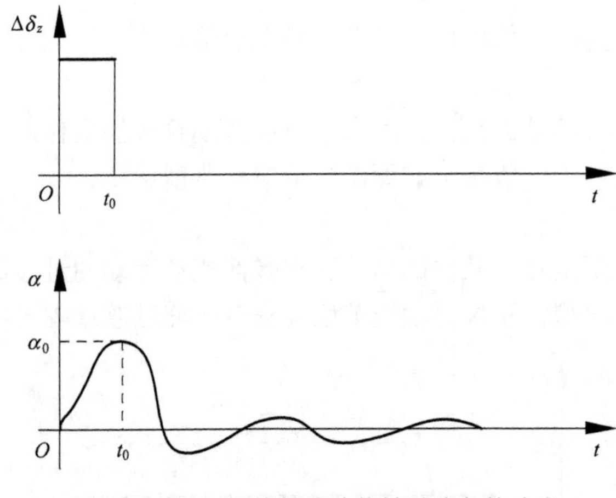

图 11-5 操纵机构做脉冲偏转时攻角的响应

在弹箭实际飞行中，舵面偏转一般是上述三种典型情况的某种组合。

11.2 弹箭运动方程线性化

11.2.1 线性化方法

弹箭空间运动通常由一个非线性变系数的微分方程组来描述，在数学上尚无求解这种方程组的一般解析法。因此非线性问题往往是用一个近似的线性系统来代替，并使其近似的误差小到无关紧要的程度。非线性系统近似成线性系统，其精确程度取决于线性化方法和线性化假设。分析弹箭的动态特性，采用基于 Taylor 级数的线性化方法。对该方法介绍如下。

假设弹箭运动方程为以下一般形式的微分方程组：

$$\begin{cases}f_1\dfrac{\mathrm{d}x_1}{\mathrm{d}t}=F_1\\ f_2\dfrac{\mathrm{d}x_2}{\mathrm{d}t}=F_2\\ \cdots\cdots\\ f_n\dfrac{\mathrm{d}x_n}{\mathrm{d}t}=F_n\end{cases}\tag{11-7}$$

式中

$$\begin{cases} f_1 = f_1\left(x_1, x_2, x_3, \cdots, x_n\right) \\ f_2 = f_2\left(x_1, x_2, x_3, \cdots, x_n\right) \\ \cdots\cdots \\ f_n = f_n\left(x_1, x_2, x_3, \cdots, x_n\right) \end{cases} \tag{11-8}$$

$$\begin{cases} F_1 = F_1\left(x_1, x_2, x_3, \cdots, x_n\right) \\ F_2 = F_2\left(x_1, x_2, x_3, \cdots, x_n\right) \\ \cdots\cdots \\ F_n = F_n\left(x_1, x_2, x_3, \cdots, x_n\right) \end{cases} \tag{11-9}$$

以上 x_1，x_2，$x_3,\cdots$，x_n 是弹箭的运动参数，由弹道计算可得它们的特解为

$$\begin{cases} x_1 = x_{10}\left(t\right) \\ x_2 = x_{20}\left(t\right) \\ \cdots\cdots \\ x_n = x_{n0}\left(t\right) \end{cases} \tag{11-10}$$

将此特解注以下标 0，表示基准弹道的参数，弹箭按此弹道飞行称为基准运动或未扰动运动。

将上列特解代入式(11-7)，得

$$\begin{cases} f_{10}\dfrac{\mathrm{d}x_{10}}{\mathrm{d}t} = F_{10} \\ f_{20}\dfrac{\mathrm{d}x_{20}}{\mathrm{d}t} = F_{20} \\ \cdots\cdots \\ f_{n0}\dfrac{\mathrm{d}x_{n0}}{\mathrm{d}t} = F_{n0} \end{cases} \tag{11-11}$$

对一般形式的微分方程组(11-7)进行线性化，为不失代表性，任取一个方程，并省略其下标，则有

$$f\frac{\mathrm{d}x}{\mathrm{d}t} = F \tag{11-12}$$

式中，x 可以代表含扰动作用飞行的任一运动参数。在基准运动中此式变为

$$f_0\frac{\mathrm{d}x_0}{\mathrm{d}t} = F_0 \tag{11-13}$$

一个运动参数在扰动运动和未扰动运动中的差，为运动参数的偏量(或增量)，其形式为

$$f\frac{\mathrm{d}x}{\mathrm{d}t} - f_0\frac{\mathrm{d}x_0}{\mathrm{d}t} = F - F_0 \tag{11-14}$$

令 $\Delta x = x - x_0$，$\Delta f = f - f_0$，$\Delta F = F - F_0$。因此，上式可改写为

$$\Delta f\left(\frac{\mathrm{d}x}{\mathrm{d}t}\right)=f\frac{\mathrm{d}x}{\mathrm{d}t}-f_0\frac{\mathrm{d}x_0}{\mathrm{d}t}=F-F_0=\Delta F \tag{11-15}$$

此式又可写成

$$\begin{aligned}\Delta\left(f\frac{\mathrm{d}x}{\mathrm{d}t}\right)&=f\frac{\mathrm{d}x}{\mathrm{d}t}-f_0\frac{\mathrm{d}x_0}{\mathrm{d}t}+\left(f\frac{\mathrm{d}x_0}{\mathrm{d}t}-f\frac{\mathrm{d}x_0}{\mathrm{d}t}\right)=f\frac{\mathrm{d}\Delta x}{\mathrm{d}t}+\Delta f\frac{\mathrm{d}x_0}{\mathrm{d}t}+f_0\frac{\mathrm{d}\Delta x}{\mathrm{d}t}-f_0\frac{\mathrm{d}\Delta x}{\mathrm{d}t}\\&=\left(f_0+\Delta f\right)\frac{\mathrm{d}\Delta x}{\mathrm{d}t}+\Delta f\frac{\mathrm{d}x_0}{\mathrm{d}t}=\Delta F\end{aligned} \tag{11-16}$$

式中，$\Delta f\dfrac{\mathrm{d}\Delta x}{\mathrm{d}t}$ 是高于一次的微量，可以略去，于是上式可变为

$$f_0\frac{\mathrm{d}\Delta x}{\mathrm{d}t}+\Delta f\frac{\mathrm{d}\Delta x_0}{\mathrm{d}t}=\Delta F \tag{11-17}$$

式中，ΔF 和 Δf 是函数的增量，它可由以下方法计算。

由式(11-8)，函数 f 在 x_{10}，x_{20}，x_{30}，$\cdots$，x_{n0} 点附近展成 Taylor 级数，则有

$$\begin{aligned}f\left(x_1,x_2,x_3,\cdots,x_n\right)&=f_0\left(x_{10},x_{20},x_{30},\cdots,x_{n0}\right)\\&\quad+\left[\frac{\partial f\left(x_1,x_2,x_3,\cdots,x_n\right)}{\partial x_1}\right]_0\Delta x_1+\left[\frac{\partial f\left(x_1,x_2,x_3,\cdots,x_n\right)}{\partial x_2}\right]\Delta x_2+\cdots+R_f\end{aligned} \tag{11-18}$$

式中，R_f 是所有高于二阶以上各项之和。增量函数 Δf 等于

$$\begin{aligned}\Delta f&=f\left(x_1,x_2,x_3,\cdots,x_n\right)-f_0\left(x_{10},x_{20},x_{30},\cdots,x_{n0}\right)\\&=\left[\frac{\partial f\left(x_1,x_2,x_3,\cdots,x_n\right)}{\partial x_1}\right]\Delta x_1+\left[\frac{\partial f\left(x_1,x_2,x_3,\cdots,x_n\right)}{\partial x_2}\right]\Delta x_2+\cdots+R_f\end{aligned} \tag{11-19}$$

同理可以求得增量函数 ΔF 的表达式为

$$\begin{aligned}\Delta F&=F\left(x_1,x_2,x_3,\cdots,x_n\right)-F_0\left(x_{10},x_{20},x_{30},\cdots,x_{n0}\right)\\&=\left[\frac{\partial F\left(x_1,x_2,x_3,\cdots,x_n\right)}{\partial x_1}\right]\Delta x_1+\left[\frac{\partial F\left(x_1,x_2,x_3,\cdots,x_n\right)}{\partial x_2}\right]\Delta x_2+\cdots+R_f\end{aligned} \tag{11-20}$$

弹箭运动方程组线性化时，可以略去高阶小量之和。因此式(11-17)又可写为

$$f_0\frac{\mathrm{d}\Delta x}{\mathrm{d}t}+\left[\left(\frac{\partial f}{\partial x_1}\right)_0\Delta x_1+\left(\frac{\partial f}{\partial x_2}\right)_0\Delta x_2+\cdots\right]\frac{\mathrm{d}x_0}{\mathrm{d}t}=\left(\frac{\partial F}{\partial x_1}\right)_0\Delta x_1+\left(\frac{\partial f}{\partial x_2}F\right)_0\Delta x_2+\cdots \tag{11-21}$$

式中

$$\begin{cases}\left(\dfrac{\partial f}{\partial x_1}\right)_0=\left[\dfrac{\partial f\left(x_{10},x_{20},x_{30},\cdots,x_{n0}\right)}{\partial x_1}\right]_0\\ \cdots\cdots\\ \left(\dfrac{\partial F}{\partial x_1}\right)_0=\left[\dfrac{\partial F\left(x_{10},x_{20},x_{30},\cdots,x_{n0}\right)}{\partial x_1}\right]_0\end{cases}$$

于是，最终可得任一运动参数偏量的线性微分方程式

$$f_0\frac{\mathrm{d}\Delta x}{\mathrm{d}t}=\left[\left(\frac{\partial F}{\partial x_1}\right)_0-\frac{\mathrm{d}x_0}{\mathrm{d}t}\left(\frac{\partial f}{\partial x_1}\right)_0\right]\Delta x_1+\left[\left(\frac{\partial F}{\partial x_2}\right)_0-\frac{\mathrm{d}x_0}{\mathrm{d}t}\left(\frac{\partial f}{\partial x_2}\right)_0\right]\Delta x_2+\cdots \tag{11-22}$$

显然，式中的自变量是运动偏量Δx，它可以是Δx_1，$\Delta x_2,\cdots$，Δx_n，偏量在方程式中仅有一次幂，而且没有偏量间的乘积，所以微分方程式(11-22)是线性的。式中函数f_0，以及各偏导数$\left(\frac{\partial f}{\partial x_1}\right)_0,\cdots,\left(\frac{\partial f}{\partial x_n}\right)_0$，$\left(\frac{\partial F}{\partial x_1}\right)_0,\cdots,\left(\frac{\partial F}{\partial x_n}\right)_0$等，均是基准弹道运动参数的函数。基准运动的参数在计算弹道后是已知的时间参数，所以函数f_0以及偏导$\left(\frac{\partial f}{\partial x_1}\right)_0,\cdots,\left(\frac{\partial f}{\partial x_n}\right)_0$，$\left(\frac{\partial F}{\partial x_1}\right)_0,\cdots,\left(\frac{\partial F}{\partial x_n}\right)_0$等均是已知的时间函数。

弹箭运动方程组与运动偏量方程组的差别：①前者描述一般的飞行状况，包括基准运动或称未扰动运动；后者描述基准运动邻近的扰动运动，或称附加运动。②一般的飞行状况是非线性的，扰动运动是线性的。

11.2.2 作用力和力矩偏量

弹箭上的作用力有推力、控制力、空气动力和重力。这些作用力和力矩出现偏量，将引起弹箭产生扰动运动。因此，在运动方程线性化之前，应先弄清各作用力和力矩偏量的线性组合。

作用在弹箭上的推力，如果由吸气式发动机产生，则其大小与空气密度和飞行速度有关，推力偏量的线性组合表达式为

$$\Delta P=\left[\frac{\partial P}{\partial V}\right]_0\Delta V+\left[\frac{\partial P}{\partial y}\right]_0\Delta y=P^V\Delta V+P^y\Delta y \tag{11-23}$$

式中，y为飞行高度；P^V、P^y分别代表推力对速度和高度的偏导数，其值由未扰动飞行参数来计算，故注以下标 0。

已知空气阻力、升力和侧向力是飞行速度和高度的函数。气动力和力矩不仅与该时刻的运动参数有关，而且还与这些参数对时间的导数有关。但是，完全按此理论确定气动力和力矩的偏量，目前仍是一件困难的工作。因此在工程上通常采用定常假设，其含义是：在非定常飞行中，作用在弹箭上的气动力和力矩，除下洗延迟效应和气流阻滞外，均近似为仅与当时的运动参数有关，而不考虑这些参数导数的影响。

分析气动力偏量的线性组合时，应注意弹箭存在着纵向对称面，或者是纵向近似对称的。这种对称性使得纵向平面内的力和力矩对任意一侧向参数的导数可视为零。例如，空气阻力X，确定它与侧滑角β的关系，β值的正或负对阻力产生的影响没有差异，见图 11-6。由此可见，在零侧滑角附近，阻力导数X^β实际上等于零。同理，升力导数Y^β也等于零。故此，在阻力和升力的偏量线性表达式内将不含与侧向运动参数偏量有关的项。

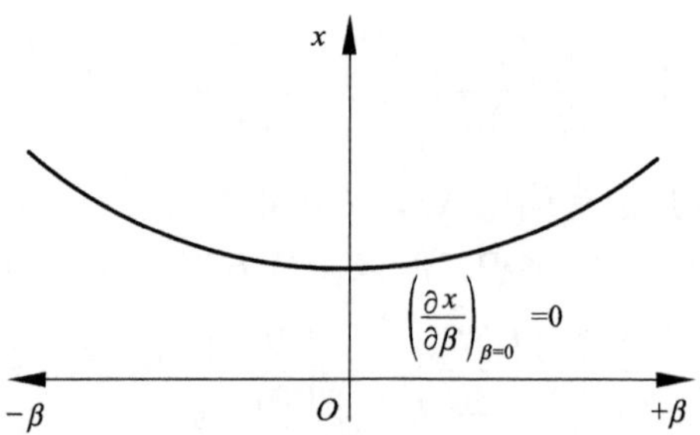

图 11-6　由侧滑角引起的阻力

如上所述，各气动力偏量线性组合的表达式通常为

$$\begin{cases}\Delta X = X^V \Delta V + X^\alpha \Delta\alpha + X^y \Delta y \\ \Delta Y = Y^V \Delta V + Y^\alpha \Delta\alpha + Y^y \Delta y + Y^{\delta_z} \Delta\delta_z \\ \Delta Z = Z^V \Delta V + Z^\beta \Delta\beta + Z^y \Delta y + Z^{\delta_y} \Delta\delta_y\end{cases} \tag{11-24}$$

式中各气动力导数叙述如下。

因空气阻力 $X = \frac{1}{2}\rho V^2 C_x S$，其中阻力系数 C_x 又是 Ma 数、Re 数、攻角 α 和侧滑角 β 的函数，所以阻力导数为

$$\begin{cases}X^\alpha = \dfrac{\partial X}{\partial \alpha} = \dfrac{X}{C_x}\dfrac{\partial C_x}{\partial \alpha} = \dfrac{X}{C_x} C_x^\alpha \\ X^\beta = \dfrac{\partial X}{\partial \beta} = \dfrac{X}{C_x}\dfrac{\partial C_x}{\partial \beta} = \dfrac{X}{C_x} C_x^\beta \\ X^V = \dfrac{\partial X}{\partial V} = \dfrac{X}{V}\left(2 + \dfrac{V}{C_x}\dfrac{\partial C_x}{\partial V}\right)\end{cases} \tag{11-25}$$

式中

$$\frac{\partial C_x}{\partial V} = \frac{Ma}{V}\frac{\partial C_x}{\partial Ma} + \frac{Re}{V}\frac{\partial C_x}{\partial Re}, \quad Re = \rho\frac{VL}{\mu} \tag{11-26}$$

故

$$X^V = \frac{X}{V}\left(2 + \frac{Ma}{C_x}C_x^{Ma} + \frac{Re}{C_x}C_x^{Re}\right) \tag{11-27}$$

如上所述，当侧滑角 β 很小时，偏导数 $X^\beta \approx 0$。

升力 $Y = \frac{1}{2}\rho V^2 C_y S$ 和侧向力 $Z = \frac{1}{2}\rho V^2 C_z S$ 的有关导数为

$$\begin{cases}Y^V = \dfrac{\partial Y}{\partial V} = \dfrac{Y}{V}\left(2 + \dfrac{Ma}{C_y}\dfrac{\partial C_y}{\partial Ma}\right) \\ Y^\alpha = \dfrac{\partial Y}{\partial \alpha} = \dfrac{Y}{C_y} C_y^\alpha\end{cases} \tag{11-28}$$

$$\begin{cases} Z^V = \dfrac{Z}{V}\left(2 + \dfrac{Ma}{C_z}\dfrac{\partial C_z}{\partial Ma}\right) \\ Z^\beta = \dfrac{Z}{C_z}C_z^\beta \\ C_z^\beta = -C_y^\alpha\ (\text{轴对称时}) \end{cases} \tag{11-28 续}$$

在升力和侧向力偏量表达式中，两个与舵偏角有关的偏导数为

$$\begin{cases} Y^{\delta_z} = \dfrac{1}{2}\rho V^2 C_y^{\delta_z} S = \dfrac{Y}{C_y}C_y^{\delta_z} \\ Z^{\delta_y} = \dfrac{1}{2}\rho V^2 C_z^{\delta_y} S = \dfrac{Z}{C_z}C_z^{\delta_y} \end{cases} \tag{11-29}$$

在以上气动力偏导数中，当战术弹箭飞行高度微量变化时，若不计空气密度微小变化对气动力的影响，可取 X^y 、Y^y 和 Z^y 为零。

讨论各气动力矩偏量的线性组合时，除考虑运动参数偏量 ΔV 、Δy 、$\Delta\alpha$ 、$\Delta\beta$ 、$\Delta\delta_y$ 和 $\Delta\delta_z$ 外，还应考虑角速度偏量 $\Delta\omega_x$ 、$\Delta\omega_y$ 、$\Delta\omega_z$ 和决定气流下洗延迟现象的偏量导数 $\Delta\dot{\alpha}$ 、$\Delta\dot{\beta}$ 、$\Delta\dot{\delta}_y$ 、$\Delta\dot{\delta}_z$ ，以及航向和滚转力矩偏量中的交叉效应。因此，适合所有气动力矩的一般式为

$$\begin{cases} M_i = m_i qSL \\ M_i^j j = m_i^j jqSL \end{cases} \tag{11-30}$$

可得各项气动力矩的线性组合为

$$\begin{aligned} \Delta M_x = {} & M_x^V \Delta V + M_x^\alpha \Delta\alpha + M_x^\beta \Delta\beta + M_x^{\omega_x}\Delta\omega_x + M_x^{\omega_y}\Delta\omega_y + M_x^{\omega_z}\Delta\omega_z \\ & + M_x^y \Delta y + M_x^{\delta_x}\Delta\delta_x + M_x^{\delta_y}\Delta\delta_y \end{aligned} \tag{11-31}$$

$$\begin{aligned} \Delta M_y = {} & M_y^V \Delta V + M_y^\beta \Delta\beta + M_y^{\omega_x}\Delta\omega_x + M_y^{\omega_y}\Delta\omega_y + M_x^{\dot{\beta}}\Delta\dot{\beta} + M_y^y \Delta y \\ & + M_y^{\delta_y}\Delta\delta_y + M_y^{\dot{\delta}_y}\Delta\dot{\delta}_y + M_y^{\delta_x}\Delta\delta_x \end{aligned} \tag{11-32}$$

$$\begin{aligned} \Delta M_z = {} & M_z^V \Delta V + M_z^\alpha \Delta\alpha + M_z^{\omega_x}\Delta\omega_x + M_z^{\omega_z}\Delta\omega_z + M_x^{\dot{\alpha}}\Delta\dot{\alpha} + M_z^y \Delta y \\ & + M_z^{\delta_z}\Delta\delta_z + M_z^{\dot{\delta}_z}\Delta\dot{\delta}_z \end{aligned} \tag{11-33}$$

式中各力矩偏导数为

$$\begin{cases} M_z^V = \dfrac{M_z}{V}\left(2 + \dfrac{Ma}{m_z}\dfrac{\partial m_z}{\partial Ma}\right) \\ M_y^V = \dfrac{M_y}{V}\left(2 + \dfrac{Ma}{m_y}\dfrac{\partial m_y}{\partial Ma}\right) \\ M_x^V = \dfrac{M_x}{V}\left(2 + \dfrac{Ma}{m_x}\dfrac{\partial m_x}{\partial Ma}\right) \end{cases} \tag{11-34}$$

$$\begin{cases} M_z^{\alpha} = \dfrac{M_z}{m_z} m_z^{\alpha}, M_y^{\beta} = \dfrac{M_y}{m_y} m_y^{\beta} \\ M_x^{\alpha} = \dfrac{M_x}{m_x} m_x^{\alpha}, M_x^{\beta} = \dfrac{M_x}{m_x} m_x^{\beta} \end{cases} \tag{11-35}$$

$$\begin{cases} M_z^{\omega_z} = \dfrac{M_z}{m_z} m_z^{\omega_z}, M_z^{\omega_x} = \dfrac{M_z}{m_z} m_z^{\omega_x}, M_z^{\dot{\alpha}} = \dfrac{M_z}{m_z} m_z^{\dot{\alpha}} \\ M_y^{\omega_y} = \dfrac{M_y}{m_y} m_y^{\omega_y}, M_y^{\omega_x} = \dfrac{M_y}{m_y} m_y^{\omega_x} \\ M_x^{\omega_x} = \dfrac{M_x}{m_x} m_x^{\omega_x}, M_x^{\omega_y} = \dfrac{M_x}{m_x} m_x^{\omega_y}, M_x^{\omega_z} = \dfrac{M_x}{m_x} m_x^{\omega_z} \end{cases} \tag{11-36}$$

这里的力矩系数 $m_z^{\omega_z}$ 、 $m_y^{\omega_y}$ 、 $m_x^{\omega_x}$ 等都是有量纲的。为了便于动态分析，常用无量纲形 $m_z^{\bar{\omega}_z}$ 、 $m_y^{\bar{\omega}_y}$ 和 $m_z^{\bar{\omega}_z}$ 等。无量纲角速度 $\bar{\omega}_z$ 、 $\bar{\omega}_y$ 和 $\bar{\omega}_x$ 等可用下式表示：

$$\begin{cases} \bar{\omega}_z = \dfrac{\omega_z L}{V}, \bar{\omega}_y = \dfrac{\omega_y L}{V}, \bar{\omega}_x = \dfrac{\omega_x L}{V} \\ \bar{\dot{\alpha}} = \dfrac{\dot{\alpha} L}{V}, \bar{\dot{\beta}} = \dfrac{\dot{\beta} L}{V} \end{cases} \tag{11-37}$$

于是，由无量纲气动力矩系数表示的力矩偏导数为

$$\begin{cases} M_z^{\omega_z} = m_z^{\bar{\omega}_z} \dfrac{1}{2}\rho VSL^2, M_z^{\omega_x} = m_z^{\bar{\omega}_x} \dfrac{1}{2}\rho VSL^2, M_z^{\dot{\alpha}} = m_z^{\bar{\dot{\alpha}}} \dfrac{1}{2}\rho VSL^2 \\ M_y^{\omega_y} = m_y^{\bar{\omega}_y} \dfrac{1}{2}\rho VSL^2, M_y^{\omega_x} = m_y^{\bar{\omega}_x} \dfrac{1}{2}\rho VSL^2, M_y^{\dot{\beta}} = m_y^{\bar{\dot{\beta}}} \dfrac{1}{2}\rho VSL^2 \\ M_x^{\omega_x} = m_x^{\bar{\omega}_x} \dfrac{1}{2}\rho VSL^2, M_x^{\omega_z} = m_x^{\bar{\omega}_z} \dfrac{1}{2}\rho VSL^2 \end{cases} \tag{11-38}$$

在实际应用中为书写方便，上列各无量纲气动力矩导数可略去上标符号“—”。

11.2.3 弹箭运动方程组线性化

为了得到描述弹箭空间扰动运动的线性微分方程组，必须应用线性化公式(11-22)对弹箭运动方程组的每一方程逐项地进行线性化。

弹箭运动方程组(6-40)的第 1 式为

$$m\frac{\mathrm{d}V}{\mathrm{d}t} = P\cos\alpha\cos\beta - X - G\sin\theta \tag{11-39}$$

此式与式(11-12)对比，弹箭的质量 m 相当于 f ，飞行速度 V 相当于 x ；而 $P\cos\alpha\cos\beta - X - G\sin\theta$ 相当于 F 。由于弹箭的质量 m 与运动参数 V 、 α 等无关，所以

$$\frac{\partial m}{\partial V} = \frac{\partial m}{\partial \alpha} = \frac{\partial m}{\partial \beta} = 0$$

因此 $\dfrac{\partial f}{\partial x_1} = 0$、$\dfrac{\partial f}{\partial x_2} = 0$、…、$F$ 对各运动参数的偏导数，包括飞行高度 H ，则分别为

$$\frac{\partial F}{\partial V}=\frac{\partial\left(P\cos\alpha\cos\beta-X-G\sin\theta\right)}{\partial V}=\cos\alpha\cos\beta\frac{\partial P}{\partial V}-\frac{\partial X}{\partial V}-\sin\theta\frac{\partial G}{\partial V}$$

偏导数采用简化符号 $\frac{\partial P}{\partial V}=P^V$，$\frac{\partial X}{\partial V}=X^V$，$\frac{\partial G}{\partial V}=G^V=0$，上式变为

$$\frac{\partial F}{\partial V}=P^V\cos\alpha\cos\beta-X^V$$

引用式(11-25)的结果，此式可写为

$$\frac{\partial F}{\partial V}=P^V\cos\alpha\cos\beta-\frac{X}{V}\left(2+\frac{V}{C_x}C_x^V\right)$$

式中，$\frac{\partial C_x}{\partial V}=C_x^V$。

在第 1 式中 F 对其他运动参数的偏导数，可同样表示为

$$\frac{\partial F}{\partial\alpha}=\left(P^\alpha\cos\alpha-P\sin\alpha\right)\cos\beta-X^\alpha$$

$$\frac{\partial F}{\partial\beta}=P^\beta\cos\alpha\cos\beta-P\cos\alpha\sin\beta-X^\beta$$

$$\frac{\partial F}{\partial y}=\frac{\partial F}{\partial H}=P^H\cos\alpha\cos\beta-X^H-G^H$$

$$\frac{\partial F}{\partial\theta}=-G\cos\theta$$

将上面求得的各个偏导数代入式(11-22)，可得到第 1 式的线性化结果

$$\begin{aligned}m_0\frac{\mathrm{d}\Delta V}{\mathrm{d}t}=&\left[P^V\cos\alpha\cos\beta-\frac{X}{V}\left(2+\frac{V}{C_x}C_x^V\right)\right]_0\Delta V\\&+\left[P^\alpha\cos\alpha\cos\beta-P\sin\alpha\cos\beta-X^\alpha\right]_0\Delta\alpha\\&+\left[P^\beta\cos\alpha\cos\beta-P\cos\alpha\sin\beta-X^\beta\right]_0\Delta\beta\\&+\left[P^H\cos\alpha\cos\beta-X^H-G^H\right]_0\Delta H-\left[G\cos\theta_0\right]\Delta\theta\end{aligned}\tag{11-40}$$

如果弹箭在实际飞行过程中攻角 α 和侧滑角 β 的数值均比较小，因为 $\cos\alpha\approx1$，$\cos\beta\approx1$，$\sin\alpha\approx\alpha$，$\sin\beta\approx\beta$，上式可近似写为

$$\begin{aligned}m_0\frac{\mathrm{d}\Delta V}{\mathrm{d}t}=&\left[P^V-\frac{X}{V}\left(2+\frac{V}{C_x}C_x^V\right)\right]_0\Delta V+\left[P^\alpha-P\alpha-X^\alpha\right]_0\Delta\alpha\\&+\left[P^\beta-P\beta-X^\beta\right]_0\Delta\beta+\left[P^H-X^H-G^H\right]_0\Delta H-\left[G\cos\theta\right]_0\Delta\theta\end{aligned}\tag{11-41}$$

这是弹箭飞行速度偏量随时间变化的线性微分方程式，也是常见的运动偏量微分方程式之一。只是有些发动机推力的偏导数 $P^\alpha=P^\beta=P^H=0$。

弹箭运动方程组(6-40)第 2 式为

$$mV\frac{\mathrm{d}\theta}{\mathrm{d}t}=P\left(\sin\alpha\cos\gamma_V+\cos\alpha\sin\beta\sin\gamma_V\right)+Y\cos\gamma_V-Z\sin\gamma_V-G\cos\theta\tag{11-42}$$

这时运动参数为V、θ、α、β、γ_V、H、δ_z和δ_y，按照第 1 式线性化的步骤，可以得到下列偏导数：

$$\frac{\partial(mV)}{\partial V}=m$$

$$\frac{\partial F}{\partial V}=P^V\left(\sin\alpha\cos\gamma_V+\cos\alpha\sin\beta\sin\gamma_V\right)+Y^V\cos\gamma_V-Z^V\sin\gamma_V$$

$$\frac{\partial F}{\partial \alpha}=P^\alpha\left(\sin\alpha\cos\gamma_V+\cos\alpha\sin\beta\sin\gamma_V\right)+P\left(\cos\alpha\cos\gamma_V-\sin\alpha\sin\beta\sin\gamma_V\right)+Y^\alpha\cos\gamma_V$$

$$\frac{\partial F}{\partial \beta}=P^\beta\left(\sin\alpha\cos\gamma_V+\cos\alpha\sin\beta\sin\gamma_V\right)+P\cos\alpha\cos\beta\sin\gamma_V-Z^\beta\sin\gamma_V$$

$$\frac{\partial F}{\partial \theta}=G\sin\theta$$

$$\frac{\partial F}{\partial \delta_z}=Y^{\delta_z}\cos\gamma_V$$

$$\frac{\partial F}{\partial \delta_y}=-Z^{\delta_y}\sin\gamma_V$$

$$\frac{\partial F}{\partial \gamma_V}=P\left(-\sin\alpha\sin\gamma_V+\cos\alpha\sin\beta\cos\gamma_V\right)-Y\sin\gamma_V-Z\cos\gamma_V$$

$$\frac{\partial F}{\partial H}=P^H\left(\sin\alpha\cos\gamma_V+\cos\alpha\sin\beta\sin\gamma_V\right)+Y^H\cos\gamma_V-Z^H\sin\gamma_V-G^H\cos\theta$$

在运动参数偏量的线性微分方程式中引用上列各式，可得第 2 式的如下线性化结果：

$$\begin{aligned}
&[mV]_0\frac{\mathrm{d}\Delta\theta}{\mathrm{d}t}+\left[m\frac{\mathrm{d}\theta}{\mathrm{d}t}\right]_0\Delta V=\left[P^V\left(\sin\alpha\cos\gamma_V+\cos\alpha\sin\beta\sin\gamma_V\right)+Y^V\cos\gamma_V-Z^V\sin\gamma_V\right]_0\Delta V\\
&+\left[P^\alpha\left(\sin\alpha\cos\gamma_V+\cos\alpha\sin\beta\sin\gamma_V\right)+P\left(\cos\alpha\cos\gamma_V-\sin\alpha\sin\beta\sin\gamma_V\right)+Y^\alpha\cos\gamma_V\right]_0\Delta\alpha\\
&+\left[P^\beta\left(\sin\alpha\cos\gamma_V+\cos\alpha\sin\beta\sin\gamma_V\right)+P\cos\alpha\cos\beta\sin\gamma_V-Z^\beta\sin\gamma_V\right]_0\Delta\beta\\
&+[G\sin\theta]_0\Delta\theta+\left[Y^{\delta_z}\cos\gamma_V\right]_0\Delta\delta_z-\left[Z^{\delta_y}\sin\gamma_V\right]_0\Delta\delta_y\\
&+\left[P\left(-\sin\alpha\sin\gamma_V+\cos\alpha\sin\beta\cos\gamma_V\right)-Y\sin\gamma_V-Z\cos\gamma_V\right]_0\Delta\gamma_V\\
&+\left[P^H\left(\sin\alpha\cos\gamma_V+\cos\alpha\sin\beta\sin\gamma_V\right)+Y^H\cos\gamma_V-Z^H\sin\gamma_V-G^H\cos\theta\right]_0\Delta H
\end{aligned}\tag{11-43}$$

如果弹箭沿基准弹道飞行的攻角α、侧滑角β和倾斜角γ_c都比较小，在上式中可近似认为$\cos\alpha=\cos\beta=\cos\gamma_V\approx 1$、$\sin\alpha\approx\alpha$、$\sin\beta\approx\beta$、$\sin\gamma_V\approx\gamma_V$，于是上式可写为

$$\begin{aligned}
&[mV]_0\frac{\mathrm{d}\Delta\theta}{\mathrm{d}t}+\left[m\frac{\mathrm{d}\theta}{\mathrm{d}t}\right]_0\Delta V=\left[P^V\left(\alpha+\beta\gamma_V\right)+Y^V-Z^V\gamma_V\right]_0\Delta V\\
&+\left[P^\alpha\left(\alpha+\beta\gamma_V\right)+P\left(1-\alpha\beta\gamma_V\right)+Y^\alpha\right]_0\Delta\alpha+\left[P^\beta\left(\alpha+\beta\gamma_V\right)+P\gamma_V-Z^\beta\gamma_V\right]_0\Delta\beta\\
&+[G\sin\theta]_0\Delta\theta+\left[Y^{\delta_z}\right]_0\Delta\delta_z-\left[Z^{\delta_y}\gamma_V\right]_0\Delta\delta_y+\left[P\left(-\alpha\gamma_V+\beta\right)-Y\gamma_V-Z\right]_0\Delta\gamma_V
\end{aligned}$$

$$+\left[P^H(\alpha+\beta\gamma_V)+Y^H-Z^H\gamma_V-G^H\cos\theta\right]_0\Delta H \tag{11-44}$$

如果忽略上式中的二阶小量 $\beta\gamma_V$ 、 $\alpha\gamma_V$ 和三阶小量 $\alpha\beta\gamma_V$ ；另外在一般情况下 $[mV]_0\dfrac{\mathrm{d}\Delta\theta}{\mathrm{d}t}$ 要比 $\left[m\dfrac{\mathrm{d}\theta}{\mathrm{d}t}\right]_0\Delta V$ 大得多，两项相比，$\left[m\dfrac{\mathrm{d}\theta}{\mathrm{d}t}\right]_0\Delta V$ 可以忽略不计。这时上式可改写成

$$\begin{aligned}[mV]_0\frac{\mathrm{d}\Delta\theta}{\mathrm{d}t}&=\left[P^V\alpha+Y^V-Z^V\gamma_V\right]\Delta V+\left[P^\alpha\alpha+P+Y^\alpha\right]_0\Delta\alpha\\&+\left[P^\beta\alpha+P\gamma_V-Z^\beta\gamma_V\right]\Delta\beta+[G\sin\theta]_0\Delta\theta+\left[Y^{\delta_z}\right]_0\Delta\delta_z-\left[Z^{\delta_y}\gamma_V\right]_0\Delta\delta_y\\&+[P\beta-Y\gamma_V-Z]_0\Delta\gamma_V+\left[P^H\alpha+Y^H-Z^H\gamma_V-G^H\cos\theta\right]_0\Delta H\end{aligned} \tag{11-45}$$

由此可见，应用运动参数偏量的线性微分方程式(11-22)，参照以上弹箭运动方程组的第 1 式和第 2 式线性化的步骤，可得弹箭空间运动方程组的全部线性化结果，即弹箭空间扰动运动的线性微分方程组为

$$\left\{\begin{aligned}&[m]_0\frac{\mathrm{d}\Delta V}{\mathrm{d}t}=\left[P^V-X^V\right]_0\Delta V+\left[P^\alpha-P\alpha-X^\alpha\right]_0\Delta\alpha+\left[P^\beta-P\beta-X^\beta\right]_0\Delta\beta\\&\qquad+\left[P^H-X^H-G^H\sin\theta\right]_0\Delta H-\left[X^{\delta_z}\right]_0\Delta\delta_z-\left[X^{\delta_z}\right]\Delta\delta_y-[G\cos\theta]_0\Delta\theta\\&[mV]_0\frac{\mathrm{d}\Delta\theta}{\mathrm{d}t}=\left[P^V\alpha+Y^V\right]_0\Delta V+\left[P+Y^\alpha\right]_0\Delta\alpha+[G\sin\theta]_0\Delta\theta+\left[Y^{\delta_z}\right]_0\Delta\delta_z\\&\qquad+\left[Y^H-G^H\cos\theta\right]_0\Delta H\\&[-mV\cos\theta]_0\frac{\delta\Delta\psi_V}{\mathrm{d}t}=\left[Z^V\right]_0\Delta V+\left[P\gamma_V+Y^\alpha\right]_0\Delta\alpha+\left[-P+Z^\beta\right]_0\Delta\beta\\&\qquad+[P\alpha+Y]_0\Delta\gamma_V+\left[Z^{\delta_y}\right]_0\Delta\delta_y+\left[Z^H\right]_0\Delta H\\&[J_x]_0\frac{\mathrm{d}\Delta\omega_x}{\mathrm{d}t}=\left[M_x^V\right]_0\Delta V+\left[M_x^{\omega_x}\right]_0\Delta\omega_x+\left[M_x^{\delta_x}\right]_0\Delta\delta_x+\left[M_x^{\delta_y}\right]_0\Delta\delta_y\\&\qquad+\left[M_y^{\omega_y}\right]_0\Delta\omega_y-\left[(J_z-J_y)\omega_y\right]_0\Delta\omega_z-\left[(J_z-J_y)\omega_z\right]_0\Delta\omega_y\\&\qquad+\left[M_x^\beta\right]_0\Delta\beta+\left[M_x^H\right]_0\Delta H\\&\left[J_y\right]_0\frac{\mathrm{d}\Delta\omega_y}{\mathrm{d}t}=\left[M_v^V\right]_0\Delta V+\left[M_v^\beta\right]\Delta\beta+\left[M_v^{\omega_y}\right]_0\Delta\omega_y+\left[M_y^{\omega_x}\right]_0\Delta\omega_x\\&\qquad+\left[M_y^{\delta_y}\right]_0\Delta\delta_y+\left[M_y^H\right]_0\Delta H+\left[M_y^\beta\right]_0\Delta\beta+\left[M_y^{\delta_y}\right]_0\Delta\delta_y\\&\qquad-\left[(J_x-J_z)\omega_z\right]_0\Delta\omega_x-\left[(J_x-J_z)\omega_x\right]_0\Delta\omega_z\\&[J_z]_0\frac{\mathrm{d}\Delta\omega_z}{\mathrm{d}t}=\left[M_z^V\right]_0\Delta V+\left[M_z^\alpha\right]_0\Delta\alpha+\left[M_z^{\omega_z}\right]\Delta\omega_z+\left[M_z^{\delta_z}\right]\Delta\delta_z\\&\qquad+\left[M_z^{\dot\alpha}\right]_0\Delta\dot\alpha+\left[M_z^{\dot\delta_z}\right]\Delta\dot\delta_z+\left[M_z^H\right]_0\Delta H-\left[(J_y-J_x)\omega_x\right]_0\Delta\omega_y\\&\qquad-\left[(J_y-J_x)\omega_y\right]_0\Delta\omega_x\end{aligned}\right. \tag{11-46}$$

$$
\begin{cases}
\dfrac{\mathrm{d}\Delta\vartheta}{\mathrm{d}t} = \Delta\omega_x \\
\dfrac{\mathrm{d}\Delta\psi}{\mathrm{d}t} = \left[\dfrac{1}{\cos\vartheta}\right]_0 \Delta\omega_y \\
\dfrac{\mathrm{d}\Delta\gamma}{\mathrm{d}t} = \Delta\omega_x - [\tan\vartheta]_0 \Delta\omega_y \\
\dfrac{\mathrm{d}\Delta x}{\mathrm{d}t} = [\cos\theta\cos\psi_V]_0 \Delta V - [V\sin\theta\cos\psi_V]_0 \Delta\theta - [V\cos\theta\sin\psi_V]\Delta\psi_V \\
\dfrac{\mathrm{d}\Delta y}{\mathrm{d}t} = [\sin\theta]_0 \Delta V + [V\cos\theta]_0 \Delta\theta \\
\dfrac{\mathrm{d}\Delta z}{\mathrm{d}t} = [-\cos\theta\sin\psi_V]_0 \Delta V + [V\sin\theta\sin\psi_V]_0 \Delta\theta - [V\cos\theta\cos\psi_V]_0 \Delta\psi_V \\
\Delta\theta = \Delta\vartheta - \Delta\alpha \\
\Delta\psi_V = \Delta\psi + \left[\dfrac{\alpha}{\cos\theta}\right]_0 \Delta\gamma - \left[\dfrac{1}{\cos\theta}\right]_0 \Delta\beta \\
\Delta\gamma_V = [\tan\theta]_0 \Delta\beta + \left[\dfrac{\cos\vartheta}{\cos\theta}\right]_0 \Delta\gamma
\end{cases}
\tag{11-46 续}
$$

在此方程组中没有考虑弹箭质量随运动参数偏量的变化，也没有考虑四个理想操纵关系方程，故仅有 15 个运动参数偏量方程，其中所含偏量为ΔV、$\Delta\alpha$、$\Delta\beta$、$\Delta\psi_V$、$\Delta\theta$、$\Delta\gamma_V$、$\Delta\vartheta$、$\Delta\psi$、$\Delta\gamma$、$\Delta\omega_x$、$\Delta\omega_y$、$\Delta\omega_z$、Δx、Δy和Δz。运动参数偏量线性微分方程组中舵面转角偏量$\Delta\delta_z$、$\Delta\delta_y$和$\Delta\delta_x$是弹箭弹体扰动运动的输入量，在孤立分析弹体自身的动态特性时，可取常用的典型输入值，例如阶跃函数等。当分析弹箭弹体作为控制对象的动态特性时，因存在包含自动驾驶仪的控制系统。此时偏量$\Delta\delta_z$、$\Delta\delta_y$和$\Delta\delta_x$又是控制设备的输出量。

在运动参数偏量的线性微分方程中，凡有方括号表示的量均是方程式的系数，而下标 0 表示这些系数由基准弹道的运动参数、气动参数和结构参数等来确定。在明确了此含义后，今后为书写方便，常略去下标 0。

11.2.4 系数冻结法

弹箭扰动运动方程组是变系数线性微分方程组。因为弹箭在飞行过程中，一般情况下运动参数是随时间变化的。对于变系数线性微分方程难以寻求工程需要的解析解，为此，常采用系数“冻结”法。

系数“冻结”法的含义如下：在研究弹箭(或飞行器)的动态特性时，如果未扰动弹道已经给出，则在该弹道上任意点上的运动参数和结构参数都为已知数值。可以近似地认为在这些点附近的小范围内，运动参数和结构参数都固定不变，也就是近似地认为各扰动运动方程式的扰动偏量的系数，在所研究的弹道点的附近冻结不变。这就将变系数微分方程变为常系数微分方程。

系数“冻结”法并无严格的理论根据或数学证明。在实用中，通常发现：如果在过渡过程时间内，即使系数的变化大，系数“冻结”法也不会带来很大的误差。

11.3　纵向和侧向扰动运动

11.3.1　纵向扰动运动的数学模型

如果弹箭只绕弹体 Oz_1 轴转动，且质心的移动基本上在垂直平面内；同时认为弹箭纵向对称面与此飞行平面相重合，因而可将弹箭在铅垂面内的运动称为纵向运动。

由铅垂面内运动方程组(6-30)线性化，或由式(11-46)可得纵向扰动运动方程组为

$$\begin{cases} m\dfrac{\mathrm{d}\Delta V}{\mathrm{d}t}=\left(P^V-X^V\right)\Delta V-\left(P\alpha+X^\alpha\right)\Delta\alpha-G\cos\theta\Delta\theta \\ mV\dfrac{\mathrm{d}\Delta\theta}{\mathrm{d}t}=\left(P^V\alpha+Y^V\right)\Delta V+\left(P+Y^\alpha\right)\Delta\alpha+G\sin\theta\Delta\theta+Y^{\delta_z}\Delta\delta_z \\ J_z\dfrac{\mathrm{d}\Delta\omega_z}{\mathrm{d}t}=M_z^V\Delta V+M_z^\alpha\Delta\alpha+M_z^{\omega_z}\Delta\omega_z+M_z^{\dot\alpha}\Delta\dot\alpha+M_z^{\delta_z}\Delta\delta_z+M_z^{\dot\delta_z}\Delta\dot\delta_z \\ \dfrac{\mathrm{d}\Delta\vartheta}{\mathrm{d}t}=\Delta\omega_y \\ \Delta\theta=\Delta\vartheta-\Delta\alpha \end{cases} \tag{11-47}$$

以及

$$\begin{cases} \dfrac{\mathrm{d}\Delta x}{\mathrm{d}t}=\cos\theta\Delta V-V\sin\theta\Delta\theta \\ \dfrac{\mathrm{d}\Delta y}{\mathrm{d}t}=\sin\theta\Delta V+V\cos\theta\Delta\theta \end{cases} \tag{11-48}$$

所列方程组称为纵向扰动运动方程组，其变量是运动参数偏量 ΔV、$\Delta\theta$、$\Delta\omega$、$\Delta\alpha$、$\Delta\vartheta$、Δx 和 Δy，它们是待求的未知时间函数。该方程组的模态反映了纵向扰动运动的动态特性。

在工程实践中，分析纵向动态特性主要采用方程组(11-47)。同时，为书写方便，在教科书和文献资料中常常省去偏量表示符“Δ”，以 V 代替 ΔV，α 代替 $\Delta\alpha$，依次类推。

还可以发现，在纵向扰动运动方程组(11-47)中不含干扰力和力矩，而它们却是客观存在的。这里用 F'_{xd} 表示切向干扰力，F'_{yd} 表示法向干扰力，M'_{xd} 表示纵向干扰力矩，于是方程组(11-47)可改写为如下形式：

$$\begin{cases} m\dot V=\left(P^V-X^V\right)V-\left(P\alpha+X^\alpha\right)\alpha-\left(G\cos\theta\right)\theta+F'_{xd} \\ J_z\dot\omega_z=M_z^V V+M_z^\alpha\alpha+M_z^{\omega_z}\omega_z+M_z^{\dot\alpha}\dot\alpha+M_z^{\delta_z}\delta_z+M_z^{\dot\delta_z}\dot\delta_z+M'_{zd} \\ mV\dot\theta=\left(P^V\alpha+Y^V\right)V+\left(P+Y^\alpha\right)\alpha+\left(G\sin\theta\right)\theta+Y^{\delta_z}\delta_z+F'_{yd} \\ \vartheta=\omega_z \\ \theta=\vartheta-\alpha \end{cases} \tag{11-49}$$

式中，V 为未扰动的飞行速度。

11.3.2　纵向动力系数

方程组(11-49)并非标准形式的纵向扰动运动模型，在飞行力学中采用的标准形式，习惯上都是用动力系数代替方程组中的系数。纵向动力系数用a_{mn}表示，下标m代表方程的编号；下标n代表运动参数偏量的编号，ΔV为1、$\Delta\omega$为2、$\Delta\theta$为3、$\Delta\alpha$为4、$\Delta\delta_z$为5。

因此，在纵向扰动方程组(11-49)中，第3式除以转动惯量J_z、可得动力系数a_{mn}的以下公式：

$$\begin{cases}\text{阻尼动力系数}\quad a_{22}=-\dfrac{M_z^{\omega_z}}{J_z}\left(\mathrm{s}^{-1}\right)\\ \text{恢复动力系数}\quad a_{24}=-\dfrac{M_z^{\alpha}}{J_z}\left(\mathrm{s}^{-2}\right)\\ \text{操纵动力系数}\quad a_{25}=-\dfrac{M_z^{\delta_z}}{J_z}\left(\mathrm{s}^{-1}\right)\\ \text{速度动力系数}\quad a_{21}=-\dfrac{M_z^{V}}{J_z}\left(\mathrm{m}^{-1}\cdot\mathrm{s}^{-1}\right)\\ \text{下洗延迟动力系数}\ a'_{24}=-\dfrac{M_z^{\dot\alpha}}{J_z}\left(\mathrm{s}^{-1}\right)\\ \qquad a'_{25}=-\dfrac{M_z^{\dot\delta_z}}{J_z}\left(\mathrm{s}^{-1}\right)\end{cases}\tag{11-50}$$

可见动力系数$a_{22}\sim a'_{25}$具有气动力矩导数的性质。

方程组(11-49)中第2式的有关项除以乘积mV可得以下动力系数表达式：

$$\begin{cases}\text{法向动力系数}\quad a_{34}=\dfrac{P+Y^{\alpha}}{mV}\left(\mathrm{s}^{-1}\right)\\ \text{舵面动力系数}\quad a_{35}=\dfrac{Y^{\delta_z}}{mV}\left(\mathrm{s}^{-1}\right)\\ \text{重力动力系数}\quad a_{33}=-\dfrac{g}{V}\sin\theta\left(\mathrm{s}^{-1}\right)\\ \text{速度动力系数}\quad a_{31}=-\dfrac{P^{V}\alpha+Y^{V}}{mV}\left(\mathrm{m}^{-1}\right)\end{cases}\tag{11-51}$$

这些动力系数具有弹箭法向作用力的性质。

最后，方程组(11-49)中第1式的有关项除以弹箭质量，可得以下动力系数：

$$\begin{cases}\text{切向动力系数}\quad a_{14}=\dfrac{P\alpha+X^{\alpha}}{m}\left(\mathrm{m}\cdot\mathrm{s}^{-2}\right)\\ \text{重力动力系数}\quad a_{13}=g\cos\theta\left(\mathrm{m}\cdot\mathrm{s}^{-2}\right)\\ \text{速度动力系数}\quad a_{11}=-\dfrac{P^{V}-X^{V}}{m}\left(\mathrm{s}^{-1}\right)\end{cases}\tag{11-52}$$

以上动力系数与弹箭切向作用力有关。

作用在弹箭上的干扰力和力矩可采用以下相应的符号：

$$F_{\mathrm{xd}}=\frac{F'_{\mathrm{xd}}}{m}，\quad F_{\mathrm{yd}}=\frac{F'_{\mathrm{yd}}}{mV}，\quad M_{z\mathrm{d}}=M'_{z\mathrm{d}}/J_z$$

于是引入动力系数后，可将方程组(11-49)改写成一种标准形式的纵向扰动运动模型

$$\begin{cases}\dot{V}+a_{11}V+a_{14}\alpha+a_{13}\theta=F_{\mathrm{xd}}\\ \dot{\omega}_z+a_{21}V+a_{22}\omega_z+a_{24}\alpha+a'_{24}\dot{\alpha}=-a_{25}\delta_z-a'_{25}\dot{\delta}_z+M_{z\mathrm{d}}\\ \dot{\theta}+a_{31}V+a_{33}\theta-a_{34}\alpha=a_{35}\delta_z+F_{\mathrm{yd}}\\ \dot{\vartheta}=\omega_z\\ \vartheta=\theta+\alpha\end{cases}\tag{11-53}$$

由此方程可以进一步解释有关动力系数的含义。方程组(11-53)中第 1 式描述在纵向扰动运动中弹箭质心的法向加速度，因此动力系数 a_{11}、a_{14}、a_{13} 是由与它相乘的运动参数偏量为一个单位时，引起的法向加速度。方程组(11-53)中第 2 式描述弹箭绕质心旋转的角加速度，这是以后要着重讨论的内容。在此式中，动力系数 a_{21}、a_{22}、a_{24}、a_{25}、a'_{24} 等代表与它相乘的偏量为一个单位下产生的角加速度。方程组(11-53)中第 3 式描述弹箭质心的法向加速度，式内各动力系数 a_{31}、a_{34}、a_{35} 和 a_{33} 是在与它相乘的偏量为一个单位时，弹箭可以获得的法向加速度。

当方程组(11-53)中各式等号右端为零时，就得到了描述纵向自由扰动运动的齐次线性微分方程组。此时各运动偏量的通解为

$$V=\sum A_i\mathrm{e}^{\lambda_i t}，\quad \vartheta=\sum B_i\mathrm{e}^{\lambda_i t}，\quad \theta=\sum C_i\mathrm{e}^{\lambda_i t}，\quad \alpha=\sum D_i\mathrm{e}^{\lambda_i t}$$

式中，A_i、B_i、C_i 和 D_i 是根据初始条件确定的系数，而 λ_i 是纵向扰动运动方程组(11-53)的特征方程式的根，详见 11.3.5 节。

如果方程组(11-53)的右端不为零，这时运动方程组描述了纵向强迫扰动运动。

11.3.3 纵向动力系数的计算

考虑到各个动力系数的计算过程是大致相同的，为了避免冗长的重复说明，在此仅举计算恢复动力系数一例。选择动力系数 a_{24} 作为例子，因为它代表了弹箭是否具有静稳定性，而这一性质在纵向动态特性中又起着明显的作用。

由式(11-50)可知

$$a_{24}=-\frac{M_z^{\alpha}}{J_z}=-\frac{m_z^{\alpha}\frac{1}{2}\rho V_0^2SL}{J_z}\left(\mathrm{s}^{-2}\right)\tag{11-54}$$

静稳定性(恢复)力矩系数 m_z^{α} 的表达式，由气动力计算方法可知其基本形式为

$$m_z^{\alpha}=C_y^{\alpha}\left(\frac{x_g-x_p}{L}\right)\tag{11-55}$$

式中，C_y^{α} 为弹箭升力系数导数；S 为气动力参考面积；L 为气动力参考长度；x_g 为质

心位置； x_p 为压心位置。

采用鸭式气动外形的弹箭，力矩系数 m_z^{α} 的表达式与正常式弹箭不同，如果气动力参考长度为平均气动力弦 b_a，则式(11-55)变为

$$m_z^{\alpha} = C_y^{\alpha}\left(\frac{x_g - x_p}{b_a}\right) \tag{11-56}$$

计算气动力和力矩系数的公式，对于不同形式的弹箭有不同的表示方法。因此，这里不一一列举。

为了获得弹箭动力系数的值，一般应进行以下计算步骤：

(1)按气动计算的规定，选用参考面积 S 和长度 L。

(2)根据风洞试验或理论估算的结果，确定所需的气动力和力矩系数，以及压力中心的数值。

(3)在已知的大量基准弹道中，选择若干条典型弹道，并确定弹道上的特性点。

(4)确定飞行过程中弹箭坐标。

(5)根据位置的变化和质量分布，计算弹箭的转动惯量。

(6)将有关数值代入相应的动力系数公式，计算动力系数的值。

动力系数是有量纲的数值，计算过程中应注意所取各种参数在量纲上的一致性。

11.3.4 纵向扰动运动的状态方程

弹箭纵向扰动运动方程组(11-53)对于运动偏量而言是线性的。考虑到线性系统的向量矩阵法近年来已在飞行力学中得到广泛应用，也可将式(11-53)写成状态向量的形式。纵向扰动运动的状态参数列向量为

$$\left[V\ \omega_z\ \alpha\ \vartheta\right]^{\mathrm{T}} \tag{11-57}$$

在状态向量中设置了攻角偏量 α，也就包含了能够反映气动力变化的主要特征。但是，纵向扰动运动方程组(11-53)没有明显列出攻角导数的表达式，直接由它组成状态向量方程就不方便了。为此，利用角度几何关系 $\alpha = \vartheta - \theta$，可将方程组中的第 3 式改写成

$$\dot{\alpha} - \dot{\vartheta} - a_{31}V - a_{33}\theta + a_{34}\alpha = -a_{35}\delta_z - F_{\mathrm{yd}} \tag{11-58}$$

于是方程组(11-53)可变成

$$\begin{cases}\dot{V} = -a_{11}V - \left(a_{14} - a_{13}\right)\alpha - a_{13}\vartheta + F_{\mathrm{xd}} \\ \dot{\omega}_z = -\left(a_{21} + a_{24}a_{31}\right)V - \left(a_{22} + a_{24}'\right)\omega_z + \left(a_{24}'a_{34} + a_{24}'a_{33} - a_{24}\right)\alpha - a_{24}'a_{33}\vartheta \\ \qquad -\left(a_{25} - a_{24}'a_{35}\right)\delta_z - a_{25}'\dot{\delta}_z + a_{24}'F_{\mathrm{yd}} + M_{\mathrm{zd}} \\ \dot{\alpha} = a_{31}V - \omega_z - \left(a_{34} + a_{33}\right)\alpha + a_{33}\vartheta - a_{35}\delta_z - F_{\mathrm{yd}} \\ \dot{\vartheta} = \omega_z \end{cases} \tag{11-59}$$

因为 $\theta = \vartheta - \alpha$，故以上方程组没有列出弹道倾角偏量 θ，由此方程组可得纵向扰动运动的状态方程为

$$\begin{bmatrix}\dot{V}\\ \dot{\omega}_z\\ \dot{\alpha}\\ \dot{\vartheta}\end{bmatrix}=\boldsymbol{A}_z\begin{bmatrix}V\\ \omega_z\\ \alpha\\ \vartheta\end{bmatrix}+\begin{bmatrix}0\\ -a_{25}+a'_{24}a_{35}\\ -a_{35}\\ 0\end{bmatrix}\delta_z+\begin{bmatrix}0\\ -a'_{25}\\ 0\\ 0\end{bmatrix}\dot{\delta}_z+\begin{bmatrix}F_{xd}\\ a'_{24}F_{yd}+M_{zd}\\ -F_{yd}\\ 0\end{bmatrix} \tag{11-60}$$

式中，纵向动力系数(4×4)矩阵 $\boldsymbol{A}_z$ 的表达式为

$$\boldsymbol{A}_z=\begin{bmatrix}-a_{11} & 0 & -a_{14}+a_{13} & -a_{13}\\ -\left(a_{21}+a'_{24}a_{31}\right) & -\left(a_{22}+a'_{24}\right) & \left(a'_{24}a_{34}+a'_{24}a_{33}-a_{24}\right) & -a'_{24}a_{33}\\ a_{31} & 0 & -\left(a_{34}+a_{33}\right) & a_{33}\\ 0 & 1 & 0 & 0\end{bmatrix}$$

在矩阵 $\boldsymbol{A}_z$ 中消去第一行和第一列后，所得的简化矩阵将在后面的 11.5.1 节中应用。

11.3.5　纵向扰动运动的传递函数

考虑到在整个飞行控制系统中，弹箭只是其中的一个环节，因此求出弹箭传递函数后，不仅能详细了解弹箭的动态特性，而且还可将弹箭作为操纵对象分析整个控制回路的特性。在这一节建立弹箭纵向传递函数时，不做烦琐推导，直接写出需要的结果。

在纵向控制回路中弹箭运动作为开环环节，它的输出量是 V 、ω_z 、ϑ 和 α ，以及弹道倾角偏量 θ，弹箭运动的输入量是舵面偏转角偏量 δ_z 。换句话说，运动偏量 V 、ω_z 、ϑ 、α 和 θ 随着舵面转动而变化，经常干扰产生的力和力矩与舵面转动所起的作用一样，同样可以引起纵向扰动运动，所以经常干扰力和力矩也应视为输入量。

在自动控制理论中定义传递函数 $W(s)$ 为输出量和输入量的拉普拉斯变换之比。为了得到弹箭传递函数，应首先对纵向扰动运动方程组(11-53)(在零初始条件下)进行拉氏变换，将原函数变为象函数，使它变为一个代数方程组：

$$\begin{cases}(s+a_{11})V(s)+a_{14}\alpha(s)+a_{13}\theta(s)=F_{xd}(s)\\ \left(s^2+a_{22}s\right)\vartheta(s)+a_{21}V(s)+\left(a'_{24}s+a_{24}\right)\alpha(s)=-\left(a'_{25}s+a_{25}\right)\delta_z(s)+M_{zd}(s)\\ (s+a_{33})\theta(s)+a_{31}V(s)-a_{34}\alpha(s)=a_{35}\delta_z(s)+F_{yd}(s)\\ \vartheta(s)=\theta(s)+\alpha(s)\end{cases} \tag{11-61}$$

式中，s 为拉氏算子，输出量象函数为

$$V(s)=\frac{\Delta_V}{\Delta},\quad \vartheta(s)=\frac{\Delta_\vartheta}{\Delta},\quad \alpha(s)=\frac{\Delta_\alpha}{\Delta},\quad \theta(s)=\frac{\Delta_\theta}{\Delta}$$

式中，主行列式是由方程组(11-61)的系数组成的行列式；Δ_V 、Δ_ϑ 、Δ_α 和 Δ_θ 是用式(11-61)右端舵偏角组成的列，或干扰力和干扰力矩组成的列代入主行列式相应的列所得的行列式。

不难求得主行列式为

$$\Delta=-\left(s^4+P_1s^3+P_2s^2+P_3s+P_4\right)=-D(s) \tag{11-62}$$

式中

$$\begin{cases} P_1 = a_{22} + a_{33} + a_{11} + a_{34} + a'_{24} \\ P_2 = a_{22}a_{33} + a_{22}a_{34} + a_{24} + a_{11}(a_{22} + a_{33}) + a_{11}a_{34} - a_{31}(a_{13} - a_{14}) + a_{11}a'_{24} + a'_{24}a_{33} \\ P_3 = a_{24}a_{33} + a_{11}a_{22}a_{33} + a_{11}a_{22}a_{34} + a_{11}a_{24} + (a_{14} - a_{13})a_{22}a_{31} - a_{14}a_{21} - a_{13}a'_{24}a_{31} \\ P_4 = a_{11}a_{24}a_{33} - a_{13}a_{24}a_{31} - a_{13}a_{21}a_{34} - a_{14}a_{21}a_{33} \end{cases} \tag{11-63}$$

在式(11-62)中令$\Delta = 0$，可得纵向扰动运动的特征方程式$D(s) = 0$，详见式(11-114)。

1)俯仰舵偏角的纵向传递函数

对于多输出和多输入的弹箭传递函数，为了区别不同的输出量和输入量，规定第一个下标为输入量，第二个下标为输出量。因此在纵向扰动运动中，由方程组(11-61)可得，舵偏转的弹箭传递函数为

$$\begin{cases} W_{\delta_z}^{V}(s) = \dfrac{V(s)}{\delta_z(s)} = \dfrac{\dfrac{\Delta_V}{\Delta}}{D(s)} = \dfrac{M_V(s)}{D(s)} \\ W_{\delta_z}^{\vartheta}(s) = \dfrac{\vartheta(s)}{\delta_z(s)} = \dfrac{\dfrac{\Delta_\vartheta}{\Delta}}{D(s)} = \dfrac{M_\theta(s)}{D(s)} \\ W_{\delta_z}^{\alpha}(s) = \dfrac{\alpha(s)}{\delta_z(s)} = \dfrac{\dfrac{\Delta_\alpha}{\Delta}}{D(s)} = \dfrac{M_\alpha(s)}{D(s)} \end{cases} \tag{11-64}$$

这里没有写出弹道倾角偏量的传递函数$W_{\delta_z}^{\theta}(s)$，因为它等于$W_{\delta_z}^{V}(s) - W_{\delta_z}^{\alpha}(s)$，其中，各分子多项式分别为

$$M_V(s) = (a_{13} - a_{14})a_{35}s^2 + (a_{22}a_{35}a_{13} + a'_{24}a_{35}a_{13} - a_{22}a_{35}a_{14} - a_{25}a_{14})s + a_{24}a_{35}a_{13} - a_{25}a_{34}a_{13} - a_{25}a_{33}a_{14} \tag{11-65}$$

$$M_\vartheta(s) = (a_{25} - a'_{24}a_{35})s^2 + (a_{25}a_{33} + a_{25}a_{34} - a_{24}a_{35} + a_{25}a_{11} - a'_{24}a_{35}a_{11})s + a_{11}(a_{25}a_{33} + a_{25}a_{34} - a_{24}a_{35}) + (a_{14} - a_{13})(a_{25}a_{31} + a_{21}a_{35}) \tag{11-66}$$

$$M_\alpha(s) = a_{35}s^3 + (a_{25}a_{35}a_{11} + a_{22}a_{35})s^2 + (a_{25}a_{33} + a_{22}a_{35}a_{11}a_{25}a_{11})s + a_{25}a_{33}a_{11} - a_{22}a_{31}a_{13} - a_{21}a_{24}a_{35} \tag{11-67}$$

所得弹箭纵向传递函数，其中各运动偏量V、ϑ、θ、α与舵偏量δ_z的比值为负，这反映了飞行力学中关于运动参数正负号的规定。

2)干扰力的纵向传递函数

采用上节相同的推导方法，可得到以切向干扰力为输入量的纵向传递函数

$$\begin{cases} W_{F_x}^{V}(s) = \dfrac{V(s)}{F_{xd}(s)} = \dfrac{M_{xV}(s)}{D(s)} \\ W_{F_x}^{\vartheta}(s) = \dfrac{\vartheta(s)}{F_{xd}(s)} = \dfrac{M_{x\vartheta}(s)}{D(s)} \\ W_{F_x}^{\alpha}(s) = \dfrac{\alpha(s)}{F_{xd}(s)} = \dfrac{M_{x\alpha}(s)}{D(s)} \end{cases} \tag{11-68}$$

以法向力为输入量的纵向传递函数为

$$\begin{cases} W_{F_y}^{V}(s)=\dfrac{V(s)}{F_{yd}(s)}=\dfrac{M_{yV}(s)}{D(s)} \\ W_{F_y}^{\vartheta}(s)=\dfrac{\vartheta(s)}{F_{yd}(s)}=\dfrac{M_{y\vartheta}(s)}{D(s)} \\ W_{F_y}^{\alpha}(s)=\dfrac{\alpha(s)}{F_{yd}(s)}=\dfrac{M_{y\alpha}(s)}{D(s)} \end{cases} \tag{11-69}$$

各分子多项式为

$$M_{xV}(s)=-\left[s^3+(a_{22}+a_{34}+a'_{24}+a_{33})s^2+(a_{22}a_{33}+a'_{24}a_{34}+a_{24}+a_{22}a_{34})s+a_{24}a_{33}\right] \tag{11-70}$$

$$M_{x\vartheta}(s)=(a_{21}+a'_{24}a_{31})s+(a_{21}a_{33}+a_{22}a_{31}+a_{21}a_{34}) \tag{11-71}$$

$$M_{x\alpha}(s)=-a_{31}s^2+(a_{21}-a_{22}a_{31})s+a_{21}a_{33} \tag{11-72}$$

及

$$M_{yV}(s)=(a_{13}-a_{14})s^2+(a_{22}a_{13}-a_{22}a_{14}+a'_{24}a_{13})s+a_{24}a_{13} \tag{11-73}$$

$$M_{y\vartheta}(s)=-a'_{24}s^2-(a_{24}+a'_{24}a_{11})s-a_{24}a_{11}+a_{21}(a_{14}-a_{13}) \tag{11-74}$$

$$M_{y\alpha}(s)=s^3+(a_{11}+a_{22})s^2+a_{22}a_{11}s-a_{21}a_{13} \tag{11-75}$$

3) 干扰力矩的纵向传递函数

应用方程组(11-61)，采取相同的推导方法，可得输入量为干扰力矩 M_{zd} 的纵向传递函数为

$$\begin{cases} W_{M_z}^{V}(s)=\dfrac{V(s)}{M_{zd}(s)}=\dfrac{M_{MV}(s)}{D(s)} \\ W_{M_z}^{\vartheta}(s)=\dfrac{\vartheta(s)}{M_{zd}(s)}=\dfrac{M_{M\vartheta}(s)}{D(s)} \\ W_{M_z}^{\alpha}(s)=\dfrac{\alpha(s)}{M_{zd}(s)}=\dfrac{M_{M\alpha}(s)}{D(s)} \end{cases} \tag{11-76}$$

有关分子多项式为

$$W_{MV}(s)=a_{14}s+a_{34}a_{13}+a_{14}a_{33} \tag{11-77}$$

$$W_{M\vartheta}(s)=-s^2-(a_{33}+a_{34}+a_{11})s-a_{11}(a_{34}+a_{33})+a_{31}(a_{14}-a_{13}) \tag{11-78}$$

$$W_{M\alpha}(s)=-s^2-(a_{11}+a_{33})s-a_{13}a_{11}+a_{31}a_{13} \tag{11-79}$$

以上各种形式的传递函数均可以用来表示纵向扰动运动的动态特性，在自动控制理论中有关传递函数的内容在此都是适用的。按照线性叠加原理，同时出现舵偏角和经常干扰的作用，运动偏量将产生叠加效果的响应。

应当指出，传递函数只能反映零初始条件下，输入作用产生的纵向扰动运动的反应。但是弹箭在飞行中将不可避免地受到偶然干扰，例如瞬时阵风作用而产生的初始迎角偏

量α_0，如果此时弹体纵轴无偏转，则存在着等式$\alpha_0 = -\theta_0$。

纵向扰动运动方程组(11-53)在初始值α_0和$-\theta_0$下进行拉氏变换，还可以直接写出α_0和$-\theta_0$的纵向运动参数偏量的如下象函数：

$$V(s)=\frac{1}{D(s)}\left[a'_{24}M_{\alpha V}(s)\alpha_0+M_{\theta V}(s)\theta_0\right] \tag{11-80}$$

$$\vartheta(s)=\frac{1}{D(s)}\left[a'_{24}M_{\alpha\vartheta}(s)\alpha_0+M_{\vartheta\theta}(s)\theta_0\right] \tag{11-81}$$

$$\alpha(s)=\frac{1}{D(s)}\left[a'_{24}M_{\alpha\alpha}(s)\alpha_0+M_{\alpha\theta}(s)\theta_0\right] \tag{11-82}$$

可以证明

$$M_{\alpha V}(s)=M_{MV}(s),\quad M_{\theta V}(s)=M_{yV}(s) \tag{11-83}$$

$$M_{\alpha\vartheta}(s)=M_{M\vartheta}(s),\quad M_{\theta\vartheta}(s)=M_{y\vartheta}(s) \tag{11-84}$$

$$M_{\alpha\alpha}(s)=M_{M\alpha}(s),\quad M_{\theta\alpha}(s)=M_{y\alpha}(s) \tag{11-85}$$

11.3.6　纵向长周期扰动运动的特性

由于长周期运动是一个缓慢变化的运动，在短周期结束时，可以认为俯仰角加速度为零，而俯仰角速度又极小。因此，气动阻尼力矩十分微弱，飞行速度方向的变化跟得上弹体纵轴的转动。与此同时，飞行速度偏量也发生变化。根据这些理由，简化纵向扰动运动方程组(11-53)后，可得如下长周期扰动运动方程组：

$$\begin{cases}\dot V=-a_{11}V-a_{13}\theta-a_{14}\alpha+F_{xd}\\ \dot\theta=-a_{14}V-a_{33}\theta+a_{34}\alpha+F_{yd}\\ a_{21}V+a_{24}\alpha=0\\ \vartheta=\theta+\alpha\end{cases} \tag{11-86}$$

这是一个二阶微分方程组，下面先来研究它的动力学过程，即讨论作用力重新走向平衡的过程。假设在偶然阵风引起的全面纵向扰动运动中，当短周期运动结束时，迎角偏量$\Delta\alpha=0$，弹道倾角偏量$\Delta\theta$为负值，此时作用在弹箭上的切向力和法向力分别为

$$P\cos\alpha_0-X-mg\sin(\theta_0-\Delta\theta)>0 \tag{11-87}$$

$$P\sin\alpha_0+Y-mg\cos(\theta_0-\Delta\theta)<0 \tag{11-88}$$

因此长周期扰动运动开始后，速度偏量ΔV增加，弹道倾角偏量$-\Delta\theta$的绝对值减小。

11.3.7　侧向扰动运动的数学模型

在弹箭空间扰动运动方程组中，因为运动参数的偏量足够小，属于小扰动范畴；同时弹箭又是纵向对称的，以及基准弹道中侧向参数和纵向运动角速度足够小等条件，可以得到一组侧向扰动运动方程式

$$
\begin{cases}
\dfrac{\mathrm{d}\Delta\psi_V}{\mathrm{d}t}=\dfrac{P-Z^{\beta}}{mV\cos\theta}\Delta\beta-\dfrac{P\alpha+Y}{mV\cos\theta}\Delta\gamma_V-\dfrac{Z^{\delta_y}}{mV\cos\theta}\Delta\delta_y \\
\dfrac{\mathrm{d}\Delta\omega_x}{\mathrm{d}t}=\dfrac{M_x^{\beta}}{J_x}\Delta\beta+\dfrac{M_x^{\omega_x}}{J_x}\Delta\omega_x+\dfrac{M_x^{\omega_y}}{J_x}\Delta\omega_y+\dfrac{M_x^{\delta_x}}{J_x}\Delta\delta_x+\dfrac{M_x^{\delta_y}}{J_x}\Delta\delta_y \\
\dfrac{\mathrm{d}\Delta\omega_y}{\mathrm{d}t}=\dfrac{M_y^{\beta}}{J_y}\Delta\beta+\dfrac{M_y^{\omega_x}}{J_y}\Delta\omega_x+\dfrac{M_y^{\omega_y}}{J_y}\Delta\omega_y+\dfrac{M_y^{\dot\beta}}{J_y}\Delta\dot\beta+\dfrac{M_y^{\delta_y}}{J_y}\Delta\delta_y \\
\dfrac{\mathrm{d}\Delta\psi}{\mathrm{d}t}=\dfrac{1}{\cos\vartheta}\Delta\omega_y \\
\dfrac{\mathrm{d}\Delta\gamma}{\mathrm{d}t}=\Delta\omega_x-\tan\vartheta\Delta\omega_y \\
\Delta\psi_V=\Delta\psi+\dfrac{\alpha}{\cos\theta}\Delta\gamma-\dfrac{1}{\cos\theta}\Delta\beta \\
\Delta\gamma_V=\tan\theta\Delta\beta+\dfrac{\cos\vartheta}{\cos\theta}\Delta\gamma \\
\dfrac{\mathrm{d}\Delta z}{\mathrm{d}t}=-V\cos\theta\Delta\psi_V
\end{cases}
\tag{11-89}
$$

侧向扰动运动和纵向扰动运动类似，它的许多动力学现象可由侧向动力系数来表示。为了写出由侧向动力系数表示的标准侧向扰动运动方程组，下面对式(11-89)中的第 1 式作进一步的简化。由于

$$
mV\frac{\mathrm{d}\theta}{\mathrm{d}t}=P\alpha+Y-G\cos\theta
$$

由此可得

$$
\frac{P\alpha+Y}{mV}=\left(\frac{\mathrm{d}\theta}{\mathrm{d}t}+\frac{g}{V}\cos\theta\right)
$$

此式两边乘以式(11-89)中的第 7 式，得到

$$
\left(\frac{P\alpha+Y}{mV}\right)\Delta\gamma_V=\left(\frac{\mathrm{d}\theta}{\mathrm{d}t}+\frac{g}{V}\cos\theta\right)\left(\tan\theta\Delta\beta+\frac{\cos\vartheta}{\cos\theta}\Delta\gamma\right)
$$

因线性化时已认为$\dfrac{\mathrm{d}\theta}{\mathrm{d}t}$是一个小量，上式变成为

$$
\left(\frac{P\alpha+Y}{mV}\right)\Delta\gamma_V=\frac{g}{V}\left(\sin\theta\Delta\beta+\cos\vartheta\Delta\gamma\right)
$$

将此结果代入(11-89)中的第 1 式，则有

$$
-mV\cos\theta\frac{\mathrm{d}\Delta\psi_V}{\mathrm{d}t}=\left(-P+Z^{\beta}\right)\Delta\beta-mg\left(\sin\theta\Delta\beta+\cos\vartheta\Delta\gamma\right)+Z^{\delta_y}\Delta\delta_y \tag{11-90}
$$

再由式(11-89)中的第 6 式可得

$$
\cos\theta\Delta\psi_V=\cos\theta\Delta\psi+\alpha\Delta\gamma-\Delta\beta
$$

此式两边进行求导，并略去二阶微量可得

$$\cos\theta\frac{\mathrm{d}\Delta\psi_V}{\mathrm{d}t}=\cos\theta\frac{\mathrm{d}\Delta\psi}{\mathrm{d}t}+\alpha\frac{\mathrm{d}\Delta\gamma}{\mathrm{d}t}-\frac{\mathrm{d}\Delta\beta}{\mathrm{d}t}$$

将此式代入式(11-90)后可得

$$\begin{aligned}&-mV\frac{\cos\theta}{\cos\vartheta}\Delta\omega_y-mV\alpha\frac{\mathrm{d}\Delta\gamma}{\mathrm{d}t}+mV\frac{\mathrm{d}\Delta\beta}{\mathrm{d}t}\\&=\left(-P+Z^{\beta}\right)\Delta\beta+mg\sin\theta\Delta\beta+mg\cos\vartheta\Delta\gamma+Z^{\delta_y}\Delta\delta_y\end{aligned}$$

经过以上变换，可将式(11-89)整理成以下形式：

$$\begin{cases}\dfrac{\mathrm{d}\Delta\omega_y}{\mathrm{d}t}=\dfrac{M_y}{J_y}\Delta\beta+\dfrac{M_y^{\omega_x}}{J_y}\Delta\omega_x+\dfrac{M_y^{\omega_y}}{J_z}\Delta\omega_y+\dfrac{M_y^{\dot\beta}}{J_y}\Delta\dot\beta+\dfrac{M_y^{\delta_y}}{J_y}\Delta\delta_y+\dfrac{M'_{yd}}{J_y}\\ \cos\theta\dfrac{\mathrm{d}\Delta\psi_V}{\mathrm{d}t}=\dfrac{\cos\theta}{\cos\vartheta}\Delta\omega_y+\alpha\dfrac{\mathrm{d}\Delta\gamma}{\mathrm{d}t}-\dfrac{\mathrm{d}\Delta\beta}{\mathrm{d}t}\\ \qquad=\dfrac{P-Z^{\beta}}{mV}\Delta\beta-\dfrac{g}{V}\sin\theta\Delta\beta-\dfrac{g}{V}\cos\vartheta\Delta\gamma-\dfrac{X^{\delta_y}}{mV}\Delta\delta_y+\dfrac{F'_{yd}}{mV}\\ \Delta\psi_V=\Delta\psi-\dfrac{1}{\cos\theta}\Delta\beta+\dfrac{\alpha}{\cos\theta}\Delta\gamma\\ \dfrac{\mathrm{d}\Delta\omega_x}{\mathrm{d}t}=\dfrac{M_x^{\beta}\Delta\beta}{J_x}+\dfrac{M_x^{\omega_x}}{J_x}\Delta\omega_x+\dfrac{M_x^{\omega_y}}{J_x}\Delta\omega_y+\dfrac{M_x^{\delta_x}}{J_x}\Delta\delta_x+\dfrac{M_x^{\delta_y}}{J_x}\Delta\delta_y+\dfrac{M'_{xd}}{J_x}\\ \dfrac{\mathrm{d}\Delta\gamma}{\mathrm{d}t}=\Delta\omega_x-\tan\vartheta\Delta\omega_y\end{cases}\tag{11-91}$$

在上列侧向扰动运动方程组中，M'_{yd} 为航向干扰力矩；M'_{xd} 为横滚干扰力矩；F'_{yd} 为侧向干扰力。

为书写方便，在式(11-91)中可略去偏量表示符“Δ”，并用航向和滚转动力系数来代替偏量前的系数。航向动力系数的表达式为

$$\begin{cases}\text{阻尼动力系数}\ b_{12}=-\dfrac{M_y^{\omega_y}}{J_y}\left(\mathrm{s}^{-1}\right)\\ \text{恢复动力系数}\ b_{24}=-\dfrac{M_y^{\beta}}{J_y}\left(\mathrm{s}^{-2}\right)\\ \text{操纵动力系数}\ b_{27}=-\dfrac{M_y^{\delta_y}}{J_y}\left(\mathrm{s}^{-2}\right)\end{cases}\tag{11-92}$$

$$\begin{cases}\text{下洗动力系数}\ b'_{24}=-\dfrac{M_y^{\dot\beta}}{J_y}\left(\mathrm{s}^{-1}\right)\\ \text{旋转动力系数}\ b_{21}=-\dfrac{M_y^{\omega_x}}{J_y}\left(\mathrm{s}^{-1}\right)\end{cases}\tag{11-92 续}$$

以上航向动力系数的物理含义基本上是与纵向动力系数相对应的，由式(11-91)中的第 2 式可得以下侧向动力系数：

$$\begin{cases} 航向动力系数\ b_{34}=\dfrac{P-Z^{\beta}}{mV}\left(\mathrm{s}^{-1}\right) \\ 舵面动力系数\ b_{37}=-\dfrac{Z^{\delta_y}}{mV}\left(\mathrm{s}^{-1}\right) \\ 重力动力系数\ b_{35}=-\dfrac{g}{V}\cos\vartheta\left(\mathrm{s}^{-1}\right) \end{cases} \tag{11-93}$$

在式(11-91)中滚转动力系数的公式为

$$\begin{cases} 阻尼动力系数\ b_{11}=-\dfrac{M_x^{\omega_x}}{J_x}\left(\mathrm{s}^{-1}\right) \\ 恢复动力系数\ b_{14}=-\dfrac{M_x^{\beta}}{J_x}\left(\mathrm{s}^{-2}\right) \\ 操纵动力系数\ b_{18}=\dfrac{-M_x^{\delta_x}}{J_x}\left(\mathrm{s}^{-2}\right) \\ 旋转动力系数\ b_{12}=-\dfrac{M_x^{\omega_y}}{J_x}\left(\mathrm{s}^{-1}\right) \\ 垂尾效应动力系数\ b_{17}=-\dfrac{M_x^{\delta_y}}{J_x}\left(\mathrm{s}^{-1}\right) \end{cases} \tag{11-94}$$

此外，还有以下动力系数：

$$\begin{cases} b_{36}=-\dfrac{\cos\theta}{\cos\vartheta} \\ b_{41}=\dfrac{1}{\cos\theta} \\ b_{56}=-\tan\vartheta \end{cases} \tag{11-95}$$

采用航向和滚转动力系数后，航向和横滚干扰力矩及侧向干扰力可用以下相应的符号表示：

$$\begin{cases} M_{\mathrm{yd}}=\dfrac{M'_{\mathrm{yd}}}{J_y} \\ M_{\mathrm{xd}}=\dfrac{M'_{\mathrm{xd}}}{J_x} \\ M_{\mathrm{yd}}=\dfrac{M'_{\mathrm{yd}}}{mV} \end{cases} \tag{11-96}$$

于是，侧向扰动运动的标准形式为

$$\begin{cases} \dot{\omega}_y+b_{22}\omega_y+b_{24}\beta+b_{21}\omega_x+b'_{24}\beta=-b_{27}\delta_y+M_{\mathrm{yd}} \\ \dot{\beta}+b_{34}\beta+b_{36}\omega_y-\alpha\dot{\gamma}+b_{35}\gamma+a_{33}\beta=-b_{37}\delta_y-F_{\mathrm{yd}} \\ \psi_V=\psi-b_{41}\beta+b_{41}\alpha\gamma \\ \dot{\omega}_x+b_{11}\omega_x+b_{14}\beta+b_{12}\omega_y=-b_{18}\delta_x-b_{17}\delta_y+M_{\mathrm{xd}} \\ \dot{\gamma}=\omega_x+b_{56}\omega_y \end{cases} \tag{11-97}$$

在方程组中，航向和滚转动力系数等由基准弹道的运动参数来计算。因为式(11-97)中还包括纵向运动参数V、H和α（未写下标0）等，所以分析航向和滚转扰动运动时，除计算出基准弹道的侧向参数外，还必须了解纵向运动的一些参数。在小扰动范围内，将侧向扰动运动和纵向扰动分开来分析，可以简化问题的研究，初步了解航向和滚转扰动运动的基本特性。

在侧向扰动运动方程组中，第3式与其他等式是无关的。因此，侧向扰动运动的偏量可用ω_y、ω_x、β和γ来表示其主要特性。于是，方程组(11-97)可简化为

$$\begin{cases}\dot{\omega}_x + b_{11}\omega_x + b_{12}\omega_y + b_{14}\beta = -b_{18}\delta_x - b_{17}\delta_y + M_{xd} \\ \dot{\omega}_y + b_{22}\omega_y + b_{24}\beta + b'_{24}\dot{\beta} + b_{21}\omega_x = -b_{27}\delta_y + M_{yd} \\ \dot{\beta} + \left(b_{34} + a_{33}\right)\beta - \alpha\dot{\gamma} + b_{35}\gamma + b_{36}\omega_y = -b_{37}\delta_y - F_{zd} \\ \dot{\gamma} = \omega_x + b_{56}\omega_y\end{cases} \tag{11-98}$$

这是工程设计中常用的侧向线性扰动运动方程组。

11.3.8 侧向扰动运动的状态方程

侧向扰动运动的状态向量为

$$\begin{bmatrix}\omega_x & \omega_y & \beta & \gamma\end{bmatrix}^{\mathrm{T}} \tag{11-99}$$

在侧向扰动运动方程组(11-98)中，第2式的$\dot{\beta}$可以替换，于是侧向扰动运动的状态方程可写为

$$\dot{\omega}_x = -b_{11}\omega_x - b_{12}\omega_y - b_{14}\beta - b_{18}\delta_x - b_{17}\delta_y + M_{xd}$$

$$\begin{aligned}\dot{\omega}_y = &-\left(b_{21} + b'_{24}\alpha\right)\omega_x - \left(b_{22} - b'_{24}b_{36} + b'_{24}\alpha b_{56}\right)\omega_y \\ &-\left(b_{24} - b'_{24}b_{34} - b'_{24}b_{35}\right)\beta + b'_{24}b_{35}\gamma - \left(b_{27} - b'_{24}b_{37}\right)\delta_y + M_{yd} + b'_{24}F_{zd}\end{aligned}$$

$$\dot{\beta} = \alpha\omega_x - \left(b_{36} - ab_{56}\right)\omega_y - \left(b_{34} + a_{33}\right)\beta - b_{35}\gamma - b_{37}\delta_y + F_{zd}$$

$$\dot{\gamma} = \omega_x + b_{56}\omega_y$$

由此方程组可得侧向扰动运动的状态方程为

$$\begin{bmatrix}\dot{\omega}_x \\ \dot{\omega}_y \\ \dot{\beta} \\ \dot{\gamma}\end{bmatrix} = \boldsymbol{A}_{xy}\begin{bmatrix}\omega_x \\ \omega_y \\ \beta \\ \gamma\end{bmatrix} - \begin{bmatrix}b_{18} \\ 0 \\ 0 \\ 0\end{bmatrix}\delta_x - \begin{bmatrix}b_{17} \\ b_{27} - b'_{24}b_{37} \\ b_{37} \\ 0\end{bmatrix}\delta_y + \begin{bmatrix}M_{xd} \\ M_{yd} + b'_{24}F_{zd} \\ F_{zd} \\ 0\end{bmatrix} \tag{11-100}$$

式中侧向动力系数4×4维矩阵$\boldsymbol{A}_{xy}$为

$$\boldsymbol{A}_{xy} = \begin{bmatrix}-b_{11} & -b_{12} & -b_{14} & 0 \\ \left(b_{21} + b'_{24}\alpha\right) & -\left(b_{22} - b'_{24}b_{56} + b'_{24}\beta b_{56}\right) & -\left(b_{24} - b'_{24}b_{34} - b'_{24}b_{35}\right) & b'_{24}b_{35} \\ \alpha & -\left(b_{36} - \alpha b_{56}\right) & -\left(b_{34} + a_{33}\right) & -b_{35} \\ 1 & b_{56} & 0 & 0\end{bmatrix} \tag{11-101}$$

在方程组(11-98)中，若等式右端舵偏角δ_y和δ_x等于零，干扰力矩和干扰力的列矩阵也等于零，则矩阵方程描述了侧向自由扰动运动；只要有一项不等于零，状态方程将描述弹箭的侧向强迫扰动运动。

侧向自由扰动运动的性质取决于以下特征方程式：

$$B(s)=\left|sI-A_{xy}\right|=s^4+B_1s^3+B_2s^2+B_3s+B_4=0 \tag{11-102}$$

式中各特征方程系数的表达式为

$$\begin{cases} B_1=b_{22}+b_{34}+b_{11}+\alpha b'_{24}b_{56}-b'_{24}b_{36}+a_{33} \\ B_2=b_{22}b_{34}+b_{22}b_{33}+b_{22}b_{11}+b_{34}b_{11}+b_{22}a_{33} \\ \qquad -b_{24}b_{36}-b'_{24}b_{36}b_{11}-b_{21}b_{12}+\left(b_{14}+b_{24}b_{56}+b'_{24}b_{11}b_{56}-b'_{24}b_{12}\right)\alpha-b'_{24}b_{35}b_{56} \\ B_3=\left(b_{22}b_{14}-b_{21}b_{14}b_{56}+b_{24}b_{11}b_{56}-b_{24}b_{12}\right)\alpha-\left(b_{24}b_{56}+b'_{24}b_{11}b_{56}-b'_{24}b_{12}+b_{14}\right)b_{35} \\ \qquad +b_{22}b_{34}b_{11}+b_{22}b_{11}b_{33}+b_{21}b_{14}b_{36}-b_{21}b_{12}a_{33}-b_{21}b_{12}b_{34}-b_{24}b_{11}b_{36} \\ B_4=-\left(b_{22}b_{14}-b_{21}b_{14}b_{56}+b_{24}b_{11}b_{56}-b_{24}b_{12}b_{35}\right) \end{cases} \tag{11-103}$$

侧向扰动运动特征方程和前面纵向一样，也是四阶的。

11.3.9　侧向扰动运动的传递函数

参照 11.3.5 节的方法，在侧向扰动运动中弹箭对副翼偏转的传递函数为

$$\begin{cases} W_{\delta_x}^{\omega_x}(s)=\dfrac{b_{18}\left(s^3+A_2s^2+A_3s+A_4\right)}{B(s)} \\ W_{\delta_x}^{\omega_y}(s)=\dfrac{b_{18}\left(A_6s^2+A_7s+A_8\right)}{B(s)} \\ W_{\delta_x}^{\beta}(s)=\dfrac{b_{18}\left(E_2s^2+E_3s+E_4\right)}{B(s)} \\ W_{\delta_x}^{\gamma}(s)=\dfrac{b_{18}\left(s^2+E_5s+E_6\right)}{B(s)} \end{cases} \tag{11-104}$$

式中参数A、E的表达式为

$$\begin{cases} A_2=\left(b_{34}+a_{33}\right)+b_{22}+b'_{24}\left(\alpha b_{56}-b_{36}\right) \\ A_3=b_{22}\left(b_{34}+a_{33}\right)-b'_{24}b_{35}b_{56}+b_{24}\left(\alpha b_{56}-b_{36}\right) \\ A_4=-b_{22}b_{35}b_{56} \end{cases} \tag{11-105}$$

$$\begin{cases} A_6=-b_{21}-\alpha b'_{24} \\ A_7=-b_{21}\left(b_{34}+a_{33}\right)+b'_{24}b_{35}-\alpha b_{24} \\ A_8=b_{24}b_{35} \end{cases} \tag{11-106}$$

$$\begin{cases} E_2 = \alpha \\ E_3 = b_{21}b_{36} - b_{35} - \alpha\left(b_{21}b_{56} - b_{22}\right) \\ E_4 = b_{35}\left(b_{21}b_{56} - b_{22}\right) \end{cases} \tag{11-107}$$

$$\begin{cases} E_5 = \left(b_{34} + a_{33}\right) - \left(b_{21}b_{56} - b_{22}\right) - b'_{24}b_{36} \\ E_6 = -b_{24}b_{36} - \left(b_{21}b_{56} - b_{22}\right)\left(b_{34} + a_{33}\right) \end{cases} \tag{11-108}$$

弹箭侧向运动中偏航舵偏转的传递函数为

$$\begin{cases} W_{\delta_y}^{\omega_x}(s) = \dfrac{R_1 s^3 + R_2 s^2 + R_3 s + R_4}{B(s)} \\ W_{\delta_y}^{\omega_y}(s) = \dfrac{R_5 s^3 + R_6 s^2 + R_7 s + R_8}{B(s)} \\ W_{\delta_y}^{\beta}(s) = \dfrac{T_1 s^3 + T_2 s^2 + T_3 s + T_4}{B(s)} \\ W_{\delta_y}^{\gamma}(s) = \dfrac{T_5 s^2 + T_6 s + R_7}{B(s)} \end{cases} \tag{11-109}$$

其中各参数表达式为

$$\begin{cases} R_1 = b_{17} \\ R_2 = b_{17}\left[\left(b_{34} + a_{33}\right) + b_{22} + b'_{24}\left(\alpha b_{56} - b_{36}\right)\right] + b_{12}\left(b'_{24}b_{37} - b_{27}\right) - b_{37}b_{14} \\ R_3 = b_{17}\left[b_{22}\left(b_{34} + a_{33}\right) - b'_{24}b_{35}b_{56} + \alpha b_{24}b_{56} - b_{24}b_{36}\right] + b_{12}\left[b_{24}b_{37} - b_{27}\left(b_{34} + a_{33}\right)\right] \\ \qquad + b_{14}\left[-b_{22}b_{37} - b_{27}\left(\alpha b_{56} - b_{36}\right)\right] \\ R_4 = -b_{24}b_{35}b_{56}b_{17} - b_{27}b_{35}b_{56}b_{14} \end{cases} \tag{11-110}$$

$$\begin{cases} R_5 = b_{27} - b'_{24}b_{37} \\ R_6 = b_{17}\left(-b_{21} - \alpha b'_{24}\right) + b_{27}\left(b_{34} + a_{33}b_{11}\right) + b_{37}\left(-b_{24} - b'_{24}b_{11}\right) \\ R_7 = b_{17}\left[-b_{21}\left(b_{34} + a_{33}\right) + b'_{24}b_{35} - \alpha b_{24}\right] + b_{27}\left[b_{11}\left(b_{34} + a_{33}\right) + \alpha b_{14}\right] \\ \qquad + b_{37}\left(b'_{24}b_{14} - b_{24}b_{11}\right) \\ R_8 = b_{35}\left(b_{24}b_{17} - b_{27}b_{14}\right) \end{cases} \tag{11-111}$$

$$\begin{cases} T_1 = b_{37} \\ T_2 = \alpha b_{17} + b_{27}\left(\alpha b_{56} - b_{36}\right) + b_{37}\left(b_{22} + b_{11}\right) \\ T_3 = b_{17}\left[b_{21}b_{36} - b_{35} - \alpha\left(b_{21}b_{56} - b_{22}\right)\right] + b_{27}\left[-\alpha b_{12} - b_{35}b_{56} + b_{11}\left(\alpha b_{56} - b_{36}\right)\right] \\ \qquad + b_{27}\left(b_{22}b_{11} - b_{21}b_{12}\right) \\ T_4 = b_{17}b_{35}\left(b_{21}b_{56} - b_{22}\right) - b_{27}b_{35}\left(b_{56}b_{11} - b_{12}\right) \end{cases} \tag{11-112}$$

$$
\begin{cases}
T_5 = b_{17} + b_{27}b_{56} - b'_{24}b_{37} \\
T_6 = b_{17}\left[\left(b_{34} + a_{33}\right) - \left(b_{21}b_{56} - b_{22}\right) - b'_{24}b_{34}\right] + b_{27}\left[b_{56}\left(b_{34} + a_{33}\right) + \left(b_{56}b_{11} - b_{12}\right)\right] \\
\quad + b_{37}\left[-b_{14} - b_{24}b_{56} - b'_{24}\left(b_{56}b_{11} - b_{12}\right)\right] \\
T_7 = b_{17}\left[-\left(b_{34} + a_{33}\right)\left(b_{21}b_{56} - b_{22}\right) - b_{24}b_{36}\right] + b_{18}\left[\left(b_{34} + a_{33}\right)\left(b_{56}b_{11} - b_{12}\right) + b_{36}b_{14}\right] \\
\quad + b_{37}\left[b_{14}\left(b_{21}b_{56} - b_{22}\right) - b_{24}\left(b_{56}b_{11} - b_{12}\right)\right]
\end{cases}
\tag{11-113}
$$

11.4　扰动运动的特征根和解析解

11.4.1　纵向扰动运动特征根的性质

纵向扰动运动的特征方程式为

$$D\left(s\right) = s^4 + P_1 s^3 + P_2 s^2 + P_3 s + P_4 = 0 \tag{11-114}$$

纵向特征方程有四个根，它们可以是实数，也可能是共轭复数。因此，一般而言，纵向自由扰动运动有以下三种情况。

1) 全为实根

这时弹箭的纵向自由扰动运动与特征方程的四个实根 s_i 有关，$i = 1,2,3,4$ 。以 x_{zj} 代表纵向扰动运动的偏量 V 、ϑ、θ 和 α ，纵向自由扰动运动的解析解为

$$x_{zj}\left(t\right) = D_j \mathrm{e}^{s_i t} \tag{11-115}$$

式中，D_j 是由纵向扰动运动微分方程初始值决定的参数。

2) 两个实根，一对共轭复根

假定两个实根为 s_1 和 s_2 ，一对共轭复根则等于

$$s_{3,4} = \sigma \pm \mathrm{i}\gamma \tag{11-116}$$

于是纵向自由扰动运动的解析解为

$$x_{zj}\left(t\right) = D_{1j}\mathrm{e}^{s_1 t} + D_{2j}\mathrm{e}^{s_2 t} + D_{3j}\mathrm{e}^{s_3 t} + D_{4j}\mathrm{e}^{s_4 t} \tag{11-117}$$

式中，D_{3j} 和 D_{4j} 也应是共轭复数

$$
\begin{cases}
D_{3j} = p - \mathrm{i}q \\
D_{4j} = p + \mathrm{i}q
\end{cases}
\tag{11-118}
$$

3) 两对共轭复根

假定特征方程的两对共轭复根为

$$
\begin{cases}
s_{1,2} = \sigma_1 \pm \mathrm{i}\gamma_1 \\
s_{3,4} = \sigma_3 \pm \mathrm{i}\gamma_3
\end{cases}
\tag{11-119}
$$

此时纵向扰动运动的解析解若以式(11-117)表示，则系数 $D_1, \cdots, D_4$ 是两对共轭　复数

$$\begin{cases} D_{1,2} = p_1 \mp \mathrm{i}q_1 \\ D_{3,4} = p_3 \mp \mathrm{i}q_3 \end{cases} \tag{11-120}$$

在上列纵向自由扰动运动的解析解中，若特征根的实数或共轭复根的实部均为负值，则纵向扰动运动的性质是稳定的。反之，只要有一个实根为正，或一对共轭复根的实部为正，纵向扰动运动将是不稳定的。

弹箭纵向自由扰动运动的形态，在基准弹道的一些特征点上，同一类气动外形的弹箭将存在着相同的规律性。

求解战术弹箭的特征方程式，经常发现有两对共轭复根，例如

$$\text{I 型：}\begin{cases} -0.376 \pm \mathrm{i}2.426 \\ -0.003 \pm \mathrm{i}0.075 \end{cases} \tag{11-121}$$

$$\text{II 型：}\begin{cases} -1.158 \pm \mathrm{i}10.1 \\ -0.00267 \pm \mathrm{i}0.027 \end{cases} \tag{11-122}$$

$$\text{III型：}\begin{cases} -0.8245 \pm \mathrm{i}6.754 \\ -0.0029 \pm \mathrm{i}0.074 \end{cases} \tag{11-123}$$

不同型号的飞行器，纵向特征根有一对大复根和一对小复根的规律性，说明纵向自由扰动运动包含着两个特征不同的分量。

特征值为共轭复根，与此对应的解析解是振荡形式的分量。在式(11-117)中，一对共轭复根的解析解为

$$x_{zj3,4} = D_{3j}\mathrm{e}^{s_3 t} + D_{4j}\mathrm{e}^{s_4 t} = p\mathrm{e}^{\sigma t}\left(\mathrm{e}^{\mathrm{i}\nu t} + \mathrm{e}^{-\mathrm{i}\nu t}\right) - \mathrm{i}q\mathrm{e}^{\sigma t}\left(\mathrm{e}^{\mathrm{i}\nu t} - \mathrm{e}^{-\mathrm{i}\nu t}\right) \tag{11-124}$$

根据欧拉公式

$$\begin{cases} \mathrm{e}^{\mathrm{i}\nu t} + \mathrm{e}^{-\mathrm{i}\nu t} = 2\cos\nu t \\ \mathrm{e}^{\mathrm{i}\nu t} - \mathrm{e}^{-\mathrm{i}\nu t} = 2\mathrm{i}\sin\nu t \end{cases}$$

于是式(11-124)又可写为

$$x_{zj3,4} = 2\mathrm{e}^{\sigma t}\sqrt{p^2+q^2}\left(\frac{p}{\sqrt{p^2+q^2}}\cos\nu t + \frac{q}{\sqrt{p^2+q^2}}\sin\nu t\right) = D_{zj3,4}\mathrm{e}^{\sigma t}\sin\left(\nu t + \varphi\right) \tag{11-125}$$

式中，$D_{zj3,4} = 2\sqrt{p^2+q^2}$；$\sin\varphi = \dfrac{p}{\sqrt{p^2+q^2}}$；$\cos\varphi = \dfrac{q}{\sqrt{p^2+q^2}}$；$\varphi = \arctan\dfrac{p}{q}$。

可见，一对共轭复根形成了振荡形式的扰动运动，振幅为$D_{zj3,4}\mathrm{e}^{\sigma t}$，角频率为$\nu$，相位为$\varphi$。如果复根的实部$\sigma<0$，振幅随时间增长而减小，扰动运动是减幅振荡运动；若实部$\sigma>0$，则是增幅振荡运动；当$\sigma=0$时，扰动运动为简谐运动。

纵向自由扰动运动存在一对大复根和一对小复根的内在特性，表明运动形态包含两种振荡分量。一对大复根是周期短、衰减快，属于振荡频率高而振幅衰减快的运动，通常称为短周期运动。相反，一对小复根所决定的扰动运动分量，则是频率低、衰减慢的运动，称为长周期运动。

11.4.2　侧向扰动运动特征根的性质

侧向扰动运动的特征方程式为

$$B(s)=s^4+B_1s^3+B_2s^2+B_3s+B_4=0 \tag{11-126}$$

在基准弹道的一些特征点上，弹箭侧向扰动运动的特征根也存在着一定的规律性，例如

$$\text{I 型：}\begin{cases}s_1=-1.695\\ s_2=-0.001105\\ s_{3,4}=-0.107\pm \mathrm{i}1.525\end{cases} \tag{11-127}$$

$$\text{II 型：}\begin{cases}s_1=-5.93\\ s_2=0.0181\\ s_{3,4}=-0.431\pm \mathrm{i}4.88\end{cases} \tag{11-128}$$

上列特征根说明，侧向扰动运动有一个大实根、一个小实根和一对共轭复根，且小实根有可能是正值。动态分析实践说明：侧向特征根对于运动偏量 ω_x、ω_y、β 和 γ 的作用是不相同的，或者说由特征根决定的运动分量，对于侧向运动偏量的作用是不相等的。

1) 滚转模态

在侧向振动运动的初始阶段，主要是大实根 s_1 决定的分量起作用。例如，I 型飞行器大实根产生的运动分量，在运动偏量 ω_x、ω_y、β 和 γ 中的不同作用，可用下列相对量值的比较来表示：

$$\omega_x:\omega_y:\beta:\gamma=1:0.041:0.00379:0.597 \tag{11-129}$$

比例关系说明，大实根 s_1 对滚动角速度 ω_x 的作用最显著，故称为滚转模态。由于 $|\omega_x|\gg|\omega_y|$，$|\gamma|\gg|\beta|$，可将侧向扰动运动方程组(11-98)中的第 1 式简化成

$$\dot{\omega}_x+b_{11}\omega_x\approx 0 \tag{11-130}$$

由此可得一个新的特征方程

$$s_1+b_{11}=0$$

式中，s_1 值的结果与式(11-126)的结果十分相近。可见，增大动力系数 b_{11}，将使滚转模态更快地收敛。

2) 荷兰滚模态

滚转模态趋于消失时，一对共轭复根的振荡分量逐渐显示出来，侧向运动中各运动偏量的比例关系，就获得式(11-129)结果的同一架飞行器而论，其表达式为

$$\omega_x:\omega_y:\beta:\gamma=1:0.556\mathrm{e}^{\mathrm{i}135.5^\circ}:0.353\mathrm{e}^{\mathrm{i}216.4^\circ}:0.661\mathrm{e}^{-\mathrm{i}258^\circ} \tag{11-131}$$

由此说明，侧向扰动运动的振荡分量包含滚动和航向两种扰动运动，呈现出一种称为荷兰滚形式的侧向运动。

3) 螺旋模态

侧向特征方程的小实根形式侧向运动的非周期运动分量，上述飞行器侧向运动偏量

的比例关系为

$$\omega_x : \omega_y : \beta : \gamma = 0.0249 : 1 : -0.0838 : 22.824 \tag{11-132}$$

小实根的非周期运动分量是在侧向扰动运动后期才会明显地表现出来，这时弹箭具有明显的滚转角 γ 及侧滑角 β 的变化。

11.5 纵向短周期扰动运动的模态

11.5.1 短周期扰动运动

纵向特征根有一对大复根和一对小复根的特点，可使纵向扰动运动分成低频慢衰减和高频快衰减两种运动分量。在纵向扰动运动的最初阶段，高频快衰减分量起着主要作用，称为短周期运动。

在纵向扰动运动方程组(11-53)中，不考虑飞行速度偏量的缓慢变化，可得一种简洁形式的纵向扰动运动方程组

$$\begin{cases} \ddot{\vartheta} + a_{22}\dot{\vartheta} + a_{24}\alpha + a'_{24}\dot{\alpha} = -a_{25}\delta_z - a'_{25}\dot{\delta}_z + M_{xd} \\ \dot{\theta} + a_{33}\theta - a_{34}\alpha = a_{35}\delta_z + F_{yd} \\ \vartheta = \theta + \alpha \end{cases} \tag{11-133}$$

称之为纵向短周期扰动运动方程组。该运动的状态方程为

$$\begin{bmatrix} \dot{\omega}_z \\ \dot{\alpha} \\ \dot{\vartheta} \end{bmatrix} = \boldsymbol{A} \begin{bmatrix} \omega_z \\ \alpha \\ \vartheta \end{bmatrix} + \begin{bmatrix} -a_{25} + a'_{24}a_{35} \\ -a_{35} \\ 0 \end{bmatrix} \delta_z - \begin{bmatrix} a'_{25} \\ 0 \\ 0 \end{bmatrix} \dot{\delta}_z + \begin{bmatrix} a'_{24}F_{yd} + M_{zd} \\ -F_{yd} \\ 0 \end{bmatrix} \tag{11-134}$$

短周期运动的动力系数矩阵 $\boldsymbol{A}$ ，由式(11-60)的矩阵 $\boldsymbol{A}_z$ 的右下分块矩阵表示。根据矩阵 $\boldsymbol{A}$ 可得纵向短周期扰动运动的特征方程为

$$D(s) = s^3 + P_1 s^2 + P_2 s + P_3 = 0 \tag{11-135}$$

式中的系数表达式为

$$\begin{cases} P_1 = a_{22} + a_{34} + a'_{24} + a_{33} \\ P_2 = a_{24} + a_{22}(a_{34} + a_{33}) + a'_{24}a_{33} \\ P_3 = a_{24}a_{33} \end{cases} \tag{11-136}$$

如果不计重力动力系数的影响， $a_{33} = 0$ ，特征方程及其系数可简化为

$$\left(s^2 + P_1 s + P_2\right)s = 0 \tag{11-137}$$

式中

$$P_1 = a_{22} + a_{34} + a'_{24}$$

$$P_2 = a_{24} + a_{22}a_{34} \tag{11-138}$$

此时短周期运动的特征方程有一个零根和另外两个根

$$s_{1,2}=-\frac{1}{2}\left(a_{22}+a_{34}+a'_{24}\right)\pm\frac{1}{2}\sqrt{\left(a_{22}+a_{34}+a'_{24}\right)^2-4\left(a_{24}+a_{22}a_{34}\right)} \tag{11-139}$$

保证短周期运动的稳定条件为

$$a_{24}+a_{22}a_{34}>0 \tag{11-140}$$

此不等式称为动态稳定的极限条件。如果

$$\left(a_{22}+a_{34}+a'_{24}\right)^2-4\left(a_{24}+a_{22}a_{34}\right)<0 \tag{11-141}$$

$s_{1,2}$ 为一对共轭复根，其值与式(11-119)的一对大根相近。由此不等式可得

$$-m_z^{\alpha}-m_z^{\omega_z}\frac{L}{V}\frac{P+C_y^{\alpha}qS}{mV}>\frac{1}{4}\frac{J_z}{qSL}\left[\frac{-\left(m_z^{\omega_z}+m_z^{\dot{\alpha}}\right)qSL^2}{J_zV}+\frac{P+Y^{\alpha}}{mV}\right]^2 \tag{11-142}$$

或表示为

$$-m_z^{\alpha}>\frac{1}{4}\left(-m_z^{\omega_z}-m_z^{\dot{\alpha}}\right)^2\frac{\rho SL^3}{J_z}+\left(\frac{P+Y^{\alpha}}{mV}\right)^2\frac{J_z}{4qSL}+\frac{1}{2}\left(m_z^{\omega_z}-m_z^{\dot{\alpha}}\right)\frac{L}{V}\frac{P+Y^{\alpha}}{mV} \tag{11-143}$$

所得结果说明，短周期扰动运动出现振荡模态的条件必须是静稳定的力矩系数 m_z^{α} 大于气动阻尼系数 $m_z^{\omega_z}$ 。

静稳定的力矩系数 m_z^{α} 与气动阻尼矩系数 $m_z^{\omega_z}$ 和下洗力矩系数 $m_z^{\dot{\alpha}}$ 等的关系使上列不等式成立，短周期扰动运动将具有以下一对复根：

$$s_{1,2}=\sigma\pm\mathrm{i}\gamma=-\frac{1}{2}\left(a_{22}+a_{34}+a'_{24}\right)\pm\mathrm{i}\frac{1}{2}\sqrt{4\left(a_{24}+a_{22}a_{34}\right)-\left(a_{22}+a_{34}+a'_{24}\right)^2} \tag{11-144}$$

式中，σ 代表短周期扰动运动的衰减程度。实部 σ 越大，扰动运动就衰减得越快。用动力系数的表达式求 σ ，其关系式为

$$\sigma=-\frac{1}{2}\left(a_{22}+a_{34}+a'_{24}\right)=\frac{1}{4}\left[\frac{\left(m_z^{\omega_z}+m_z^{\dot{\alpha}}\right)\rho VSL^2}{J_z}-\frac{2p+C_y^{\alpha}\rho V^2S}{mV}\right] \tag{11-145}$$

复根的虚部 γ 决定着短周期扰动运动的振荡频率 ω_{α} 。因 $\omega_{\alpha}=\gamma$ ，所以

$$\omega_{\alpha}=\frac{1}{2}\sqrt{4\left(a_{24}+a_{22}a_{34}\right)-\left(a_{22}+a_{34}+a'_{24}\right)^2}=\frac{\sqrt{2}}{2}\sqrt{A_1-A_2} \tag{11-146}$$

式中

$$A_1=\frac{-m_z^{\alpha}\rho V^2SL}{J_z}+\frac{-m_z^{\omega_z}\rho VSL^2}{J_z}\cdot\frac{2P/V+C_y^{\alpha}\rho VS}{m}$$

$$A_2=\frac{1}{8}\left(\frac{-m_z^{\omega_z}\rho VSL^2}{J_z}+\frac{2P/V+C_y^{\alpha}\rho VS}{m}-\frac{-m_z^{\dot{\alpha}}\rho VSL^2}{J_z}\right)^2$$

可见影响振荡频率的因素很多，其中最主要的是静稳定性，其值越大，振荡率越高，振动周期越短。

ω_α 是在有气动阻尼和下洗以及法向力等因素下的振荡频率。如果不考虑这些因素，令动力系数 a_{11} 、 a_{22} 和 a_{15} 分别等于零，可得纵向固有频率或自振频率 ω_α 为

$$\omega_\alpha = \sqrt{-a_{24}} = \sqrt{\frac{-m_z^\alpha \rho V^2 SL}{2J_z}} \tag{11-147}$$

11.5.2 短周期运动的传递函数

由短周期扰动运动方程组可得短周期运动传递函数如下：

$$W_{\delta_z}^{\vartheta}(s) = -\frac{\vartheta(s)}{\delta_z(s)} = \frac{a'_{25}s^2 + \left(a'_{25}a_{33} + a'_{25}a_{34} + a_{25} - a'_{24}a_{35}\right)s + a_{25}\left(a_{34} + a_{33}\right) - a_{24}a_{35}}{s^3 + P_1 s^2 + P_2 s + P_3} \tag{11-148}$$

式中，系数 P_1、P_2 和 P_3 由弹箭的纵向动力系数表示。

$$W_{\delta_z}^{\theta}(s) = -\theta(s)/\delta_z(s) = \frac{-a_{35}s^2 + \left(a'_{25}a_{34} - a_{22}a_{35} - a'_{24}a_{35}\right)s + \left(a_{25}a_{34} - a_{24}a_{35}\right)}{s^3 + P_1 s^2 + P_2 s + P_3} \tag{11-149}$$

以及

$$W_{\delta_z}^{\alpha}(s) = -\frac{\alpha(s)}{\delta_z(s)} = \frac{\left(a'_{25} + a_{35}\right)s^2 + \left(a_{25} + a_{22}a_{35} + a'_{25}a_{33}\right)s + a_{25}a_{33}}{s^3 + P_1 s^2 + P_2 s + P_3} \tag{11-150}$$

11.5.3 短周期的近似传递函数

在短周期运动中不计重力动力系数 a_{33}，也不考虑舵面气流下洗延迟产生的动力系数 a'_{25}，可得近似传递函数为

$$W_{\delta_z}^{\vartheta}(s) = \frac{\left(a_{25} - a'_{24}a_{35}\right)s + a_{25}a_{34} - a_{24}a_{35}}{s\left(s^2 + P_1 s + P_2\right)} = \frac{K_\alpha\left(T_{1\alpha}s + 1\right)}{s\left(T_\alpha^2 s^2 + 2\xi_\alpha T_\alpha s + 1\right)} \tag{11-151}$$

式中

$$P_1 = a_{22} + a_{34} + a'_{24}$$

$$P_2 = a_{24} + a_{22}a_{34}$$

$$K_\alpha = \frac{a_{25}a_{34} - a_{24}a_{35}}{a_{24} + a_{22}a_{34}}\text{，称为纵向传递系数}$$

$$T_\alpha = \frac{1}{\sqrt{a_{24} + a_{22}a_{34}}}\text{，称为纵向时间常数}$$

$$\xi_\alpha = \frac{a_{22} + a_{22}a_{24}}{2\sqrt{a_{24} + a_{22}a_{34}}}\text{，称为纵向相对阻尼系数}$$

$$T_{1\alpha} = \frac{a_{25} - a'_{24}a_{35}}{a_{25}a_{34} - a_{24}a_{35}}\text{，称为纵向气动力时间常数(s)}$$

正常式弹箭的纵向传递系数 K_α 为正值。鸭式弹箭因 a_{25} 为负值，它的纵向传递系数

K_α 为负值。

弹道倾角的传递函数式(11-149)可以变为

$$W_{\delta_z}^{\theta}(s)=\frac{-a_{35}s^2-a_{35}\left(a_{22}+a_{24}'\right)s+a_{25}a_{34}-a_{24}a_{35}}{s\left(s^2+P_1s+P_2\right)}=\frac{K_\alpha\left(T_{1\theta}s+1\right)\left(T_{2\theta}s+1\right)}{s\left(T_\alpha^2s^2+2\xi_\alpha T_\alpha s+1\right)} \tag{11-152}$$

式中，$T_{1\theta}T_{2\theta}=\dfrac{-a_{35}}{a_{25}a_{34}-a_{24}a_{35}}$；$T_{1\theta}+T_{2\theta}=\dfrac{-a_{35}\left(a_{22}+a_{24}'\right)}{a_{25}a_{34}-a_{24}a_{35}}$。

攻角的传递函数式(11-150)可以变为

$$W_{\delta_z}^{\alpha}(s)=\frac{a_{35}s+a_{25}+a_{22}a_{35}}{s^2+P_1s+P_2}=\frac{K_{2\alpha}\left(T_{2\alpha}s+1\right)}{T_\alpha^2s^2+2\xi_\alpha T_\alpha s+1} \tag{11-153}$$

式中，$K_{2\alpha}=\dfrac{a_{25}+a_{22}a_{35}}{a_{24}+a_{22}a_{34}}$，称为攻角传递系数；$T_{2\alpha}=\dfrac{a_{35}}{a_{25}+a_{22}a_{35}}$，称为攻角时间常数。

由式(11-153)可知，攻角传递函数具有一般振荡环节的特性。俯仰角和弹道倾角的分母多项式除二阶环节外，还含有一个积分环节。因此，在稳定的短周期扰动运动中，当攻角消失时俯仰角与弹道倾角还存在着剩余偏量。此时弹箭已由绕 Oz_1 轴的急剧转动，逐步转变以质心缓慢运动为主的长周期运动。

如果弹箭气流下洗延迟的现象不甚明显，动力系数 a_{24}' 与 a_{22} 相比可忽略不计，或者动力系数之积 $a_{24}'a_{35}<a_{25}$，就可略去下洗延迟影响，使所得传递函数进一步简化。于是，由式(11-151)～式(11-153)表示的纵向传递函数可写为

$$\begin{cases}W_{\delta_z}^{\vartheta}(s)=\dfrac{K_\alpha\left(T_{1\alpha}s+1\right)}{s\left(T_\alpha^2s^2+2\xi_\alpha T_\alpha s+1\right)}\\[2ex] W_{\delta_z}^{\theta}(s)=\dfrac{K_\alpha\left[1-T_{1\alpha}a_{35}s\left(s+a_{22}\right)/a_{25}\right]}{s\left(T_\alpha^2s^2+2\xi_\alpha T_\alpha s+1\right)}\\[2ex] W_{\delta_z}^{\alpha}(s)=\dfrac{K_\alpha T_{1\alpha}\left[1+a_{35}\left(s+a_{22}\right)/a_{25}\right]}{T_\alpha^2s^2+2\xi_\alpha T_\alpha s+1}\end{cases} \tag{11-154}$$

式中有关传递参数变为

$$\xi_\alpha=\frac{a_{22}+a_{34}}{2\sqrt{a_{24}+a_{22}a_{34}}},\quad T_{1\alpha}=\frac{a_{25}}{a_{25}a_{34}-a_{24}a_{35}},\quad K_\alpha T_{1\alpha}=\frac{a_{25}-a_{24}'a_{35}}{a_{24}+a_{22}a_{34}}=K_{2\alpha}$$

由舵面偏转引起扰动运动，其目的是对弹箭的飞行实施自动控制，从而改变弹箭的飞行状态。衡量弹箭跟随舵面偏转的操纵性，除了上述攻角、俯仰角和弹道倾角外，法向过载也是一个重要的参数。在基准运动中法向过载为

$$n_{y0}=\frac{V_0}{g}\frac{\mathrm{d}\theta_0}{\mathrm{d}t}+\cos\theta_0 \tag{11-155}$$

此式线性化后，可以求出法向过载偏量的表达式为

$$\Delta n_y = \frac{\Delta V}{g}\frac{\mathrm{d}\theta_0}{\mathrm{d}t} + \frac{V_0}{g}\frac{\mathrm{d}\Delta\theta}{\mathrm{d}t} - \sin\theta_0\Delta\theta \tag{11-156}$$

略去二次微量$\sin\theta_0\Delta\theta$和偏量ΔV，并省写偏量符号“Δ”和下标“0”，上式变为

$$n_y \approx \frac{V}{g}\frac{\mathrm{d}\theta}{\mathrm{d}t}$$

因此，法向过载传递函数可以等于

$$W_{\delta_z}^{n_y}(s) = -\frac{n_y(s)}{\delta_z(s)} = -\frac{s\theta(s)}{\delta_z(s)}\frac{V}{g} = \frac{V}{g}sW_{\delta_z}^{\theta}(s) \tag{11-157}$$

弹箭纵向传递函数式(11-154)及式(11-157)可用开环状态的方块图 11-7 表示。

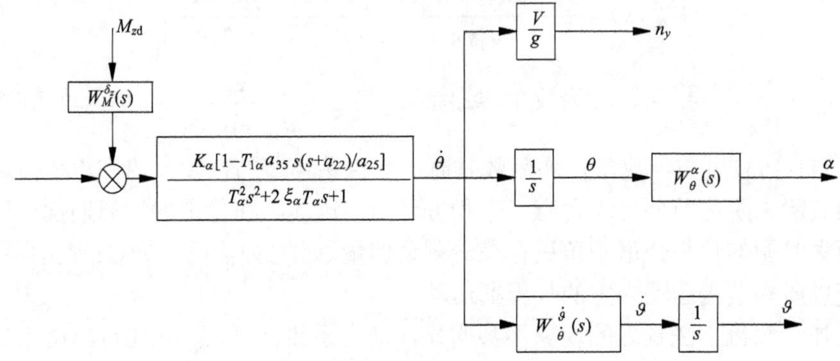

图 11-7　短周期运动的传递关系

图中$W_\theta^\alpha(s)$和$W_{\dot\theta}^{\dot\vartheta}(s)$称为运动参数的转换函数，其表达式为

$$\begin{cases} W_\theta^\alpha(s) = \dfrac{T_{1\alpha}\left[1 + a_{35}(s + a_{22})/a_{25}\right]s}{1 - T_{1\alpha}a_{35}s(s + a_{22})/a_{25}} \\ W_{\dot\theta}^{\dot\vartheta}(s) = \dfrac{T_{1\alpha}s + 1}{1 - T_{1\alpha}a_{35}s(s + a_{22})/a_{25}} \end{cases} \tag{11-158}$$

图 11-7 中的$W_M^{\delta_z}(s)$将由式(11-162)表示。

对于正常式弹箭，舵面面积远小于翼面时，因动力系数$a_{35} \ll a_{34}$，为了进一步简便地获得动态分析的结论，可以暂不计舵面动力系数a_{35}的作用，于是纵向短周期传递函数又可写为

$$\begin{cases} W_{\delta_z}^{\vartheta}(s) = \dfrac{K_\alpha(T_{1\alpha}s + 1)}{s\left(T_\alpha^2 s^2 + 2\xi_\alpha T_\alpha s + 1\right)} \\ W_{\delta_z}^{\theta}(s) = \dfrac{K_\alpha}{s\left(T_\alpha^2 s^2 + 2\xi_\alpha T_\alpha s + 1\right)} \\ W_{\delta_z}^{\alpha}(s) = \dfrac{K_\alpha T_{1\alpha}}{T_\alpha^2 s^2 + 2\xi_\alpha T_\alpha s + 1} \\ W_{\delta_z}^{n_y}(s) = \dfrac{V}{g}\dfrac{K_\alpha}{\left(T_\alpha^2 s^2 + 2\xi_\alpha T_\alpha s + 1\right)} \end{cases} \tag{11-159}$$

这几种形式的纵向传递函数经常出现在弹箭专业书籍和文献资料中。应用这些传递函数，结合图 11-7，运动参数的转换函数应变为

$$\begin{cases} W_{\theta}^{\alpha}(s)=T_{1\alpha}s \\ W_{\dot{\theta}}^{\dot{\vartheta}}(s)=T_{1\alpha}s+1 \end{cases} \tag{11-160}$$

作为输入作用除舵面偏转外，还有干扰作用，它对短周期扰动运动的影响主要是干扰力矩 M_{zd}。应该说明的是，$M_{zd}=\dfrac{M'_{zd}}{J_z}$，为简单起见，称 M_{zd} 为干扰力矩。采用建立式(11-159)传递函数的方法，由式(11-133)或式(11-134)可得常用形式的纵向短周期运动的干扰传递函数

$$\left.\begin{aligned} W_{M_{zd}}^{\vartheta}(s)&=\frac{\vartheta(s)}{M_{zd}(s)}=\frac{T_{\alpha}^{2}(s+a_{34})}{s\left(T_{\alpha}^{2}s^{2}+2\xi_{\alpha}T_{\alpha}s+1\right)} \\ W_{M_{zd}}^{\theta}(s)&=\frac{\theta(s)}{M_{zd}(s)}=\frac{T_{\alpha}^{2}a_{34}}{s\left(T_{\alpha}^{2}s^{2}+2\xi_{\alpha}T_{\alpha}s+1\right)} \\ W_{M_{zd}}^{\alpha}(s)&=\frac{\alpha(s)}{M_{zd}(s)}=\frac{T_{\alpha}^{2}}{T_{\alpha}^{2}s^{2}+2\xi_{\alpha}T_{\alpha}s+1} \\ W_{M_{zd}}^{n_y}(s)&=\frac{n_y(s)}{M_{zd}}=\frac{V}{g}\frac{T_{\alpha}^{2}}{T_{\alpha}^{2}s^{2}+2\xi_{\alpha}T_{\alpha}s+1} \end{aligned}\right\} \tag{11-161}$$

将干扰力矩 M_{zd} 的输入作用变换成虚拟的升降舵偏角的输入作用，这时转换函数 $W_{M_{zd}}^{\delta_z}(s)$ 的关系式应是(参见图 11-7)

$$W_{M_{zd}}^{\delta_z}(s)=\frac{T_{\alpha}^{2}a_{34}}{K_{\alpha}\left[1-T_{1\alpha}a_{35}s(s+a_{22})\right]/a_{25}} \tag{11-162}$$

初步分析弹箭的制导精度时，为了简化飞行控制回路的组成，在不计舵面动力系数 a_{35} 的情况下，式(11-162)可简写为

$$W_{M_{zd}}^{\delta_z}(s)=\frac{1}{a_{25}} \tag{11-163}$$

因此，干扰力矩 M_{zd} 的作用类似于舵偏角出现相应的偏转，并称为等效干扰舵偏 δ_{zd}，其值等于

$$\delta_{zd}=\frac{M_{zd}}{a_{25}} \tag{11-164}$$

这种情况下，图 11-7 中由输入 δ_z 到输出 $\dot{\theta}$ 的这一部分可由图 11-8 表示。反映弹箭纵向短周期扰动运动的传递函数关系图，也可由方程式(11-133)来直接描绘，其组成如图 11-9 所示。

分析各动力系数与短周期动态特性的关系，利用图 11-9 进行模拟求解是比较直观和方便的。

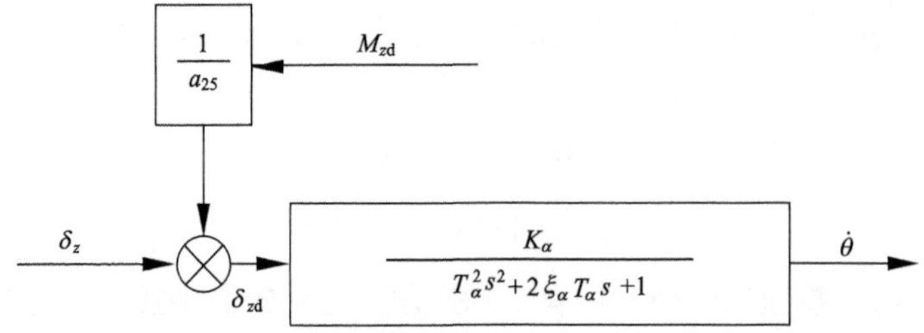

图 11-8　输出为 $\dot{\theta}$ 的传递关系

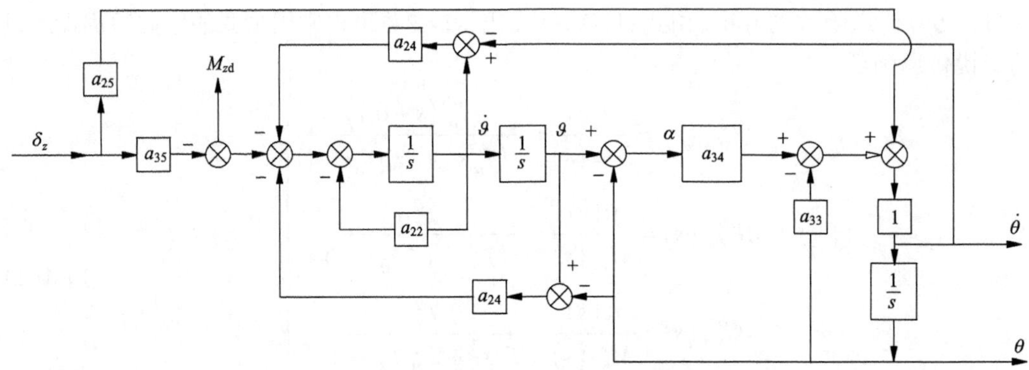

图 11-9　采用动力系数的传递关系

11.5.4　短周期运动的频率特性

在自动控制原理中频率特性是单位脉冲响应的傅里叶变换。弹箭的频率特性按其物理含义讲，是当舵面做谐波规律振动时，弹箭运动参数偏量的响应特性。弹箭弹体作为控制对象这一环节出现在飞行控制回路中，如果用频率响应法设计这个回路时，必须绘制对数幅相频率特性曲线。

取攻角传递函数式(11-153)，它的对数幅频特性 $L_\alpha(\omega)$ 和相频特性 $\varphi_\alpha(\omega)$ 分别为

$$L_\alpha(\omega)=20\lg K_{2\alpha}+20\lg\sqrt{T_{2\alpha}^2\omega^2+1}=-20\lg\sqrt{\left(1-T_\alpha^2\omega^2\right)^2+\left(2\xi_\alpha T_\alpha\omega\right)^2}\quad(11\text{-}165)$$

$$\varphi_\alpha(\omega)=\arctan T_{2\alpha}\omega-\arctan\frac{2\xi_\alpha T_\alpha\omega}{1-T_\alpha^2\omega^2}\quad(11\text{-}166)$$

以某飞行器为例，$K_{2\alpha}=1$，$T_{2\alpha}=0.004\text{s}$，$T_\alpha=0.234\text{s}$，$\xi_\alpha=0.493$，所绘对数幅频曲线 $L_\alpha(\omega)$ 和相频曲线 $\varphi_\alpha(\omega)$ 如图 11-10(a)所示。

再取俯仰角传递函数式(11-151)，它的 $L_\vartheta(\omega)$ 和 $\varphi_\alpha(\omega)$ 应分别为

$$L_\vartheta(\omega)=20\lg K_{2\alpha}+20\lg\sqrt{T_{2\alpha}^2\omega^2+1}-20\lg\sqrt{\left(1-T_\alpha^2\omega^2\right)^2+\left(2\xi_\alpha T_\alpha\omega\right)^2}\quad(11\text{-}167)$$

$$\varphi_\vartheta(\omega)=-\frac{\pi}{2}+\arctan T_{1\alpha}\omega-\arctan\frac{2\xi_\alpha T_\alpha\omega}{1-T_\alpha^2\omega^2}\quad(11\text{-}168)$$

在所绘制 $L_\alpha(\omega)$ 和 $\varphi_\alpha(\omega)$ 图的例子中，因 $K_\alpha=1.96\text{s}^{-1}$，$T_{1\alpha}=0.729\text{s}$，由式(11-167)

和式(11-168)所得 $L_{\vartheta}(\omega)$ 及 $\varphi_{\vartheta}(\omega)$ 曲线如图 11-10(b)所示。

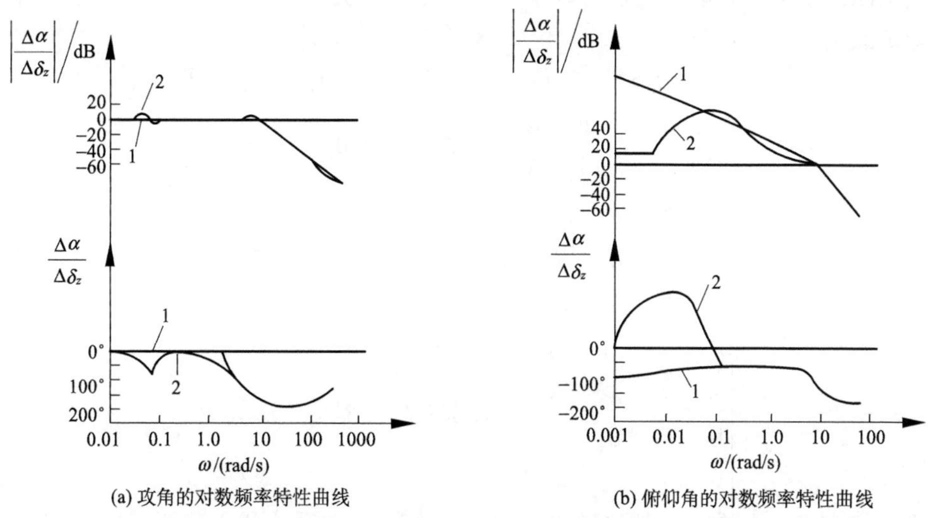

(a) 攻角的对数频率特性曲线　　(b) 俯仰角的对数频率特性曲线

图 11-10　短周期运动的频率特性

由图 11-10(a)可知，攻角的频率特性曲线 1 与二阶振荡环节非常接近。曲线 2 是全面纵向扰动运动的频率特性。曲线 1 与曲线 2 能紧密重合，说明短周期运动频率特性与全面纵向运动频率特性在幅值和相位上都非常一致。短周期固有频率 $\omega = 4.27\text{rad/s}$，表明反映短周期运动的频率特性处在高频部分，且基本上没有反映出长周期运动的频率特性。

从图 11-10(b)可以看出，在高频段俯仰角的短周期频率特性曲线 1 与全面纵向运动的频率特性曲线 2 也极其相近。但在低频段差异较大，其原因是：短周期运动结束时，俯仰角将进入长周期的运动，其频率特性应处于低频段，而近似传递函数式(11-151)只适用于短周期运动。

11.6　侧向扰动运动的模态

11.6.1　运动稳定性判据

对标准形式的侧向扰动运动的方程组(11-97)进一步解耦，将其中的第 3 式分离出去。可得一组新的侧向扰动运动方程组

$$\begin{cases}\dot{\omega}_x + b_{11}\omega_x + b_{14}\beta + b_{12}\omega_y = -b_{18}\delta_x - b_{17}\delta_y + M_{xd} \\ \dot{\omega}_y + b_{22}\omega_y + b_{24}\beta + b'_{24}\dot{\beta} + b_{21}\omega_x = -b_{27}\delta_y + M_{yd} \\ \dot{\beta} + (b_{34} + a_{33})\beta - \alpha\dot{\gamma} + b_{35}\gamma + b_{36}\omega_y = -b_{37}\delta_y - F_{yd} \\ \dot{\gamma} = \omega_x + b_{56}\omega_y \end{cases} \tag{11-169}$$

与此对应的侧向扰动运动的特征方程式，按式(11-102)可以写为

$$B(s) = s^4 + B_1 s^3 + B_2 s^2 + B_3 s + B_4 = 0 \tag{11-170}$$

特征方程式的系数 B_1、 B_2、 B_3 和 B_4 是侧向动力系数的函数。

判别侧向扰动运动的稳定性可以采用多种稳定判据，工程上常用的判据是劳斯-赫尔维茨稳定准则

$$B_1 > 0 \ , \ B_2 > 0 \ , \ B_3 > 0 \ , \ B_4 > 0$$

$$\begin{vmatrix} B_1 & B_3 \\ 1 & B_2 \end{vmatrix} = B_1 B_2 - B_3 > 0 \tag{11-171}$$

$$\begin{vmatrix} B_1 & B_3 & 0 \\ 1 & B_2 & B_4 \\ 0 & B_1 & B_3 \end{vmatrix} = B_1 B_2 B_3 - B_1^2 B_4 - B_3^2 > 0 \tag{11-172}$$

$$\begin{vmatrix} B_1 & B_3 & 0 & 0 \\ 1 & B_2 & B_4 & 0 \\ 0 & B_1 & B_3 & 0 \\ 0 & 1 & B_2 & B_4 \end{vmatrix} = B_4 \left(B_1 B_2 B_3 - B_1^2 B_4 - B_3^2 \right) > 0 \tag{11-173}$$

将由侧向动力系数表示的系数 B_1、 B_2、 B_3 和 B_4 关系式代入劳斯-赫尔维茨准则，编制计算机程序，可以分析侧向动力系数对于保证侧向扰动稳定性的作用。

如上所述，常见的侧向扰动运动的三种形式为滚转模态、荷兰滚模态和螺旋模态。侧向动力系数对稳定性的影响，可以直接理解为对这三种模态的影响。实践表明，在侧向动力系数中与三种模态性质显著相关的是航向静稳定动力系数 b_{24} 和横向静稳定动力系数 b_{14}，并可由侧向稳定边界图说明。

以航向静稳定动力系数 b_{24} 为纵坐标，以横向静稳定动力系数 b_{14} 为横坐标，绘出保持运动模态稳定性的区域，称为侧向稳定边界图，参见图 11-11，其优点是可以直接了解航向静稳定性与横向静稳定性对于螺旋运动分量和振荡运动分量的影响。

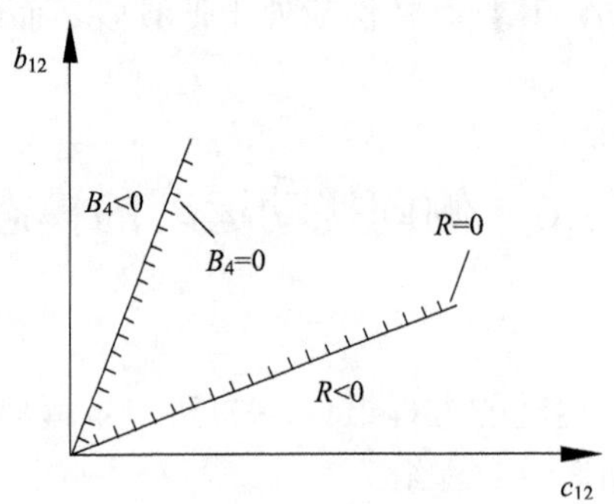

图 11-11　侧向稳定边界图

螺旋模态的不稳定性与 m_x^β / m_y^β 比值的关系，可用以下方法作简要的讨论。决定螺旋模态的小实根可由近似方法计算。考虑到小实根 s_2 的高次项是一个小值，可在特征方程式中只保留最后两项，由此求解特征根 s_2，不会带来太大的误差。因此，螺旋模态的根值取决于方程

$$B_3 s_2 + B_4 = 0 \tag{11-174}$$

所以，小实根等于

$$s_2 = -\frac{B_4}{B_3} \tag{11-175}$$

此式由动力系数表示则为

$$s_2 = \frac{-b_{35}\left(b_{24}b_{12} - b_{22}b_{14}\right)}{b_{34}\left(b_{22}b_{11} - b_{21}b_{12}\right) + b_{36}\left(b_{21}b_{14} - b_{24}b_{11}\right) - b_{35}b_{14}} \tag{11-176}$$

对于一般形式的弹箭来讲，通常有 $B_3 > 0$。因此，要求弹箭具有稳定的螺旋运动分量，必须保证特征根 s_2 表达式的分子为正。于是要求

$$b_{22}b_{14} - b_{24}b_{12} > 0 \tag{11-177}$$

用力矩系数代表动力系数，上式又可写成

$$m_x^{\beta} m_y^{\omega_y} - m_y^{\beta} m_x^{\omega_y} > 0 \tag{11-178}$$

在 $m_y^{\beta} < 0$ 时，上式可写成

$$\frac{m_x^{\beta}}{m_y^{\beta}} > \frac{m_x^{\omega_y}}{m_y^{\omega_y}} \tag{11-179}$$

结果表示，当横向静稳定性 m_x^{β} 足够大，而航向静稳定性又不太大时，亦即 $m_x^{\beta} / m_y^{\beta}$ 较大时，因不等式得到满足，弹箭将是螺旋稳定的。

横向与航向静稳定性之比对荷兰滚模态也有很大的影响，因为侧向特征方程可以写成

$$s^4 + B_1 s^3 + B_2 s^2 + B_3 s + B_4 = \left(\lambda - s_1\right)\left(\lambda - s_2\right)\left(\lambda^2 + 2\xi_3\omega_3\lambda + \omega_3^2\right) = 0 \tag{11-180}$$

式中，s_1 和 s_2 分别是侧向扰动运动的一个大实根和一个小实根，而 ξ_3 和 ω_3 则是振荡分量的相对阻尼系数和固有频率。

将式(11-180)的右边展开，并比较等式两边同阶次项的系数，得到

$$\left.\begin{aligned} B_1 &= 2\xi_3\omega_3 - \left(s_1 + s_2\right) \\ B_2 &= \omega_3^2 - 2\xi_3\omega_3\left(s_1 + s_2\right) + s_1 s_2 \\ B_3 &= 2\xi_3\omega_3 s_1 s_2 - \omega_3^2\left(s_1 + s_2\right) \\ B_4 &= \omega_3^2 s_1 s_2 \end{aligned}\right\} \tag{11-181}$$

其中的第一式可以写为

$$2\xi_3\omega_3 = B_1 + \left(s_1 + s_2\right)$$

系数 B_1 采用动力系数表达式，上式又可写成

$$2\xi_3\omega_3 = b_{22} + b_{11} + b_{34} + s_1 + s_2 \tag{11-182}$$

按第 4 式，实根 s_1 等于

$$s_1 = \frac{B_4}{s_2\omega_3^2} \tag{11-183}$$

应用式(11-175)，上式可写为

$$s_1=-\frac{B_3}{\omega_y^2}=-\frac{1}{\omega_3^2}\left[b_{34}\left(b_{22}b_{11}-b_{21}b_{12}\right)+b_{36}\left(b_{21}b_{14}-b_{24}b_{11}\right)-b_{35}b_{14}\right]$$

$$=-\frac{1}{\omega_3^2}b_{14}\left(b_{21}b_{36}-b_{35}\right)-\frac{1}{\omega_3^2}b_{34}\left(b_{22}b_{11}-b_{21}b_{12}\right)+\frac{1}{\omega_3^2}b_{36}b_{24}b_{11} \tag{11-184}$$

在此式中略去了 B_3 表达式中次要的动力系数。

实践经验表明，式(11-184)中固有频率可近似为 $\omega_3^2\approx b_{12}$，因此特征根 s_1 可等于

$$s_1\approx-\frac{b_{14}}{b_{24}}\left(b_{21}b_{36}-b_{35}\right)-\frac{b_{34}}{b_{24}}\left(b_{22}b_{11}-b_{21}b_{12}\right)+b_{36}b_{11} \tag{11-185}$$

将特征根 s_1 和 s_2 表达式(11-176)和式(11-185)代入式(11-182)，则有

$$2\xi_3\omega_3=-\frac{b_{14}}{b_{24}}\left(b_{21}b_{36}-b_{35}\right)-\frac{b_{34}}{b_{24}}\left(b_{22}b_{11}-b_{21}b_{12}\right)+b_{11}\left(1+b_{36}\right)+b_{22}+b_{34}$$
$$-\frac{b_{35}\left(b_{24}b_{12}-b_{22}b_{14}\right)}{b_{34}\left(b_{22}b_{11}-b_{21}b_{12}\right)+b_{36}\left(b_{21}b_{14}-b_{24}b_{11}\right)-b_{35}b_{14}} \tag{11-186}$$

二阶环节的动态性质依赖于 $2\xi_3\omega_3$ 的取值。当 $2\xi_3\omega_3>0$ 时，二阶环节是稳定的；反之，$2\xi_3\omega_3<0$，则是不稳定的。为直观地说明 $2\xi_3\omega_3$ 与 $\left(m_x^\beta/m_y^\beta\right)$ 之间的关系，可对式(11-186)进行简化。考虑到该式右端最后的分式实际上是一个很小的值，且第二个分式的值相比之下也不大，且

$$b_{36}=-\frac{\cos\theta}{\cos\vartheta}\approx-1 \tag{11-187}$$

于是式(11-186)可简写为

$$2\xi_3\omega_3=-\frac{b_{14}}{b_{24}}\left(-b_{21}-b_{35}\right)+b_{22}+b_{34} \tag{11-188}$$

式中，重力动力系数 b_{35} 是一个负值，所以横向与航向静稳定动力系数 b_{14}/b_{24} 之比值较大时，有可能使 $2\xi_3\omega_3<0$，以致由二阶环节表示的荷兰滚模态出现不稳定的现象。此结果恰巧与保证螺旋模态具有稳定性的要求相反，可见横向与航向静稳定性的比值只能处于某较小和较大值之间，才可保证荷兰滚和螺旋模态同时具有稳定性。如何确定比值 $\left(m_x^\beta/m_y^\beta\right)$ 的这个中间区域，乃是绘制侧向稳定边界图的任务。

在侧向稳定边界图 11-11 上，区分螺旋模态稳定与否的分界线是小实根 $s_2=0$。这相当于要求式(11-176)的分子等于零，即

$$b_{24}=\frac{b_{22}}{b_{12}}b_{14} \tag{11-189}$$

此式表明，在侧向稳定边界图上，判别螺旋模态能否稳定的分界线是一条通过原点的直线。此直线的完整表述，由系数 $B_4=0$，按其表达式可得

$$b_{24}=\frac{b_{22}-b_{21}b_{56}}{b_{12}-b_{11}b_{36}}b_{12} \tag{11-190}$$

在稳定边界图上，直线 $B_4=0$ 以上的区域，静稳定动力系数 b_{24} 大于 $\left(b_{22}b_{14}/b_{12}\right)$ 的值，小实根 $s_2>0$，属于螺旋不稳定区域。

振荡运动分量能否稳定的分界线为 $\xi_3\omega_3=0$。从式(11-188)可知，等于要求

$$b_{24}=\frac{b_{21}+b_{35}}{b_{22}+b_{34}}b_{14} \tag{11-191}$$

这也是一条通过原点的直线。此直线的下面，航向静稳定动力系数 b_{24} 的值小于式(11-191)右端的值，其结果 $2\xi_3\omega_3<0$，属于荷兰滚模态的不稳定区域。

综上所述，选择横向和航向静稳定的动力系数均处于两分界线之间，弹箭的螺旋模态和荷兰滚模态将是稳定的。

补充说明一点，关于振荡运动分量是否稳定的分界线还有一种精确的画法。按照劳斯-赫尔维茨准则，侧向扰动运动特征方程式满足稳定的充分条件为

$$R=B_1B_2B_3-B_1^2B_4-B_3^2>0 \tag{11-192}$$

令其为零，则为荷兰滚模态稳定与否的分界线。但因特征方程系数的动力系数表达式较为复杂，计算起来十分烦琐。

11.6.2　航向扰动运动方程组

侧向扰动运动将航向和横滚两种扰动运动耦合成一体，基于以下三种主要原因：

(1)侧滑角不仅产生航向恢复力矩 $M_y^\beta\beta$，同时也产生横向恢复力矩 $M_x^\beta\beta$；

(2)航向和横滚间的交叉力矩形成了动力系数 b_{21} 和 b_{12}；

(3)面对称弹箭偏转方向舵时产生垂尾效应，形成了动力系数 b_{17}。

如上所述，侧向扰动运动中，当有关动力系数可忽略不计时，航向和滚转两种扰动运动可以独立存在。另外，考虑到：

(1)由侧向频率特性可知，副翼偏转主要产生滚转模态；方向舵偏转主要引起振荡运动分量。

(2)自动驾驶仪能相当快地偏转副翼、消除倾斜，减小法向力分量对航向扰动运动的影响，使航向扰动运动与滚转角偏量无关。

基于以上各种原因，在侧向扰动运动方程组(11-97)和方程组(11-169)中不计动力系数 b_{21}、b_{35}、b_{14}、b_{12}、b_{17} 以及 a_{33} 的作用，并略去 $\alpha\dot{\gamma}$ 这一项，可得航向扰动运动方程组为

$$\left.\begin{aligned}&\dot{\omega}_y+b_{22}\omega_y+b_{24}\beta+b_{24}'\dot{\beta}=-b_{27}\delta_y+M_{yd}\\&\dot{\beta}+b_{34}\beta+b_{36}\omega_y=-b_{37}\delta_y-F_{yd}\\&\psi_V=\psi-b_{41}\beta\end{aligned}\right\} \tag{11-193}$$

当弹箭近似于水平飞行时，因弹道倾角 $\theta\approx0$，攻角 α_0 也不大，上列航向扰动运动方程组的精确解是可以令人满意的，在这种情况下，因为动力系数 $b_{41}=1$，$b_{36}\approx-1$，并考虑到

$$\frac{d\psi_V}{dt}=\frac{d\psi}{dt}-\frac{d\beta}{dt}=\omega_y-\dot{\beta}$$

航向扰动运动方程组可写为

$$\left.\begin{aligned}&\ddot{\psi}+b_{22}\dot{\psi}+b_{24}\beta+b_{24}'\dot{\beta}=-b_{27}\delta_y+M_{yd}\\&\dot{\psi}_V-b_{34}\beta=b_{37}\delta_y+F_{yd}\\&\psi-\psi_V-\beta=0\end{aligned}\right\}\tag{11-194}$$

这一组偏量微分方程除不考虑重力影响外，与纵向短周期扰动运动方程组是完全对称的。航向扰动运动的偏量ψ、ψ_V、β对应于纵向运动的偏量ϑ、θ、α，同时动力系数b_{22}、b_{24}、b_{27}、b_{24}'、b_{34}、b_{37}与动力系数a_{22}、a_{24}、a_{25}、a_{24}'、a_{34}、a_{35}的性质相对应。对于轴对称的弹箭两者还完全相等，这也是轴对称弹箭的一个显著特点。

参照 11.5.3 节，可得航向传递函数的典型形式

$$W_{\delta_y}^{\psi}(s)=-\frac{\psi(s)}{\delta_y(s)}=\frac{K_\beta\left(T_{1\beta}s+1\right)}{s\left(T_\beta^2s^2+2\xi_\beta T_\beta s+1\right)}\tag{11-195}$$

$$W_{\delta_y}^{\psi_V}(s)=-\frac{\psi_V(s)}{\delta_y(s)}=\frac{K_\beta\left(T_{1\psi}s+1\right)\left(T_{2\psi}s+1\right)}{s\left(T_\beta^2s^2+2\xi_\beta T_\beta s+1\right)}\tag{11-196}$$

$$W_{\delta_y}^{\beta}(s)=-\frac{\beta(s)}{\delta_y(s)}=\frac{K_{2\beta}\left(T_{2\beta}s+1\right)}{T_\beta^2s^2+2\xi_\beta T_\beta s+1}\tag{11-197}$$

$$W_{\delta_y}^{n_z}(s)=-\frac{n_z(s)}{\delta_y(s)}=\frac{V\cos\theta}{g}W_{\delta_y}^{\psi_V}(s)\tag{11-198}$$

式中，$K_\beta=\dfrac{b_{27}b_{34}-b_{24}b_{37}}{b_{24}+b_{22}b_{34}}$，称为侧向传递系数；$T_\beta=\dfrac{1}{\sqrt{b_{24}+b_{22}b_{34}}}$，称为侧向时间常数；$\xi_\beta=\dfrac{b_{22}+b_{34}+b_{24}'}{2\sqrt{b_{24}+b_{22}b_{34}}}$，称为侧向相对阻尼系数；$T_{1\beta}=\dfrac{b_{27}-b_{24}'b_{37}}{b_{27}b_{34}-b_{24}b_{37}}$，称为侧向气动力时间常数；$T_{1\psi}T_{2\psi}=\dfrac{-b_{37}}{b_{27}b_{34}-b_{24}b_{37}}$；$T_{1\psi}+T_{2\psi}=\dfrac{-b_{37}\left(b_{22}+b_{24}'\right)}{b_{27}b_{34}-b_{24}b_{37}}$；$K_{2\beta}=\dfrac{b_{27}+b_{27}b_{37}}{b_{24}+b_{22}b_{34}}$，称为侧滑角传递系数；$T_{2\beta}=\dfrac{b_{37}}{b_{27}+b_{22}b_{37}}$，称为侧滑角时间常数。

如果方向舵的侧向力可以不计，舵面动力系数$b_{37}=0$，上列侧向传递函数还可进一步简化。其结果与纵向短周期传递函数的形式相似。

11.6.3 滚转扰动运动方程组

侧向扰动运动模型经过解耦处理后，除分离出航向扰动运动方程组外，还可得下列弹箭滚转扰动运动方程组：

$$\begin{cases}\dot{\omega}_x+b_{11}\omega_x=-b_{18}\delta_x+M_{xd}\\\dot{\gamma}=\omega_x\end{cases}\tag{11-199}$$

合并后，可写出一个自由度的滚转扰动运动方程

$$\ddot{\gamma}+b_{11}\dot{\gamma}=-b_{18}\delta_x+M_{xd} \tag{11-200}$$

由此可得滚转特征方程为

$$\dot{s}_1+b_{11}=0 \tag{11-201}$$

特征根 s_1 的性质也就是 11.4.3 节所述滚转模态的性质。

将式(11-200)进行拉氏变换，可得弹箭滚转传递函数为

$$W_{\delta_x}^{\gamma}(s)=-\frac{\gamma(s)}{\delta_x(s)}=\frac{K_x}{s(T_x s+1)} \tag{11-202}$$

式中，$K_x=\dfrac{b_{18}}{b_{11}}$，称为滚转传递系数；$T_x=\dfrac{1}{b_{11}}$，称为滚转时间常数。

对于滚转角速度来讲，简化后的滚转扰动运动是一个稳定的非周期运动；对于滚转角 γ 而言，因为存在着一个零根，该角度是中立稳定的。

在滚转扰动运动中以干扰力矩 M_{xd} 为输入量，可得滚转干扰传递函数为

$$W_{M_{zd}}^{\gamma}(s)=\frac{\gamma(s)}{M_{xd}(s)}=\frac{T_x}{s(T_x s+1)} \tag{11-203}$$

当弹箭同时受到副翼偏转和干扰力矩的作用时，考虑到滚转时间常数

$$T_x=\frac{K_x}{b_{18}} \tag{11-204}$$

可用图 11-12 表示。图中

$$\frac{M_{xd}}{b_{18}}=\delta_{xd} \tag{11-205}$$

式中，δ_{xd} 称为副翼等效干扰舵偏角，由它来反映滚转干扰力矩对弹箭飞行的影响。

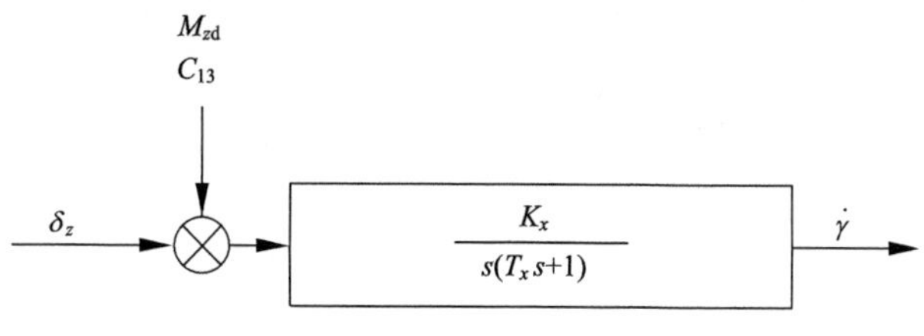

图 11-12　滚转传递图

思　考　题

1. 试述小扰动法的概念。
2. 试述稳定性的概念。
3. 试述操纵性的概念。
4. 对运动方程进行线性化的意义何在？
5. 试述系数冻结法的含义，为什么要采用系数冻结法？

6. 写出描述纵向扰动运动的微分方程，以及方程中所包含的动力系数的表达式和量纲。

7. 推导扰动运动特征根为一对共轭复数时，其运动参数偏量的过渡过程函数。

8. 如何由特征根的特性说明飞行器的稳定性？

9. 侧向扰动运动常呈现哪三种模态？简述其物理现象及原因。

10. 侧向扰动运动从稳定性的角度与纵向短周期扰动运动有什么不同？为什么？其物理现象如何？

第 12 章　滚转弹箭飞行的动态特性

12.1　引　　言

绕纵轴低速旋转的弹箭简称为滚转弹箭。通常，滚转弹箭只有一对操纵机构，利用弹箭绕其纵轴旋转和改变操纵机构的位置，可以在空间任意方向产生控制力。同时，弹箭旋转还可以改善气动不对称和推力偏心等干扰因素的影响。这种控制方式的滚转弹箭，最主要的优点是控制装置和弹体结构简单，由于比一般的弹箭少两个通道，弹箭系统大为简化；缺点是控制力的方向不够准确。但是，对于反坦克导弹和低空防空导弹，可以满足其战术要求。

如前所述，滚转弹箭的一个重要特点，即弹箭纵、侧向运动有交连影响(或称交叉耦合)，换言之，弹箭的纵向运动会引起侧向运动，而侧向运动也会引起纵向运动。滚转弹箭纵侧向运动交连影响产生的主要原因是陀螺效应和马格努斯效应。由于滚转角速度 ω_{x_4} 不是小量，因此弹箭在滚转中具有一定的角动量，就像一个陀螺，在受到某一个方向的力矩后，要在垂直的方向上产生进动运动。马格努斯效应使得弹箭在做俯仰(偏航)运动时，还会受到偏航(俯仰)方向空气动力和力矩的作用。因此，弹箭运动方程组不能简化为纵向运动方程组和侧向运动方程组。

本章将建立滚转弹箭的扰动运动方程组，介绍滚转弹箭弹体动态特性的研究方法，研究滚转弹箭的动态稳定性，分析转速对弹箭动态稳定性的影响。

12.2　滚转弹箭的扰动运动方程组与线性化

12.2.1　滚转弹箭的扰动运动方程组

在前面章节中，介绍了滚转弹箭运动方程组(7-13)，把其中力矩 M_{x_4}、M_{y_4}、M_{z_4}、M_{cx_4}、M_{cy_4} 和 M_{cz_4} 写成展开式，并且不考虑 $\phi_1=0$、$\phi_2=0$ 两式，可得滚转弹箭运动方程组如下：

$$
\begin{cases}
m\dfrac{\mathrm{d}V}{\mathrm{d}t}=P\cos\alpha^*\cos\beta^*-X-G\sin\theta+\dfrac{2}{\pi}F_c\left(K_z\sin\beta^*-K_z\sin\alpha^*\cos\beta^*\right)\\
mV\dfrac{\mathrm{d}\theta}{\mathrm{d}t}=P\left(\sin\alpha^*\cos\gamma_V^*+\cos\alpha^*\sin\beta^*\sin\gamma_V^*\right)+Y\cos\gamma_V^*-Z\sin\gamma_V^*-G\cos\theta\\
\qquad+\dfrac{2}{\pi}F_c\left[K_y\left(\cos\alpha^*\cos\gamma_V^*-\sin\alpha^*\sin\beta^*\sin\gamma_V^*\right)-K_z\sin\gamma_V^*\cos\beta^*\right]\\
-mV\cos\theta\dfrac{\mathrm{d}\psi_V}{\mathrm{d}t}=P\left(\sin\alpha^*\sin\gamma_V^*-\cos\alpha^*\sin\beta^*\cos\gamma_V^*\right)+Y\sin\gamma_V^*+Z\cos\gamma_V^*
\end{cases}
$$

(12-1)

$$
\begin{cases}
\quad +\dfrac{2}{\pi}F_c\left[K_y\left(\sin\alpha^*\sin\beta^*\cos\gamma_V^*+\cos\alpha^*\sin\gamma_V^*\right)+K_z\cos\gamma_V^*\cos\beta^*\right] \\
J_{x_4}\dfrac{\mathrm{d}\omega_{x_4}}{\mathrm{d}t}=M_{x_0}+M_{x_4}^{\omega_{x4}}\omega_{x_4}+M_{x_4}^{\omega_{y4}}\omega_{y_4}+M_{x_4}^{\omega_{z4}}\omega_{z_4}+M_{p_{x4}} \\
J_{y_4}\dfrac{\mathrm{d}\omega_{y_4}}{\mathrm{d}t}=M_{y_4}^{\beta^*}\beta^*+M_{y_4}^{\omega_{y4}}\omega_{y_4}+M_{y_4}^{\omega_{x4}}\omega_{x_4}-\left(J_{x_4}-J_{z_4}\right)\omega_{x_4}\omega_{z_4}-J_{z_4}\omega_{z_4}\dot{\gamma}+\dfrac{2}{\pi}F_cK_z\left(x_P-x_G\right) \\
J_{z_4}\dfrac{\mathrm{d}\omega_{z_4}}{\mathrm{d}t}=M_{y_4}^{\alpha^*}\alpha^*+M_{z_4}^{\omega_{z4}}\omega_{z_4}+M_{z_4}^{\omega_{x4}}\omega_{x_4}-\left(J_{y_4}-J_{x_4}\right)\omega_{y_4}\omega_{x_4}+J_{y_4}\omega_{y_4}\dot{\gamma}-\dfrac{2}{\pi}F_cK_y\left(x_P-x_G\right) \\
\dfrac{\mathrm{d}x}{\mathrm{d}t}=V\cos\theta\cos\psi_V \\
\dfrac{\mathrm{d}y}{\mathrm{d}t}=V\sin\theta \\
\dfrac{\mathrm{d}z}{\mathrm{d}t}=-V\cos\theta\sin\psi_V \\
\dfrac{\mathrm{d}\gamma}{\mathrm{d}t}=\omega_{x_4}-\dfrac{\mathrm{d}\psi}{\mathrm{d}t}\sin\vartheta \\
\dfrac{\mathrm{d}\psi}{\mathrm{d}t}=\omega_{y_4}/\cos\vartheta \\
\dfrac{\mathrm{d}\vartheta}{\mathrm{d}t}=\omega_{z_4} \\
\dfrac{\mathrm{d}m}{\mathrm{d}t}=-m_c \\
\sin\beta^*=\cos\theta\sin\left(\psi-\psi_V\right) \\
\sin\theta=\cos\beta^*\sin\left(\vartheta-\alpha^*\right) \\
\sin\gamma_V^*=\tan\beta^*\tan\theta
\end{cases}
\tag{12-1 续}
$$

考虑到这类弹箭多数都采用脉冲调宽式舵机，建立滚转弹箭运动方程组时，不用舵偏角和等效舵偏角概念，而是通过俯仰和偏航的指令系数 K_y 和 K_z 来表示俯仰和偏航的周期平均操纵力 $\overline{F}_{y_4}$ 和 $\overline{F}_{z_4}$ ，即

$$
\begin{cases}
\overline{F}_{y_4}=K_y\dfrac{2F_c}{\pi} \\
\overline{F}_{z_4}=K_z\dfrac{2F_c}{\pi}
\end{cases}
\tag{12-2}
$$

式中， K_y 为俯仰指令系数，上指令为负，下指令为正； K_z 为偏航指令系数，右指令为负，左指令为正。

上述方程中，没有列入制导系统方程，因为讨论的是弹体动态特性，认为指令系数为已知值。

下面对弹箭弹体运动方程组(12-1)进行线性化。线性化的方法和假设与第 11 章中基本相同，只是未扰动运动中 ω_{x_4} 和 γ 不能看作小量，除此以外，还假定：

(1)弹箭的质量分布相对于纵轴是对称的，因此弹体的惯性主轴与其几何中心轴重合，即 $J_y = J_z$，并且对质心的任何横轴的转动惯量都相等；

(2)空气动力是轴对称的，即 $c_y^{\alpha} = -c_z^{\beta}$， $m_z^{\alpha} = m_y^{\beta}$， $m_z^{\bar{\omega}_z} = m_y^{\bar{\omega}_y}$， $m_z^{\bar{\omega}_x} = -m_y^{\bar{\omega}_x}$，…，并认为弹体绕纵轴旋转任何一个角度后，其空气动力特性不变；

(3)弹箭在扰动运动中，旋转角速度 ω_{x_4} 和未扰动运动中一样。

12.2.2　滚转弹箭的扰动运动方程组线性化

采用与第 11 章中相同的方法，对运动方程组进行线性化。线性化以后，由于方程组中马格努斯力矩和陀螺力矩交连项的影响，扰动运动方程组不能同第 11 章中所讨论的那样分为两个互相独立的纵向和侧向扰动运动方程组。

同样地，略去速度偏量方程及其他方程中速度偏量的影响，略去重力法向分量变化 $G\sin\theta\Delta\theta$ 对弹道转动速度偏量 $\mathrm{d}\Delta\theta/\mathrm{d}t$ 的影响，即可得到下列简化的扰动运动方程组：

$$
\begin{cases}
\dfrac{\mathrm{d}^2\Delta\vartheta}{\mathrm{d}t^2} - \dfrac{M_z^{\omega_z}}{J_z}\dfrac{\mathrm{d}\Delta\vartheta}{\mathrm{d}t} - \dfrac{M_z^{\alpha}}{J_z}\Delta\alpha - \dfrac{M_z^{\beta}}{J_z}\Delta\beta - \dfrac{J_x}{J_z}\omega_x\dfrac{\mathrm{d}\Delta\psi}{\mathrm{d}t} = \dfrac{-\dfrac{2}{\pi}F_c\left(x_P - x_G\right)}{J_z}\Delta K_y \\
\dfrac{\mathrm{d}^2\Delta\psi}{\mathrm{d}t^2} - \dfrac{M_y^{\omega_y}}{J_y}\dfrac{\mathrm{d}\Delta\psi}{\mathrm{d}t} - \dfrac{M_y^{\beta}}{J_y}\Delta\beta - \dfrac{M_y^{\alpha}}{J_y}\Delta\alpha + \dfrac{J_x}{J_z}\omega_x\dfrac{\mathrm{d}\Delta\vartheta}{\mathrm{d}t} = \dfrac{-\dfrac{2}{\pi}F_c\left(x_P - x_G\right)}{J_y}\Delta K_z \\
\dfrac{\mathrm{d}\Delta\theta}{\mathrm{d}t} - \dfrac{P + Y^{\alpha}}{mV}\Delta\alpha = \dfrac{\dfrac{2}{\pi}F_c}{mV}\Delta K_y \\
\dfrac{\mathrm{d}\Delta\psi_V}{\mathrm{d}t} - \dfrac{P - Z^{\beta}}{mV}\Delta\beta = \dfrac{-\dfrac{2}{\pi}F_c}{mV}\Delta K_z \\
-\Delta\vartheta + \Delta\theta + \Delta\alpha = 0 \\
-\Delta\psi + \Delta\psi_V + \Delta\beta = 0
\end{cases}
\tag{12-3}
$$

式中， $M_z^{\beta}\Delta\beta$ 和 $M_y^{\alpha}\Delta\alpha$ 也可写成 $M_z^{\omega_x}\Delta\omega_x$ 和 $M_y^{\omega_x}\Delta\omega_x$，为马格努斯力矩偏量。

为了书写简便，式(12-3)中略去了 α^*、β^*、γ_V^* 的上标“*”和 ω_{x_4}、ω_{y_4}、…的下标中“4”。但要切记：滚转弹箭扰动运动方程组中的 α、β、γ_V、ω_y 和 ω_z 的定义与倾斜稳定的非滚转弹箭扰动运动方程组中的 α、β、γ_V、ω_y 和 ω_z 的定义是不同的。

由扰动运动方程组(12-3)可知，纵向和侧向的扰动运动是互相交连的。

采用与第 11 章中相同的系数冻结法，并用动力系数符号表示方程组中的系数，则可得扰动运动方程组

$$
\begin{cases}
\dfrac{\mathrm{d}^2\Delta\vartheta}{\mathrm{d}t^2} - a_{22}\dfrac{\mathrm{d}\Delta\vartheta}{\mathrm{d}t} - a_{24}\Delta\alpha + a_{27}'\Delta\beta - a_{28}'\dfrac{\mathrm{d}\Delta\psi}{\mathrm{d}t} = a_{25}\Delta K_y \\
\dfrac{\mathrm{d}^2\Delta\psi}{\mathrm{d}t^2} - b_{22}\dfrac{\mathrm{d}\Delta\vartheta}{\mathrm{d}t} - b_{24}\Delta\beta - b_{27}'\Delta\alpha + b_{28}'\dfrac{\mathrm{d}\Delta\vartheta}{\mathrm{d}t} = -b_{25}\Delta K_z
\end{cases}
\tag{12-4}
$$

$$\begin{cases}\dfrac{\mathrm{d}\Delta\theta}{\mathrm{d}t}-a_{34}\Delta\alpha=a_{35}\Delta K_y\\ \dfrac{\mathrm{d}\Delta\psi_V}{\mathrm{d}t}-b_{34}\Delta\beta=-b_{35}\Delta K_z\\ -\Delta\vartheta+\Delta\theta+\Delta\alpha=0\\ -\Delta\psi+\Delta\beta+\Delta\psi_V=0\end{cases} \tag{12-4 续}$$

式中

$$a_{22}=\frac{M_z^{\omega_z}}{J_z}=\frac{m_z^{\bar{\omega}_z}qSL}{J_z}\frac{L}{V}\left(\mathrm{s}^{-1}\right)$$

$$a_{24}=\frac{M_z^{\alpha}}{J_z}=\frac{m_z^{\alpha}qSL}{J_z}\left(\mathrm{s}^{-2}\right)$$

$$a_{27}'=\frac{-M_z^{\beta}}{J_z}=-\frac{m_z^{\beta}qSL}{J_z}\left(\mathrm{s}^{-2}\right)$$

$$a_{28}'=\frac{J_x}{J_z}\omega_x\left(\mathrm{s}^{-1}\right)$$

$$a_{25}=\frac{M_z^{K_y}}{J_z}=\frac{-\dfrac{2}{\pi}F_c\left(x_P-x_G\right)}{J_z}\left(\mathrm{s}^{-2}\right)$$

$$a_{34}=\frac{P+Y^{\alpha}}{mV}=\frac{P+c_y^{\alpha}qSL}{mV}\left(\mathrm{s}^{-1}\right)$$

$$a_{35}=\frac{F_y^{K_y}}{mV}=\frac{\dfrac{2}{\pi}F_c}{mV}\left(\mathrm{s}^{-1}\right)$$

$$b_{22}=\frac{M_y^{\omega_y}}{J_y}=\frac{m_y^{\bar{\omega}_y}qSL}{J_y}\frac{L}{V}\left(\mathrm{s}^{-1}\right)$$

$$b_{24}=\frac{M_y^{\beta}}{J_y}=\frac{m_y^{\beta}qSL}{J_y}\left(\mathrm{s}^{-2}\right)$$

$$b_{27}'=\frac{M_y^{\alpha}}{J_y}=\frac{m_y^{\alpha}qSL}{J_y}\left(\mathrm{s}^{-2}\right)$$

$$b_{28}'=\frac{J_x}{J_y}\omega_x\left(\mathrm{s}^{-1}\right)$$

$$b_{25}=\frac{M_y^{K_z}}{J_y}=\frac{-\dfrac{2}{\pi}F_c\left(x_P-x_G\right)}{J_y}\left(\mathrm{s}^{-2}\right)$$

$$b_{34}=\frac{P-Z^{\beta}}{mV}=\frac{P-c_z^{\beta}qSL}{mV}\left(\mathrm{s}^{-1}\right)$$

$$b_{35}=\frac{F_z^{K_z}}{mV}=\frac{\frac{2}{\pi}F_c}{mV}\left(\mathrm{s}^{-1}\right)$$

一般对于反坦克导弹，气动系数的特征长度和参考面积常采用弹身长度L和弹身截面积S。

根据弹箭轴对称假设，可以认为$a_{22}=b_{22}$，$a_{24}=b_{24}$，$a_{25}=b_{25}$，$a'_{27}=b'_{27}$，$a'_{28}=b'_{28}$，$a_{34}=b_{34}$，$a_{35}=b_{35}$。

动力系数a_{22}、a_{24}和a_{34}表达式及其物理意义与第 11 章中相同。对于a_{25}和a_{35}，由于输入量已由舵偏角δ_z改为指令系数K_y，所以表达式不同，但其物理意义仍然相同，只是将单位舵偏角产生的法向力Y^{δ_z}和力矩$M_z^{\delta_z}$改为单位指令系数产生的法向力$F_y^{K_y}$和力矩$M_z^{K_y}$而已。

系数a'_{27}表征滚转弹箭的马格努斯力矩特性。对于依靠斜置弹翼取得滚转角速度的右滚弹箭，系数a'_{27}为正。同时，由于马格努斯力很小，所以在建立运动方程时就被忽略了。

系数a'_{28}表征滚转弹箭的陀螺力矩特性，当弹箭右滚时，系数a'_{28}为正。

将方程组(12-4)中的动力系数b_{ij}用对应相等的a_{ij}代入，可得扰动运动方程组

$$\begin{cases}\dfrac{\mathrm{d}^2\Delta\vartheta}{\mathrm{d}t^2}-a_{22}\dfrac{\mathrm{d}\Delta\vartheta}{\mathrm{d}t}-a_{24}\Delta\alpha+a'_{27}\Delta\beta-a'_{28}\dfrac{\mathrm{d}\Delta\psi}{\mathrm{d}t}=a_{25}\Delta K_y\\ \dfrac{\mathrm{d}^2\Delta\psi}{\mathrm{d}t^2}-a_{22}\dfrac{\mathrm{d}\Delta\vartheta}{\mathrm{d}t}-a_{24}\Delta\beta-a'_{27}\Delta\alpha+a'_{28}\dfrac{\mathrm{d}\Delta\vartheta}{\mathrm{d}t}=-a_{25}\Delta K_z\\ \dfrac{\mathrm{d}\Delta\theta}{\mathrm{d}t}-a_{34}\Delta\alpha=a_{35}\Delta K_y\\ \dfrac{\mathrm{d}\Delta\psi_V}{\mathrm{d}t}-a_{34}\Delta\beta=-a_{35}\Delta K_z\\ -\Delta\vartheta+\Delta\theta+\Delta\alpha=0\\ -\Delta\psi+\Delta\psi_V+\Delta\beta=0\end{cases}\tag{12-5}$$

上述方程组中输入量是指令系数增量ΔK_y和ΔK_z，未知变量是运动参数偏量$\Delta\vartheta$、$\Delta\theta$、$\Delta\alpha$、$\Delta\psi$、$\Delta\psi_V$和$\Delta\beta$，共 6 个。方程组是六阶的常系数线性微分方程组，一般只能采用数值计算的方法求解。

为了能够以解析方法求解方程组(12-5)，可以利用复角及复合指令系数的概念。令

$$\begin{cases}A=\psi+\mathrm{i}\vartheta\\ B=\beta+\mathrm{i}\alpha\\ C=\psi_V+\mathrm{i}\theta\\ K=-K_z+\mathrm{i}K_y\end{cases}\tag{12-6}$$

式中，A、B、C和K分别称为“复姿态角”、“复攻角”、“复方向角”及“复合指令系数”，其中$\mathrm{i}=\sqrt{-1}$。于是复角和复合指令系数的增量为

$$\begin{cases}\Delta A=\Delta\psi+\mathrm{i}\Delta\vartheta\\ \Delta B=\Delta\beta+\mathrm{i}\Delta\alpha\\ \Delta C=\Delta\psi_V+\mathrm{i}\Delta\theta\\ \Delta K=-\Delta K_z+\mathrm{i}\Delta K_y\end{cases}\tag{12-7}$$

用虚数单位 $\mathrm{i}=\sqrt{-1}$ 分别去乘方程组(12-5)中第1、3、5式，然后分别与方程组(12-5)中第2、4、6式相加，利用复角偏量和复合指令系数偏量定义式(12-7)，就可把方程组(12-5)改写成下面的简缩形式(为了书写方便，去掉复角和复合指令前的“Δ”)：

$$\begin{cases}\dfrac{\mathrm{d}^2A}{\mathrm{d}t^2}-(a_{22}+\mathrm{i}a'_{28})\dfrac{\mathrm{d}A}{\mathrm{d}t}-(a_{24}-\mathrm{i}a'_{27})B=a_{25}K\\ \dfrac{\mathrm{d}C}{\mathrm{d}t}-a_{34}B=a_{35}K\\ A-B-C=0\end{cases}\tag{12-8}$$

方程组(12-8)是描述滚转弹箭的扰动运动方程组，形式上与采用倾斜稳定非滚转弹箭短周期纵向扰动运动方程组(11-47)和偏航扰动运动方程组(11-200)相似，只是输入量是复合指令系数偏量 K，输出量是复合姿态角偏量 A、复合攻角偏量 B 和复合方向角偏量 C。输入量和输出量都是复数，而其中有些系数也是复数，即考虑了交连影响。方程组由原来的六阶降为三阶，用解析方法求解方程组就很方便。

如果忽略滚转弹箭的纵侧向运动的交连影响，即 $a'_{28}=a'_{27}=0$，不难看出，方程组(12-8)可以分成两组形式上相同，且互相独立的纵向扰动运动方程组和偏航扰动运动方程组，与前面讨论的方程组(11-133)和方程组(11-194)完全相同(不考虑干扰力和干扰力矩及洗流的影响，即 $F_{gy}=F_{gz}=M_{gy}=M_{gz}=0$，$a'_{24}=b'_{24}=0$)。只是由于舵偏角改为指令系数后，方向舵偏角 δ_y 和偏航指令系数 K_z 的符号有正负的差别。

方程组(12-8)的求解方法，可以仿照第11章中的方法进行。

12.3 滚转弹箭弹体的传递函数

采用与前述相同的方法，对方程组(12-8)建立传递函数。方程组(12-8)拉氏变换后的主行列式为

$$\begin{aligned}\Delta(s)&=\begin{vmatrix}s^2-(a_{22}+\mathrm{i}a'_{28})s & -(a_{24}-\mathrm{i}a'_{27}) & 0\\ 0 & -a_{34} & s\\ 1 & -1 & -1\end{vmatrix}\\ &=s^3+(a_{34}-a_{22}-\mathrm{i}a'_{28})s^2+\left[(-a_{24}-a_{34}a_{22})+\mathrm{i}(a'_{27}-a_{34}a'_{28})\right]s\end{aligned}\tag{12-9}$$

对于输入量为 K，输出量分别为 A、B、C 的传递函数

$$W_K^A(s)=\frac{a_{25}s+a_{25}a_{34}-a_{35}a_{24}+\mathrm{i}a_{35}a'_{27}}{s\left[s^2+(a_{34}-a_{22}-\mathrm{i}a'_{28})s+(-a_{24}-a_{34}a_{22})+\mathrm{i}(a'_{27}-a_{34}a'_{28})\right]}\tag{12-10}$$

$$W_K^B(s)=\frac{-a_{35}s+(a_{35}a_{22}+a_{25}+\mathrm{i}a_{35}a'_{28})}{s^2+(a_{34}-a_{22}-\mathrm{i}a'_{28})s+(-a_{24}-a_{34}a_{22})+\mathrm{i}(a'_{27}-a_{34}a'_{28})} \tag{12-11}$$

$$W_K^C(s)=\frac{a_{35}s^2-(a_{35}a_{22}+\mathrm{i}a_{35}a'_{28})s-a_{35}a_{24}+a_{34}a_{25}+\mathrm{i}a_{35}a'_{27}}{s\left[s^2+(a_{34}-a_{22}-\mathrm{i}a'_{28})s+(-a_{24}-a_{34}a_{22})+\mathrm{i}(a'_{27}-a_{34}a'_{28})\right]} \tag{12-12}$$

另外，与机动性有关的运动参数偏量，即复合速度方向角速度$\dot{C}=\dot{\psi}_V+\mathrm{i}\dot{\theta}$和复合法向过载$n=-n_z+\mathrm{i}n_y$的传递函数分别为

$$W_K^{\dot{C}}(s)=sW_K^C(s) \tag{12-13}$$

$$W_K^n(s)=\frac{V}{g}W_K^{\dot{C}}(s) \tag{12-14}$$

复合法向过载相对于复合指令系数K的放大系数

$$K_K^n=\lim_{s\to 0}W_K^n(s)=\frac{V}{g}\frac{a_{34}a_{25}-a_{35}a_{24}+\mathrm{i}a_{35}a'_{27}}{-a_{24}-a_{34}a_{22}+\mathrm{i}(a'_{27}-a_{34}a'_{28})} \tag{12-15}$$

根据放大系数K_K^n，可知当操纵机构给出一个阶跃复合指令时，弹体的响应过渡过程结束后，弹箭的复合法向过载值n：

$$n=K_K^nK \tag{12-16}$$

因为传递函数$W_K^A(s)$、$W_K^B(s)$、$W_K^C(s)$和$W_K^n(s)$的输入量和输出量都是复数，计算比较麻烦。所以，对这些传递函数表达式通过数学推导，直接求出输入量为指令系数偏量K_y或K_z，输出量为运动参数偏量α、β、…的传递函数。

下面以式(12-11)中的弹体复攻角B相对于复合指令系数K的传递函数$W_K^B(s)$为例，求传递函数$W_{K_y}^{\alpha}(s)$、$W_{K_z}^{\beta}(s)$、$W_{K_y}^{\beta}(s)$、$W_{K_z}^{\alpha}(s)$。

由式(12-11)可以写成

$$W_K^B(s)=\frac{M_0(s)+\mathrm{i}M_1(s)}{N_0(s)+\mathrm{i}N_1(s)} \tag{12-17}$$

式中

$$\begin{cases}M_0(s)=-a_{35}s+a_{35}a_{22}+a_{25}\\ M_1(s)=a_{35}a'_{28}\\ N_0(s)=s^2+(a_{34}-a_{22})s-a_{24}-a_{34}a_{22}\\ N_1(s)=-a'_{28}s+a'_{27}-a_{34}a'_{28}\end{cases} \tag{12-18}$$

式中，$M_0(s)$、$M_1(s)$、$N_0(s)$、$N_1(s)$分别为式(12-11)中分子和分母的实部和虚部。

因为

$$W_K^B(s)=\frac{B(s)}{K(s)}=\frac{\beta(s)+\mathrm{i}\alpha(s)}{-K_z(s)+\mathrm{i}K_y(s)}$$

则

$$\beta(s)+\mathrm{i}\alpha(s)=W_K^B(s)\left[-K_z(s)+\mathrm{i}K_y(s)\right]$$

把式(12-17)代入上式，则

$$\left[N_0(s)+\mathrm{i}N_i(s)\right]\left[\beta(s)+\mathrm{i}\alpha(s)\right]=\left[M_0(s)+\mathrm{i}M_1(s)\right]\left[-K_z(s)+\mathrm{i}K_y(s)\right]$$

将上式按实部和虚部分开，则

$$\begin{cases}N_0(s)\beta(s)-N_1(s)\alpha(s)=M_0(s)\left[-K_z(s)\right]-M_1(s)K_y(s)\\N_1(s)\beta(s)+N_0(s)\alpha(s)=M_1(s)\left[-K_z(s)\right]+M_0(s)K_y(s)\end{cases}\tag{12-19}$$

将上式用矩阵表示为

$$\begin{bmatrix}\beta(s)\\\alpha(s)\end{bmatrix}=\begin{bmatrix}N_0(s)&-N_1(s)\\N_1(s)&N_0(s)\end{bmatrix}^{-1}\begin{bmatrix}M_0(s)&-M_1(s)\\M_1(s)&M_0(s)\end{bmatrix}\begin{bmatrix}-K_z(s)\\K_y(s)\end{bmatrix}$$

其逆矩阵为

$$\boldsymbol{A}^{-1}=\begin{bmatrix}\dfrac{A_{11}}{|A|}&\dfrac{A_{21}}{|A|}&\cdots&\dfrac{A_{n1}}{|A|}\\\vdots&\vdots&&\vdots\\\dfrac{A_{1n}}{|A|}&\dfrac{A_{2n}}{|A|}&\cdots&\dfrac{A_{nn}}{|A|}\end{bmatrix}$$

因此

$$\begin{aligned}\begin{bmatrix}\beta\\\alpha\end{bmatrix}&=\frac{1}{N_0^2+N_1^2}\begin{bmatrix}N_0&N_1\\-N_1&N_0\end{bmatrix}^{-1}\begin{bmatrix}M_0&-M_1\\M_1&M_0\end{bmatrix}\begin{bmatrix}-K_z\\K_y\end{bmatrix}\\&=\begin{bmatrix}\dfrac{N_0M_0+N_1M_1}{N_0^2+N_1^2}&\dfrac{-N_0M_1+N_1M_0}{N_0^2+N_1^2}\\\dfrac{-N_1M_0+N_0M_1}{N_0^2+N_1^2}&\dfrac{N_1M_1+N_0M_0}{N_0^2+N_1^2}\end{bmatrix}\begin{bmatrix}-K_z\\K_y\end{bmatrix}\\&=\begin{bmatrix}W_{-K_z}^{\beta}(s)&W_{K_y}^{\beta}(s)\\W_{-K_z}^{\alpha}(s)&W_{K_y}^{\alpha}(s)\end{bmatrix}\begin{bmatrix}-K_z\\K_y\end{bmatrix}\end{aligned}\tag{12-20}$$

即

$$\begin{cases}\beta=W_{-K_z}^{\beta}(s)(-K_z)+W_{K_y}^{\beta}(s)K_y\\\alpha=W_{-K_z}^{\alpha}(s)(-K_z)+W_{K_y}^{\alpha}(s)K_y\end{cases}\tag{12-21}$$

由式(12-20)和式(12-17)可知

$$\begin{cases}W_{-K_z}^{\beta}(s)=W_{K_y}^{\alpha}(s)=\mathrm{Re}W_K^B(s)\\W_{-K_z}^{\alpha}(s)=-W_{K_y}^{\beta}(s)=\mathrm{Im}W_K^B(s)\end{cases}\tag{12-22}$$

即

$$-W_{K_z}^{\beta}(s)=W_{K_y}^{\alpha}(s)=\frac{N_1M_1+N_0M_0}{N_0^2+N_1^2}$$

把式(12-18)代入上式，可得

$$-W_{K_z}^{\beta}(s)=W_{K_y}^{\alpha}(s)$$
$$=\frac{(-a_{28}'s+a_{27}'-a_{34}a_{28}')a_{35}a_{28}'+\left[s^2+(a_{34}-a_{22})s-a_{24}-a_{34}a_{22}\right](-a_{35}s+a_{35}a_{22}+a_{25})}{\left[s^2+(a_{34}-a_{22})s-a_{24}-a_{34}a_{22}\right]^2+\left[-a_{28}'s+a_{27}'-a_{34}a_{28}'\right]^2}$$

(12-23)

$$W_{K_z}^{\alpha}(s)=W_{K_y}^{\beta}(s)=\frac{-N_0M_1+N_1M_0}{N_0^2+N_1^2}$$

把式(12-18)代入上式，可得

$$W_{K_z}^{\alpha}(s)=W_{K_y}^{\beta}(s)$$
$$=\frac{-\left[s^2+(a_{34}-a_{22})s-a_{24}-a_{34}a_{22}\right]a_{35}a_{28}'+(-a_{28}'s+a_{27}'-a_{34}a_{28}')(-a_{35}s+a_{35}a_{22}+a_{25})}{\left[s^2+(a_{34}-a_{22})s-a_{24}-a_{34}a_{22}\right]^2+\left[-a_{28}'s+a_{27}'-a_{34}a_{28}'\right]^2}$$

(12-24)

如果不考虑交连影响，即 $a_{27}'=a_{28}'=0$ ，则式(12-23)为

$$-W_{K_z}^{\beta}(s)=W_{K_y}^{\alpha}(s)=\frac{-a_{35}s+a_{35}a_{22}+a_{25}}{s^2+(a_{34}-a_{22})s-a_{24}-a_{34}a_{22}} \tag{12-25}$$

上式与第 11 章中 $W_{\delta_z}^{\alpha}(s)$ 表达式(11-153)完全相同(略去洗流影响)，而 $W_{K_z}^{\beta}(s)$ 与 $W_{\delta_y}^{\beta}(s)$ 相差一个负号，是由对 K_z 和 δ_y 正负号定义不同所造成的，式(12-24)变为

$$W_{K_y}^{\alpha}(s)=W_{K_y}^{\beta}(s)=0$$

综上所述，由于马格努斯力矩和陀螺力矩的影响，滚转弹箭的纵向运动和侧向运动互相交连。另外，滚转弹箭的制导系统中某些部件也会产生交连影响，例如舵机动作的滞后，就会使周期平均控制力的方向发生变化，造成俯仰控制和偏航控制的交连影响。因此，设计滚转弹箭时，必须研究弹体和制导系统中各部分造成的交连影响及其与弹体参数、弹道参数、制导系统元件、部件参数等的关系，以便采取适当措施，进行解耦，减少交连影响。例如苏联“萨格尔”反坦克导弹采用陀螺预装角，使控制指令提前，以解除导弹运动和制导系统产生的交连。

12.4　滚转弹箭弹体的动态稳定性

12.4.1　动态稳定性条件

分析滚转弹箭弹体的动态稳定性，需要分析滚转弹箭的自由扰动运动，只要求解式(12-8)的特征方程式(12-9)，就可以判别其稳定性。

若分析复合攻角偏量 B 在自由扰动运动中的变化情况，则特征方程式为

$$\Delta(\lambda)=\lambda^2+(a_{34}-a_{22}-\mathrm{i}a_{28}')\lambda+(-a_{24}-a_{34}a_{22})+\mathrm{i}(a_{27}'-a_{34}a_{28}')=0 \tag{12-26}$$

由上式可以解出两个特征根 λ_1 及 λ_2

$$\lambda_{1,2}=\frac{-\left(a_{34}-a_{22}-\mathrm{i}a_{28}'\right)}{2}\pm\frac{1}{2}\sqrt{\left(a_{34}-a_{22}-\mathrm{i}a_{28}'\right)^2-4\left[\left(-a_{24}-a_{34}a_{22}\right)+\mathrm{i}\left(a_{27}'-a_{34}a_{28}'\right)\right]} \tag{12-27}$$

复合攻角偏量 B 随时间的变化式为

$$B=D_1\mathrm{e}^{\lambda_1 t}+D_2\mathrm{e}^{\lambda_2 t}$$

式中，D_1 和 D_2 是由初始条件决定的常数。

由特征根 λ_1、λ_2 的性质决定自由扰动运动是否稳定。若 λ_1 及 λ_2 的实部都是负数，那么运动就是稳定的；若它们的实部有一个正数，运动就是不稳定的。下面研究在怎样的条件下，这种动态不稳定性就要发生。为此，必须把式(12-27)中第二项的根式展成一般的复数。令式(12-27)中第二项根式为

$$\sqrt{P+\mathrm{i}Q}$$

式中

$$P=\left(a_{22}+a_{34}\right)^2-{a_{28}'}^2+4a_{24} \tag{12-28}$$

$$Q=2\left(a_{34}+a_{22}\right)a_{28}'-4a_{27}' \tag{12-29}$$

此外，令 $R=\sqrt{P^2+Q^2}$

$$\varphi=\arctan\frac{Q}{P}$$

于是，可得

$$\sqrt{P+\mathrm{i}Q}=\sqrt{R\mathrm{e}^{\mathrm{i}\varphi}}=\sqrt{R}\mathrm{e}^{\mathrm{i}\varphi/2} \tag{12-30}$$

由欧拉公式及三角公式可知

$$\mathrm{e}^{\mathrm{i}\varphi/2}=\cos\frac{\varphi}{2}+\mathrm{i}\sin\frac{\varphi}{2}=\pm\sqrt{\frac{1+\cos\varphi}{2}}\pm\mathrm{i}\sqrt{\frac{1-\cos\varphi}{2}}=\pm\sqrt{\frac{R+P}{2R}}\pm\mathrm{i}\sqrt{\frac{R-P}{2R}} \tag{12-31}$$

现在讨论式(12-31)中正负号的搭配关系。可以从 $\left(P+\mathrm{i}Q\right)$ 同 $\sqrt{P+\mathrm{i}Q}$ 作为矢量的相位角关系中得出，如图 12-1(a)、(b)所示。

1. 第 1 种情况

即当 $Q>0$ 时，如图 12-1(a)所示，这时矢量 $P+\mathrm{i}Q=R\mathrm{e}^{\mathrm{i}\varphi}$ 必然位于第一象限(若 $P>0$)或第二象限(若 $P<0$)，于是 $0<\varphi<\pi$。所以，矢量 $+\sqrt{P+\mathrm{i}Q}=+\sqrt{R}\mathrm{e}^{\mathrm{i}\varphi/2}$ 必然位于第一象限，即 $0<\dfrac{\varphi}{2}<\dfrac{\pi}{2}$，因此，由式(12-30)及式(12-31)应有

$$+\sqrt{P+\mathrm{i}Q}=+\sqrt{\frac{R+P}{2}}+\mathrm{i}\sqrt{\frac{R-P}{2}}$$

代入式(12-27)，可得

$$\lambda_{1,2}=\frac{a_{22}-a_{34}}{2}\pm\frac{1}{2}\sqrt{\frac{R+P}{2}}+\mathrm{i}\left(\frac{a_{28}'}{2}\pm\frac{1}{2}\sqrt{\frac{R-P}{2}}\right) \tag{12-32}$$

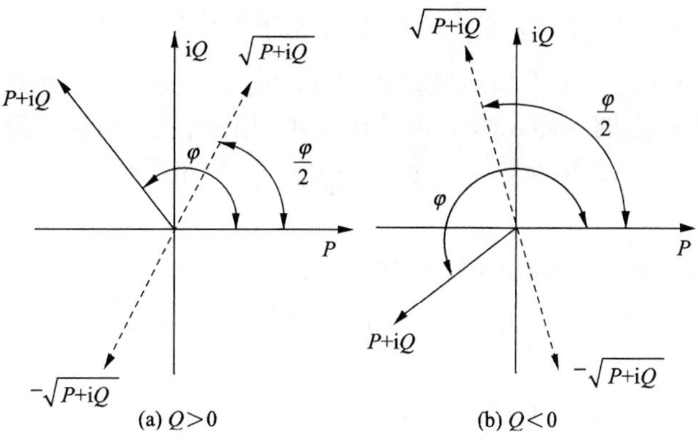

图 12-1　矢量 $\sqrt{P+\mathrm{i}Q}$ 的相位角

2. 第 2 种情况

即当 $Q<0$ 时，见图 12-1(b)。这时矢量 $(P+\mathrm{i}Q)=R\mathrm{e}^{\mathrm{i}\varphi}$ 必然位于第三象限($P<0$)或第四象限($P>0$)，于是 $\pi<\varphi<2\pi$。所以，矢量 $+\sqrt{P+\mathrm{i}Q}=+\sqrt{R}\mathrm{e}^{\mathrm{i}\varphi/2}$ 必然位于第二象限，即 $\pi/2<\varphi/2<\pi$；因此，由式(12-30)及式(12-31)应有

$$+\sqrt{P+\mathrm{i}Q}=-\sqrt{\frac{R+P}{2}}+\mathrm{i}\sqrt{\frac{R-P}{2}}$$

代入式(12-27)，可得

$$\lambda_{1,2}=\frac{a_{22}-a_{34}}{2}\mp\frac{1}{2}\sqrt{\frac{R+P}{2}}+\mathrm{i}\left(\frac{a'_{28}}{2}\pm\frac{1}{2}\sqrt{\frac{R-P}{2}}\right) \tag{12-33}$$

对于无尾式布局的弹箭，具有差动安装角的弹翼总是位于弹箭质心的后面，这时马格努斯力矩方向将使动力系数 $a'_{27}>0$，有可能 $Q<0$，即相当于上述第二种情况。

动态稳定性的条件是 λ_1 和 λ_2 的实部皆为负数，而 $(a_{22}-a_{34})/2<0$，于是，由式(12-32)及式(12-33)知道，动态稳定性条件应为

$$\frac{a_{22}-a_{34}}{2}+\frac{1}{2}\sqrt{\frac{R+P}{2}}<0 \tag{12-34}$$

上式经过整理以后可以写成

$$(a_{34}-a_{22})^4-(a_{34}-a_{22})^2P-\frac{Q^2}{4}>0 \tag{12-35}$$

再将 P 和 Q 的表达式(12-28)和式(12-29)代入上式，经整理，可得到

$$-4(a_{24}+a_{22}a_{34})+a'^2_{28}-\left[\frac{2a'_{27}-(a_{22}+a_{34})a'_{28}}{a_{34}-a_{22}}\right]^2>0 \tag{12-36}$$

式(12-36)为滚转弹箭弹体满足动态稳定性的条件式。

由上式可以看出：如果滚转弹箭是静不稳定的(即 $a_{24}>0$)，则弹体运动是动不稳定

的。因为一般情况下，$|a_{24}|>|a_{22}a_{34}|$，而a'_{28}项由于低速滚转数值也不大，因此不能满足不等式(12-36)的条件。但对于静不稳定的炮弹，由于高速滚转，可以得到动态稳定性。即使滚转弹箭是静稳定的，即$a_{24}<0$，但在滚转的情况下，也有可能成为动态不稳定。

进一步分析式(12-36)中各动力系数对动态稳定性的影响，以及怎样才能保证弹体的动态稳定性。

对于没有角自动稳定系统的滚转弹箭，飞行时的角(指α、$\dot{\vartheta}$、$\dot{\theta}$、…)稳定性，完全依靠弹体的动态稳定性来实现，这时，保证弹体的动态稳定性就显得更加重要。由式(12-36)可知：

(1)静稳定性越大，即$|a_{24}|$越大($a_{24}<0$)，对于保证动态稳定性越有利。一般$|a_{24}|$比条件式中其他系数大得多，在式中起主要作用。

(2)法向力系数($a_{34}>0$)越大，则对动态稳定性越有利。

(3)马格努斯力矩系数($a'_{27}>0$)越大，则对动态稳定性的不利影响越大。

(4)气动阻尼系数$|a_{22}|$越大($a_{22}<0$)，则对动态稳定性越有利。若$|a_{22}|$增加，对于满足条件式(12-36)而言，在第一项中是有利的，在第三项的分母中也是有利的，在第三项的分子中则是不利的。然而a_{22}在分母中的影响大于在分子中的影响，因此，气动阻尼的增加，对动态稳定性是有利的。

(5)陀螺力矩系数($a'_{28}>0$)对动态稳定性的影响，由式(12-36)可知，在第二项中是有利的，在第三项中要根据$a_{22}+a_{34}$的正负来决定其是否有利。由于a'_{28}与a_{24}值相比很小，所以陀螺力矩对动态稳定性的影响很小。

12.4.2 动态稳定区和转速范围的确定

1. 滚转弹箭的动态稳定区

对式(12-36)进行变换。根据不滚转弹箭的固有频率公式

$$\omega_c=\sqrt{-\left(a_{24}+a_{22}a_{34}\right)}$$

当弹箭是依靠斜置弹翼来获得并维持其滚转角速度ω_x时，系数m_y^{α}和m_z^{β}近似是ω_x的线性函数，即可近似认为$\partial m_z^{\beta}/\partial\omega_x=m_x^{\beta\omega_x}$是一个常数，故动力系数$a'_{27}$可改写为

$$a'_{27}=\frac{-m_z^{\beta\omega_x}\omega_x qSL}{J_z}\tag{12-37}$$

把ω_c、a'_{27}和a'_{28}的表达式代入式(12-36)，并经整理可得

$$\omega_c-\sqrt{\left[\frac{-m_z^{\beta\omega_x}qSL}{(a_{34}-a_{22})J_z}-\frac{1}{2}\left(\frac{a_{34}+a_{22}}{a_{34}-a_{22}}\right)\frac{J_x}{J_z}\right]^2-\left(\frac{1}{2}\frac{J_x}{J_z}\right)^2}\,\omega_x>0\tag{12-38}$$

若令

$$\sqrt{\left[\frac{-m_z^{\beta\omega_x}qSL}{(a_{34}-a_{22})J_z}-\frac{1}{2}\left(\frac{a_{34}+a_{22}}{a_{34}-a_{22}}\right)\frac{J_x}{J_z}\right]^2-\left(\frac{1}{2}\frac{J_x}{J_z}\right)^2}=C\tag{12-39}$$

式中，C 为稳定边界常数。则式(12-38)可写为

$$\omega_c - C\omega_x > 0 \tag{12-40}$$

假若有关的结构参数已定，则可以认为ω_c是一个常数，于是动态稳定条件式(12-40)是一个线性不等式。利用这个式子可以画出如图 12-2 所示的动态稳定区域，凡是位于动态稳定区中的任何一点(ω_c,ω_x)，都能使弹体具有动态稳定性。如果有关的结构参数改变，则只需要改变图 12-2 中稳定区域边界线的斜率即可。

由式(12-40)和图 12-2 可知，滚转角速度ω_x大于一定值时，有可能产生动不稳定，所以转速不能设计得太高，也就是不能超过稳定边界线所对应的极限转速n_L，其原因如下所述。

一般情况下，低速滚转弹箭的马格努斯力矩只有静稳定力矩的 10%～20%。由动态稳定性条件式(12-36)可知，当马格努斯力矩不大时，主要是$-a_{24}-a_{22}a_{34}$起保证稳定条件的作用，这时交连影响引起的附加运动不会引起弹箭运动不稳定。当转速超过极限值时，马格努斯力矩很大，其作用超过静稳定力矩的作用，这时交连的影响引起的附加运动就会使弹箭运动不稳定。

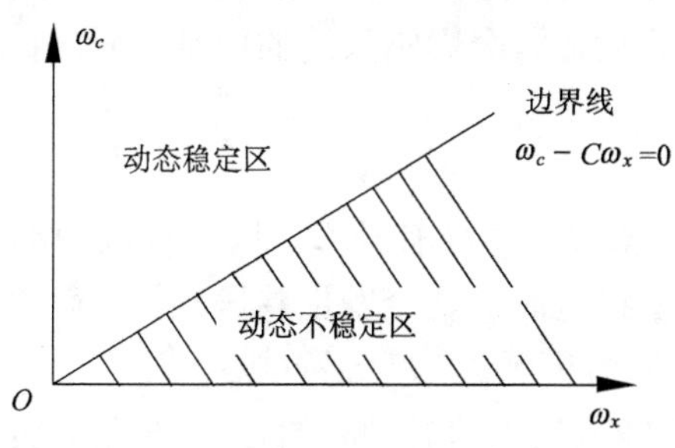

图 12-2　滚转弹体的动态稳定区

2. 滚转弹箭转速范围的确定

1)转速的上限

(1)不能超过稳定边界线所对应的极限转速，以防止过大的马格努斯力矩所引起的动态不稳定。

(2)舵机快速作用与延迟的限制。因为滚转弹箭控制信号周期与弹箭绕纵轴的滚转周期是严格同步的，在一个滚转周期内操纵机构要换向四次或两次。如果转速太大，操纵机构来不及换向，就会造成舵机不能很好地执行控制指令，而使弹箭控制性能变坏。另外由于舵机存在磁隙与机械空回量，舵机在接受动作指令后不能立即运动，而要延迟一段时间。这种延迟是舵机的固有特性，图 12-3 是某滚转反坦克导弹舵机的延迟特性，图中t_1为舵机延迟时间，T为指令宽度。当$t_1 = 7\text{ms}$时，若$\omega_{x_1} = 10\text{r/s}$，$t_1$所对应的滚转角度为$\varPhi = 2\pi\omega_{x_1}t_1 = 25.2°$。

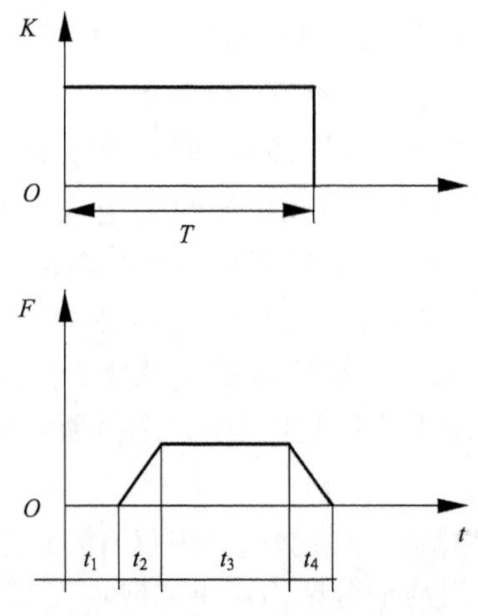

图 12-3　舵机延迟对控制力的影响

此时，若控制系统给出一个小指令，例如指令系数 $K=0.14$ 时，对应的指令长度恰好是舵机延迟时间，则此指令被舵机延迟所吞没，舵机没有反应。如果弹箭转速再高些，则舵机没有反应的指令还要大，将会影响系统的控制品质。由于舵机的延迟，还要使控制力产生相位滞后。

2) 转速的下限

(1) 弹箭转速必须大大超过弹体固有频率。因为控制力频率与弹体滚转频率是相同的，当转速与弹体固有频率接近时，就会发生共振。如"萨格尔"反坦克导弹，常温设计转速为 8～9r/s，而弹体固有频率 f_c 为 1～2.5Hz。

(2) 弹箭转速必须大于输入误差信息频率的 2～2.5 倍。为了保证必要的导引，要求弹箭的控制采样频率能足够精确地复现输入的误差信息，采样频率应大于误差信息频率的 2～2.5 倍，脉冲调宽式控制的脉冲频率，决定了制导系统的采样频率。对滚转弹箭，控制指令的频率就是弹箭的转速，采样频率与弹箭转速也是一致的。如某反坦克导弹，其误差信息频率是 2Hz，因此要求采样频率大于 5Hz。

(3) 在确定弹箭转速的下限时，还应考虑最大转速的限制。特别是低温时转速若较高，高温时转速会更高，如某滚转反坦克导弹低温时转速为 7r/s，高温时就可能达到 11r/s。

综合考虑上述因素，某滚转反坦克导弹转速范围为

$$6\text{r/s} \leqslant n \leqslant 10\text{r/s}$$

除此之外，飞行中要求转速变化不要太剧烈，因为转速变化太快，则要求基准脉冲信号变化快，会使控制过程发生混乱。

3. 滚转弹箭的静稳定性

如前所述，弹体固有频率不能与转速接近，一般应比转速小许多。但不能太小，因固有频率 ω_c 小，也就是要求 m_z^α 小，对于没有自动稳定装置的低速滚转弹箭，静稳定度是保证动态稳定的必要条件，如"萨格尔"反坦克导弹静稳定度在 10%～25%。同时，ω_c 越大，弹体对控制指令的响应越迅速，过渡过程时间越短。但静稳定度大，会使机动性

降低，因此需要综合考虑。

下面以某滚转反坦克导弹为例，对预加指令弹道作动态稳定区域图。

1) 特征点选择和动力系数计算

根据选择特征点的原则和计算作图的需要选择特征点，并计算动力系数 a_{22}、a_{24}、a_{25}、a_{34}、a_{35}、a'_{27} 和 a'_{28}。计算结果列于表 12-1。为了清楚地看出动力系数的变化规律，把动力系数 $a_{ij}(t)$ 绘于图 12-4～图 12-6。

表 12-1　某滚转反坦克导弹弹体动力系数

时间 t/s	$-a_{22}$ / s^{-1}	$-a_{24}$ / s^{-2}	$-a_{25}$ / s^{-2}	a_{34} / s^{-1}	a_{35} / s^{-1}	a'_{27} / s^{-2}	a'_{28} / s^{-1}
0.5	1.0446	46.971	—	1.6995	—	11.783	4.7493
0.65	1.0657	56.747	15.186	1.1635	0.01823	11.599	4.4545
1.0	1.0785	52.777	15.228	1.1759	0.01818	10.998	4.2721
3.0	1.1300	82.568	15.468	1.2953	0.01830	11.129	4.2103
5.0	1.1761	91.727	15.704	1.3302	0.01852	11.447	4.2389
10.0	1.2937	115.91	16.288	1.4276	0.01924	12.301	4.3143
12.0	1.3415	126.78	16.508	1.4764	0.01935	12.863	4.3640
15.0	1.4158	148.17	16.844	1.5786	0.01970	13.581	4.4544
20.0	1.5593	183.88	17.355	1.7581	0.02017	15.191	4.6166
23.0	1.6540	208.39	17.645	1.8887	0.02044	16.382	4.7345
26.0	1.7498	234.02	17.910	2.0417	0.02076	17.694	4.8579

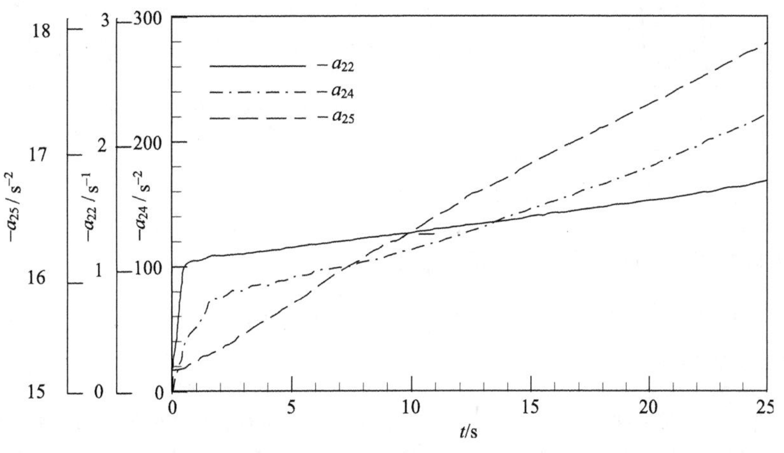

图 12-4　动力系数 $-a_{22}$、$-a_{24}$、$-a_{25}$

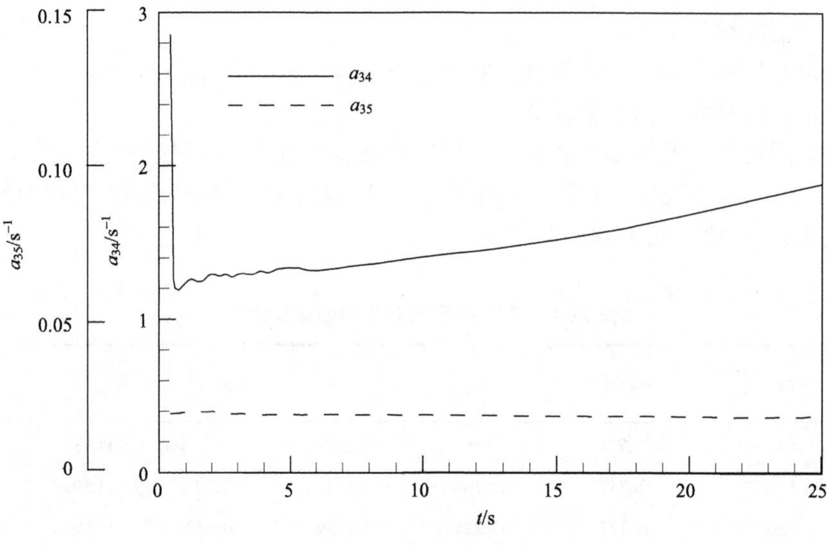

图 12-5　动力系数 a_{34}、a_{35}

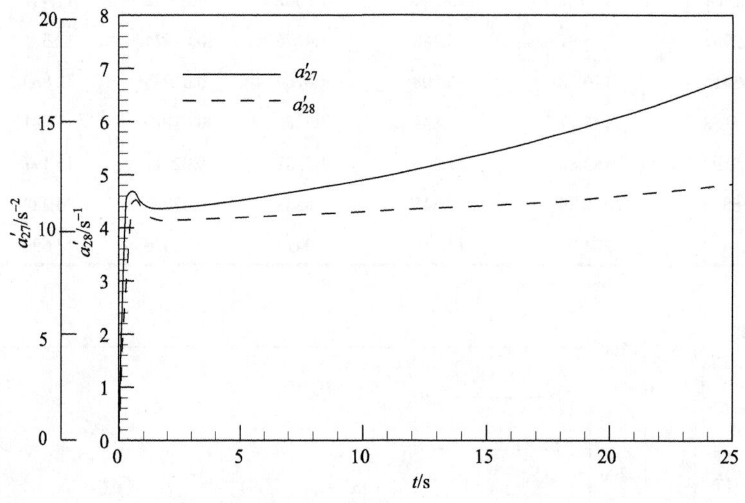

图 12-6　动力系数 a'_{27}、a'_{28}

2）滚转弹箭固有频率 ω_c 和稳定边界常数 C 计算

根据不滚转弹箭的固有频率公式 $\omega_c=\sqrt{-(a_{24}+a_{22}a_{34})}$ 和式(12-39)计算 ω_c 和 C。计算结果见表 12-2 和图 12-7。

表 12-2　某滚转反坦克导弹固有频率、稳定边界常数、极限转速和设计转速

时间	弹体固有频率		稳定边界常数	极限转速	设计转速
t / s	ω_c / (rad / s)	f_c / Hz	C	n_L / (r/s)	n / (r/s)
0.5	6.9819	1.1112	0.05486	20.213	8.334
0.65	6.9273	1.1025	0.09106	12.096	7.987
1.0	7.2985	1.1616	0.09072	—	7.513

续表

时间	弹体固有频率		稳定边界常数	极限转速	设计转速
t / s	ω_c / (rad / s)	f_c / Hz	C	n_L / (r/s)	n / (r/s)
3.0	9.1669	1.4589	0.08379	—	7.437
5.0	9.6588	1.5273	0.08249	19.099	7.521
10.0	10.8516	1.7271	0.07917	20.929	7.743
12.0	11.3473	1.8060	0.7767	—	7.846
15.0	12.2640	1.9519	0.07498	—	8.090
20.0	13.6609	2.1742	0.07112	26.34	8.490
23.0	14.5435	2.3147	0.06872	37.163	8.774
26.0	15.4140	2.4532	0.06601	—	9.075

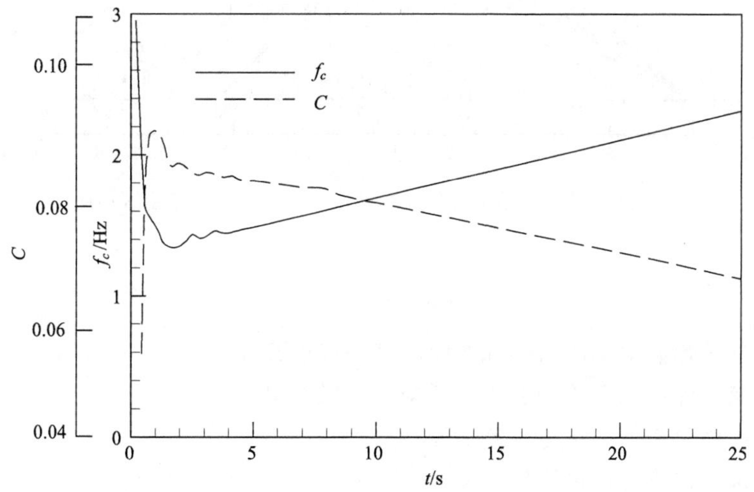

图 12-7　弹箭固有频率 f_c 和动态稳定边界常数 C

3) 动态稳定区域作图

采用横坐标为 ω_{x_1}，纵坐标为 ω_c 和 f_c，作出不同飞行时刻 t 的稳定区。由于不同飞行时刻 C 是不同的，因此，稳定区也是不同的，见图 12-8。

4) 分析

从图 12-4 可以看出，该滚转反坦克导弹具有一定的静稳定性。随着飞行时间的增加，由于弹箭质心不断前移、续航速度的增加和转动惯量 J_z 的下降，$|a_{24}|$ 不断增加，动态稳定性也越来越好。由图 12-8 可知，在起飞段结束以后 ($t \approx 0.65$s)，动态稳定区随着飞行时间的增加而增加。

弹箭在不同的飞行时刻，由于 C 和 ω_c 值不同，其极限转速 n_L 是不同的。在图 12-8 中，根据不同的飞行时间的 ω_c 值，作平行于横坐标的虚线，与该飞行时间的边界线交于"•"，然后，通过此点作平行纵坐标的直线，与横坐标的交点，即为该飞行时间的极限转速 n_L。图中"×"的位置表示弹箭在该飞行时刻的固有频率和设计转速 n 的大小，这是由弹道计算得到的。不同飞行时刻的极限转速 n_L 和设计转速 n 的比较见表 12-2。因此，为了保证弹体动态稳定性，设计转速 n 一定要小于极限转速 n_L 。

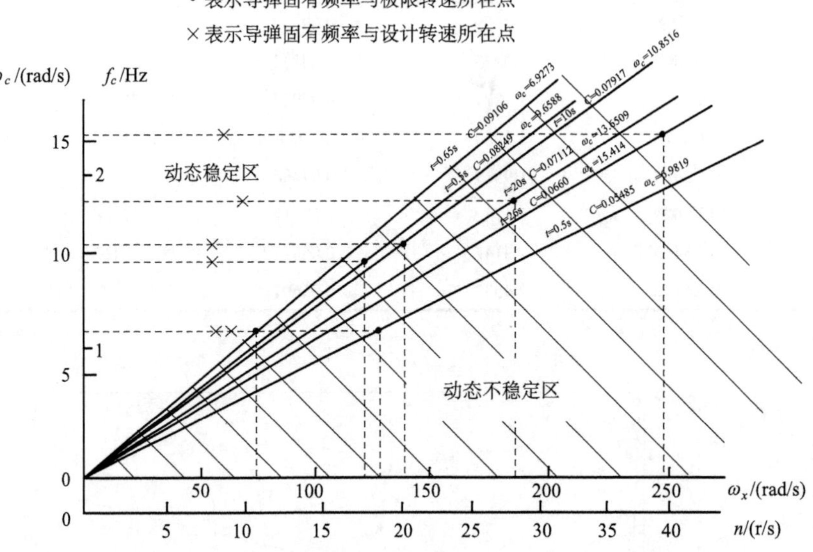

图 12-8　某滚转反坦克导弹预加指令弹道的动态稳定区域图

思　考　题

1. 研究滚转弹箭扰动运动方程组时有哪些假设条件?
2. 试述滚转弹箭纵向运动和侧向运动的交联及影响。
3. 试述滚转弹箭动态稳定性的条件。
4. 试述滚转弹箭动态稳区的含义。
5. 试述滚转弹箭转速范围的确定方法。
6. 试述滚转弹箭的静稳定性。

第 13 章　有控弹箭飞行力学发展趋势

13.1　有控弹箭气动设计的发展

目前有控弹箭发展的总体趋势是大射程、高机动、高精度、高威力。不同类型有控弹箭其发展趋势侧重点不同。制导型炮弹、制导型火箭、制导型航弹主要是攻击固定的或者慢速的点目标，在追求大射程的同时，还应保证毁伤面目标所需的精度和威力。近程反坦克导弹要在近距离内攻击有一定机动能力的坦克、装甲车辆，要求弹箭具有很高的精度和机动飞行能力。

当前有控弹箭气动设计的发展中，典型的关键技术问题包括：

(1) 弹道高对飞行稳定性、舵面操纵能力的影响。远程制导火箭、远程制导炮弹等为了提高射程常采用大射角发射，弹道高达 30 km 以上。弹道高对飞行的稳定性和舵面的操纵效率有重要影响，需深入研究。

(2) 高升阻比气动布局问题。滑翔增程是无动力制导航弹最有效的增程方式。升阻比越大，滑翔增程效果越好。为了提高升阻比，就需降低零升阻力，提高升力，从而出现了大展弦比上弹翼、大展弦比下弹翼、大展弦比双层翼、钻石背形弹翼布局。应对这些高升阻比气动布局的气动特性进行深入研究。

(3) 远程旋转弹箭的锥形运动问题。采用旋转飞行方式的弹箭，在面外力和面外力矩的作用下，弹体纵轴将绕飞行速度方向旋转，即以一定锥角做锥形运动。如果锥角过大，将使阻力大大增加，速度损失过大，难以达到远射程，这是影响旋转弹箭增程的关键问题。

(4) 高速远程大长径比弹箭的气动弹性问题。高速远程大长径比弹箭在发动机工作结束后，中后部弹体为一薄壁结构，刚度较低。如果动压较大，弹体将发生弹性弯曲变形，导致尾翼的攻角减小，头部的攻角增大，弹箭的稳定性降低。另外，由于尾翼片厚度小、刚度低，很容易发生颤振。这也是高速远程弹箭研制中需引起重视和解决的一个关键问题。

(5) 多片翼布局问题。对于正常式布局的近程反坦克导弹，为了增加法向过载，提高机动性，往往采用多片弹翼布局。关于多片弹翼的增升效果，对尾舵控制效率的影响，弹翼片数选择等问题都需进行深入系统的研究。为了提高高速远程火箭飞行稳定性，需要采用多片尾翼布局，初步研究表明，对于超声速飞行的火箭弹，6 片尾翼的稳定效果最好。翼片数目增加时，阻力也随之增大。当翼片数目增多到一定程度时，零升阻力增大的比例大于升力和法向力增大的比例，从而导致升阻比下降，所以在选择翼片数目时要仔细权衡和折中。

(6) 鸭舵滚转控制问题。制导火箭、制导炮弹多采用鸭式布局，鸭舵难以进行滚转控制已是熟知的问题。解决的途径有两个：一是采用低速旋转飞行方式，鸭舵只进行俯仰和偏航控制，不进行滚转控制。但是对于以攻击面目标为主的远程弹箭，一般采用惯导(INS)与全球定位(GPS)的组合导航，对转速范围有一定的限制，速度跨度很大的制导兵器，控制转速范围很困难。解决鸭舵滚转控制问题的另一个措施是采用自旋尾翼段。尾翼段自旋后只承受法向力和俯仰力矩，而不能承受滚转力矩，这样可以有效地消除或减小鸭舵副翼偏转进行滚转控制时所产生的诱导反向滚转、耦合面外力、耦合面外力矩及弹体滚转角对面外力和面外力矩的影响。

(7) 飞行中可变布局的气动问题。制导炮弹的气动外形在飞行过程中往往是变化的，在最大弹道高之前，为了减阻和保证飞行稳定，鸭舵折插在弹体内，此时的外形为弹身-尾翼组合体。在弹道顶点之后，鸭舵张开以进行滑翔增程和捕获、跟踪、攻击目标。飞行中外形的变化将引起稳定性等气动特性的变化。要认真研究无控飞行时稳定性的选择，有控飞行时稳定性与操纵性、舵偏角和平衡攻角的匹配和优化。

13.2 导引飞行的发展

本书前面章节介绍了自动瞄准和遥控制导在内的常见导引方法及弹道特性。弹箭的弹道特性与选用的导引方法密切相关。若导引方法选择得合适，则能改善弹箭的飞行特性，充分发挥弹箭武器系统的作战性能。因此，选择合适的导引方法，改进与完善现有导引方法或研究新的导引方法在弹箭设计发展中具有重要意义。

13.2.1 选择导引方法的基本原则

一般而言，在选择导引方法时，需要从弹箭的飞行性能、作战空域、技术实施、制导精度、制导设备、战术使用等方面的要求进行综合考虑。

(1) 弹道需用法向过载要小，变化要均匀，特别是在与目标相遇区，需用法向过载应趋近于零。需用法向过载小，一方面可以提高制导精度、缩短弹箭攻击目标的航程和飞行时间，进而扩大弹箭的作战空域；另一方面，可用法向过载可以相应减小，从而降低对弹箭结构强度、控制系统的设计要求。

(2) 作战空域尽可能大。空中活动目标的飞行高度和速度可在相当大的范围内变化，因此，在选择导引方法时，应考虑目标运动参数的可能变化范围，尽量使弹箭能在较大的作战空域内攻击目标。对于空-空导弹来说，所选导引方法应使弹箭具有全向攻击能力；对于地-空导弹来说，不仅能迎击目标，而且还能尾追或侧击目标。

(3) 目标机动对弹箭弹道(特别是末段)的影响要小。例如，半前置量法的命中点法向过载就不受目标机动的影响，这将有利于提高弹箭的命中精度。

(4) 抗干扰能力要强。空中目标为了逃避弹箭的攻击，常常施放干扰来破坏弹箭对目标的跟踪，因此，所选导引方法应能保证在目标施放干扰的情况下，使弹箭能顺利攻击目标。例如，(半)前置量法抗干扰性能就不如三点法好，当目标发出积极干扰时应转而选用三点法来制导。

(5) 技术实施要简单可行。导引方法即使再理想，但一时不能实施，还是无用。从这个意义上说，比例导引法就比平行接近法好。遥控中的三点法，技术实施比较容易，而且可靠。

总之，各种导引方法都有优缺点，只有根据武器系统的主要矛盾，综合考虑各种因素，灵活机动地予以取舍，才能克敌制胜。例如，现在采用较多的方法就是根据弹箭特点实行复合制导。

13.2.2　复合制导

每一种导引律都有自己独特的优点和缺点，如遥远控制的无线电指令制导和无线电波束制导，作用距离较远，但制导精度较差；自动瞄准，无论采用红外导引头，还是雷达导引头或电视导引头，其作用距离太近，但命中精度较高。因此，为了弥补单一导引方法的缺点，并满足战术技术要求，提高弹箭的命中准确度，在攻击较远距离的活动目标时，常把各种导引规律组合起来应用，这就是多种导引规律的复合制导。复合制导又分为串联复合制导和并联复合制导。

所谓串联复合制导就是在一段弹道上利用一种导引方法，而在另一段弹道上利用另一种导引方法，包括初制导、中制导和末制导。相应的弹道可分为 4 段：发射起飞段，巡航段(中制导)，过渡段和攻击段(末制导段)。例如，遥控中制导+自动瞄准末制导，自主中制导+自动瞄准末制导等。

并联复合制导一般指导引头的复合，即同时采用两种导引头的信号进行处理，从而获得目标信息。

到目前为止，应用最多的是串联复合制导，例如，“萨姆-4”采用“无线电指令+雷达半主动自动瞄准”；“飞鱼”采用“自主制导+雷达主动自动瞄准”。关于复合制导的弹道特性研究，主要是不同导引弹道的转接问题，如弹道平滑过渡、目标截获、制导误差补偿等。

13.2.3　现代制导律

本书前述章节中介绍的导引方法都是经典制导律。一般而言，经典制导律需要的信息量少，结构简单，易于实现，因此，现役的战术弹箭大多数使用经典的导引律或其改进形式。但是对于高性能的大机动目标，尤其在目标采用各种干扰措施的情况下，经典的导引律就不太适用了。随着计算机技术的迅速发展，基于现代控制理论的现代制导律(如最优制导律、微分对策制导律、自适应制导律、微分几何制导律、反馈线性化制导律、神经网络制导律、H_∞ 制导律等)得到迅速发展。与经典导引律相比，现代制导律有许多优点，如脱靶量小，弹箭命中目标时姿态角满足特定要求，对抗目标机动和干扰能力强，弹道平直，弹道需用法向过载分布合理，作战空域增大等。因此，用现代制导律制导的弹箭截击未来战场上出现的高速度、大机动、有释放干扰能力的目标是非常有效的。但是，现代制导律结构复杂，需要测量的参数较多，给制导律的实现带来了困难。不过，随着微型计算机的不断发展，现代制导律的应用是可以实现的。

13.3　最优制导律的发展

13.3.1　弹箭运动状态方程

现代制导律有多种形式，其中研究最多的就是最优制导律。最优制导律的优点是它可以考虑弹箭-目标的动力学问题，并可考虑起点或终点的约束条件或其他约束条件，根据给出的性能指标(泛函)寻求最优制导律。根据具体性能指标要求可以有不同的形式，战术弹箭考虑的性能指标主要是弹箭在飞行中总的法向过载最小、终端脱靶量最小、控制能量最小、拦截时间最短、弹箭-目标的交会角满足要求等。但是，因为弹箭的制导律是一个变参数并受到随机干扰的非线性问题，求解非常困难，所以，通常只好把弹箭拦截目标的过程作线性化处理，这样可以获得近似最优解，在工程上也易于实现，并且在性能上接近于最优制导律。下面介绍二次型线性最优制导律。

视弹箭、目标为质点，它们在同一个固定平面内运动(图 13-1)。在此平面内任选固定坐标系Oxy，弹箭速度矢量V与Oy轴的夹角为σ，目标速度矢量V_T与Oy轴的夹角为σ_T，弹箭与目标的连线$\overline{MT}$与Oy轴的夹角为q。设σ、σ_T和q都比较小，并且假定弹箭和目标都做等速飞行，即V、V_T是常值。

设弹箭与目标在Ox轴、Oy轴方向上的距离偏差分别为

$$\begin{cases}x = x_T - x_M \\ y = y_T - y_M\end{cases} \tag{13-1}$$

式(13-1)对时间t求导，并根据弹箭相对目标运动关系得

$$\begin{cases}\dot{x} = \dot{x}_T - \dot{x}_M = V_T \sin\sigma_T - V\sin\sigma \\ \dot{y} = \dot{y}_T - \dot{y}_M = V_T\cos\sigma_T - V\cos\sigma\end{cases} \tag{13-2}$$

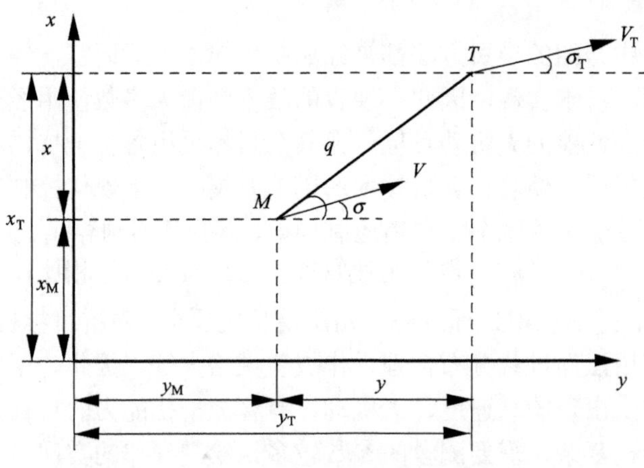

图 13-1　弹箭与目标运动关系图

由于σ、σ_T很小，因此$\sin\sigma\approx\sigma$，$\sin\sigma_T\approx\sigma_T$，$\cos\sigma\approx1$，$\cos\sigma_T\approx1$，于是

$$\begin{cases}\dot{x}=V_{\mathrm{T}}\sigma_{\mathrm{T}}-V\sigma\\ \dot{y}=V_{\mathrm{T}}-V\end{cases} \tag{13-3}$$

以 x_1 表示 x，x_2 表示 $\dot{x}$（即 $\dot{x}_1$），则

$$\begin{cases}\dot{x}_1=x_2\\ \dot{x}_2=\ddot{x}=V_{\mathrm{T}}\dot{\sigma}_{\mathrm{T}}-V\dot{\sigma}\end{cases} \tag{13-4}$$

式中，$V_{\mathrm{T}}\dot{\sigma}_{\mathrm{T}}$、$V\dot{\sigma}$ 分别为目标、弹箭的法向加速度，以 a_{T}、a 表示，则

$$\dot{x}_2=a_{\mathrm{T}}-a \tag{13-5}$$

弹箭的法向加速度 a 为一控制量，一般作为控制信号加给舵机，舵面偏转后产生攻角 α，而后产生法向过载。如果忽略舵机的惯性及弹体的惯性，设控制量的量纲与加速度的量纲相同，则可用控制量 u 来表示 $-a$，即令 $u=-a$，于是式(13-5)变成

$$\dot{x}_2=u+a_{\mathrm{T}} \tag{13-6}$$

可得弹箭运动的状态方程为

$$\begin{cases}\dot{x}_1=x_2\\ \dot{x}_2=u+a_{\mathrm{T}}\end{cases} \tag{13-7}$$

假设目标不机动，则 $a_{\mathrm{T}}=0$，弹箭运动状态方程可简化为

$$\begin{cases}\dot{x}_1=x_2\\ \dot{x}_2=u\end{cases} \tag{13-8}$$

可用矩阵简明地表示为

$$\begin{bmatrix}\dot{x}_1\\ \dot{x}_2\end{bmatrix}=\begin{bmatrix}0 & 1\\ 0 & 0\end{bmatrix}\begin{bmatrix}x_1\\ x_2\end{bmatrix}+\begin{bmatrix}0\\ 1\end{bmatrix}u \tag{13-9}$$

令

$$\boldsymbol{x}=\begin{bmatrix}x_1 & x_2\end{bmatrix}^{\mathrm{T}},\quad \boldsymbol{A}=\begin{bmatrix}0 & 1\\ 0 & 0\end{bmatrix},\quad \boldsymbol{B}=\begin{bmatrix}0 & 1\end{bmatrix}^{\mathrm{T}}$$

则以 x_1、x_2 为状态变量，u 为控制变量的弹箭运动状态方程为

$$\dot{\boldsymbol{x}}=\boldsymbol{A}\boldsymbol{x}+\boldsymbol{B}u \tag{13-10}$$

13.3.2　基于二次型的最优制导律

一般对于自动瞄准制导系统，通常选用二次型性能指标。下面讨论基于二次型性能指标的最优制导律。

将弹箭相对目标运动关系式(13-2)中的第 2 式改写为

$$\dot{y}=-\left(V-V_{\mathrm{T}}\right)=-V_{\mathrm{C}}$$

式中，V_{C} 为弹箭对目标的接近速度，$V_{\mathrm{C}}=V-V_{\mathrm{T}}$。

设 t_{f} 为弹箭与目标的遭遇时刻(在此时刻弹箭与目标相碰撞或两者间距离为最小)，则在某一瞬时 t，弹箭与目标在 Oy 轴方向上的距离偏差为

$$y=V_{\mathrm{C}}\left(t_{\mathrm{f}}-t\right)=\left(V-V_{\mathrm{T}}\right)\left(t_{\mathrm{f}}-t\right)$$

如果性能指标选为二次型，它应首先含有制导误差的平方项，还要含有控制所需的能量项。对任何制导系统，最重要的是希望弹箭与目标遭遇时刻t_{f}的脱靶量(即制导误差的终值)极小。对于二次型性能指标，应以脱靶量的平方表示，即

$$\left[x_{\mathrm{T}}\left(t_{\mathrm{f}}\right)-x_{\mathrm{M}}\left(t_{\mathrm{f}}\right)\right]^{2}+\left[y_{\mathrm{T}}\left(t_{\mathrm{f}}\right)-y_{\mathrm{M}}\left(t_{\mathrm{f}}\right)\right]^{2}$$

为了简化，通常选用$y=0$时的x值作为脱靶量。于是，要求t_{f}时x值越小越好。由于舵偏角受限制，弹箭的可用过载有限，弹箭结构能承受的最大载荷也受到限制，所以控制量u也应受到约束。因此，选择下列形式的二次型性能指标函数：

$$J=\frac{1}{2}\boldsymbol{x}^{\mathrm{T}}\left(t_{\mathrm{f}}\right)\boldsymbol{C}\boldsymbol{x}\left(t_{\mathrm{f}}\right)+\frac{1}{2}\int_{t_0}^{t_{\mathrm{f}}}\left(\boldsymbol{x}^{\mathrm{T}}\boldsymbol{Q}\boldsymbol{x}+\boldsymbol{u}^{\mathrm{T}}\boldsymbol{R}\boldsymbol{u}\right)\mathrm{d}t \tag{13-11}$$

式中，$\boldsymbol{C}$、$\boldsymbol{Q}$、$\boldsymbol{R}$为正数对角线矩阵，它保证了指标为正数，在多维情况下还保证了性能指标为二次型。比如，对于讨论的二维情况，则有

$$\boldsymbol{C}=\begin{bmatrix} c_1 & 0 \\ 0 & c_2 \end{bmatrix}$$

此时，性能指标函数中含有$c_1x_1^2\left(t_{\mathrm{f}}\right)$和$c_2x_2^2\left(t_{\mathrm{f}}\right)$。如果不考虑弹箭相对运动速度项$x_2\left(t_{\mathrm{f}}\right)$，则令$c_2=0$，$c_1x_1^2\left(t_{\mathrm{f}}\right)$便表示了脱靶量。积分项中$\boldsymbol{u}^{\mathrm{T}}\boldsymbol{R}\boldsymbol{u}$为控制能量项，对控制矢量为一维的情况，则可表示为$Ru^2$。$\boldsymbol{R}$根据对过载限制的大小来选择。$\boldsymbol{R}$小时，对弹箭过载的限制小，过载就可能较大，但是计算出来的最大过载不能超过弹箭的可用过载；$\boldsymbol{R}$大时，对弹箭过载的限制大，过载就可能较小，但为了充分发挥弹箭的机动性，过载也不能太小。因此，应按弹箭的最大过载恰好与可用过载相等这个条件来选择$\boldsymbol{R}$。积分项中的$\boldsymbol{x}^{\mathrm{T}}\boldsymbol{Q}\boldsymbol{x}$为误差项。由于主要是考虑脱靶量$\boldsymbol{x}\left(t_{\mathrm{f}}\right)$和控制量$u$，因此，该误差项不予考虑，即$\boldsymbol{Q}=0$。这样，用于制导系统的二次型性能指标函数可简化为

$$\boldsymbol{J}=\frac{1}{2}\boldsymbol{x}^{\mathrm{T}}\left(t_{\mathrm{f}}\right)\boldsymbol{C}\boldsymbol{x}\left(t_{\mathrm{f}}\right)+\frac{1}{2}\int_{t_0}^{t_{\mathrm{f}}}\boldsymbol{R}u^2\mathrm{d}t \tag{13-12}$$

当给定弹箭运动的状态方程为

$$\dot{\boldsymbol{x}}=\boldsymbol{A}\boldsymbol{x}+\boldsymbol{B}\boldsymbol{u}$$

时，应用最优控制理论，可得最优制导律为

$$u=-\boldsymbol{R}^{-1}\boldsymbol{B}^{\mathrm{T}}\boldsymbol{P}\boldsymbol{x} \tag{13-13}$$

式中，$\boldsymbol{P}$由里卡蒂(Riccati)微分方程解得。

$$\boldsymbol{A}^{\mathrm{T}}\boldsymbol{P}+\boldsymbol{P}\boldsymbol{A}-\boldsymbol{P}\boldsymbol{B}\boldsymbol{P}^{-1}\boldsymbol{B}^{\mathrm{T}}\boldsymbol{P}+\boldsymbol{Q}=\dot{\boldsymbol{P}}$$

其终端条件为

$$\boldsymbol{P}\left(t_{\mathrm{f}}\right)=\boldsymbol{C}$$

在不考虑速度项$x_2\left(t_{\mathrm{f}}\right)$，即$c_2=0$，且控制矢量为一维的情况下，最优制导律为

$$u=-\frac{\left(t_{\mathrm{f}}-t\right)x_1+\left(t_{\mathrm{f}}-t\right)^2x_2}{\dfrac{R}{c_1}+\dfrac{\left(t_{\mathrm{f}}-t\right)^3}{3}} \tag{13-14}$$

为了使脱靶量最小，应选取 $c_1 \to \infty$ ，则

$$u = -3\left[\frac{x_1}{\left(t_f - t\right)^2} + \frac{x_2}{t_f - t}\right] \tag{13-15}$$

从图 13-1 可得

$$\tan q = \frac{x}{y} = \frac{x_1}{V_C\left(t_f - t\right)}$$

当 q 比较小时， $\tan q \approx q$ ，则

$$q = \frac{x_1}{V_C\left(t_f - t\right)} \tag{13-16}$$

$$\dot{q} = \frac{x_1 + \left(t_f - t\right)\dot{x}_1}{V_C\left(t_f - t\right)^2} = \frac{1}{V_C}\left[\frac{x_1}{\left(t_f - t\right)^2} + \frac{x_2}{t_f - t}\right] \tag{13-17}$$

将式(13-17)代入式(13-15)中，可得

$$u = -3V_C\dot{q} \tag{13-18}$$

考虑到

$$u = -a = -V\dot{\sigma}$$

故

$$\dot{\sigma} = -\frac{3V_C}{V}\dot{q} \tag{13-19}$$

由此看出，当不考虑弹体惯性时，自动瞄准制导的最优制导规律是比例导引，其比例系数为 $3V_C / V$ ，这也证明，比例导引法是一种很好的导引方法。

随着计算机技术和现代控制理论的发展，最优制导律的研究也越来越受到重视，国内外研究成果很多，这里给出两种最优制导律。

1. 考虑目标机动过载的最优制导律

$$n = K\frac{\left(r + \dot{r}t_{go}\right)}{t_{go}^2} + \frac{K}{2}n_T \tag{13-20}$$

式中， n 为弹箭过载； K 为比例系数； $\dot{r}$ 为弹箭-目标的接近速度； $t_{go} = t_f - t$ ，为弹箭剩余飞行时间； n_T 为目标机动过载。

2. 考虑目标加速度的最优制导律

$$n = K\dot{r}\left(\dot{q} + t_{go}\ddot{q} / 2\right) + K\dot{V}_T\left(q - \sigma_T\right) / 2 \tag{13-21}$$

式中， $\dot{q}$ 、 $\ddot{q}$ 为视线角对时间的一阶、二阶导数； $\dot{V}_T$ 为目标加速度； σ_T 为目标方位角。

思　考　题

1. 有控弹箭气动设计中有哪些关键技术问题?

2. 选择导引方法的基本原则是什么?
3. 复合制导的特点是什么?
4. 试述最优制导律的概念。
5. 试述考虑目标机动过载的最优制导律。
6. 试述考虑目标加速度的最优制导律。

主要参考文献

曹小兵, 王中原, 史金光. 2006. 末制导迫弹脉冲控制建模与仿真[J]. 弹道学报, 18(4): 76-79.

常思江. 2011. 某鸭式布局防空制导炮弹的飞行弹道特性与控制方案研究[D]. 南京: 南京理工大学.

陈士橹, 吕学富. 1983. 导弹飞行力学[M]. 西安: 西北工业大学出版社.

德米特里耶夫斯基 A A, 雷申科 Л H, 波哥吉斯托大 C C. 2000. 外弹道学[M]. 韩子鹏, 薛晓中, 张莺, 译. 北京: 国防工业出版社.

董亮, 王宗虎, 赵子华, 等. 1990. 弹箭飞行稳定性理论及其应用[M]. 北京: 兵器工业出版社.

方振平, 陈万春, 张曙光. 2005. 航空飞行器飞行动力学[M]. 北京: 北京航空航天大学出版社.

高庆丰. 2016. 旋转导弹飞行动力学与控制[M]. 北京: 中国宇航出版社.

高旭东. 2018. 弹箭飞行原理与应用[M]. 北京: 北京理工大学出版社.

高旭东, 姬晓辉, 武晓松. 2002. 应用 TVD 格式数值分析低阻远程弹丸绕流场[J]. 兵工学报, 23(2): 180-183.

高旭东, 武晓松, 鞠玉涛. 2000. 分区算法数值模拟弹丸绕流流场[J]. 弹道学报, 12(4): 45-48.

郭锡福, 赵子华. 1997. 火控弹道模型理论及应用[M]. 北京: 国防工业出版社.

韩子鹏. 2008. 弹箭外弹道学[M]. 北京: 北京理工大学出版社.

侯保林, 高旭东. 2016. 弹道学[M]. 北京: 国防工业出版社.

侯淼, 阎康, 王伟. 2017. 远程制导炮弹技术现状及发展趋势[J]. 飞航导弹, 10: 86-90.

胡小平, 吴美平, 王海丽. 2006. 导弹飞行力学基础[M]. 长沙: 国防科技大学出版社.

黄长强, 赵辉, 杜海文, 等. 2011. 机载弹药精确制导原理[M]. 北京: 国防工业出版社.

纪楚群. 1996. 导弹空气动力学[M]. 北京: 宇航出版社.

雷娟棉, 吴甲生. 2015. 制导兵器气动特性工程计算方法[M]. 北京: 北京理工大学出版社.

李向东, 郭锐, 陈雄, 等. 2016. 智能弹药原理与构造[M]. 北京: 国防工业出版社.

李新国, 方群. 2005. 有翼导弹飞行动力学[M]. 西安: 西北工业大学出版社.

林海, 王晓芳. 2018. 飞行力学数值仿真[M]. 北京: 北京理工大学出版社.

刘世平. 2016. 实验外弹道学 [M]. 北京: 北京理工大学出版社.

刘万俊. 2014. 导弹飞行力学[M]. 西安: 西安电子科技大学出版社.

吕学富. 1995. 飞行器飞行力学[M]. 西安: 西北工业大学出版社.

苗昊春, 杨栓虎, 袁军, 等. 2014. 智能化弹药[M]. 北京: 国防工业出版社.

苗瑞生, 居贤铭, 吴甲生. 2006. 导弹空气动力学[M]. 北京: 国防工业出版社.

倪旖. 2013. 有控弹箭飞行弹道预报技术研究[D]. 南京: 南京理工大学.

浦发. 1980. 外弹道学[M]. 北京: 国防工业出版社.

祁载康. 2002. 制导弹药技术[M]. 北京: 北京理工大学出版社.

钱杏芳, 林瑞雄, 赵亚男. 2011. 导弹飞行力学[M]. 北京: 北京理工大学出版社.

钱杏芳, 张鸿端, 林瑞雄. 1987. 导弹飞行力学[M]. 北京: 北京工业学院出版社.

曲延禄. 1987. 外弹道气象学概论[M]. 北京: 气象出版社.

邵大燮, 郭锡福. 1982. 火箭外弹道学[M]. 南京: 华东工学院.

史金光, 王中原, 易文俊, 等. 2006. 滑翔增程弹弹道特性分析[J]. 兵工学报, 27(2): 210-214.

宋丕极. 1993. 枪炮与火箭外弹道学[M]. 北京: 兵器工业出版社.

王儒策, 刘荣忠. 2001. 灵巧弹药的构造及作用[M]. 北京: 兵器工业出版社.

王世寿. 1994. 弹箭试验场测试技术实践[M]. 北京: 国防工业出版社.

王毅, 宋卫东, 郭庆伟, 等. 2015. 固定鸭舵式二维弹道修正弹稳定性分析[J]. 军械工程学院学报, 27(3): 16-23.

王毅, 宋卫东, 佟德飞. 2014. 固定鸭舵式弹道修正弹二体系统建模[J]. 弹道学报, 26(4): 36-41.

王玉祥, 刘藻珍, 胡景林. 2006. 制导炸弹[M]. 北京: 兵器工业出版社.

吴甲生, 雷娟棉. 2008. 制导兵器气动布局与气动特性[M]. 北京: 国防工业出版社.

徐明友. 1989. 火箭外弹道学[M]. 北京: 兵器工业出版社.

杨树兴, 赵良玉, 闫晓勇. 2014. 旋转弹动态稳定性理论[M]. 北京: 国防工业出版社.

姚文进, 王晓鸣, 高旭东. 2006. 脉冲力作用下弹道修正弹飞行稳定性研究[J]. 弹箭与制导学报, 26(1): 248-250.

姚文进, 王晓鸣, 高旭东, 等. 2006. 弹道修正防空弹药飞行最优控制方法研究[J]. 南京理工大学学报(自然科学版), 30(4): 517-520.

袁子怀, 钱杏芳. 2001. 有控飞行力学与计算机仿真[M]. 北京: 国防工业出版社.

臧国才, 李树常. 1989. 弹箭空气动力学[M]. 北京: 兵器工业出版社.

曾颖超, 陆毓峰. 1991. 战术导弹弹道与姿态动力学[M]. 西安: 西北工业大学出版社.

张宏俊, 张铁兵, 吴艳生. 2018. 旋转防空导弹总体设计[M]. 北京: 中国宇航出版社.

张有济. 1998. 战术导弹飞行力学设计(上、下册)[M]. 北京: 宇航出版社.

赵新生, 舒敬荣. 2006. 弹道解算理论与应用[M]. 北京: 兵器工业出版社.

赵玉善, 师鹏. 2012. 航天器飞行动力学建模理论与方法[M]. 北京: 北京航空航天大学出版社.

甄建伟, 刘国庆, 张芳, 等. 2018. 空地制导弹药技术现状及发展趋势[J]. 飞航导弹, 7: 23-29.

周慧钟, 李忠应, 王瑾. 1983. 有翼导弹飞行动力学(上、下册)[M]. 北京: 北京航空航天大学出版社.